永远献给珍妮弗

目录

FROM ETERNITY TO HERE
从永恒到此刻

The Quest for the Ultimate Theory of Time
追寻时间的终极奥秘

Sean Carrol

[美] 肖恩·卡罗尔 著　舍其 译

CBK 湖南科学技术出版社

前言

> 真的有人知道现在是什么时间了吗？
>
> ——芝加哥乐队，《真的有人知道现在是什么时间了吗？》

这本书要讲的是时间的本质、宇宙的开端及物理现实的深层结构。我们不是要小打小闹。我们要解决的问题十分古老，也十分荣耀：时间和空间，都是从哪里来的？我们看到的宇宙就是全部，还是在我们目力所及之外还有别的"宇宙"？将来和过去，到底有什么不同？

《牛津英语词典》的研究人员透露，在英语中用得最多的名词，就是时间。我们生活在时间当中，如痴如醉地追寻着时间，并且每天都在和时间赛跑——但出乎意料的是，很少有人能给出时间究竟是什么的简单解释。

在网络时代，我们也许会转而向维基百科寻求指引。在本书写作时，"时间"这个词条是这样起头的：

> 时间是测量体系的要素之一，可用于将事件排序，比

较事件的存续以及事件之间的间隔，并量化物体的运动。时间一直是宗教、哲学和科学的主要问题，但一直以来就连最伟大的学者都无法做到以无可争议的方式定义时间，并将其应用于所有研究领域。[1]

嗯，开始啦。到这本书结尾的时候，我们就会以能应用于所有领域的方式来精确定义时间。但是很不幸，关于时间为何有那些特性，就没那么清楚了 —— 不过我们会仔细研究一下某些有趣的想法。

宇宙学就是研究整个宇宙的学问，这门学问在过去的几百年里取得了非凡进展。140 亿年前，我们的宇宙（或至少是我们能观测到的这部分宇宙）处于无法想象的炎热、致密的状态，我们管这个状态叫"大爆炸"。从那时起，宇宙就一直在膨胀、冷却，并且在我们看得到的未来还会一直这样进行下去，很可能还会永远如此。

一个世纪以前，我们对此还一无所知 —— 除了银河系，科学家说不上对宇宙结构有任何了解。现在，我们已经摸清了可观测宇宙的底细，能详细描述其大小和形状，对其组成和历史轮廓也能说个大概。但还是有些重要问题我们没法回答，尤其是与大爆炸早期有关的。我们会发现，那些问题在我们对时间的理解中将起到关键作用 —— 不只是在遥不可及的宇宙中，在我们地球上的实验室中，乃至我们的日常生活中，都是如此。

---

1. 维基百科贡献者（2009）（本书中注释如未作说明，都是作者原注）。

大爆炸以来的时间

宇宙随着时间流逝而演化,这一点已经很清楚了 —— 早期宇宙炎热、致密,现在的宇宙则寒冷、稀疏。不过我打算说说更深层次的关联。关于时间,最神秘的一点就是它有方向:过去和将来是不一样的。这就是时间之箭。空间中的方向都是以完全等价的方式创造出来的,但时间与此不同,宇宙在时间上不容置疑地有一个首选方向。本书的一大主题就是,时间之箭之所以存在,是因为宇宙在以特定的方式演化。

时间有方向的原因在于,宇宙中充满了不可逆过程 —— 事件在时间的某个方向发生,但绝不会是另一个方向。就像那个老生常谈的例子里说的,你可以让鸡蛋变成鸡蛋饼,但是没办法让鸡蛋饼变成鸡蛋。牛奶在咖啡里散开;汽油燃烧,变成废气;人们出生、长大,最后死亡。在自然界里的任何地方我们都能找到事件序列,其中总有一件事情发生在前,另一件在后;这些事件放在一起,就定义了时间之箭。

值得注意的是,有一个概念是我们理解不可逆过程的基础。这个概念叫作熵,用来度量物体或物体集合的"无序程度"。随着时间推移,熵会顽固地倾向于增加,或至少保持不变,这就是著名的热力学第二定律[1]。熵总是会增加的原因表面看来似乎挺简单:处于无序状态的方式比有序的要多,因此(其他条件相同时)有序状态就会自然

---

1. 这里我们强调一下方向,否则很容易弄混:熵度量的是无序,不是有序,而且是随时间增加,而非减少。通常我们会想着"事情慢慢消停了",但要说得更准确一点的话,就应该是"熵增加了"。

而然地倾向于变成无序。把鸡蛋分子炒成鸡蛋饼的样子没什么难的，但要把这些分子小心翼翼地重组成鸡蛋就不是我们能办到的了。

物理学家讲给自己听的传统故事通常到此为止。但是，还有一个绝对至关重要的因素没有得到足够重视：如果宇宙中的一切都在向更 [2] 加无序的状态演化，那么宇宙肯定是从一个极度有序的状态出发的。这整个逻辑链条号称能够解释为什么不能将鸡蛋饼变成鸡蛋，显然是基于一个关于宇宙初始状态的重要假设：这个状态的熵非常低，非常有序。

时间之箭将早期宇宙与我们生命所经历的每一个时刻联系了起来。这不只是打破鸡蛋，或是把牛奶混进咖啡，又或是无人打理的房间如何倾向于随着时间流逝而变得更加杂乱无章之类的不可逆过程。时间之箭就是为什么时间看起来就像在我们身边流动的原因，或者说（如果你更喜欢这个说法）为什么我们似乎在穿过时间。这就是为什么我们会记得过去，但不会记得将来。这就是为什么我们会演化、会新陈代谢，并最终死亡。这也是为什么我们会相信因果，而这一点对我们关于自由意志的观念也至关重要。

而且，这些全都是因为大爆炸。

我们看到的并非全部

时间之箭的奥秘可以归结为这样一点：为什么早期宇宙中的条件会以非常特殊的方式设置？这个结构的熵非常低，使得所有有趣的、不可逆的过程都能够实现。这就是本书试图解答的问题。但不幸的是，还没有人知道正确答案。但现代科学的发展已经到了一个阶段，现在我们有办法认真对待这个问题了。

科学家和现代科学出现以前的思想家总在试图理解时间。在古希腊，苏格拉底以前的哲学家赫拉克利特（Heraclitus）和巴门尼德（Parmenides）对于时间的本质有相当不同的看法。赫拉克利特强调改变的重要性，而巴门尼德完全否定改变的现实。19世纪是统计力学的黄金时代，人们从微观组成出发，推导出了宏观物体的性能。其中涌现了像是路德维希·玻尔兹曼（Ludwig Boltzmann）、詹姆斯·克拉克·麦克斯韦（James Clerk Maxwell）以及约西亚·威拉德·吉布斯（Josiah Willard Gibbs）等英雄人物，想出了熵的意义及其在不可逆过程中的作用。但他们并不知道爱因斯坦的广义相对论或量子力学，当然也不可能了解现代宇宙学。在科学史上还是第一次，我们至少有了将时间的合理理论与宇宙的演化放在一起的机会。

为了找到出路，我打算给出如下提议：大爆炸并非宇宙的开端。宇宙学家有时候会说，大爆炸代表着时间和空间的真正边界，在大爆炸之前一无所有——实际上，就连时间本身都还不存在，因此"之前"这个概念严格来讲也并不适用。但是，我们对物理学的终极定律³还不够了解，还没有信心做出类似这样的陈述。科学家越来越多地认真考虑，有没有可能大爆炸并不是一个真正的开端，而只是宇宙（或至少是我们这部分宇宙）所经历的一个阶段。如果真有这种可能，我们的宇宙一开始熵如此之低的问题就变成了另一种类型：不再是"为什么宇宙以这么低的熵开始"，而成了"为什么我们这部分宇宙经历了熵这么低的一个时期"。

这个问题听起来一点儿也不容易，但好歹是个不一样的问题，可能也开启了一系列新的答案。也许我们看到的宇宙只是比这还要大得多的多重宇宙的一部分，而这个多重宇宙完全不是从低熵状态开始的。我会证明，多重宇宙最合理的模型是，在多重宇宙中熵在增加是因为熵可以永远增加，没有一个熵最大的状态。额外好处是，多重宇宙在时间上完全可以是对称的：从中间某个熵很高的时刻开始，它可以向过去、向未来演化到熵更高的状态。我们看到的宇宙只是沧海一粟，而我们从致密的大爆炸到无穷无尽的虚空的特别之旅，也只不过是更为广阔的多重宇宙追求熵增加的一小部分。

不过，这只是可能性之一。我在这里提出来，是作为宇宙学家需要考虑的设想之一 —— 如果他们想认真看待由时间之箭带来的问题的话。但无论这个特别的想法有没有脱线，这些问题本身都有趣又有料。本书将有大量篇幅从不同角度审视这些问题：时间旅行、信息论，量子力学，永恒的本质。如果我们无法确定终极答案，那我们就理应以尽可能多的方式来提出这些问题。

总有人疑神疑鬼

并不是每一个人都认为，如果想要理解时间之箭，宇宙学应该扮演极为重要的角色。有一次，我在一所大学的物理系就这个话题在大量听众面前做了一次讲座。系里有位老教授觉得我讲的没有什么说服力，还用尽浑身解数让在座的每一个人都知道了他有多不爽。第二天，这位老教授给系里的教职员工发了一封公开信，还十分贴心地抄送给了我：

> 总的来说，宇宙中的熵作为时间的函数，其重大意义对宇宙学家来说是个有趣的话题，但要说物理学的一条定律也得奠基于此，那就是滑天下之大稽了。卡罗尔声称第二定律的存在要归因于宇宙学，这是我在所有物理学讲座中听到过的最糟糕（原文如此）的言论之一，只有（某某）关于量子力学中存在意识的早期评论可与之比肩。听众当中的物理学家对这样的无稽之谈还能姑妄听之，我感到震惊。后来，我与几位乐意了解我的反对意见的研究生共进晚餐，但是卡罗尔依然固执己见。

我希望他读一下这本书。本书包含了很多听起来很激动人心的言论，不过我会尽最大努力将这些言论仔细分成三种类型：（1）听起来有点石破天惊，但还是作为真理被普遍认可的现代物理学的显著特点；（2）理应但并未被大量活跃的物理学家广泛接受的重大声明，因为毫无疑问这些声明都是正确的；（3）超越当代科学界前沿、令人不安的猜测性想法。我们当然不会避免做出推测，但这些推测都会清晰标明。当所有该说的都说了、该做的也都做了，你就应该有了全副武装，可以自己来判断这个故事哪些部分是真的了。

时间这个话题涉及大量思想，有的来自日常生活，有的会让人想破脑袋。我们会审视热力学、量子力学、狭义和广义相对论、信息论、宇宙学、粒子物理，还有量子引力。本书第一部分可以看成是对这个辽阔疆域的闪电之旅——熵和时间之箭，宇宙的演化，及关于"时间"本身这个想法的不同概念。接下来我们会变得更系统化一点；第二部分中我们会深入思考时空和相对论，以及让时间倒流的可能性；第三部分中我们则会对熵进一步考察，从生命的演化到神秘的量子力学，在多重背景下探索其意义；本书第四部分我们会将这些都集中起来，直接面对熵在现代宇宙学家面前表现出的神秘：宇宙看起来应该是什么样子，这跟它现在真正看起来的样子相比又如何？我会在详细讨论这个问题的含义之后证明，这个宇宙看起来完全不是我们"应该"看到的样子——至少在我们看到的就是整个宇宙的情况下。如果我们的宇宙始于大爆炸，这个宇宙就需要有个细微调整过的边界条件，而我们对此还没有合理的解释。但如果观测到的宇宙只是更大的总体（多重宇宙）的一部分，那我们就得有能力解释，为什么这个总体的一小部分，见证了熵从时间的一头到另一头要有这样的巨变。 5

所有这些都是"虽千万人吾往矣"的大胆猜测，但值得认真对待。赌注很大——时间，空间，宇宙，全押上了——而我们这一路走来，无疑也有可能犯下天大的错误。即使我们的终极目标是回到地球解释厨房里发生的事情，让我们的想象力放飞一下，有时候也是有用的。 6

从永恒到此刻

1

时间、经验和宇宙

第 1 章
过去就是当下的记忆

那么时间究竟是什么？没有人问我，我倒清楚，有人问我，我想说明，便茫然不解了。

—— 奥古斯丁（St. Augustine），《忏悔录》

如果你在酒吧里，或是在飞机上，又或是在车管所排队的时候，你可以这样打发时间：问问你周围的陌生人，他们会怎么定义时间这个词。不管怎样，作为本书研究的一部分，我一开始就在这么做。你很可能会听到一些很有意思的答案："时间就是推着我们在生活中永不停步的东西。""时间就是将过去和未来分开的东西。""时间就是宇宙的一部分。"如此等等。我最喜欢的答案是："有了时间我们才能知道事情在什么时候发生。"

所有这些观念都抓住了部分真相。我们也许很难将"时间"的含义形诸文字，但和奥古斯丁一样，我们仍然做到了在日常生活中相当有效地跟时间打交道。大部分人都知道怎么认钟表，怎么估计开车去上班或是冲一杯咖啡要花的时间，还有如何才能大致在约好的时间跟朋友们碰头吃晚饭。就算我们没法脱口说出"时间"究竟是什么意思，在直观层面上其基本含义还是大致不差。

就像最高法院大法官面对淫秽一词时一样，我们看到时间就知道这个词的意思，大部分时候这样也就够了。但时间的某些方面仍然养在深闺。我们真的知道这个词是什么意思吗？

我们说的时间是什么意思

这个世界不会把抽象概念包装妥当打上漂亮的蝴蝶结再拱手送给我们，以便我们尽力理解并与其他概念相协调。相反，这个世界只是将现象、事物呈现给我们，我们可以观察、记录，也必须由此尽力推导出概念，以帮助我们理解那些现象怎么与我们别的经验挂钩。对于很微妙的概念比如说熵，这个模式非常清楚。你不会在大街上走着 [9] 走着就撞见一堆熵，你得观察自然界中不同的现象，分辨出一种模式，并觉得最好将这种模式看成一个新的概念，而你管这种新概念叫作"熵"。武装上这种有用的新概念之后，你就可以观察更多现象，并受到启发去改进、提高你关于熵究竟是什么的原始想法。

对于像"时间"这么原始又这么不可或缺的概念，是我们发明了这一概念而非宇宙将其拱手送给我们，这一事实就没有那么显而易见了——时间是我们真的不知道离了它还怎么活的一种东西。不过，科学（以及哲学）的任务之一，就是吸取我们对类似"时间"这样的基本概念的直观理解，并使其变得缜密。这一路上我们的发现就是，我们从未以单一的、毫不含糊的方式用过这个词。这个词有不同的含义，每一种含义都应该单独得到详细阐释。

时间在三个不同的方面起作用，这三个方面对我们来说全都至关重要。

（1）时间标记了宇宙中的时刻。时间是一种坐标，可以帮助我们定位事物。

（2）时间度量事件之间的间隔。时间是时钟测量的对象。

（3）时间是我们移动的媒介。时间是变化的动因。我们穿过时间，同样也可以说时间流过我们身边，从过去，跨越现在，抵达将来。

乍一看会觉得这几条好像全都有点儿类似。时间标记时刻，时间度量间隔，时间从过去移动到将来——确实，没有什么事情会跟上面任何一条发生冲突。但是如果我们挖掘得再深一点，就会看到这些想法并不需要彼此相关——它们代表了在逻辑上各自独立的概念，只不过恰好在我们的现实世界中紧密交织。为什么会这样？答案比科学家能想到的更重要。

1. 时间标记了宇宙中的时刻

约翰·阿奇博尔德·惠勒（John Archibald Wheeler）是美国一位颇具影响力的物理学家，就是他发明了黑洞这个词。有一次有人问他，他会怎么定义"时间"。沉吟片刻之后，他答道："时间是大自然用来避免所有事情同时发生的手段。"

这句话里有大量真相，蕴含的智慧也不止一星半点。通常我们想

到世界时 —— 不是像科学家或哲学家那样去想，而是像普通过日子的人那样去想 —— 我们喜欢将"世界"理解为事物的集合，这些事物分布在各种各样的地方。物理学家将所有这些地方合在一起，总其名曰"空间"。他们对空间中存在的各种事物也有不同的思考方式：原子、基本粒子、量子场，看是在什么语境下讨论，但基本思想都是一样的。你坐在房间里，周围有几件家具，几本书，可能还有吃的或是别的人，当然也会有空气分子 —— 所有这些事物，从你身边一直到遥远的星际空间的每一个角落，合在一块儿就是"世界"。

而这个世界在变。我们会发现物品处于某种特定的排列，也会发现这些物品处于别的排列。（不提及时间概念的话，在这种情形下要造出一个说得通的句子可真难。）但我们并非"同步"或者说"同时"看见这些不同的布局。我们看到一种布局：你坐在沙发上，猫坐在你腿上；随后我们看到另一种布局：猫从你腿上跳下来，因为你专注于读书没有注意到它，它觉得很烦。因此，世界一次又一次出现在我们面前，呈现出各种各样的布局，而这些布局彼此都有些不同。好在我们可以给这些不同的布局做标记，明确区分出哪个是哪个 —— 猫小姐"现在"走开了；它"刚才"在你腿上。这个标记就是时间。

所以世界是存在的，更重要的是，世界还一次又一次发生。从这个意义上讲，世界就像电影胶片的不同画面，这部电影的摄像机捕捉到的是整个宇宙。（当然，就我们所知，画面的数量是无限的，画面之间有微乎其微的区别。）但是，电影当然不仅仅是一堆单独的画面。这些画面最好排成正确的顺序，这样才能让一部电影有意义。时间也是一样。说起"这件事发生了""那件事也发生了""还发生了另一件事"，我们可以说得比这要多得多。我们可以说这件事发生在那件事之前，还有另一件事情会在之后发生。时间并非只是世界上每一个事例的标记，它还提供了一个序列，把这些不同的事例按顺序排列起来（图1）。

　　当然，真正的电影不会在其镜头中囊括整个宇宙。因此，电影剪辑通常都涉及"切换"——突然从一个场景或镜头角度跳转到另一个

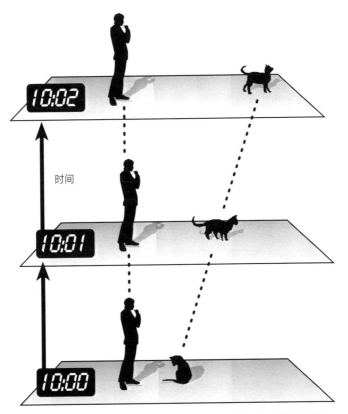

图1　世界，以不同时刻为序。对象（包括人和猫）从此刻到下一刻都持续存在，定义了在时间中延续的世界线

场景或镜头角度。想象有一部电影每一次在两个画面之间的转换都是切换到完全不同的场景，那么在放映时，这部电影就没法看了——屏幕上看起来就会像随机的静电噪声一样。有些法国先锋派电影倒是很可能已经采用了这一技术。¹¹

真实的宇宙不是先锋派电影。在时间中我们会经历一定程度的延续性——如果猫现在在你腿上，它可能会怒气冲冲地一走了之，这是你可能面对的危险；但你基本上不用担心过一会儿它会直接非物质化，凭空消失。在微观层面上，这种延续性并非绝对；粒子可以出现和消失，或者至少也可以在合适的条件下转变成别的粒子。但从此刻到下一刻，现实不会全盘重排。

持久的现象让我们可以用不同的方式来思考"世界"。我们可以一下子就想到世界的整个历史，或是世界上任何特定的事物，而不是散布在整个空间中的物品集合，一直在不同的布局之间变换。我们不用去想猫小姐是细胞和体液的特殊排列，而可以想到它的整个生命，¹²从出生一直到死亡，都在时间中延续。对象（猫、行星、电子，等等）在时间中的历史就定义了该对象的世界线——随着时间流逝，这个对象在空间中所经历的轨迹¹。对象的世界线就是该对象在世界中出现过的位置的完整集合，并标记有在每个位置出现的特定时间。

---

1. 为了不至于太抽象，我们偶尔会运用对时间的方向做出假定的说法，比如"时光流逝"、我们"迈向未来"，等等。严格来讲，我们的任务之一就是解释清楚为什么语言看起来那么自然，不像在说到"这里是现在，那里是将来"之类的句子时一样生涩。但偶尔在说话方式中加进去一点"时态"，就不会那么紧张了，稍后我们会更细致地对背后的假定提出疑问。——作者原注（tense 一词作形容词或动词讲意为"紧张"，作为名词则是"时态"之意，作者此处用双关开了一个小玩笑。——译者注）

寻找我们自己

将宇宙的完整历史看成全部同时呈现，而不是将宇宙看成一组在持续运动的事物，是把时间看成"有点儿像空间"的第一步，这一点我们在后面的章节中会详述。我们用时间和空间这两个概念来帮助我们定位发生在宇宙中的事情。如果你想跟谁在咖啡厅碰头，或是去看某一场电影，又或是跟别人一起工作，你都得指定一个时间："那我们就这周四下午六点咖啡厅见吧。"

如果你想跟谁碰面，只指定一个时间当然是远远不够的，你还得指定一个地点。（这会儿我们说的是哪家咖啡厅？）物理学家说，空间是"三维"的。这句话的意思是，我们需要三个数字来选出一个唯一的特定位置。如果这个位置靠近地球，物理学家可能会用经度、纬度以及离地面的高度。如果这个位置从天文学意义上来讲十分遥远，我们可能会用它在天空中的方位（两个数字，与经度和纬度类似），再加上与地球的距离。我们选用哪三个数字并不重要，重要的是我们需要的数字总是正好三个。这三个数字就是这个位置在空间中的坐标。我们可以想着每一点上都附有一个小标签，精确显示着该点的坐标是多少（图 2）。

日常生活中我们通常都会省点事儿，把指定空间中所有三个坐标的需求简化一下。如果你说"主街 8 号的咖啡厅"，就相当于给出了两个坐标："8 号"和"主街"，而且假定我们都知道咖啡厅会在一楼，而不是在楼上或地下室。这种方便来自于，我们在日常生活中用来定位事物的空间实际上大部分都是二维的，局限在地球表面。但原则上，

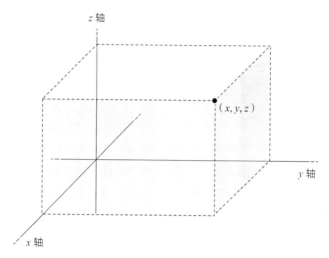

图 2 空间中每一点附着的坐标

要确定空间中的一点，所有三个坐标都是必需的。

　　空间中的点在时间中的每个时刻都会出现一次。如果我们在时间的某个特定时刻在空间中指定一个特定位置，物理学家就会称其为事件。（并不意味着这是个特别的、激动人心的事件；空无一物的空间中任何随机的地点在任意特定的时刻都可以称为事件，只要是唯一指定的。）我们叫作"宇宙"的玩意，只不过是所有事件的集合——空间中的每一点，时间中的每一时刻。这样我们就需要四个数字才能唯一指定一个事件：三个坐标给空间，还有一个给时间。这就是为什么我们会说宇宙是四维的。这个概念很有用，因此我们准备时常这么看待整个集合，将时间中的每个时刻下空间中的每一个点，一起看成单一的实体，并称之为时空。

　　这是概念上的极大飞跃，因此值得停下脚步，好好领会一下。我们自然而然地会将世界看成是一直在变的三维的聚合体（"一次又一次发生，每一次都稍有不同"）。现在我们的建议是，我们可以把这一切，这整个世界的完整历史，看成是一个四维的事物，其中多出来的那个维度就是时间。这样讲的话，时间起的作用就是将四维的宇宙切成空间在每个时刻的副本 —— 处于 2010 年 1 月 20 日上午十点的整个宇宙；处于 2010 年 1 月 20 日上午十点零一分的整个宇宙；如此等等。这样的切片有无数个，合在一起就组成了宇宙。

2. 时间度量事件之间的间隔

　　时间起作用的第二个方面是，它可以度量事件之间的间隔。这跟已经讨论过的"时间标记宇宙中的时刻"听起来非常像，但其中大有14　不同。时间不只是标记不同的事件并排序，它还度量了这些事件之间的距离。

　　如果我们想替哲学家或科学家操心，试图定义一个有些微妙的概念，那么从实践角度去看问题是有帮助的 —— 我们在自己的经验中究竟会如何运用这个概念？用到时间的时候，我们指的是通过认读钟表得到的测量值。如果你要看一个会持续一小时的电视节目，那节目结束时钟表的读数就会比节目开始时的读数晚一小时。我们说在节目播放期间一小时过去了，说的就是这个意思：你的时钟显示的时间在节目结束时比开始时要晚一小时。

　　但是，怎样才算好用的时钟呢？首要标准是得连贯一致 —— 要是一座时钟时快时慢，那可一点儿好处都没有。但时钟的快慢是跟谁比呢？答案就是别的时钟。我们通过经验得出的事实（而非逻辑上的必然结论）是，宇宙中有些物品有连贯一致的周期性——这些物品一遍又一遍做着同样的事情，而如果把这些物品放在一起，我们会发现其重复有可预测的模式。

想一下太阳系里的行星。地球绕着太阳转，每过一年都会回到相对于遥远的恒星来说的同一个位置。单看这个并没有太大意义，只不过是"年"的定义罢了。但是，我们会发现火星每次回到原来的位置要 1.88 年。这样说就非常有意思了——不必援引"年"的概念，我们就可以说火星绕着太阳每转一圈，地球可以转 1.88 圈[1]。同样地，地球绕着太阳每转一圈，水星可以转 1.63 圈。

测量时间的关键是同步重复——大量各式各样的进程一次又一次发生，进程之一回到初始状态时另一个进程重复自身的次数能可靠预测。地球绕着自身的地轴旋转，而每当地球绕太阳一周，它都会自转 365.25 周。每当地球绕自己的地轴转完一周，石英表里的小水晶都会振动 2 831 155 200 次。（一天有 24 小时，一小时有 3 600 秒，而每秒有 32 768 次振动。[2]）石英表为什么靠得住，原因是石英水晶的振动十分规律，就算温度或压力发生变化，石英表在地球每转一周时振动的次数也不会改变。

---

1. 行星轨道是椭圆而不是完美的圆形，因此行星环绕太阳的速度并非严格恒定。每当火星完成一次公转时，地球在自身轨道上的实际角度都取决于一年当中是什么时间。如果我们真的坐下来好好讨论一下如何定义时间的单位，这些细节问题都很好解决。
2. 每秒振动的次数由水晶的形状和尺寸决定。在手表中，水晶会调成每秒振动 32 768 次，这个数字正好是 2 的 15 次方。选用这个数字是为了让手表内部的运转更容易连续被 2 整除，这样就能得到刚好每秒一次的频率来驱动秒针。

所以如果我们说什么时钟很好用，意思就是跟别的好用的时钟一样，它也以可以预测的方式重复自身。这样的时钟确实存在，这是宇宙中的客观事实，我们也值得为此额手称庆。特别是在微观层面，一切都只跟量子力学的法则以及单个基本粒子的特征（质量、带电量）有关，我们会发现原子和分子在以绝对可预测的频率振动，这就形成
15 了一大批精确的时钟在齐步走，其同步性令人笑逐颜开。哪个宇宙要是没有好用的时钟 —— 没有哪个进程相对于别的重复进程以可预测的次数重复自身 —— 确实会是个可怕的宇宙[1]（图 3）。

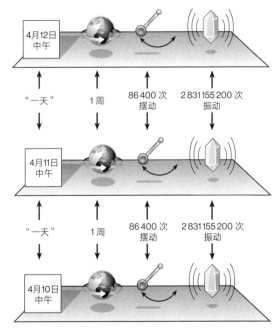

图 3 好用的时钟展现同步重复。每过去一天，地球会自转一周，以 1 秒为周期的钟摆振动 86 400 次，石英表中的水晶则会振动 2 831 155 200 次

---

1. 艾伦 · 莱特曼（Alan Lightman）的小说《爱因斯坦的梦》想象力丰富，呈现的系列短文探索了如果时间与现实世界中的时间非常不同，这个世界会是什么样子。

　　不过，好用的时钟可没那么容易找到。传统的计时方法往往涉及天体 —— 太阳或是天空中恒星的位置 —— 因为地球上的事物往往会乱成一团，不可预知。1581 年，年轻的伽利略·伽利莱（Galileo Galilei）据说在比萨的教堂百无聊赖地参加礼拜时发现了一个石破天惊的大秘密。头顶的枝形吊灯会轻轻地来回摆动，不过如果摆动的幅度比较大（比如在一阵风过后），摆动好像就会更快一些；幅度没有那么大的话，摆动就会慢一些。伽利略被迷住了，决心量一下每次摆动要多长时间，用的是他有机会利用的唯一大致呈周期性的事件：他自己的脉搏。他的发现很有意思：无论枝形吊灯的摆动幅度是大是小，在两次摆动之间脉搏跳动的次数都大致相同。振幅的大小 —— 摆锤来回摆动了多远 —— 不影响这些摆动的频率。这不是比萨教堂里的吊灯才有的现象，而是摆锤摆动的固有性质，物理学家称之为“简谐振动”。这也是为什么钟摆成了老爷钟和其他计时设备的核心部件：钟摆的振动极为可靠。从石英振动到原子共振，更加可靠的振动形式已不断应用到时钟制造工艺中。

　　这里我们的兴趣所在不是制造时钟有多复杂精妙，而是时间的意义。我们生活的世界包含了所有类别的周期性进程，这些进程与别的某些特定周期性进程相比较，会以可预知的次数重复。这也是我们测量间隔的方法：利用这样一种进程的重复次数。如果我们说电视节目会持续一小时，那么就意味着我们手表里的石英水晶会在节目的开始和结束之间振动 117 964 800 次（一小时有 3 600 秒，每秒振动 32 768 次）。

　　请注意，在给时间认认真真下个定义的时候，我们好像完全杜绝了这个概念。不过这只是任何恰当的定义都应该有的 —— 你肯定不想让什么东西以自身为依据来定义自己。时间的流逝完全可以重塑为在同步中一起发生的特定事物，"节目持续了一小时"等价于"在节目开始和结束之间，我手表里的石英水晶会有 117 964 800 次振动"（也许增减几个广告）。如果你真想干一票大的，你甚至可以彻底改造物理学的上层结构，让"时间"的概念完全消失并代之以复杂的规范，即某特定事物如何与别的特定事物同时发生[1]。但我们何苦这样呢？以时间为依据考虑问题十分方便。此外更重要的一点是，它还反映了宇宙运行方式中一种简单的深层秩序。

时间变慢、停止、弯曲

我们对时间的流逝赋予了什么意义，现在终于有一个精心打磨过的理解了。有了这种理解，至少可以回答一个大问题：如果整个宇宙的时间都慢下来，会发生什么？答案是，这个问题本身就不该问。相对于什么慢下来呢？如果时间就是钟表测量的对象，那么每个钟表都以同样速度"慢下来"的话，肯定不会有任何影响。报告时间跟同步重复有关，只要某个振动相对于别的某个振动的比率还是一样，那就万事大吉。

身为人类，我们能感觉到时间流逝。这是因为在我们自身的新陈代谢中，就有周期性进程在发生 —— 呼吸、心跳、电脉冲、消化、中枢神经系统的节律，等等。我们自身就是时钟的集合，纷繁复杂，相

---

1. 可参见 *Barbour*（1999）或 *Rovelli*（2008）。

互关联。但我们中枢神经系统的节律不像钟摆或石英水晶那么靠得住，[17] 会受到外部环境或自身情感状态的影响，导致时间过得更快了或更慢了的印象。但也有真正可靠的时钟在我们体内滴答作响——分子振动、个别化学反应等——不会跟平常比起来走得更快或更慢些[1]。

但是如果某个我们本来以为是"好时钟"的特定物理进程，突然之间不再同步了——也就是说跟其他所有时钟相比，有个时钟变慢或者变快了，那又会怎样？这种情况下，合情合理的反应应该是归咎于那台特定的时钟，而不是忙着诋毁时间本身。不过要是我们稍稍延伸一下，就可以想象有一组特殊的时钟集合（包括分子振动和其他周期性进程）一起发生了改变，但跟世界上剩下的其他事物都不相干。这样我们就得问，说时间流逝的速度在这个集合中真的已经变了到底是否合适。

考虑一个极端的例子。尼科尔森·贝克（Nicholson Baker）的小说《延音》（*The Fermata*）写了一个名叫阿尔诺·斯特里尼（Arno Strine）的男人，能让"时间停止"。（通常他都把这种超能力用于四处去脱女人的衣服。）如果所有地方的时间都停了下来不会有什么意义，重点在于阿尔诺自己的时间还是在流逝，只是他周围的所有东西都停下来了。我们都知道这不是真的，不过想想它究竟怎样无视了物理定律还是会带来一些启发。这种令时间停止的方式势必要求在阿尔诺体内的所有运动、节律都一仍其旧，同时外界的所有运动和节律

---

1. 有个经典的玩笑据说是爱因斯坦讲的："你如果跟一个美女坐在一起一小时，你会觉得像一分钟那么短；但要是让你在火炉上坐一分钟，你会觉得比一小时还长。这就是相对论。"我不知道爱因斯坦究竟有没有说过这种话，但我确实知道，这不是相对论。

全都要绝对静止。当然我们也得想象，阿尔诺身体里的气体和液体全都可以流动，否则他马上就得一命呜呼。但如果房间里剩下的空气全都真的在时间中停止了，每一个分子都要保持在自己的位置上，不差分毫，那么阿尔诺就会被严格静止的空气分子禁锢，动弹不得。好吧，我们就大方一点，假设对足够靠近阿尔诺皮肤的所有空气分子来说，时间还是正常流动的。（该书也暗含了类似的假定。）但根据假设，外部的所有东西都不会有任何变化。特别是，也不会有声音或光线能从外界抵达阿尔诺，他会完全聋掉、瞎掉。对偷窥狂魔来说，这可说不上是如鱼得水的环境。[1]

尽管有这么多物理上和叙述上的障碍，但如果像这样的事情还是有可能发生的话会怎样呢？就算我们没办法让我们周围的时间停止，也许还是可以想象一下让局部地方的一些时钟加速运转。如果我们真的是通过同步重复测量时间，并能准备一组跟外界比起来运行得更快的时钟，同时这组时钟内部彼此都还是能保持同步；那么这不就是说在这种安排下"时间跑得更快了"？

这也得两说。我们已经远远离开了真实世界中真正有可能发生的事情，所以得先设立一些规则。我们三生有幸，能生活在一个时钟非常可靠的宇宙中。要是没有这些时钟，我们就没办法用时间来测量事件之间的间隔了。在《延音》的世界中，我们可以说时间对阿尔

---

1. 如果我们真想尽力让贝克的奇幻故事没有科学漏洞，还是能有一个免责条款的：也许外界的时间并非完全停止，而只是慢了很多很多倍，并且仍然有足够的速度令阿尔诺要看的物体所发出的光线抵达他的眼睛。想得很美，但还是差了那么一点儿。就算发生的是这种情况，光线放慢的事实也会导致巨大的红移效应 —— 在正常世界中看起来是可见光的光线，到了阿尔诺这里就会变成短波，他可怜的眼睛可没办法看得见。说不定 X 光可以红移到可见光波段，但 X 光没那么容易碰到。（诚然，这本小说确实启发了我们去思考，这个场景更加现实的版本会多有意思。）

诺·斯特里尼以外的宇宙来说慢下来了，或者这样说也是等价的，甚至可能更有用，就是时间对他来讲加速了，而余下的世界一仍其旧。但同样，我们还可以说"时间"完全没受影响，发生变化的是在阿尔诺影响范围内的粒子的物理定律（质量、不同粒子的带电量等）。"时间"这样的概念并不是由外界清清楚楚交到我们手上的，而是由人类自己发明，用来尝试理解宇宙的。如果宇宙变得非常不一样了，我们理解它的方式恐怕也得极为不同。

同时，这儿有一个能让一组时钟测出来的时间彼此不同的真实方法：让这些时钟在时空中以不同的路径移动。这跟我们声称的"好时钟"应当以相同方式测量时间完全一致，因为除了把两个时钟在空间中紧挨着放一块儿，没有别的办法能轻而易举地比较两者的时间。沿着两个不同轨迹行进，时间流逝总量可能会有所不同，但并不会带来任何矛盾。不过这倒确实带来了很重要的东西：相对论。

时空中的弯曲路径

通过同步重复的奇迹，时间不只是简单地将宇宙历史上的不同时刻排了个序，还能告诉我们这些时刻（在时间上）"相距多远"。我们不只是可以说"1776 年比 2010 年早"，我们还可以说"1776 年比 2010 年早 234 年"。

我得强调一下，"将宇宙分为不同的时刻"和"测量事件之间的间隔"之间有重大区别，这个区别到我们有了相对论的时候就会变得至关重要。想象一下，假设你是一位踌躇满志的时间（temporal）[1] 工程师，并不满足于只是让自己的手表能精确计时，还想对时空中其他任何事件都处于什么时间也同样了如指掌。你也许想知道，我们就不能（假设说）制作无数个时钟，使之同步为相同的时间，再将这些时钟分散到整个空间，从而在整个宇宙中构造一个时间坐标出来吗？这样的话，无论我们到了时空中的什么地方，那儿都会有一座时钟告诉我们现在是什么时间，这不就毕其功于一役了嘛。

19　　我们会看到，真实世界不会允许我们构造一个遍布全宇宙的时间坐标。很长时间里人们都以为肯定能做到，就连艾萨克·牛顿爵士（Sir Isaac Newton）那样的权威人士都这样认为。在牛顿对宇宙的看法中，有一种特殊的正确方法，可以将宇宙切成"处于时间中某特定时刻的空间"的切片。而我们也确实可以（至少从思想实验的角度看是如此）将时钟送往全宇宙的各个角落，建立起时间坐标，从而当某个特定事件发生时能唯一确定其时间。

　　但是到了 1905 年，爱因斯坦带着他的狭义相对论出现了[2]。狭义相对论最核心的概念性突破是，我们关于时间的两个方面，"时间标

---

1. Temporal：指与时间有关或从属于时间。这个词很重要，我们会经常用到。但这个词还有一个意思是"与当前的生活或世界有关"（即"世俗""尘世"之意），要是用这个含义我们就会离题千里了。

2. 更精确的历史表述应当是，可以说爱因斯坦在狭义相对论的形成过程中起到了中心作用，但同样有理由说这是多人共同努力的结果。狭义相对论涉及大量物理学家和数学家的工作，其中包括乔治·菲茨杰拉德（George Fitzgerald）、亨德里克·洛伦兹（Hendrik Lorentz）以及亨利·庞加莱（Henri Poincaré）。最后是赫尔曼·闵可夫斯基（Hermann Minkowski）采用了爱因斯坦的最终理论，并证明了该理论可以理解为四维时空的形式，现在我们常常称之为"闵可夫斯基空间"。他在 1909 年发表著名声明："我想展现在你们面前的时间和空间的观点，是从实验物理的土壤中生长出来的，其力量也来自于此。这样的观点是根本性的。从此以后，空间本身和时间本身，注定会隐退成纯粹的阴影，只有二者的某种结合才能保存独立的现实。"（Minkowski, 1909）

记不同的时刻"和"时间是时钟测量的对象"并不等价，更加不可能互换。特别是，将时钟送到宇宙各个角落以建造时间坐标的方案无法奏效：离开同一事件又抵达同一事件的两个时钟，如果途中采用了不同的路径，通常就会在旅途中经历不同的间隔，并失去同步。这不是因为我们在选择"好时钟"的时候不够仔细，上面我们已经明确了这一点；而是因为，沿着连接时空中两个事件的两条轨迹，流逝的时间可以不同。

只要我们开始想"时间就有点儿像空间一样"，上述想法就不那么出乎意料了。考虑一个类似的说法，但是是对空间而不是时间：沿着连接空间中两点的两条路径行进，距离可以不同。听起来一点儿都不意外，对吧？我们当然可以用不同长度的路径连接起空间中的两点，其一可以是直的，另一条可以是弯的，我们也总会发现沿着弯曲路径行进的距离会更长一些。但无论我们是以什么方式从一点到另一点，两点之间坐标的变化总是一样的。显然很容易理解，这是因为你行进的距离跟你坐标的变化并不一样。想象一个橄榄球跑卫为了躲避拦截队员在球场上来回跑动，最终从 30 码（1 码 =0.9144 米）线前进到了 80 码线（实际上应该是"对方的 20 码线"，但我这样说更容易抓住要点）。那么无论他跑过的总距离是长还是短，坐标的变化都是 50 [20]码（图 4）。

图 4　橄榄球场上，分码线就起着坐标的作用。跑卫带球从 30 码线出发前进到 80 码线，就算他跑过的距离远远超过 50 码，其坐标变化仍然是 50 码

狭义相对论的核心就是认识到时间是这个样子。我们的第二个定义，即时间就是时钟所测量的间隔，可以类比为空间中一条路径的总长度；时钟本身可以类比为里程表或是别的用来测量行进总距离的仪器。这个定义跟标记时空不同切片的坐标（可以类比为橄榄球场上的分码线）这一概念相比，根本就不是一回事。这种区别也不是什么可以通过造出更好的时钟，或在穿过时空时选择更好的路径就能"解决"的技术问题，这是宇宙运作方式的特性，我们只能学着与之共处。

时间和空间在很多方面都有相似之处，这很有意思也很深奥。不过要是说二者同样也有至关重要的差别，你应该不会觉得太意外。这些差别中有两点是相对论的核心要素。首先，空间有三个维度，而时间只有一个；你可能也猜到了，这一基本事实对物理学有深远影响。其次，空间中两点之间的直线描述的是最短距离，时空中两个事件之间的直线轨迹描述的却是最长的间隔。

但是时间和空间之间最明显、最直白、最不会弄错的区别是，时间有方向，而空间没有。时间从过去指向将来，而空间中（在太空中，远离地球等局部干扰）的所有方向都是等价的。我们可以倒转空间的方向而不对物理学产生任何影响，但所有真实的进程都只能在时间的一个方向上发生，不能换一个方向。我们现在就来看看这个关键区别。

3. 时间是我们移动的媒介

我在本章开头建议的社会实验，就是问问陌生人会怎么定义"时间"，用这一方法来区分物理学家和非物理学家会很趁手。十有八九，物理学家会说出跟上面头两个概念有关的内容 —— 时间是一种坐标，或者时间是事件间隔的度量。同样也是十有八九，并非物理学家的人会说出跟我提到过的第三个方面有关的内容 —— 时间就是从过去流向未来的什么东西。逝者如斯夫，从"过去那时候"到"现在"并走向"将来"。

或者反过来，也可以说我们在时间里移动，就好像时间是一种我们可以穿过去的物质一样。罗伯特·波西格（Robert Pirsig）在其经典之作《禅与摩托车维修艺术》的后记中，提到了这个比喻的一种特殊转换形式。根据波西格的说法，古希腊人"将未来看成是从他们后面向他们走来的东西，将过去看成是在他们眼前往后退却的东西"。[1] 仔细想想，这个说法似乎比我们离开过去朝着将来前进的传统观点更实在点。对于过去我们根据经验有所了解，而对于将来多半纯靠臆测。

这些看法的共同之处是将时间看成是一样东西的思想，并且这件东西还会变化 —— 在我们周围流动，或是我们在其中移动时经过我们身边。但是，把时间构想成某种自身具有动力的物质，甚至可能还有根据环境以不同速率改变的能力，就会带来一个至关重要的问题。

这样讲到底是什么意思？

想一下有些真的会流动的东西，比如说一条河。我们可以从被动

---

1. *Pirsig*（1974），375。

或主动的视角来看待这条河：要么是我们静静站着，水流过我们身边；要么是我们坐在船上顺流而下，两边的河岸相对于我们在移动。

毫无疑问河水在流动。这么说的意思是，河水中特定的某一滴水在随着时间改变位置——某个时刻这滴水在这里，过一会儿之后又到了那里。我们也可以有理有据地讨论河水流动的速率，也就是水的速度——换句话说就是这滴水在一定时间内行进的距离。我们可以用"千米／时"来计算这个速度，也可以用"米／秒"，或是"相同时间间隔内行进的距离"的任何单位，你高兴用就行。这个速度很可能会随时随地发生改变——有时候河水流得很快，有时候又变慢了。当我们说到真实河流的真正流动时，所有这些语句的含义都一清二楚。

但是我们仔细审视一下时间本身要如何"流动"这个观念的话，就会有个小问题。河水的流动是位置随着时间变化；但要是说时间随着时间变化，这是什么意思？真正的流动是位置随时间的变化，但时间并没有"位置"。所以，时间应该相对于什么发生变化呢？

那就这么想：如果时间确实在流动，我们该如何描述其速度？可能是类似于"x 小时每小时"这样的表述——每单位时间的某个时间间隔。我也能告诉你 x 会是多少——等于 1，永远都是。无论宇宙中别的事情会怎样进行，时间流逝的速度都是 1 小时／每小时。

从这里可以得出的教训是，把时间看成能流动的什么东西并不妥当。这个比喻非常诱人，但经不起推敲。要把我们自己从这种想法中剥离开，就不能再将我们自己想象成安置在宇宙中而时间在我们周围

流动才行。相反，我们得把宇宙（我们周围的全部四维时空）看成是 22
某种独特的实体，就好像我们可以用外部视角来观测它一样。只有这
样，我们才能真正领会时间的意义，而不是"只缘身在此山中"，把我
们在时空中的位置看得太重。

超脱时间的视角

我们没法真的站在宇宙之外。宇宙（就我们所知）并不是安放在
更大的空间中的什么物品；宇宙是所有存在的东西（包括时间和空
间）的完整集合。因此，我们并不是真的想知道从宇宙之外的视角来
看宇宙会是什么样子，这样的视角压根儿不存在，我们只是想把整个
时间和空间作为单一的整体来把握。哲学家休·普赖斯（Huw Price）
称之为"超脱时间的视角"，也就是与时间中任何特定时刻都无关的
视角[1]。我们都对时间太熟悉了，每日每夜的日常生活都要跟时间打交
道。但我们不得不把自己放在时间当中，如果能将全部时间和空间放
在一起来考虑就会大有裨益。

那么从超脱时间的视角看下来，我们能看见什么？我们看不到
任何随着时间变化的东西，因为我们自身就在时间之外。相反，我们
会一下子看见所有历史——过去，现在和将来。就好像把空间和时间
看成是一本书，原则上我们可以打开到随便哪个段落，甚至还可以把
全部书页拆散，在我们面前摊开，而不是像一部电影那样，只能被迫
观看按特定时间排好的事件序列。我们也可以根据库尔特·冯内古特

---

1. *Price*（1996），3。

（Kurt Vonnegut）的小说《五号屠场》中外星人的名字称之为541号大众星人视角[1]。小说主人公比利·皮尔格里姆（Billy Pilgrim）的说法是：

> 541号大众星人可以看见所有的时刻，就好像我们能看见一段落基山脉一样。他们能看到所有的时刻都一直存在，他们也可以随意查看自己感兴趣的任意时刻。在地球上我们觉得一个时刻紧跟在另一个时刻后面，就像一串念珠一样，某个时刻消失了就永远消失了，但其实这只是一种错觉。[2]

从541号大众星人高高在上的、无视时间的视角出发，我们如何才能重建我们对流动时间的传统理解呢？我们看到的都是按顺序排好的相关事件。这儿有个时钟指着6点45分，还有个人站在他家厨房，一只手端着一杯水，另一只手拿着冰块。另一个场景中，时钟指着6点46分，这个人还是端着一杯水，但这回冰块在杯子里。还有一个场景则是，时钟指着6点50分，这个人端着一杯稍微凉一些的水，冰块则已经化了。

哲学文献有时候会把这种视角叫作"模块时间"或"模块宇宙"，把所有的时间和空间都看成是时空中存在的一个个模块。对我们当前的目标来说，重要的是我们可以用这种方式思考时间。我们不用在我们思想的最深处埋下时间是一种物质的印象，想着时间在我们身

---

1. 原文为Tralfamadore（Tralfamadorian），音译为特拉法麦多尔，是冯内古特多部小说中外星人的母星。在另一部小说《泰坦星的海妖》中，作者称该词有两个含义，即"我们大家"和"541号"。因此中译本亦作"541号大众星"。——译者注
2. *Vonnegut*（1969），34。引自*Lebowitz*（2008）。

边流动或是我们在时间中移动；我们可以想出相关事件排好的一个序列，所有序列放在一起就构成了整个宇宙。这样一来，时间就是我们从这些事件的相关性出发重构出来的东西。"这个冰块在十分钟内融化了"就等于"跟冰块放到水杯里时相比，时钟的读数在冰块全部融化时要晚十分钟"。我们并不是在保证什么戏剧性的概念化立场，从而觉得想象我们自己嵌在时间当中是错误的；只不过是如果我们绕过去看为什么时间和宇宙是以这样的方式存在，如果我们能抽身而出从超脱时间的视角来审视整个事态，就会发现这种视角要有用得多。

当然会有不同意见。很久以来人们为破解时间之谜前赴后继，什么是"真实"、什么才"有用"就已经够争讼千年了。在时间的本质方面最有影响力的思想家之一是奥古斯丁，公元 5 世纪的北非神学家、教父。奥古斯丁最著名的事迹可能是发展了原罪原则，但是他涉猎广泛、博学慎思，偶尔也会染指形而上学问题。其著作《沉思录》第 11 卷探讨了时间的本质：

> 有一点已经非常明显，即：将来和过去并不存在。说时间分过去、现在和将来三类是不恰当的。或许说：时间分过去的现在、现在的现在和将来的现在三类，比较恰当。这三类存在我们心中，别处找不到；过去事物的现在便是记忆，现在事物的现在便是直接感觉，将来事物的现在便是期望。[1]

---

1. *Augustine*（1998），235。——作者原注（译文引自商务印书馆 1996 年周士良译本，247 页。本章开头所引文字的译文则来自该书第 242 页。——译者注）

　　奥古斯丁不喜欢模块宇宙这回事。他就是那种所谓的"当下论者"，认为只有当下是真实的——过去和将来都只是我们身处当下时意图用我们可以得到的数据和知识来重构的对象。另一方面，我们描述过的那种观点就（顺理成章地）成了所谓的"永恒论"，坚持认为过去、现在和将来都同样真实。[1]

　　对于永恒论与当下论之争，典型的物理学家会说："谁稀罕哪？"也许出人意料，但物理学家对某种概念究竟"真实"与否的裁决确实没有那么在乎。他们非常关心真实世界如何运转，但对他们来说问题在于要构建全面的理论模型并与经验数据相比较。重点并不在于每个模型（"过去""未来""时间"）的个别概念特征，而在于作为整体的结构。实际上，结果往往证明，一种特殊模型可以用两种完全不同的方式描述，用的也是两套完全不同的概念。[2]

　　因此，作为科学家，我们的目标是建构关于现实的模型，成功解释所有这些不同的时间概念——时间由钟表测量，时间是时空中的坐标，及我们认为时间在流动的主观感受。前面两点，实际上根据爱

---

1. 关于这些话题，*Callender*（2005）、*Lockwood*（2005）和 *Davies*（1995）中有详尽讨论。
2. 哲学家常常以约翰·麦克塔加特（J. M. E. McTaggart）在其著名论文《不真实的时间》（*The Unreality of Time*，1908）中提出的术语来讨论不同的时间概念。文中麦克塔加特区分了三种不同的时间概念，并标记为不同"系列"（亦可参见 *Lockwood*，2005）。系列 A 是相对现在而言的事件系列，随着时间变动不居——"一年前"并不表示一个固定的时刻，而是随着时间流逝不断变动。系列 B 是带永久时间标签的事件序列，比如"2009 年 10 月 12 日"。系列 C 则只是排好序的事件列表——"X 发生在 Y 之前，在 Z 之后"——完全不带时间戳。麦克塔加特粗略证明，系列 B 和系列 C 只是固定的队列，缺乏变化这一关键元素，因此不足以描述时间。但是系列 A 本身前后也并不一致，因为从不同时刻的视角来看，任一特定事件都可能同时被视为"过去""现在"或是"未来"。（你出生的时刻对现在的你来说是过去，但对你父母与你初次见面时来说就是未来。）因此他得出结论，时间并不存在。
如果你能感觉到这种所谓的矛盾似乎更多的只是文字游戏，而并非真的是时间本质的问题，那你的路子就对了。对物理学家来说，站在宇宙之外思考整个时空与承认从宇宙内部任何个体视角来看时间好像在流动之间，似乎并无矛盾。

因斯坦的相对论已经理解得很到位了，在本书第二部分我们将介绍这些内容。但第三点还有些神秘。我之所以一直在絮叨站在时间之外将整个宇宙看成单一实体的想法，是因为我们必须将时间本身内在的观念与我们从着眼于当下的狭隘视角出发经历的对时间的看法区分开。摆在我们面前的挑战，就是调和这两种看法。²⁵

第 2 章
熵：一手遮天

> 进食也让人累觉不爱……各种食物大口大口地回到我嘴里。用舌头和牙齿熟练按摩之后，我再将这些食物吐到盘子里，用刀叉汤勺精雕细刻。这个过程至少还有点儿让人感到安慰，但如果你是在喝汤或是别的什么，那就真成了十大酷刑了。接下来你要面对耗时费力的冷却、配菜、储存的过程，再将这些食品送回小超市，在那里我得承认，我的痛苦得到了及时、慷慨的报偿。接下来，你推着推车或是提着篮子在货架间徜徉，将每个罐头或包装盒放回合适的地方。
>
> —— 马丁·埃米斯（Martin Amis），《时间之箭》[1]

忘了太空船、火箭炮以及与外星文明的冲突吧。如果你打算讲一个故事来强烈唤醒身处陌生环境的感觉，你就得倒转时间的方向。

当然，你也可以直接把一个普普通通的故事倒着讲，从结尾讲到开头。这是一种叫作"倒叙"的文学手法，似乎在维吉尔（Virgil）的《埃涅阿斯纪》当中就有了。但要是真想让读者大跌眼镜、再也无法洋洋自得的话，你还是得让有些角色经历时间倒流。当然，这能让人大跌

---

1. *Amis*（1991），11。

眼镜的原因是，我们这些非虚构人物全都是在以同一个方式经历时间。而这种方式又要归因于熵在整个宇宙中持续增长，并定义了时间之箭。

镜中奇遇记

司各特·菲茨杰拉德（F. Scott Fitzgerald）的短篇小说《本杰明·巴顿奇事》最近拍成了电影，主演是布拉德·皮特（Brad Pitt）。小说主人公出生的时候是个老人，随着时间流逝逐渐变得越来越年轻。可以理解，在本杰明出生的那家医院，护士们有些惊慌失措。 26

> 用宽大的白色毛毯裹着，被勉强塞进婴儿床的，是一个明显有七十来岁的男人。他坐在那里，稀疏的头发几乎全白了，从下巴垂下的长长的烟灰色胡须，被窗外进来的微风吹得前后飘荡。他用黯淡无光的眼睛望着巴顿先生，眼中深藏着疑虑。
>
> "是要气死我吗？"巴顿先生暴跳如雷，他的恐惧变成了愤怒："这是不是医院在搞什么恶作剧？"
>
> "我们可不觉得这是恶作剧，"护士厉声回答："我不知道你会不会气死——但那千真万确是你的孩子。"
>
> 更多冷汗从巴顿先生的额头上冒了出来。他紧闭双眼，然后再睁开。没错——他正盯着一个七十岁的男人——一个七十岁的婴儿，双足悬在他应该用来安睡的婴儿床的栏杆外面。[1]

---

1. *Fitzgerald*（1922）。——作者原注（该短篇小说标题亦译为《返老还童》。此处译文参考上海译文出版社《返老还童》，2009 年，张力慧、汤永宽译。个别字词有改动。——译者注）

这一刻可怜的巴顿夫人是什么感受，书中并未提及。（在电影中，刚出生的本杰明尽管又老又皱，但至少确实是婴儿般大小。）

让某些角色经历时光倒流实在是太古怪了，因此在故事里常常用于达到喜剧效果。在刘易斯·卡罗尔（Lewis Carroll）的《爱丽丝镜中奇遇记》中，爱丽丝与白女王第一遭见面就惊讶万分，因为白女王的生活在时间的两个方向上都左右逢源。女王正大喊大叫，因为护痛晃动着手指：

> "究竟是怎么回事？"一有机会能让人听见自己的时候，（爱丽丝）就问道："你扎伤自己的手指了吗？"
>
> "我暂时还没扎伤，"王后说，"不过我马上就会——哦，哦，哦！"
>
> "那你想在什么时候扎伤呢？"爱丽丝问道，感觉自己马上要笑出声来。
>
> "在我重新把披肩别起来的时候，"可怜的王后唉声叹气地说："胸针会自己打开。哦，哦！"就在这当儿，胸针打开掉了下来，王后手忙脚乱地拼命想抓住它，试图让它再合上。
>
> "小心！"爱丽丝叫起来："你都把它捏弯了！"于是她伸手去拿那枚胸针，但还是晚了一步，胸针已经滑落，王后也已经扎伤了手指。[1]

27

---

1. *Carroll*, L.（2000），175。——作者原注（此处译文参考上海译文出版社《爱丽丝镜中奇遇记》，2012 年，吴钧陶译。个别字词有改动。但此处并非爱丽丝与白女王第一次见面，而应该是第二次。——译者注）

卡罗尔（跟我一不沾亲二不带故[1]）是在拿时间深层的本质特征——原因先于结果的事实——开玩笑。上述场景会让我们莞尔，同时也提醒我们，时间之箭对我们在这个世界上的经历来说有多重要。

时间倒转不仅可以服务于喜剧，也可以服务于悲剧。就算考虑到时间倒转是个非常小的文学类型[2]，也可以说马丁·埃米斯的小说《时间之箭》是该类型的经典之作。小说的叙述者是一个没有实体的意识，住在另一个名叫奥迪罗·翁弗多尔本（Odilo Unverdorben）的人的身体里。宿主的生活是正常的，时间向前流动；但寄宿的小小叙述者经历的一切都是向后的——他最早的记忆是翁弗多尔本的死亡。他无法控制翁弗多尔本的行为，也无法进入宿主的记忆，只能被动地反向经历宿主的人生。一开始翁弗多尔本在我们面前出现的时候是个医生，这个职业给叙述者的印象相当病态——病人们拖着脚走进急诊室，医护人员从他们体内吸出药物，解开他们身上的绷带，把他们扔回黑灯瞎火的大街上，任他们血流不止，鬼哭狼嚎。一直到该书最后我们才了解到，翁弗多尔本是奥斯维辛的一名助手，他在那里创造生命，谁都没这么干过——将化学品、电流和尸体变成活人。到这时叙述者才觉得，这个世界终于有意义了。

---

1. 还用得着说么。

2. 迪德里克（Diedrick, 1995）列举了大量以某种形式的时间倒转为特征的小说，此外还有：刘易斯·卡罗尔的《西尔薇与布鲁诺》、琼·科克托（Jean Cocteau）的《俄耳甫斯的遗嘱》、布莱恩·奥尔迪斯（Brian Aldiss）的《一个时代》以及菲利普·迪克（Philip K. Dick）的《逆时针世界》。在特伦斯·怀特（T. H. White）的《永恒之王》中，梅林（Merlyn）这个角色经历的时间是倒转的，不过怀特并没有精心维持这个别出心裁的形象。最近这一技巧还被丹·西蒙斯（Dan Simmons）用到了《土卫七》（Hyperion）中，并在安德鲁·肖恩·格尔（Andrew Sean Greer）的《马克斯·蒂沃利的自白》以及格雷格·伊根（Greg Egan）的短篇小说《百年日记》中作为主题出现。冯内古特的《五号屠场》中有对德累斯顿大轰炸的逆序简短描述，埃米斯在《时间之箭》的后记中对此大加赞赏。

时间之箭

为什么倒转时间的相对方向是放飞想象力的有效工具，有一个极好的理由：在真实的、非假想的世界中，这种情形从来不会发生。时间有方向，并且每天的方向都是一样的。我们中间没有谁见过像白王后那样的角色，她记得住我们看起来是"将来"的东西，而非"过去"（或者说在"过去"之外）。

要说时间有方向，有一个箭头从过去指向将来，到底是什么意思？想一想，假设我们在看一部倒着放的电影。一般来讲，如果我们看到的东西在时间上是在"逆行"，我们会很清楚这一点。经典例子就是跳水的人和泳池。跳水的人跳下来，就会有一大片水花，接着会有水波在水上起伏散开，一切都很正常。但如果我们首先看到的是一个有水波的泳池，水波汇集到一起形成大水花，再托起一个跳水的人一直送到跳板上，这个人还一脸心平气和，我们就会知道有什么地方出了问题：电影在倒着放。

现实世界中的特定事件总是以同样的顺序发生。只能是跳水、水花、波浪，永远不会有波浪、水花、托出一个跳水的人。牛奶可以掺进黑咖啡里，但不可能将搅好的咖啡和牛奶再分成这两种液体。这类序列就叫作不可逆过程。我们可以自由想象这种序列如何反向呈现，但就算我们真的看到了反向序列，也只会觉得这是电影里的花招，而非现实的忠实再现。

不可逆过程是时间之箭的核心。事件以某些序列而非其他序列发生，而且就我们所知在整个可观测宇宙中，这些顺序都互相吻合。有一天我们也许会发现某个遥远的太阳系有颗行星上有智慧生命，但没有人会觉得在新发现的行星上，那些外星人一般都能拿个勺子随便搅和几下就将牛奶和咖啡（或该星球上的等价物）分开。这个结论为什么并不意外？这个宇宙可是大得很呢，事情以任意序列发生应该都有可能。但并非如此。对某些类型的进程——大致来讲，有大量部件都在各自运动的复杂行动，就似乎都有根植在世界基本结构中的特定顺序。

汤姆·斯托帕德（Tom Stoppard）的话剧《阿卡迪亚》以时间之箭为中心隐喻来组织情节。下面就是托马西娜（Thomasina）这位远远超前于时代的年轻奇才是如何向自己的导师解释时间之箭的概念的：

> 托马西娜：赛普蒂默斯（Septimus），你搅动你这碗大米布丁的时候，这勺果酱就会四下散开，留下红色尾迹，就像我的天文图集里流星的照片一样。但如果你反着搅，果酱也不会重新聚拢来。实际上，布丁才不管你怎么搅，只会跟之前一样继续变成粉色。你不觉得很奇怪吗？
>
> 赛普蒂默斯：不觉得。
>
> 托马西娜：我反正是这么觉得。你没办法靠搅拌把东西分开。
>
> 赛普蒂默斯：你也只能做到这儿了，要不时间就必须得倒流了。但是时间可不会倒流，我们只能继续搅拌混合，越来越无序，最后完全变成粉色，再也不变了，也没法再变

了，这样才算完全搞定它。这就叫自由意志，或是自决权。[1]

因此，时间之箭是我们宇宙的一个基本事实，甚至可以说是我们宇宙最基本的事实。事情会以一种顺序发生而不会反着来，这一事实深刻影响了我们如何在这个世界上生活。为什么会这样呢？为什么我们生活的宇宙中 X 后面总是跟着 Y，而 Y 后面永远不可能跟着 X？

答案就在我们前面提到过的"熵"这个概念里。跟能量、温度一样，熵能告诉我们物理系统处于特殊状态时的某些信息，描述的是这个系统究竟有多无序。一沓纸一张叠一张整整齐齐放在那里，熵就很低；同样这一沓纸如果在桌子上杂乱无章到处都是，熵就会很高。一杯咖啡，旁边单独放着一勺牛奶，熵就很低，因为分子处于有序分离的特殊状态，各自组成了"牛奶"和"咖啡"；要是把这两样混在一起，熵相对就变大了。所有这些不可逆过程都反映了时间之箭 —— 我们可以把鸡蛋摊成鸡蛋饼，没法把鸡蛋饼变成鸡蛋；香味可以在房间里扩散开来，但永远不会收回到瓶子里；冰块可以在水里融化，但一杯热水绝对不会自动结出冰块。这些过程也都有个共同特征：随着系统从有序向无序发展，熵一直在增加。无论什么时候，只要我们扰动宇宙，就倾向于令宇宙的熵增加。

在本书中我们的重要任务之一，就是解释为何熵这样一个概念就能将如此各不相同的一组现象都维系起来，并深入挖掘所谓的"熵"究竟是什么以及为什么熵总倾向于增加。最终任务 —— 在现代物理

1. *Stoppard*（1999），12。

学中仍然是个深奥难解、没有答案的问题 —— 就是，为什么熵在过去会那么低，以至于能从那时起就一直在增加。

过去和将来对比上和下

首先，我们得好好想想另一个更优先的问题：某些事情在时间的一个方向上发生，而绝不会是另一个方向，我们真的应该为此感到惊讶吗？到底有谁说过什么事情都得是可逆的啊？

把时间看成是事件发生时的标记，这是让时间看起来就像空间的方式之一 —— 时间和空间都有助于我们在宇宙中定位事物。但从这个视角来看，时间和空间也还是有一个关键的地方不一样 —— 空间中的方向都是平等的，但时间的方向（也就是"过去"和"将来"）就很不一样。在地球上，空间的方向很容易区分 —— 指南针就可以告诉我们哪儿是南，哪儿是北，而且谁也不会有搞错上和下的风险。但这并没有反映出自然界的深层基本规律，而只是因为我们生活在一颗巨大的行星上。有了这颗行星，我们就能定义不同的方向了。如果你是身穿太空服漂浮在远离任何行星的太空中，那么空间的所有方向就都完全区分不出来了 —— 不会有什么"上"或者"下"的首选概念。

专业说法是自然规律有其对称性 —— 空间中任意方向都跟别的方向一样。要"调换空间的方向"易如反掌 —— 拍一张照片，反着冲印出来，或者就从镜子里看也是一样的。大部分情况下，镜子里的景象看起来都没什么特别。显而易见的反例是书写，很容易就能分辨出我们看到的有字的图片是不是反着的；这是因为书写和地球一样，有

30　一个首选方向（你读这本书是从左往右读，对吧）。但是大部分没有多少人造物的场景，无论是直接看还是从镜子里看，对我们来说都显得同样"自然"。

我们来跟时间对比一下。"从镜子里看一张图"（倒转空间的方向）就等价于"倒着放一部电影"（倒转时间的方向）。这种情形下，很容易看出时间是否倒置了 —— 定义时间之箭的不可逆过程突然之间以错误的顺序发生。时间和空间的这种深刻差异来自哪里？

虽然我们脚下的地球确实通过区分上和下选出了"空间之箭"，但是也很清楚，这只是局部现象，并不是自然界基本法则的反映。很容易想象出来，我们可以身处没有首选方向的外太空。但是，自然界的基本法则不只是没有在空间中选个首选方向而已，同样也没有在时间中选一个方向（图 5）。如果我们将注意力集中在非常简单的系统中，只有少数几个部分在运动，其运动反映的是物理学的基本法则而非我们乱糟糟的本地环境，那就不会有时间之箭 —— 我们不能分辨电影是否在倒着放。就说伽利略那盏老老实实前后摆动的大吊灯，要

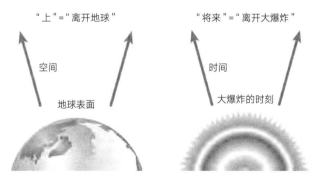

图 5　地球定义了空间的首选方向，而大爆炸定义了时间的首选方向

是有人只给你看这个吊灯的一段影片，你恐怕就没法说出它到底是在正着放还是在倒着放。吊灯的运动足够简单，因此在时间的随便哪个方向上都同样说得通。

因此，至少就我们现在知道的来说，时间之箭并不是物理学基本法则的特征。就像空间的上下方向是由地球选出的一样，时间的首选方向也是我们环境特征的结果。就时间的例子来讲，并不是我们生活 [31] 在有影响力的物体的邻近空间，而是我们生活在有影响力的事件的邻近时间，这个有影响力的事件就是宇宙的诞生。我们这个可观测宇宙的起点，那个叫作大爆炸的炎热、致密的状态，熵非常低。这起事件影响了我们在时间中的方向，正如地球的存在决定了我们在空间中的方向一样。

大自然最可靠的定律

不可逆过程的基本原则可以总结为热力学第二定律：

> 孤立系统的熵要么保持不变，要么随时间增加。

（第一定律则声称能量守恒。[1]）第二定律可以说是物理学当中最可靠的定律。如果有人叫你预测一下，现在人们认可的物理学原理中

---

1. 除了热力学第一定律（"在任意物理过程中总能量保持恒定"）和第二定律（"封闭系统的熵绝对不会减少"），还有个第三定律：系统温度下降时会有一个最小值（绝对零度），该温度下系统的熵也最低。用更生动有趣的语言来表述这三条定律的话就是："你赢不了；你也没法暂停；你甚至都没法离开这场比赛。"还有一个第零定律：如果有两个系统都跟第三个系统处于热平衡状态，则这两个系统也彼此热平衡。至于说怎么把这个定律也类比成体育比赛，那就随你自己发挥了。——作者原注

有什么在一千年以后还能站得住脚，第二定律估计是个好选择。20
世纪初杰出的天体物理学家亚瑟·爱丁顿爵士（Sir Arthur Eddington）
就曾断言：

> 如果有人指出，你钟爱的宇宙理论跟麦克斯韦方程
> （关于电和磁的定律）不符，那对麦克斯韦方程来说可就糟
> 糕了。如果你的理论还被发现跟观测有冲突——那么，那
> 些实验学家确实有时候会笨手笨脚把事情搞砸。但要是你
> 的理论被发现跟热力学第二定律相悖，我就只能说没希望
> 了，结局只能是颜面扫地、完全失败。[1]

英国学者、物理学家、小说家查尔斯·珀西·斯诺（C. P. Snow）
最著名的事迹可能是，他坚持认为科学和人文"两种文化"已经分道
扬镳，但二者本应都成为我们共同文明的一部分。他在举荐每个受过
教育的人都应当懂得的最基本的科学知识时，选择了第二定律：

> 我曾多次出席按传统文化标准会被视为受过良好教育
> 的人的聚会，他们也都以极大热情表达过，搞科学不可怕，
> 就怕科学家没文化。有那么一两回我被激怒了，于是问他
> 们当中有多少人能描述热力学第二定律，也就是关于熵的
> 定律。回应很冷淡，也是否定的。然而我只不过问了在科
> 学领域相当于"你有没有读过莎翁剧作"的问题。[2]

32

---

1. *Eddington*（1927），74。
2. *Snow*（1998），15。

我敢说，斯诺男爵在剑桥鸡尾酒会上肯定语惊四座。（为公平起见，他后来倒是也承认，就连物理学家也并非真的理解第二定律。）

我们对于熵的现代定义是 1877 年由奥地利物理学家路德维希·玻尔兹曼提出的，但提出熵的概念并将其用于热力学第二定律，可以追溯到 1865 年的德国物理学家鲁道夫·克劳修斯（Rudolf Clausius）。第二定律本身甚至还可以追溯到更早 —— 是法国军事工程师尼古拉·莱昂纳尔·萨迪·卡诺（Nicolas Léonard Sadi Carnot）在 1824 年提出来的。克劳修斯不知道熵的定义，那他是如何将熵应用到第二定律中的呢？卡诺甚至完全没有用到熵的概念，他又到底是怎样确切表达出第二定律的？

19 世纪是热力学（研究热及其性质的学问）的黄金时代。热力学先驱们研究了温度、压力、体积和能量之间的相互作用。他们的兴趣也绝非纸上谈兵 —— 这是工业时代的黎明期，他们的大量工作都是因为渴望造出更好的蒸汽机而激发的。

今天物理学家已经知道，热是能量的一种形式，物体的温度就是物体中原子平均动能的表征。但回到 1800 年，科学家还并不相信原子，对能量也知之甚少。英国在蒸汽机技术方面领先于法国，这一事实令卡诺的自尊受到了深深的伤害。因此，他给自己下达任务，要搞清这种机器究竟能有多大效率 —— 燃烧一定量的燃料，能做多少有用功？他证明，这种提取有个根本限制。卡诺做了一次智力上的飞跃，将真实机器理想化为"热机"，证明有一种最好的机器，在给定温度下，使用给定数量的燃料，做功的值可以达到最大。不出所料，诀窍就是让产生的废热最少。我们可能会觉得，冬天热量还是挺有用的，可以让房子暖和起来，但在物理学家想要的"做功"（让活塞或者飞轮之类的东西从一处移动到另一处）上，废热可就一无是处了。卡诺认识到，就算是最有效率的机器也并非完美，总有些能量会在做功过程中消耗掉。换句话说，蒸汽机的运转是不可逆过程。

　　因此，卡诺认识到，机器做的事情是不能撤销的。1850 年则是由克劳修斯搞明白，这反映了一条自然法则。他将自己的这条法则阐述为"热量不会自发从低温物体流向高温物体"。将一个气球装满热水并浸入冷水中，地球人都知道温度会趋于平均：气球里的水会凉下来，同时气球周围的液体会变暖。反过来就绝对不会发生。物理系统会朝着平衡态演化——尽可能均一的静态布局，所有组成部分的温度都一样。从这个见解出发，克劳修斯就能重新推导出卡诺关于蒸汽机的结果了。

　　那么，克劳修斯的定律（热量绝对不会自发从低温物体流向高温物体）和第二定律（熵绝对不会自发减少）有什么关系呢？答案就是，这是同一个定律。1865 年，克劳修斯设法用一个新的量重新阐释他原来的真理，并将这个量命名为"熵"。假设有一个物体正在逐渐冷却，也就是正向周围环境散发热量，在这个过程中，考虑每一时刻物体丧失的热量，并除以此刻物体的温度。熵就是将整个过程中的这个商数（用失去的热量除以温度）累加起来的数值。克劳修斯指出，热量从高温物体流向低温物体的倾向，就正好相当于封闭系统的熵只会增加不会降低的说法。平衡态就是熵已经达到最大值的状态，也不会再变成别的状态了：所有互相接触的物体都是同样的温度。

　　要是这样听起来有点儿抽象，也有个简单的说法来总结关于熵的这一观点：熵可以度量一定量能量的无用之处[1]。1升汽油里边有能量，这能量也是有用的，我们可以用来做功。燃烧这1升汽油让发动机运转的过程不会改变能量总数：只要我们认真追踪整个过程，就能看到能量总是守恒的[2]。但在这个过程中，能量也在变得越来越没用。除了用发动机带动汽车运动，这些能量还会转变成热量和噪声，就连汽车的运动最终也会因为摩擦力慢慢停下来。随着能量从有用变成无用，熵一直在增加。

　　第二定律并不意味着一个系统的熵永远不会减少。比如说，我们可以发明一台机器将牛奶从咖啡中分离出来。但问题在于，我们只能通过在别的地方产生更多的熵来降低某件物品的熵。我们人类，及我们打算用来分离牛奶和咖啡的机器，还有我们消耗的食物、机器消耗的燃料——全都有熵，这些熵在操作中也都必然会增加。物理学家在开放系统（物体与外界明显有相互作用，会交换熵和能量）和封闭系统（物体与外部影响完全隔绝）之间做了明确区分。在开放系统中，就比如我们放进机器里的咖啡和牛奶，熵当然可以减少。但在封闭系[34]统中，比如说包括咖啡、牛奶、机器、人类操作员、燃料等在内的整个系统，熵总是会增加，最多也就是保持不变。

---

1. 实际上，关于熵的概念和第二定律的第一线曙光要归功于萨迪·卡诺的父亲，即法国数学家、军官拉扎尔·卡诺（Lazare Carnot）才算公平。1784年，拉扎尔·卡诺写了一篇关于力学的论文，证明了永动机不可能存在，因为任何真实的机器都会因为其组成部分的震颤、摇晃而耗散有用的能量。后来这位军官成功领导了法国大革命军队。

2. 其实并非严格成立。爱因斯坦的广义相对论用时空弯曲解释了引力，也意味着我们通常叫作"能量"的对象并非真正守恒，比如在膨胀的宇宙中。我们将在第5章讨论这一点。但对大部分内燃机来说，宇宙膨胀可以忽略，能量也确实是守恒的。

原子论的兴起

卡诺、克劳修斯以及跟他们同时代的人对热力学的伟大见解都发生在"现象学"的框架内。他们知道整体情况，但并不了解深层机制。尤其是他们不知道原子，因此不会把温度、能量和熵看成是某些微观基础的特性，而是都当成了本即如此的真实存在的东西。特别是，那个年代人们常常把能量看成一种流体，可以从一个对象流到另一个对象。这种能量流甚至还有个名字，叫作"热质"。这种理解水平用来解释那些热力学定律已经足够。

但是同样在 19 世纪，物理学家也逐渐开始相信，我们在这个世界上发现的很多物质都可以看成是一些基本元素的不同排列组合，这些基本元素叫作"原子"，种数是固定的。（实际上，物理学家接受原子论比化学家要晚。）这种思想很古老，可以追溯到德谟克利特（Democritus）及其他古希腊人，但它在 19 世纪开始时兴的原因很简单：原子的存在能够解释很多在化学反应中观测到的特征，要不然的话那些解释都会很牵强。当一个简单概念就能解释大量各式各样的观测现象时，科学家总是乐见其成的。

今天扮演德谟克利特的原子角色的，是夸克、轻子这样的基本粒子，但思想仍然是一样的。现代物理学家称为"原子"的，是仍然能被视为个别化学元素的物质的最小可能单位，比如碳原子、氮原子等。但现在我们已经知道，这样的原子并非不可再分：原子里有电子在绕着原子核旋转，原子核由质子和中子构成，而质子和中子又是由夸克的不同组合得到的。物质的这些基本模块会遵循哪些法则？研究这些法则的学问常常被叫作"基础"物理，虽说叫"基本"物理可能还要更准确些（也可以说就显得不那么自吹自擂）。从现在开始，我会用原子表示建立于 19 世纪的作为化学元素的这层意思，而不是古希腊人所理解的基本粒子。

物理学的基本定律有一个迷人的特征：尽管它们控制着宇宙中所有物质的表现，但你仍然并不需要知道这些就能过好这一生。事实上，[35] 仅以你的直接经验为基础，你很难发现这些定律。原因在于，大量粒子的集合遵循的行为规范清晰可见、独立自主，也并不会依赖于较小的底层结构。底层规则会被叫作"微观"或仅仅是"基础"，而只适用于大型系统的独立的规则会被叫作"宏观"或是"涌现"。温度、热量等的表现当然可以用原子来理解，这就是名叫"统计力学"的领域。但这些现象也可以在完全不知道何谓原子的情况下得到同样好的理解，这就是我们一直在讨论的现象学方法，名叫"热力学"。在复杂的宏观系统中，由底层微观法则动态产生有规律的模式，在物理学中已属司空见惯。基本物理和对表层现象的研究之间并不存在竞争，尽管有时候会被描述成这个样子；两种研究都很迷人，也都对我们理解大自然至关重要。

最早倡导原子论的物理学家当中有一位苏格兰人，名叫詹姆斯·克拉克·麦克斯韦（James Clerk Maxwell），也是他最终系统阐述了现代电磁学理论。麦克斯韦跟奥地利的玻尔兹曼一起（也是追随着其他很多人的脚步），根据所谓的"动力学理论"，用原子的思想解释了气体的表现。麦克斯韦和玻尔兹曼得以弄清楚，容器中的气体所包含的原子在处于某个温度时会有确定的速度分布——这个原子可能运动得很快，那个可能就比较慢了，等等。这些原子自然也会一直撞击容器壁，每次撞击都会对容器壁施加小小的作用力。这些小小的作用力的累加后果有个名字，就是气压。这样一来，动力学理论就用简单的法则解释了气体的特征。

熵与无序

但是，动力学理论的伟大成就在于，玻尔兹曼将其用于系统阐述对熵的微观理解（图6）。玻尔兹曼认识到，当我们观察宏观系统时，我们当然不会去追踪每个原子的精确特性。如果我们面前有一杯水，有人偷偷潜进去并将其中一些水分子交换了位置（比如说）但并未改变总体温度和密度等，那我们绝对不会注意到。从我们的宏观视角来说，特定原子有很多不同的排列是不可区分的。接下来他还注意到，低熵物体在考虑这种重新排列时更加经不起折腾。如果你有一枚

36

图 6　路德维希·玻尔兹曼之墓，位于维也纳中央公园。刻写在上面的方程（$S = k \lg W$）是玻尔兹曼关于熵的公式，其中用到了能对系统的微观组分重排而又不改变其宏观表现的方式总数（细节参见第 8 章）

鸡蛋，开始时每次拿一点点蛋黄跟一点点蛋白交换位置，要不了多久你就会注意到有人动了手脚。我们定义为"低熵"的情形似乎更容易因为在其内部重排原子而被搅乱，而"高熵"情形就要坚挺得多。

克劳修斯和其他人早已将熵定义为能量无用程度的度量。玻尔兹曼接过熵的概念，并根据原子论将其重新定义：

> 熵是从宏观视角来看原子的特定微观布局看起来不可区分的方式总数的度量。[1]

这种见解的重要性可能再怎么强调都不为过。在玻尔兹曼之前，熵是从现象出发的热力学概念，遵循自己的法则（比如第二定律）。在玻尔兹曼之后，熵的表现就可以由更深的底层原则推导出来了。特别是，熵为什么倾向于增加，突然之间有了完美的解释：

> 孤立系统中的熵倾向于增加，是因为处于高熵状态的方式比低熵要多。

37

至少这种说法听起来好像很完美。事实上，这种说法暗含了一个关键假设：我们是从一个熵很低的系统开始的。如果我们开始时的系统熵很高，我们就会处于平衡态——什么都不会发生。开始这个词也暗含了时间上的不对称，将较早的时间优先放置在较晚时间前面。

---

1. 特别地，对于"我们能重排各个部分的方式总数的度量"，我们的意思是"与我们能重排各个部分的方式总数的对数成正比"。附录中有关于对数的讨论可参看，另外第9章也有对熵的统计定义的详细讨论。

跟着这条线推理下去，我们就会一直回到大爆炸的低熵状态。无论出于什么原因，尽管安排宇宙的组分有很多种方式，但早期宇宙就是处于非常特殊的低熵布局。

抛开这条注意事项来看，毫无疑问，玻尔兹曼阐述的熵的概念代表了我们对时间之箭的理解有极大飞跃。但是，这种理解上的进步也是有代价的。在玻尔兹曼之前，第二定律绝对成立，是自然界一条板上钉钉的铁律。但是根据原子论对熵做出的定义，有很明显的言下之意：就算在封闭系统中，熵也不是必定增加，而只是很可能增加。（我们应该看到这种可能是压倒性的，但仍然只是可能。）假设某个容器里的气体在高熵状态下均匀分布，如果我们等的时间够长，原子的随机运动最终就会让这些原子在某一刻全都跑到容器的一边，这就是"统计波动"。要是拿数字来算一算，你会发现在能看到这样一次波动之前需要等待的时间远远超过宇宙的年龄。从实际的角度出发，担心这样的事情无异于杞人忧天，但这个问题还是存在的。

有些人不喜欢这个样子。他们觉得热力学第二定律要对任何事情来说都是颠扑不破的真理，而不只是在大部分时间都成立。玻尔兹曼的解读也遭遇了极大争议，不过到今天已经被普遍接受。

熵与生命

这些事情全都非常迷人，至少在物理学家眼里是这样。但这些思想的影响远远超过蒸汽机和几杯咖啡的范围。时间之箭会以很多不同的方式显现 —— 随着年龄增长，我们的身体会发生变化；我们记得住过去，但记不住将来；结果总是跟在原因的后面。事实证明，所有这些现象都可以归结到第二定律。毫不夸张地说，是熵让生命成为可能。

地球上生命的主要能量来源是阳光。克劳修斯教导我们，热量会自发地从高温物体（太阳）流向低温物体（地球）。但如果故事到此为止，要不了多久二者就会达到相互平衡的状态——变成一样的温度。实际上，如果太阳填满了我们的整个天空，那就确实会出现这种情况，但太阳在我们的天空中只是个角直径为 0.5 度的圆盘。那样的结果确实不会是个欢乐世界，对生命来讲完全称不上是宜居——不只是因为温度会太高，还因为这个世界会处于静态。这样一个平衡态世界中，没有什么东西会发生改变。 38

在真实的宇宙中，我们的行星没有被加热到跟太阳一个温度的原因是，地球也在通过辐射向太空散发热量。克劳修斯会自豪地指出，地球能辐射散热的唯一原因是，太空比地球要冷得多[1]。太阳是寒冷天空中的炽热圆盘，地球无法使之升温，反而会吸收太阳的能量，处理之后又辐射到太空中。当然，在这个过程中熵增加了。一定量的能量以太阳辐射形式存在时，比同样的能量以地球辐射形式存在时的熵要低得多。

这个过程也同样解释了为什么地球上的生物圈不是个死气沉沉的

---

1. 太阳表面温度约为 5 800 开尔文（1 开尔文就等于 1 摄氏度，但是 0 开尔文对应的是 −273 摄氏度，也就是绝对零度，这是有可能的最低温度，室温大约为 300 开尔文，太空——更恰当的说法应该是充满太空的宇宙背景辐射的温度大约为 3 开尔文。关于太阳在寒冷天空中作为炽热圆盘的角色，*Penrose*（1989）中有精彩论述。

地方[1]。我们从太阳接收能量，但这些能量并不会把我们一直加热到平衡态；太阳能是熵非常低的辐射，我们可以利用这些能量，再以高熵辐射的方式将这些能量散发掉。所有这些能发生，仅仅是因为宇宙作为一个整体，及太阳系作为特例，当前的熵都相对很低（过去的熵肯定更低）。要是宇宙处于热平衡状态附近，那就什么都不会发生了。

　　然而好景不长。我们的宇宙能生机勃勃是因为熵有足够的增长空间，直到最后达到平衡态，一切都完全停下来。熵并非注定要永远增长下去，而是会达到一个最大值，并停止增长，这种景象叫作"热寂"。早在 19 世纪 50 年代，在热力学所有那些激动人心的理论发展中，就已经有人在考虑这样的景象了。威廉·汤姆森，即开尔文勋爵（William Thomson, Lord Kelvin），是英国物理学家和工程师，在铺设第一条跨大西洋电缆时发挥过重要作用。关于宇宙的未来，他曾若有所思地写道：

> 　　如果宇宙是有限的，也遵循现有的定律，那么结果无可避免，只能是普遍的沉寂和死亡。但我们不可能为宇宙中物质的范围构想出限度；因此，科学指向的是在无穷无尽的空间中，将势能转化为可感知的运动再转化为热量的无穷无尽的过程，而不是一个有限的机械装置，就像钟表一样会慢慢减速，最终永远停下。[2]

39

---

1. 有时候可能会听到神创论者的主张，大意是根据达尔文的自然选择学说得出的进化论跟熵增不相容，因为地球上的生命历史涉及的有机体的复杂程度不断增加，而据说这些有机体又来自生命的简单形式。这种说法在很多方面都是信口开河。最基本的层面很简单：第二定律指的是封闭系统，而有机体（或是物种，再或是整个生物圈）都并非封闭系统。在第 9 章我们会再次说到这个问题，但基本上就是这个结论了。

2. *Thompson*（1862）。

这里开尔文勋爵十分有预见性，指出了这种讨论的要害所在，最后我们在本书中也会再次回顾：宇宙熵增的容量究竟是有限的还是无限的？如果是有限的，那么一旦最终有用的能量都转化成了熵很高的无用的形式，宇宙就会慢慢停下，归于热寂。但如果熵增没有界限，我们至少可以想象一下宇宙能永远增长、演化下去的可能性，无论是以什么样的方式。

托马斯·品钦（Thomas Pynchon）在题为《熵》的著名短篇小说中，就让小说人物将热力学的经验应用到他们的社会环境中。

> 卡利斯托（Callisto）接着说道："不过，他在熵，也就是封闭系统的无组织程度的度量里面，找到了适当的比喻，用于他自己世界里的特定现象。比如说，他看到年轻一代看待麦迪逊大道的脾性就跟他自己那一代人当年看待华尔街的脾性一模一样[1]；他也在美国的'消费主义'中发现了类似的趋势，从最不可能到最可能，从形态各异到千篇一律，从井然有序的个体特征到一片混乱。一言以蔽之，他发现自己以社会性术语重申了吉布斯的预言，并为他的文化设想了一种热寂状态。在这种状态下，思想就和热能一样，再也无法转移，因为每个地方都已经有了相同的能量；人类的心智活动也就因此灭绝了。"[2]

---

1. 麦迪逊大道（Madison Avenue）是美国纽约市曼哈顿区一条南北走向的大道，有"时尚街"之称，聚集了大部分著名的时装设计师及上流社会美发沙龙。华尔街则是美国乃至全球的金融中心。——译者注
2. *Pynchon*（1984），88。

直到今天科学家也还没能以令人满意的方式确定，宇宙究竟是会一直演化下去，还是会最终达到静如止水的平衡态。

为什么我们记不住将来？

时间之箭不只是跟简单的机械过程有关，也是生命本身存在的必要特性之一。但是，怎样才算是一个神志清醒的人，其含义的深层特性之一也是来自时间之箭：我们记得住过去，却不会记得将来。在物理学的基本定律中，过去和将来受到的是同等地位的对待；但说到我们如何认识这个世界，过去和将来就有了天壤之别。我们以记忆的形式将对过去的描绘存在脑子里。至于说将来，我们可以做出预测，但这些预测远远谈不上跟记忆里的过去一样可靠。

40　　归根结底，我们能对过去形成可靠记忆的原因是，那时候的熵更低。在像宇宙这样的复杂系统中，底层组分可以有很多种方式将自身排列成"对过去有特定记忆的你，再加上剩下的那部分宇宙"的形式。如果你只知道这些——你现在存在，而且记得自己小学毕业那年夏天去了海边——那么你并没有足够信息来得出可靠的结论，说自己那年夏天真的去了海边。结果表明最有可能的是你的记忆就像随机波动，和房间里的空气会自发聚集到房间的一边一样。为了让你的记忆说得通，你还得假定宇宙是以某种特定方式组织起来的——过去的熵要比现在更低。

设想你走在大街上，在人行道上发现有枚鸡蛋破了，看起来好像就是前不久打破的。我们假设过去的熵更低，于是能以非常肯定的语气说，没多久之前这儿肯定有一枚没破的鸡蛋，有人掉在这儿的。说到将来，我们没有理由说熵会下降，因此对这枚鸡蛋之后的遭遇我们说不上来什么——可能性太多了。说不定它会一直搁在这儿发霉，说不定有人会把它清走，也说不定会有小狗路过把它吃了。（不大可能说它会自动变回完好的鸡蛋，但严格说来也有这种可能。）人行道上的这枚鸡蛋就像你脑子里的记忆——这是先前事件的记录，但只有我们假定过去边界条件的熵很低才能成立。

我们也可以通过因果关系来区分过去和将来。也就是说，先出现的是原因（在时间上更早），后出现的是结果。这也是为什么在我们看来白王后如此荒谬——她怎么会在扎到手指之前就痛得叫了起来呢？我们还是得归咎于熵。想一下跳水的人扑通一声跳进泳池——飞溅的水花总是在跳下之后出现。但是，根据物理学的微观法则，将水中所有分子（以及泳池周围的空气，这扑通一声是要靠空气传播的）排列成刚好是"溅回去"并从泳池里弹射出一个跳水的人，也是有可能的。要做到这一点，就得对所有这些原子当中的每一个的位置和速度都做出精心选择，你要操的心超乎想象。如果你选的是随机飞溅组合，那么在起作用的微观作用力就几乎不可能刚好那么齐心合力地吐出一个跳水的人来。

换句话说，我们在"结果"和"原因"之间做出的区分，部分是"结果"通常都涉及熵增加。如果两个台球相撞又分开各走各的路，熵保持不变，那么哪个球都不能被单拎出来说是相互作用的原因。但如果你在开球的时候把母球打进一堆静止不动的子球中间（令熵显著 [41] 增加），那我们就会说"母球是开球的原因"——尽管从物理学定律的角度来看这些球都完全相同。

可能性的艺术

上一章我们对比了模块时间和当下论这两种观点。前者认为这个世界的整个四维历史，过去、现在和将来，都同样真实；后者则主张只有当下是真正有意义的。不过还有另一种观点，有时就叫作可能论：当前时刻是存在的，过去也是存在的，但将来（尚）不存在。

将来并非以过去存在的方式而存在，这个思想跟我们对时间如何作用的非正式观念十分合拍。过去已经发生，而将来在某种意义上仍有待抓取 —— 我们也可以描绘出别的可能性，但并不知道哪个才是真实的。讲得更具体一点，说到过去的时候我们可以诉诸记忆和记录来了解发生了什么。记录的可靠程度也许各有不同，但它以某种方式与过去的真实情况相符，而这种方式在我们考虑将来的时候是无法企及的。

我们来这样想。假设你爱人跟你讲："我觉得我们应该把明年的度假计划改一下。不要去坎昆了，我们冒险一点，去里约吧。"你可能会也可能不会跟着这个计划走，但你会用来实施这个计划的策略没那么难想出来：改订机票，重新订个酒店，等等。但是如果你爱人说："我觉得我们应该把去年的度假计划改一下。我们不是去过巴黎，而是更加刺激，去过伊斯坦布尔。"那你的策略会非常不一样 —— 你大概会想着要带爱人去看医生，而不是重新安排你过去的旅行计划。过去的已经过去，已经记录在案，我们没有办法着手改变。因此，以完

全不同的立足点来看待过去和将来，对我们来说非常有道理。哲学家
会讲到"是"（Being）与"变"（Becoming）之间的区别，前者指存在
于这个世界，后者则是动态变化过程，使现实真的存在。

　　过去的确定性和将来的可塑性之间的这种区别，在物理学已知的
定律中哪儿都找不到。自然界的深层微观法则对任何给定情形，在时
间上无论是向前还是向后都一样适用。只要完全了解宇宙的精确状
态，也知道所有的物理定律，将来就和过去一样是严格确定的，比约
翰·加尔文（John Calvin）最狂野的关于预定论的信念[1]都还要厉害。

　　调和这些信念——过去已经一言既出驷马难追，将来则可以改
变，但物理学的基本定律是可逆的——的方法，最后都会归结到熵。[42]
如果我们知道宇宙中每一粒子的精确状态，我们就可以像推断过去
一样推断出将来。但我们并不知道。我们只知道宇宙的一些宏观特征，
外加这样那样的一点儿细枝末节。有了这些信息，我们可以预测某些
大规模的现象（太阳明天照常升起），但将来某件事可以有很大范围
的可能性，同时跟我们的认知也并不会矛盾。然而说到过去，我们可
以任意使用我们关于宇宙当前宏观状态的知识，加上早期宇宙始于低
熵状态的事实。这点简称为"过去假说"的额外信息，在根据现在重
建过去时给了我们极大便利。

　　最终的决定性因素是我们关于自由意志的概念，这种能力让我们

---

1. 加尔文是 16 世纪法国著名宗教改革神学家，新教重要教派加尔文派的创始人。救赎预定论（又
名预选说）是加尔文最知名的主张，认为"上帝自由不变地预定了将来所要发生的一切"（见《西
敏信条》第三章第一条）。——译者注

可以做出选择改变未来，但对于过去我们就无能为力了。自由意志能够存在的唯一原因是，过去的熵很低，而将来的熵很高。将来对我们好像没有限制，过去则似乎已经关上大门，尽管物理定律对待二者的立足点都一样。

　　因为我们生活的宇宙有明确的时间之箭，所以我们看待过去和将来不只是从实用角度出发有所不同，而是根本就当成完全不同的事物来看待。过去已经板上钉钉，而将来还可以受到我们自身行为的影响。对宇宙学领域更直接、更重要的是，我们总是将"解释宇宙的历史"与"解释早期宇宙的状态"混为一谈，而一任晚期宇宙的状态自行显现。过去和将来在我们这里受到的不平等对待是时间沙文主义的一种形式，很难从我们的思维模式中消除。但是和其他很多事情一样，沙文主义在自然法则中没有合理的最终解释。在考虑宇宙的重要特征时，无论是确定究竟何为"真实"还是想知道为什么早期宇宙的熵很低，将过去和将来放在不同的基础上从而使我们的解释带有偏见，都是不可取的。我们寻求的解释最终应该超脱时间。

　　熵和时间之箭的这一概览带来的主要结论应该一清二楚：时间之箭的存在，既是宇宙本身的深层特征，也是遍布我们日常生活的重要因素。现代物理学和宇宙学已经取得那么多进步，但我们对宇宙中的时间为什么显得那么不对称还是没有一个最终答案，老实说有点儿令人尴尬。反正我是挺尴尬的。不过任何危机也都是机遇，通过思考熵，我们兴许能了解到一些关于宇宙的重要知识。

第 3 章
时间的开始和结束

> 宇宙跟这事儿有什么关系啊？你是在布鲁克林！布鲁克林又没膨胀。
>
> ——艾维·辛格的妈妈，《安妮·霍尔》[1]

假设你在你们那儿的大学书店教材区闲逛。你走到物理书那一片，决定翻阅几本热力学和统计力学的书，了解一下关于熵和时间之箭这些书都会怎么说。但出乎你的意料（经过你正在读的这本书的洗礼，或至少也是本书头两章以及封面的洗礼），这些书都压根儿没有提到宇宙学，完全没有大爆炸，也完全没有如何才能在我们可观测宇宙刚开始的低熵边界条件中找到对时间之箭的最终解释的内容。

这当中并没有正儿八经的冲突，教材作者也不是出于什么阴谋诡计故意要把宇宙学的核心机密在统计力学的学生面前捂得严严实实。最大的原因是，对统计力学感兴趣的人只关心实验室里的实验条件，或是地球上的厨房。做实验的时候，我们可以就在眼前控制各种条件；尤其是我们可以让实验系统的熵比可能的值低得多，然后观察

---

1. 1977 年出品的美国电影，片中的艾维·辛格［伍迪·艾伦（Woody Allen）饰］是一名喜剧演员，其女友安妮·霍尔则为歌手。——译者注

会发生什么。要理解其原理，并不需要知道任何宇宙学知识，也不需要了解外面那个宽广的宇宙。

但我们的目标更远大。时间之箭可不只是实验室里某些特定实验的特征，而是关乎我们周围的整个世界。传统的统计力学可以解释为什么很容易将鸡蛋摊成鸡蛋饼，但很难把鸡蛋饼变成鸡蛋；但是它不能解释为什么我们打开冰箱的时候，一下子就能找到一枚鸡蛋。为什么我们周围的物品全都井然有序，比如鸡蛋、钢琴、科学图书等，而不是毫无特性的一团乱麻？

部分原因很简单：在我们的日常生活经验中占有一席之地的那些物品并不是封闭系统。鸡蛋当然不是原子的随机组合，而是精心构建的系统，其组装需要有一定的资源和能量，更不消说还得有只母鸡。但对于太阳系，或是对于银河系，我们也可以问同样的问题。这两个例子中，我们的系统从所有实际角度来看都可以说是封闭系统，但也都比有可能达到的熵要低得多。

我们知道的是，答案在于太阳系并非总是封闭系统。太阳系由原恒星云演化而来，原恒星云的熵比现在的太阳系要低。星云又来自早期星系，早期星系的熵又比星云要低。星系由原始等离子体形成，原始等离子体的熵也比星系低。等离子体则起源于宇宙极早期，那时候宇宙的熵还要更低。

而早期宇宙来自大爆炸。事实上，关于早期宇宙在那时候为什么处于那样的格局，我们所知甚少；这也正是在本书中激励我们不断探索的问题之一。对时间之箭在我们厨房、实验室和记忆中显示出来的样子的终极解释，关键就在于早期宇宙熵极低的状态。

在传统的统计力学教材中，你一般都见不到这些讨论。这些教材都假定我们对从熵相对较低的状态起步的系统感兴趣，并由此生发。但我们想知道的可比这要多——我们的宇宙为什么在时间的一个端点熵如此之低，从而为之后的时间之箭打下基础？首先我们可以考虑，关于宇宙如何从开始演化到今天我们知道些什么，以此为起点合情合理。

可见的宇宙

我们的宇宙在膨胀，充满了互相之间渐行渐远的星系。我们直接经验所及的只是这个宇宙的一小部分，为了试着理解更大的图景，我们总倾向于做类比。有人告诉我们说，宇宙就好像气球表面，画在上面的小圆点代表各个不同的星系；或是宇宙就像正在烤箱中膨胀起来的葡萄干面包，每粒葡萄干都代表一个星系。

这些类比都糟透了。不只是因为看起来像在过家家——星系那么壮观的东西居然就用一粒小小的、皱巴巴的葡萄干来代表。真正的问题在于，这样的类比总是会随之带来一些无法适用于真实宇宙的关系。比如说气球，气球有内部和外部，也有更大的一个空间容其膨胀；这些东西我们宇宙可全都没有。葡萄干面包有边界，放在烤箱里，闻起来还香喷喷的；对我们的宇宙来说可没有能对应上的概念。 45

那我们换个思路。要理解我们周围的这个宇宙，我们就来直接考虑这个真实的宇宙。假设在一个万里无云的晴朗夜晚，你站在外面，远离万家灯火。如果看向天空，我们会看到什么？对这次思想实验来说，可以假设我们有完美的视力，对电磁辐射的所有不同形式都有无限灵敏的分辨率。

当然我们会看到星星。直接用肉眼看，这些恒星都是光点，但很久以前我们就已经弄清楚，每一颗恒星都是一个巨大的等离子球体，借助内部核反应的能量发光，并且我们的太阳也是一颗恒星。有一个问题就是我们没有纵深感 —— 很难弄清楚这些恒星每一颗距离我们都有多远。好在天文学家很机智，他们发明的方法能够测定到邻近的恒星是什么距离，答案之巨令人瞠目结舌。离我们最近的恒星是比邻星，距离约为 40 万亿千米；以光的速度前进的话，抵达那里大概需要四年。

恒星并不是在每个方向上都均匀分布。在我们假想的晴朗夜晚，我们肯定没法不注意到银河 —— 一条毛毛糙糙的白色带子，从地平线的一边穿过天空直到地平线的另一边。我们看到的其实是很多很多靠得很近的恒星的集合；古希腊人就是这么想的，伽利略把他的望远镜指向天空时，也证实了这个想法。实际上，银河系是个巨大的旋涡星系 —— 数千亿恒星的集合，排列成一个中央有凸起的圆盘形状，而我们的太阳系就位于圆盘边缘的一处远郊。

很久以来，天文学家都以为"银河系"和"宇宙"是一回事。很容易想象，银河系就是在除此之外别无他物的空间中的一个孤立的恒星的集合。但我们都知道，除了这些像光点一样的星星，夜空中还有毛茸茸的一滴滴"星云"，有人认定这些星云本身也都是恒星的巨大集合。20 世纪初，经过天文学家之间的激烈辩论[1]，埃德温·哈勃（Edwin Hubble）终于测出了到梅西耶 33 号星云 [夏尔·梅西耶（Charles Messier）的模糊天体列表中的 33 号天体，制作该列表是为了不至于在寻找彗星时与天体相混淆] 的距离，并发现该星云比任何恒星都要远得多。梅西耶 33 号，又名三角座星系，实际上是大小与银河系相当的恒星集合。

进一步检查之后，可以证明宇宙充满了星系。就像银河系有好几千亿恒星一样，可观测宇宙中也有好几千亿星系。有的星系（包括我们这个）也是群或星团的成员，而群或星团又只不过是大规模结构的薄片或游丝。但平均而言，星系在太空中的分布是均匀的。我们眺望的每一个方向，每一个不同的距离，星系的数量都大致相等。可观测[46]宇宙随便从哪儿看都一模一样。

大者更大

哈勃无疑是历史上最伟大的天文学家之一，不过他也是占尽了天时地利。大学毕业后，有一段时间他四处碰壁，以各种方式打发时间，先后做过罗德学者、高中老师、律师、一战士兵，还当过一阵子篮球教练（图 7）。不过到 1917 年，他在芝加哥大学拿了一个天文学博士学位。随后他搬去加州，到洛杉矶郊外的威尔逊山天文台任职。在那

---

1. 其实真的有一场辩论——天文学家哈洛·沙普利（Harlow Shapley）和希伯·柯蒂斯（Heber Curtis）之间的"大辩论"，1920 年发生在华盛顿特区的史密森学会。沙普利认定银河系就是整个宇宙，而柯蒂斯认为，星云（或至少某些星云，尤其是仙女座星系，即梅西耶 31 号）是跟我们类似的星系。尽管这个大问题最终证明是沙普利败北，但他正确识别到了太阳并不在银河系中心。

里他发明了一台全新的胡克望远镜，镜面直径达 2.54 米，是当时世界上最大的。正是通过这 2.54 米的大镜片，胡克观测了其他星系中的不同恒星，首次测出这些恒星与银河系之间的巨大距离。

图 7　宇宙观测者埃德温·哈勃

同时，其他天文学家在维斯托·斯里弗（Vesto Slipher）的带领下，用多普勒效应[1]测算了漩涡星云的速度。如果某物体相对你在运动，那么它发出的任何波（例如光或声音）就会在它移向你时被压缩，远离你时被拉长。以声波为例，发出声音的物体向我们移动时音高会增加，远离我们时音高则会降低，这就是我们能体验到的多普勒效应。

---

1. 这里其实有点不伦不类。后面我们会解释，宇宙学意义上的红移跟多普勒效应在概念上并不相同，尽管二者确实极为类似。前者源于光线要穿过正在膨胀的空间，后者则源于光源本身在空间中运动。

与此类似，向我们运动的物体发出的光线，在我们看来跟预期相比会向蓝色那头（波长更短）移动，而远离我们的物体发出的光线，就会移向红色那头（波长更长）。因此，不断靠近的物体会蓝移，而不断远去的物体会红移。

斯里弗发现，绝大部分星云都在红移。如果这些天体在宇宙中的运动是随机的，那么我们可以预期红移和蓝移的数目大体相同，因此这个结果实在是很意外。如果星云是气体或尘埃形成的小小云团，我们也许还能下结论说，这些星云是被某些未知机制从我们星系强行喷射出去的。但哈勃于 1925 年公布的结果打消了这种可能性 —— 我们 [47] 看到的星云也是星系的集合，这些星系都跟我们自己的银河系大小差不多，也都在远离我们，就好像在害怕什么东西一样。

哈勃的下一个发现就让这些全都对上榫了。1929 年，他跟合作者米尔顿·赫马森（Milton Humason）比较了星系的红移和他测得的距离，发现二者显著相关：星系离我们越远，退行速度就越快。这个规律现在叫作哈勃定律：星系退行的视速度与我们到该星系的距离成正比，这个比值叫作哈勃常数[1]。

这个简单的事实 —— 星系越远，退行就越快 —— 之下，隐藏着意义深远的结果：我们并非处于一个巨大的移动宇宙的中心。你可能会得出这样的印象，就是我们还是有点儿特别，因为所有的星系都在

---

1. 经过数十年艰苦卓绝的努力，现代天文学家终于确定了这一极为重要的宇宙学参数的数值：72 千米 /（秒·百万秒差距）（Freedman et al., 2001）。也就是说，对我们和某个星系之间每百万秒差距的距离，我们都会观测到 72 千米 / 秒的退行速度。作为参照，可观测宇宙目前的直径约为 280 亿秒差距。1 秒差距约为 3.26 光年，也就是 30 万亿千米。

远离我们。但是假设你在别的什么星系跟一个外星人天文学家待在一块试试看。如果那位天文学家回头看我们，他当然也会看到银河系在远离自己而去。但如果他看着天空中相反的方向，他还是会看到星系在远离自己 —— 因为从我们的角度来看，那些更加遥远的星系退行速度也会更快。在我们厕身其间的宇宙中，这个特性意味深长。没有哪个地方是独特的，也没有哪里是所有事物都在离它而去的这么一个中心。所有星系都在彼此远离，每个星系的行为看起来都一样。基本上也可以说，星系本身并没有运动，而是星系静止不动，星系之间的空间在膨胀。

　　事实上，用现代观察事物的方法来看问题的话，这就是正在发生的事情。现在我们不会把太空看成是固定的、绝对的空间，物质就在这样的空间中运动；而是会根据爱因斯坦的广义相对论，将太空本身看成是动态的、活跃的实体。我们说太空在膨胀，意思是有更多空间在星系之间出现。星系本身并没有膨胀，你也没有，个别的原子也没有。尽管宇宙在膨胀，但在这样一个宇宙中，任何由某种局部作用力聚合在一起的物体都会保持原来的大小。（说不定你也在膨胀，但你肯定不能怪宇宙。）光波并没有跟什么作用力结合在一起，于是会被拉长，导致宇宙学上的红移。并且，星系之间当然距离足够遥远，不会受到相互之间万有引力的束缚，因此就会相互远离。

　　这是宇宙的壮丽图景，同时也引人深思。随后的观测确证，在极大尺度上，宇宙是同质的：随便哪儿的宇宙差不多都一样。当然，宇宙在较小的尺度上是有点儿"疙瘩"（这儿有个星系，星系旁边则有好大一块空着），但如果考虑足够大的区域，那么无论选取哪一块，

48

区域内的星系数量和物质总量都会基本一样。而且，宇宙总体上仍然在逐渐变大，再过 140 亿年，我们能观测到的每一个遥远星系都会比今天还要远上一倍。

我们发现自己身处总体均匀分布的星系之间，星系之间的空间在膨胀，因此每个星系都在彼此远离 [1]。如果宇宙在膨胀，那么它是膨胀到什么东西里面去？什么都不是。我们说到宇宙的时候，没有必要还引用别的什么东西好让它膨胀进去 —— 这可是宇宙 —— 并不需要嵌入别的什么东西；很可能宇宙本身就是全部。我们可能并不习惯这么去想，因为我们在日常生活中会接触到的事物全都处于空间内部；但宇宙就是空间，没有理由说会有这么一个算是"外面"的东西。

同样也不需要有边界 —— 宇宙在太空中可以就这么无限延展下去。或者从这个意义上讲，宇宙也可以是有限的，就是让它卷曲回到自身，就好像球体表面一样。以实际观测为基础，有充分理由相信我们永远也无法知道。光的速度是有限的（1 光年 / 年，或是 30 万千米 / 秒），而从大爆炸开始的时间也是有限的。我们往外看向太空时，我们也是在时间上向后看。因为大爆炸发生在大约 140 亿年前，所以我们往宇宙中能看多远绝对有限制 [2]。我们看到的是相对均质的星系集合，总共

---

1. 严格来讲，我们应该说"每一个足够遥远的星系 ……"邻近的星系会在彼此的万有引力作用下组成对或群或星团。这样的星团跟其他束缚在一起的系统一样，不会随着宇宙膨胀；我们说这些星系"摆脱了哈勃流"。
2. 无可否认，这里有点儿容易搞混。上上个脚注我还说过，可观测宇宙的直径是"280 亿秒差距"。大爆炸以来已经过了 140 亿年，所以你可能会觉得从这里到可观测宇宙的边缘应该就是 140 亿光年，把这个数乘以 2 就能知道总的直径了 —— 答案是 280 亿光年，也就是大约 90 亿秒差距，对吧？这里是有印刷错误吗？要不然两个数字怎么统一起来呢？重点在于，距离被宇宙在膨胀这一事实搞复杂了，尤其是这膨胀还在被暗物质加速。今天我们可观测的宇宙中最遥远星系的物理距离实际上大于 140 亿光年。如果你过一遍数学计算，就会发现在我们宇宙可观测区域内最远的一点现在是 460 亿光年，也就是 140 亿秒差距那么远。

有大约 1000 亿个，以稳定的速度相互远离。但在我们能观测到的区域之外，情况也许会非常不一样。

大爆炸

前面我提出大爆炸这个词的时候很随意。这个物理学词汇很久以前就已经进入大众词汇表。但在现代宇宙学所有令人困惑的事情中，可能没有比"大爆炸"这个话题更误导人，或更不真实的表述了——就连有些专业宇宙学家都真应该再补补课。来，我们先花点时间区分一下哪些我们已经知道，哪些我们还不知道。

宇宙在大尺度上是均匀的，而且宇宙在膨胀；星系之间的空间在增长。假设宇宙中的原子数保持恒定[1]，那么随着时间流逝，物质会变得越来越稀薄。同时，光子会红移为更长的波长，能量也会降低，意味着宇宙的温度也会下降。我们宇宙的未来就是稀薄、寒冷和孤独。

49　　　现在我们把电影倒着放。如果现在宇宙在膨胀并冷却，那过去就应该更致密、更炎热。一般来讲（撇开某些考虑到暗物质的细节问题，稍后详述），重力的作用会把物质拉到一起。因此，如果我们在时间上将宇宙倒推到一个比今天更致密的状态，我们会期望这个推断一直都能进行下去；也就是说，没有理由期待出现任何形式的"反冲"。在越来越遥远的过去，宇宙应该只是变得越来越致密。我们也许会想象，

1."粒子并非从真空中创造出来"这一想法应当清楚标明为假设，尽管似乎是个非常合理的假设，至少目前的宇宙内是这样。（稍后我们会看到，粒子可以在加速宇宙的真空中凭空出现，但非常少见，这一过程被类比于黑洞周围的霍金辐射。）旧的稳恒态理论明确假设了相反的情况，但不得不引用新的物理进程来让它生效（但从来都没做到）。

在有限时间以前会有某个时刻，宇宙无限致密 —— 是个"奇点"。这就是我们叫作"大爆炸"的理论奇点[1]。

请注意，我们是把大爆炸当作宇宙历史上的一个时刻，而非太空中的一个地方。就好像现在的宇宙中没有一个特别的点能定义为膨胀的中心，同样也没有特定的一点对应"爆炸发生的地方"。广义相对论认为在奇点的那一刻宇宙可以收缩到大小为零，但在奇点之后的任意时刻都是无限大。

那么在大爆炸之前发生了什么？现代宇宙学的很多讨论在这个问题上都跑偏了。你可能经常读到如下表述："大爆炸之前，时间和空间并不存在。宇宙并不是在时间中的某一刻开始出现的，因为时间本身也才开始出现。要问大爆炸之前发生了什么，就跟问北极以北有什么是一样的。"

这些听起来都好深奥，而且搞不好还是对的。但是也有可能不对。真相就是，我们并不知道。广义相对论的法则很明确：在宇宙中给定某些条件，在过去就一定会有一个奇点。但这个结论并不是内在一致的。奇点本身是时空曲率和物质密度都无限大的一个时刻，广义相对论法则根本不再适用。正确的推论不是广义相对论预言了奇点，而是

---

1. 请注意，大爆炸一词有两种不同的用法。其一是我们刚刚定义的这种方式 —— 宇宙开始时密度无限大的假设时刻，或至少是在时间上非常非常接近该时刻的宇宙情形。但我们也会说"大爆炸模型"，这个表述只是根据广义相对论得出的从炎热、致密状态开始膨胀的宇宙的一般框架。有时我们会省略模型，因此在报刊上你可能会读到宇宙学家"验证大爆炸的预测"。但是你没法去验证时间中某个时刻的预测，你只能验证根据一个模型做出的预测。实际上，这两个概念堪称风马牛不相及 —— 本书稍后我们将证明，关于宇宙的完备理论将不得不用某种更好的阐释来代替传统的大爆炸奇点，但关于过去 140 亿年间宇宙演化的大爆炸理论已经完美建立，不必去除。

广义相对论预言了宇宙会演化为广义相对论本身不再有效的结构。我们不能认为理论是完备的；在广义相对论说会有奇点的地方有什么事情发生了，但我们并不知道是什么事情。

可能广义相对论并不是关于引力的正确理论，至少在宇宙极早期的环境中并不适用。多数物理学家认为，要弄清楚在宇宙最早期究竟发生了什么，最终会需要用到调和了量子力学框架和爱因斯坦关于时空弯曲的想法的量子引力理论来解释。所以如果有人问你，在据说是大爆炸的那个时刻到底发生了什么，最老实的回答只能是"我不晓得"。一旦我们有了靠谱的理论框架，在这个框架下面可以问早期宇宙的极端条件下发生了什么这样的问题，我们应该就能找出答案，但现在我们还没有这样的理论。

可能在大爆炸之前宇宙并不存在，这是传统广义相对论的题中应有之意。但是也很有可能——也是我倾向于相信的，原因下文揭晓——时间和空间在大爆炸之前就已经存在；我们叫作爆炸的这个节点，是从一个阶段到另一个阶段的一种过渡。我们想要理解时间之箭，这种理解跟早期宇宙的低熵状态密切相关，最终也会将这个问题推向前台，推到中心。我会继续用"大爆炸"这个词来表示"极早期宇宙历史中正好在与传统宇宙学产生关联之前的那一刻"，无论在更完备的理论中这个时刻实际上会是什么样子，也不管宇宙有没有某种奇点或边界。

炎热、均匀的开端

虽说我们并不知道刚好在宇宙的开端发生了什么，但在宇宙开始之后的情况我们知道得还挺多的。宇宙始于极端炎热、致密的状态。随后，空间膨胀，物质稀释并冷却，经历了各种各样的变换。有观测证据表明，从大爆炸到今天已约有 140 亿年。尽管我们不能说我们知道在最早的时刻发生了什么之类的细节，那些事情全都发生在非常短暂的一段时间之内；但宇宙的绝大部分历史都是在神秘开端之后不久发生的，因此可以讨论指定事件发生在大爆炸之后多少年。这个涉及面十分广泛的图景就叫"大爆炸模型"，理论上已有充分理解，也有汗牛充栋般的观测数据支持；与之形成鲜明对比的是"大爆炸奇点"假设，这个假设仍有几分神秘。

我们关于早期宇宙的图景并非仅仅基于理论推断，还可以用我们的理论做出可验证的预测。例如，宇宙在开始了大约 1 分钟的时候是个核反应堆，在名为"原初核合成"的过程中发生的核聚变使质子和中子变成氦和其他轻元素。今天我们可以观测到大量这样的元素，并与大爆炸模型做出的预测达到惊人的一致。

我们还可以观测宇宙微波背景辐射。早期宇宙又热又密，而炽热物体会发出辐射。夜视眼镜背后的原理就是，人类（或其他温暖的物体）会发出红外辐射并被合适的传感器探测到。物体越热，散发的辐 51 射能量就越高（波长更短，频率更高）。早期宇宙极为炽热，发出了大量能量值满格的辐射。

此外，早期宇宙并不透明。那时候宇宙的温度太高，电子无法束缚在原子核附近，而是会在太空中自由流动。光子经常会被自由电子弹开，因此（假设你身在其中的话）你会伸手不见五指。但最后温度降了下来，于是电子被原子核捕获，之后就老实待在原子核身边 —— 这个过程叫作复合，发生在大爆炸之后的 40 万年左右。在这之后宇宙透明了，光线就能畅通无阻不受干扰了，这个状态一直持续到今天。当然光线还是会因为宇宙膨胀而红移，因此来自复合时期的热辐射已被拉长为微波，波长约 1 厘米，当前达到的温度则是 2.7 开尔文（−270.4 摄氏度）。

因此，根据大爆炸模型（与大爆炸本身这个神秘时刻不同）讲述的宇宙演化故事做出了一个强势预测：我们的宇宙应该在所有方向上都布满了微波辐射，这是从早期宇宙还很炎热、致密的时候遗留下来的。这个辐射最终于 1965 年由阿尔诺·彭齐亚斯（Arno Penzias）和罗伯特·威尔逊（Robert Wilson）在新泽西州霍姆德尔镇的贝尔实验室观测到。他们甚至并不是在寻找微波背景 —— 他们是射电天文学家，对他们无法处理掉的这个神秘的背景辐射感到有点儿恼火。到 1978 年荣获诺贝尔奖时，他们的恼火应该得到了些许安慰[1]。正是微波背景的发现，使大部分仍然死守着宇宙学稳恒态理论（该理论中宇宙的温度不随时间改变，同时新物质不断产生）的顽固派改换门庭，

---

1. 微波背景的历史堪称剪不断，理还乱。乔治·伽莫夫（George Gamow）、拉尔夫·阿尔菲（Ralph Alpher）和罗伯特·赫尔曼（Robert Herman）在 20 世纪 40 年代末到 50 年代初就写过一系列文章，明白无误地预测了大爆炸遗留下来的微波辐射。但他们的工作随后在很大程度上被忽视了。到了 20 世纪 60 年代，普林斯顿大学的罗伯特·迪克（Robert Dicke）以及苏联的多罗什克维奇（A. G. Doroshkevich）、伊戈尔·诺维科夫（Igor Novikov）独立认识到存在微波辐射且可观测。迪克甚至组织了一群才华横溢的青年宇宙学家［包括戴维·威尔金森（David Wilkinson）和吉姆·皮布尔斯（P. J. E. Peebles），他们后来也都成了该领域的领军人物］建造天线，自己寻找起微波背景来。但他们被四十多千米外的彭齐亚斯和威尔逊捷足先登，后者甚至完全没意识到自己做了什么。伽莫夫逝世于 1968 年，但为何阿尔菲和赫尔曼从未因做出预测而摘取诺贝尔奖桂冠还是个谜。他们在一本名为《大爆炸的诞生》（Genesis of the Big Bang，Alpher and Herman，2001）的书中讲述了他们自己的故事。约翰·马瑟（John Mather）和乔治·斯穆特（George Smoot）利用美国航空航天局的宇宙背景探测者卫星（COBE）测量了微波背景下的黑体光谱和温度各向异性，并因此于 2006 年斩获诺贝尔物理学奖。

转而支持大爆炸观点。

把宇宙的对比旋钮调大

宇宙是个简单的所在。诚然，宇宙中也有诸如星系、海獭、联邦政府之类的复杂事物，但如果我们把局部特色平均掉，在非常大的尺度上宇宙从哪里看都几乎一模一样。对这一点最明显的证据非宇宙微波背景莫属。如果看向天空，在每一个方向我们都能观察到微波背景辐射，看起来就像来自以某个固定温度静静发光的物体——物理学家称之为"黑体"辐射。不过，天空中不同位置的温度还是有细微差别的，一般情况下，从一个方向到另一个方向，温度可能会有十万 [52] 分之一的差别。这种波动叫作各向异性——如果没有这一点点偏差，各个方向的背景辐射温度就是绝对均匀的了（图8）。

温度的这种变化反映出在早期宇宙中不同地方物质密度的细微差别。说早期宇宙是均匀的并不只是个简化假设，而是有数据强烈支持的可验证假说。在非常大的尺度上，今天的宇宙也还是很均匀。但

图8　宇宙微波背景中的温度各向异性，由美国航空航天局威尔金森微波各向异性探测器测量。深色区域比平均温度略低一点，浅色区域则比平均温度略高一点。为清楚显示，差别已被明显放大

这个尺度必须非常大 —— 比 3 亿光年还要大。在较小尺度上，比如星系的尺寸，或者太阳系，再或者你家厨房的尺寸，宇宙可是相当的"疙疙瘩瘩"。宇宙并非总是这个样子的，早期宇宙在很小的尺度上也非常均匀。从那时候算起，我们是怎么走到今天这一步的呢？

答案在于万有引力，它起到了将宇宙的对比旋钮调大的作用。如果某个区域的物质比平均水平要稍微多一点点，就会有一个引力将这个区域的东西都拉到一起；如果某个区域比平均密度稍微低一点点，其中的物质就会倾向于外流到更密集一点的区域。通过这个过程 —— 宇宙中结构的演化 —— 微波背景各向异性显示的细微的原初波动就增长为我们今天能看到的星系和结构。

想象一下，假设我们生活在一个跟现在这个非常像的宇宙，星系和星云的分布都是一样的，但这个宇宙是在收缩而不是在膨胀。我们能期望星系在未来会随着宇宙收缩而消失，变成均质的等离子体吗？
53 就像我们这个真实的（膨胀）宇宙在过去能看到的那样？完全不会。我们倒是可以期待对比旋钮继续越调越大，就算宇宙是在收缩 —— 黑洞和其他大质量天体会从周围的区域吸收物质。结构增长是个不可逆过程，无论宇宙是在收缩还是在膨胀，在未来都会自然而然发生；这个过程代表着熵增加。因此，由宇宙微波背景图像显示出来的早期宇宙相对均匀的状态，反映的是早期熵非常低的情形。

宇宙不稳定

只要你相信这是个大致均匀的宇宙，正在随着时间膨胀，那么大爆炸就似乎是自然而然的景象。只需要把时钟反着拨，就能得到一个炎热、致密的开端。实际上，这个基本框架是 20 世纪 20 年代末由来自比利时的天主教神父乔治·勒梅特（Georges Lemaître）搭建起来的。他在剑桥大学和哈佛大学念过书，最后在麻省理工学院拿了个博士学位[1]。（勒梅特将宇宙的开端称为"原初原子"。尽管诱惑显而易见，但他还是克制住自己，没去从他的宇宙学模型中推导出任何神学结论。）

但在大爆炸模型中，有一个很奇怪的地方并不对称，不过现在对我们来说应该不算是意料之外了：时间和空间有差别。在大尺度上宇宙是均质的这一思想，可以拔高为"宇宙学原理"：宇宙中没有哪个地方是特别的。但似乎很明显，宇宙中有一个时间很特别：大爆炸的时刻。

20 世纪中叶有些宇宙学家发现，空间的均质与时间的多变之间有显著差别，这是大爆炸模型的严重缺陷，于是着手发展替代理论。1948 年，三位杰出的天文学家——赫尔曼·邦迪（Hermann Bondi）、托马斯·戈尔德（Thomas Gold）和弗雷德·霍伊尔（Fred Hoyle）提出了宇宙的稳恒态模型[2]。他们这个模型是基于"完美宇宙学原理"——宇宙中没有哪个地方或哪个时间是特别的。尤其是，他们还提出宇宙在过去并不比今天更热，也不会更致密。

稳恒态理论的开路先锋（与他们后来的某些追随者不同）并不是"怪叔叔"。他们明白哈勃已经发现宇宙在膨胀，也很重视那些数

---

1. 完整的故事见 *Farrell*（2006）。
2. *Bondi and Gold*（1948）；*Hoyle*（1948）。

据。那么，宇宙怎么会一边膨胀一边却没有稀释和冷却呢？他们给出的答案是，物质在星系之间的空间中不断被创造出来，正好抵消了宇宙膨胀带来的稀释。（不用制造很多，大约每 10 亿年在 1 立方米的空间内产生一个氢原子就够了。这个产量应该不会把你家客厅塞得满满当当。）物质的产生并非仅有物质自身就能进行，霍伊尔发明了一种新的场，命名为"创生场"，简称 C 场，并希望能达到目的，但这个想法从未在物理学家中间真正流行起来。

用我们看腻了的现代观点来看，稳恒态模型似乎有大量超结构，都是以一些相当不真实的哲学预设为基础构建的。但有很多伟大的理论在面对严格的现实数据之前都是这样起步的，爱因斯坦在构建他的广义相对论时，肯定也借助了自己的哲学偏好。但跟相对论不一样，稳恒态理论最终面对数据时，结果可算不上漂亮[1]。对于一个宇宙中温度保持不变的模型，你最不想看到的就是能表明炽热开端的遗留背景辐射了。彭齐亚斯和威尔逊发现微波背景后，稳恒态理论的支持者溃不成军，不过到今天仍有一小撮死忠粉丝，发明了别出心裁的手法来避免对数据做出最直接的解读。

不过，思考稳恒态模型也能清楚说明大爆炸模型中时间令人困惑的特性。在稳恒态宇宙学中，也有确凿无疑的时间之箭：熵在同一个方向永远增加，没有上限。合情合理地讲，解释宇宙的初始低熵条件在稳恒态宇宙中是个坏到极点的问题；无论这些初始条件是什么，它们都位于无穷远的过去，而今天任何有限系统的熵过去都会是无穷小。

1. 例子可参看 Wright（2008）。

你也许可以想象，如果宇宙学家认真看待过解释宇宙早期的低熵状态这个问题，那这种形式的考虑可能一开始就会让稳恒态理论站不住脚。

大爆炸景象中，事情看起来不是那么毫无希望。我们还是不知道为什么早期宇宙的熵那么低，但至少我们知道了早期宇宙是什么时候：140 亿年前，那时候的熵很低，但并非严格为零。跟在稳恒态模型中不一样，在大爆炸的情景下，你至少可以正好指着这个问题所在的地方（实际上是"时刻"）。这究竟算不算得上进步，可能要到我们能用一个更全面的框架来理解宇宙时才知道。

但宇宙在加速

关于过去 140 亿年宇宙的演化我们已经了解得非常多了。将来会发生什么呢？

现在宇宙正在膨胀，变得越来越冷，越来越稀薄。多少年来宇宙 55
学的大题目都是："膨胀是会一直持续下去，还是到最后宇宙会达到一个最大尺寸并开始收缩，最终在时间的终点来一个大挤压？"就这几种理论寻找各自的证据与反证进行辩论，是从广义相对论呱呱坠地开始就在宇宙学家中间十分流行的负暄琐话。爱因斯坦自己比较喜欢的宇宙在时间和空间上都是有限的，因此他愿意支持最终会再坍缩的想法。相比之下，勒梅特更中意宇宙会持续冷却、永远膨胀下去的想法：是冰，而不是火。

人们想以经验为依据解决这个问题，但事实证明进行相关测量难上加难。广义相对论似乎做出了很清晰的预测：随着宇宙膨胀，星系之间的万有引力会将所有星系都拉到一起，让膨胀慢下来。问题仅仅在于宇宙中是否有足够物质最终导致坍缩，还是膨胀尽管会变得更加平缓但还是会永远进行下去。在很长时间里这个问题都很难回答，因为观测似乎表明，几乎有足够的物质逆转宇宙膨胀 —— 但还是不够多。

突破发生在 1998 年，用的是完全不同的方法。这种方法没有去测量宇宙中的总质量，并将其与理论相比较，以决定这些质量是否足够让宇宙膨胀最终逆转；你可以跳脱出来，直接测量膨胀减慢的速率。当然，说来容易做来难。基本上你要做的，就是哈勃多年以前做过的 —— 测量星系的距离和视速度，并检查星系之间的关系 —— 但精确程度要高得多，距离也要大得多。最终用到的手段是寻找 Ia 型超新星，这种发生爆炸的恒星不只是非常明亮（因此在天文距离上仍然可见），而且在每起超新星爆炸事件中的亮度都几乎相同（因此视星等可用于推算到超新星的距离）[1]。

艰苦的工作是由两个团队完成的：一个是由索尔·珀尔马特（Saul Perlmutter）领导的劳伦斯伯克利国家实验室，另一个是由布莱

---

1. 不用说，这里是长话短说了。Ia 型超新星被认为是白矮星引力坍缩的结果。白矮星是用尽全部核燃料、已经熄灭的恒星，仅靠电子简并压力支撑。但有些白矮星有伴星，物质可以从伴星慢慢被吸入到白矮星。最终白矮星质量会达到一个临界点 —— 钱德拉塞卡极限，以苏布拉马尼扬·钱德拉塞卡（Subrahmanyan Chandrasekhar）命名 —— 这时电子产生的对外压力不能再与向内的万有引力抗衡，恒星会坍缩为中子星，将外层抛射出来，形成超新星。因为钱德拉塞卡极限对宇宙中所有白矮星来说都大致相同，所以每次 Ia 型超新星爆炸达到的亮度也都大致相等。（超新星还有别的类型，但是就完全不涉及白矮星了。）但天文学家已经知道，更明亮的超新星，其亮度在达到峰值后需要更长时间才会开始降低。利用这一经验事实，天文学家学会了校正亮度之间的差异。天文学家如何寻找这种超新星以及最终如何发现宇宙在加速的故事，Goldsmith（2000），Kirshner（2004）和 Gates（2009）中有详细描述；原始论文为 Riess et al.（1998）及 Perlmutter et al.（1999）。

恩·施密特（Brian Schmidt）领导的澳大利亚斯特朗洛山天文台。珀尔马特的团队中有大量从粒子物理学改换门庭的宇宙学家，起步也比较早，在面对山呼海啸般的质疑时也仍在支持超新星手段。施密特的团队则聚集了大量超新星天文学方面的专家，起步较晚，但也很快迎头赶上了。团队之间保持着友好的竞争，当然时不时地也没那么友好，不过两个团队都做出了重要贡献，也恰如其分地分享了最终发现的荣誉[1]。

20 世纪 90 年代末，布莱恩·施密特和我恰好在哈佛大学研究生 56 院共事。我是个理想主义的理论家，他是个绝无二话的观测者。那时候天文学大规模观测的技术还在襁褓之中，人们普遍相信测量宇宙学参数是愚公移山，注定会受困于巨大的不确定性，使我们无法以我们想要的精度确定宇宙的大小和形状。布莱恩和我打了个赌，看二十年内我们能否准确测出宇宙中总的物质密度。我觉得能做到，布莱恩则很确定我们做不到。那时候我们都是穷学生，但还是买了一小瓶有年份的波尔图葡萄酒，准备雪藏二十年直到答案揭晓。不过我们在远远不到二十年的时候就已经知道了答案，也都很为此而高兴。是我赢了，但很大程度上要归功于布莱恩自己的努力。2005 年，我们在哈佛大学昆西楼的楼顶分享了这一小瓶赌注。

答案就是：宇宙膨胀一点儿都没有减速，实际上反而在加速（图9）！如果你测量了一个星系的视退行速度，并假设你十亿年之后回

---

1. 2006 年，索尔·珀尔马特、布莱恩·施密特和约翰·霍普金斯大学的亚当·里斯（Adam Guy Riess）因发现宇宙加速膨胀荣获邵逸夫天文学奖；2011 年，三人因 "通过观测遥远超新星发现宇宙的加速膨胀" 共同获得诺贝尔物理学奖；2014 年 11 月，这三个人各自的团队又因 "发现宇宙加速膨胀" 一起获得了 2015 年度基础物理学突破奖。——译者注

来再测一次,你就会发现这次速度变快了[1]。这个结果如何才能跟广义相对论做出的宇宙应该慢下来的预测相协调呢?跟广义相对论做出的大部分这种预测类似,这里有隐含假设:在这种情况下,宇宙的主要能量来源由物质组成。

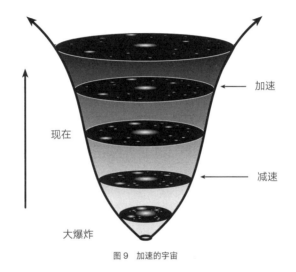

图 9 加速的宇宙

对宇宙学家来说,物质就是"粒子的任意集合,其中所有粒子的移动速度都远低于光速"的简称。(如果粒子在以光速或接近光速运动,宇宙学家就会将这些粒子叫作"辐射",无论它们是不是通常意

---

1. 还有一个细微之处需要解释一下。宇宙的膨胀速率是由哈勃常数衡量的,这个常数将星系距离与红移联系起来,但并非真的是个"常数"。在早期宇宙中,膨胀要比现在快得多,我们应当叫作哈勃"参数"的数比我们目前的哈勃常数也要大得多。我们可能会预期宇宙加速膨胀这个表述意味着"哈勃参数在增大",但事实并非如此 —— 这个表述只是意味着"哈勃参数并未很快减小"。"加速"指的是任意特定星系的视速度在随着时间增加。但这个速度等于哈勃参数乘以距离,而随着宇宙膨胀,距离也在增大。因此,加速的宇宙并不要求哈勃参数也增大,只需要对任意特定星系而言哈勃参数和距离的乘积在增大就行了。结果表明,即使有宇宙学常数,哈勃参数实际上也绝不会增大,而是会在宇宙膨胀和稀释过程中缓慢减小,直到最后所有物质都已消散并只剩下宇宙学常数时,哈勃参数会达到一个固定的常数值。

义上的电磁辐射。）爱因斯坦很久以前就告诉我们，粒子就算完全没有运动也有能量：$E=mc^2$，也就是说完全静止的有质量的粒子，其能量等于质量乘以光速的平方。现在我们只需要知道，物质的重要方面是物质会随着宇宙扩张而被稀释[1]。广义相对论真正预言的是膨胀应该减速，只要能量确实是在被稀释。如果能量没有被稀释——如果能量的密度，即每立方厘米或每立方光年的空间中包含的能量都大致恒定——那么这些能量就能持续提供空间膨胀的推动力，宇宙实际上就会被加速膨胀。

当然也有可能，在宇宙学尺度上广义相对论并不是关于引力的正确理论，物理学家对这种可能性也非常认真。然而可能性更大的是，广义相对论是对的，观测则告诉我们宇宙中大部分能量都并不是以"物质"的形式存在，而是以某种极为顽固的形式存在于太空中，即便空间在扩张也还是会持续待在原地。我们将这种神秘的东西叫作"暗能量"，暗能量的性质是现代宇宙学家十分喜爱的研究课题，无论是搞理论的还是搞观测的都趋之若鹜。

---

1. 有两种形式的能量对当代的宇宙演化都非常重要，我们得仔细分辨一下：一种是"物质"，由缓慢移动的粒子组成，会随着宇宙膨胀逐渐被稀释；另一种是"暗能量"，某种神秘的东西，完全不会被稀释掉，而是会保持恒定的能量密度。但物质本身也有不同的形式："常规物质"，包括我们在地球上进行的实验中已经发现的所有种类的粒子；以及"暗物质"，某种其他类型的粒子，不是我们已经直接见过的任意类型。常规物质的质量（因此也包括能量）绝大部分都以原子核——质子和中子——的形式存在，当然电子也有贡献。因此，常规物质包括你、我、地球、太阳、恒星以及宇宙中所有的气体、尘埃和岩块。我们知道这些东西一共有多少，而且对我们在星系和星云中观测到的引力场来说，这些质量远远不够。因此，一定存在暗物质，而且我们已经知道所有已知的粒子都不可能是暗物质的成分。理论学家想出了一份了不起的清单，列出了各种可能性，包括"轴子"（axion）、"中轻微子"（neutralino）以及 KK 粒子（Kaluza-Klein particle）。总体来看，宇宙能量中常规物质占了约 4%，暗物质约占 22%，暗能量则占了约 74%。尝试直接创造出或检测到暗物质是现代实验物理的主要课题。更多细节可参见 Hooper（2007），Carroll（2007），或 Gates（2009）。

对暗能量我们所知甚少，但我们确实知道两件很重要的事情：暗能量在空间上几乎是常数（不同地方的能量值都一样），在时间上能量密度也几乎是常数（不同时间在每立方厘米空间中的能量值都一样）。因此，暗能量最简单的可能模型会有如下特征：能量密度为绝对常量，不随时间和空间而变化。实际上这个想法一点儿也不新鲜，可以一直追溯到爱因斯坦：他称其为"宇宙学常数"，不过今天我们经常称之为"真空能量"。（有些人可能会想让你相信，真空能量和宇宙学常数之间还是有区别的 —— 别让他们给骗了。唯一的区别就是你把它放在等式的哪一边，而无论放在哪边都完全没有区别。）

我们想说的是，每立方厘米的空间 —— 星系之间凄清寒冷的太空，或太阳的正中心，或就在你眼前的空间 —— 中，除了真实存在于这个小立方体当中的粒子、光子和其他所有物质所包含的能量之外，都还有一定的能量。这种能量叫作"真空能量"，是因为就算在完全没有任何东西的真空中也存在 —— 时空自身的基本结构中固有的最小能量值[1]。这种能量你看不见、摸不着，拿它一点儿办法都没有，但它确实就在那里。而我们知道有这种能量是因为它对宇宙有至关重要的影响，会产生一个轻轻的推力，让遥远的星系加速远离我们。

跟常规物质带来的引力不一样，真空能量带来的影响是将东西推

58

---

1. 那么，暗能量究竟有多少呢？大约 100 亿亿分之一大卡每立方厘米。请注意，"大卡"用于计量食物所含的能量，实际上等于千卡（1000 标准卡路里）。因此，如果我们将密歇根湖那么大体积中的暗能量都放在一起，那么总量会约等于食物中的一个大卡。换个角度看，如果我们将地球这么大体积中的所有暗能量都转化为电力，就大致相当于一个普通美国人一年的用电量。要点就是，每立方厘米当中的暗能量并不多，在宇宙中已经扩散得非常稀薄了。当然，我们不能将暗能量转化为有用的能量这种形式 —— 暗能量完全没有用。（为什么呢？因为暗能量处于熵非常高的状态呀。）

开，而不是拉到一块儿。爱因斯坦于 1917 年首次提出宇宙学常数时，想的是好解释静态宇宙，一个既不膨胀也不收缩的宇宙。这并不是一个想岔了的哲学立场，而是根据当时的天文学水平能做出的最好解释；哈勃要到 1929 年才会发现宇宙在膨胀。因此在爱因斯坦设想的宇宙中，星系之间的万有引力和宇宙学常数产生的推力达到精密平衡。他了解到哈勃的发现之后，就开始后悔引入了宇宙学常数 —— 如果坚持自己的想法，他说不定能在宇宙膨胀被发现之前就先预言出来。

神秘的真空能量

在理论物理学领域，要想不发明什么新概念可不容易。宇宙学常数跟真空能量的想法是一样的，都是指真空本身就有的能量。问题不在于"真空能量的概念有根据吗？"，而应该是"我们觉得真空能量的值应该有多大"。

现代量子力学表明，真空不是个了无生趣的地方，而是存在虚粒子的。量子力学有个重要结果，就是维尔纳·海森伯（Werner Heisenberg）的不确定性原理：任意系统的可观测特征都不可能以完美精度固定到一个独一无二的状态，这个原理对真空状态也同样有效。所以，如果我们对真空观察得足够真切，就会看到粒子倏忽明灭，代表着真空本身的量子涨落。这些虚粒子没有多神秘，也不是出自想象，而是确实就在那里，对粒子物理也有可测量的效应，已经观测到很多次了。

虚粒子带有能量，这些能量对宇宙学常数亦有贡献。我们可以把所有这些粒子的效应都加起来，好估算出宇宙学常数应该有多大。但是如果把那些有很高能量的粒子的效应也包括进来，可能就不大对了。我们并不认为，对粒子物理的传统理解对非常高能的事件也够用 —— 某些时候我们必须考虑到量子引力的影响。这是广义相对论与量子力学相结合的理论，目前还并不完备。

59

所以不必乞灵于正确的量子引力理论，反正我们现在也没有；我们可以只考察在量子引力会有重要影响的能量值以下的能量对虚粒子真空能量的贡献。这个门槛就是普朗克能量，以量子理论先驱之一德国物理学家马克斯·普朗克（Max Planck）命名；数值则是 20 亿焦耳（焦耳是个传统的能量单位）[1]。我们可以将能量从零到普朗克能量这个范围的虚粒子对真空能量的贡献都加起来，然后双手合十，将结果跟我们实际观测到的相比较。

结果是一塌糊涂。对于真空能量应该有多少，我们的简单估计是约为 10^{105} 焦耳 / 厘米 ^{3}。但我们实际观测到的约为 10^{-15} 焦耳 / 厘米 ^{3}。也就是说，我们的估计值比实验值大了 10^{120} 倍 —— 1 后面跟着 120 个 0。这可没办法归咎于实验误差。人们管这叫所有科学领域中理论预期与实验现实之间的最大分歧。作为比较你们可以感受一下，整个可观测宇宙所有粒子的总数仅为 10^{88} 左右，而全世界所有海滩上的沙粒总数也只有 10^{20} 的样子。

---

1. 普朗克自己并没有真正发展出量子引力理论。1899 年，在试着理解有几分神秘的黑体辐射时，普朗克需要引入一个新的自然基本常数 $\hbar$，现在我们称之为 "普朗克常数"。普朗克用这个新的数量以适当的方式与光速 c 和牛顿的万有引力常数 G 相乘除，创造出了一套基本单位，如今被认为是量子引力的特征：普朗克长度 $L_P = 1.6 \times 10^{-35}$ 米，普朗克时间 $t_P = 5.4 \times 10^{-44}$ 秒，及普朗克质量 $M_P = 2.2 \times 10^{-8}$ 千克，再加上普朗克能量。有趣的是，普朗克最早的想法是，这些数量的普适性质 —— 以物理学为基础，而不是由人类公约所决定 —— 有一天能帮助我们跟外星文明交流。

真空能量的实际值比理论值小得多，这是个很严肃的问题："宇宙学常数问题"。不过这里还有另一个问题："巧合问题"。请记住，尽管宇宙在膨胀，物质在逐渐稀释，真空能量却保持着恒定的密度（每立方厘米的能量总值始终一样）。今天这两个密度的差别不是那么大：物质组成了宇宙能量的 25% 左右，真空能量则组成了剩下的 75%。但物质密度会随着宇宙膨胀下降，而真空能量保持不变，因此两者的比例正在发生明显变化。例如在复合时期，物质能量密度是真空能量的 10 亿倍。因此，今天两者有点儿旗鼓相当的架势，在宇宙历史上是独一无二的，看起来似乎真的是个非同寻常的巧合。也没有人知道为什么会这样。

这些都是我们要在理论上理解真空能量需要面对的重大问题。但如果我们撇开这些问题，不去管为什么真空能量这么小，为什么其密度跟物质能量的密度有可比性，那我们就会剩下一个现象学模型，在数据拟合方面可以取得不俗的成绩。（就好像卡诺和克劳修斯并不需要知道原子，就能说明白熵在哪些方面有用，我们也不需要了解真空能量的来源，就能理解真空能量对宇宙膨胀起到了什么作用。）暗能量最早的直接证据来自 1998 年对超新星爆炸的观测，但从那时起，有各种各样的方法都独立证实了基本图景。要么就是宇宙正在真空能[60]量的些微影响之下不断加速，要么就是有什么更戏剧化、更神秘的事情在发生。

最深远的未来

就我们所知，真空能量的密度不会随着宇宙膨胀而变化。（也许有非常缓慢的变化而我们只是还没有能力测出来 —— 这是现代宇宙学观测的重要目标之一。) 对真空能量我们知道得还不够多,无法确切地说在无限的未来会发生什么,但显而易见的第一猜测是,真空能量会永远保持当前数值。

如果真是这样,真空能量会留在这里,那么要预测我们宇宙不论多么遥远的未来就都很直接了。细节会以很有意思的方式变得很复杂,但要做个概述还是相对简单[1]。宇宙会持续膨胀、冷却,也变得越来越稀疏。遥远的星系会加速远离我们,随着它们远走高飞,红移也会变得越来越厉害。最终它们会从我们的视野中淡出,因为能抵达我们的光子之间的时间间隔会变得越来越长。整个可观测宇宙会只剩下我们这个万有引力束缚下的本星系群。

星系不会永远存在。星系中的恒星会燃尽核燃料,然后熄灭。残存的气体和尘埃中可以形成更多恒星,但是在达到一个入不敷出的折返点之后,星系中所有恒星就会全都熄灭。我们剩下的是白矮星(燃烧过并耗尽了燃料的恒星)、褐矮星(那些没有燃烧过的恒星)以及中子星(之前是白矮星,但后来因为重力而坍缩了)。这些天体自身可能稳定也可能不稳定;目前我们最好的理论猜测是,组成这些天体的质子和中子本身就不是绝对稳定的,最终会衰变为更轻的粒子。如果真的是这样(其实吧,我们也不知道),各种各样的已熄灭恒星最终就都会烟消云散,变成粒子组成的稀薄气体,消散在虚空中。这个过程不会很快,有个合理估算是从现在算起 10^{40} 年。你可以比较一下,

---

1. 弗雷德·亚当斯(Fred Adams)和格雷格·劳克林(Greg Laughlin)关于这个问题写了一整本书(*Adams and Laughlin*,1999),十分值得阅读。

当前宇宙的年龄大约是 10^{10} 年。

　　除了恒星还有黑洞。大部分大型星系，包括我们的银河系，在其中心都有巨大的黑洞。在银河系这种规模的星系中，有大约 1 000 亿颗恒星，黑洞质量大约是太阳质量的几百万倍 —— 跟随便哪颗恒星相比都非常大，但跟整个星系比起来还是挺小。但是黑洞会持续增长，任何不幸落入黑洞的恒星，都会被它打扫干净，而最后所有的恒星都会用尽。到了这时候，黑洞自己会开始蒸发，变成基本粒子。这是史[61]蒂芬·霍金（Stephen Hawking）于 1976 年做出的重大发现，我们会在本书第 12 章《黑洞：时间的终结》中详细讨论。仍然因为量子涨落，黑洞不得不逐渐向周围的空间发出辐射，在这过程中慢慢失去能量。如果我们等的时间够长 —— 现在我们说的可是 10^{100} 年左右 ——就算是星系中心的超大质量黑洞也会蒸发干净，毛都不剩。

　　无论细节如何展开，我们剩下的长期图景都是一样的。别的星系会远离我们，消失不见；我们自己的星系会演化经历不同阶段，最后结果是变成稀薄的粒子烟雾，消散在虚空中。在非常遥远的未来，宇宙又一次变成了非常简单的所在：这个宇宙会完全是空的，空间能有多空就有多空。这跟宇宙发端时的炎热、致密状态相比，就是正好完全相反的对立面。这是时间之箭在宇宙学领域的生动展现。

宇宙的熵

　　理论物理学家已经花了相当多的脑细胞思考为什么宇宙以这种特别方式而非其他方式演化这个问题。当然也很有可能，这个问题就是没有答案；很可能宇宙就是这个样子，而我们最多也就只能接受它。但我们还是并非毫无理由地希望，我们能比只是接受它更进一步——我们能解释它。

如果物理学定律的知识是完美的，那么"为什么宇宙以这种方式演化"的问题就等于"为什么宇宙的初始条件要安排成这个样子"。但后一种阐述已经偷偷夹带了时间不对称的隐含概念，认为过去的状况比将来的状况更特殊。如果我们关于基本的、微观的定律理解正确，那我们就能具体说明任意时刻的宇宙状态，并由此出发同时推导出过去和将来。什么才算是宇宙作为整体的自然历史？将我们的任务描述为弄懂这个问题要好得多 [1]。

宇宙学家低估了时间之箭的重要性这一事实包含有几分讽刺，因为时间之箭可以说是关于宇宙演化唯一最明显的事实。玻尔兹曼能（正确地）论证过去需要低熵边界条件，尽管他对广义相对论和量子力学全都一无所知，甚至都完全不知道还存在别的星系。严肃对待熵的问题能帮助我们以新的眼光看待宇宙学，还兴许能对长期令人头痛的难题提出一些解决办法。

----

1. 休·普赖斯曾令人心服口服地判断出这种趋势（Price, 1996）。他指责宇宙学家隐藏着双重标准，他们应用于早期宇宙的自然标准绝不会应用于后期宇宙，反之亦然。普赖斯提出，一以贯之的宇宙学由时间上对称的定律控制，其演化进程在时间上也应当是对称的。考虑到大爆炸的熵非常低，可以推断出未来应该最终会再坍缩，变成一次同样熵很低的大挤压——即戈尔德宇宙模型，最早提出这种设想的人就是托马斯·戈尔德（因稳恒态理论享有盛名）。在这个宇宙中，宇宙达到最大尺寸时，时间之箭就会倒转，熵也会开始降低，并走向大挤压。现在我们已经发现了暗能量，因此这种景象看起来不太可能了。（本书中我们会遇到普赖斯的挑战的情况是，想象宇宙在大尺度上确实是时间上对称的，非常遥远的过去和将来都是高熵状态；显然，这样一个宇宙只有当大爆炸并非宇宙开端时才有可能成立。）

但首先，我们最好说清楚，我们说的"宇宙的熵"究竟是什么意思。在第 13 章中我们会用大量细节讨论我们可观测宇宙中熵的演化，但基本故事情节大致如下：

1. 早期宇宙中，结构尚未形成时，引力对熵几乎没有影响。宇宙就像一个装满了气体的盒子，我们可以运用传统的热力学公式来计算宇宙的熵。在与我们的可观测宇宙对应的空间中，早期熵的总量约为 10^{88}。

2. 我们的宇宙演化到当前阶段时，引力变得十分重要。这种状态下我们没有万无一失的公式，但我们就算只把黑洞贡献的熵加起来也可以对熵的总量做出很好的估算，而黑洞的熵非常大。单个的超大质量黑洞的熵大概在 10^{90} 的数量级，而可观测宇宙中这样的黑洞大概有 10^{11} 个；因此，今天我们熵的总量大概是 10^{101} 的样子。

3. 不过还有漫漫长路要走。如果我们将可观测宇宙中所有的物质都收到一个黑洞中，那这个黑洞的熵会达到 10^{120}。这个值可以看成是通过重新排列宇宙中的物质能达到的最大可能的熵，也是我们演化的方向[1]。

我们面对的挑战就是解释这段历史。特别是，为什么早期的熵 10^{88} 比可能的最大值 10^{120} 要低那么多？请注意，前一个数字比后一

---

1. 实际上宇宙并不会坍缩成一个大黑洞。前面我们讨论过，宇宙会消散在虚空中。但需要注意，由于存在暗能量，就算是真空也有熵，对可观测宇宙的熵的最大值，我们可以得出同样的数字（10^{120}）。还可以注意到 10^{120} 也是真空能量的理论估计值与其观测值之间的差异。两个不同数字的雷同看似巧合，实际上跟目前的物质密度和真空中的能量密度之间的雷同是一样的，而物质关系到熵的最大值。两种情况下，这个数字都可以通过将可观测宇宙的大小（约为 100 亿光年）除以普朗克长度并将结果平方来得到。——作者原注

个数字要小得多；表面看差别没那么大，是因为符号简洁带来的奇迹。

好在至少大爆炸模型提供了一个我们可以妥当处理这个问题的背景。在玻尔兹曼的时代，我们还并不知道广义相对论或宇宙膨胀，熵的难题还要更难，只是因为那时候还没有诸如"宇宙的开端"（或者是"可观测宇宙的开端"）之类的事件。今非昔比，现在我们能准确指出什么时候熵很小，及低熵状态所处的特殊形式；要试着解释为何是这个样子，这是至关重要的一步。

当然也有可能，物理学基本定律就是不可逆的（尽管稍后我们会给出论证来反驳这种可能）。但如果真的不可逆，我们宇宙在接近大爆炸时刻的低熵状态就会留给我们两种基本可能：

63

  1. 大爆炸确实是宇宙的开端，也是时间开始的时刻。这可能是因为真正的物理学定律允许时空有边界，或是因为我们称为"时间"的东西只是一种近似，而这种近似在大爆炸附近不再有效。无论是哪种情况，宇宙都是以低熵状态开始的，其原因超越自然界的运动定律——我们需要新的、独立的原则来解释初始状态。

  2. 就没有初始状态这么回事，因为时间是永恒的。这种情况下，我们是在假设大爆炸并非整个宇宙的开端，尽管很明显这是我们局部区域历史上的重要事件。时空中我们可观测的这一小块，必须以某种方式契合更大的图景。而契合的方式还必须能解释为什么在时间的一端熵这么低，同时又没有在更大的框架上施加任何特别的限制条件。

至于说究竟哪种才是现实世界的正确描述，唯一的答案就是我们也不知道。我会承认我自己更偏好选项 2，因为我觉得如果将这个世界描述为一套运动定律的必然结果，那么这个选项更加简明，不需要额外的原则来解释为什么刚好是这个样子。要将这个含糊其辞的设想转化为脚踏实地的宇宙学模型，就需要我们真正利用统治着我们宇宙的神秘的真空能量。从这里抵达那里需要对弯曲时空和相对论有更深入的理解，现在就让我们来一探究竟吧。

64

2

爱因斯坦宇宙中的时间

第 4 章
时间因人而异

> *时间对于各种人有各种的步法。*
>
> ——威廉·莎士比亚，《皆大欢喜》

多数人一听到"科学家"，就会想到"爱因斯坦"。爱因斯坦是个偶像级别的人物，很少有理论物理学家能像他那样有名，肖像经常出现在文化衫上面。但这也是一种令人望而生畏、敬而远之的名声。不像比如说老虎伍兹（Tiger Woods）那种，爱因斯坦能这么有名究竟是因为什么成就，很多对他的名字耳熟能详的人也说不出个所以然[1]。他那皱皱巴巴、心不在焉的教授形象，头发乱如飞蓬，毛衣松松垮垮，给人留下的印象是一个只注重精神生活、对周围的凡尘俗世都不屑一顾的人。而就他的贡献被理解的程度而言——质量和能量等价、时间和空间弯曲、追寻终极理论——似乎是抽象思维的顶峰，跟日常生活中要操心的事情完全不搭界。

真实的爱因斯坦比这个形象更有意思。首先，他晚年才有的皱皱

---

1. 不过，帕丽斯·希尔顿（Paris Hilton）究竟是因什么成就而出名也是个谜。——作者原注（帕丽斯·希尔顿为希尔顿酒店集团继承人之一，美国演艺界、影视界名人，但水准一般，多次获得金酸莓奖，还曾因违法入狱，名声不佳。——译者注）

巴巴的外貌、多恩·金（Don King）式的发型[1]，就跟他年轻时候西装革履、油头粉面的形象大异其趣（图10）。年轻时的爱因斯坦目光深邃，在20世纪头几十年里将物理学领域搅了个天翻地覆[2]。其次，相对论的缘起远远不止是摇椅上关于时间和空间本性的臆想，而是可以追溯 ⁶⁷ 到解决如将人和货物在正确的时间运送到正确地点这样的实际问题。

图10 爱因斯坦，1912年。1905年是他的"奇迹之年"，他的广义相对论则完成于1915年

狭义相对论解释了光速为何对所有观察者都是同样的数值，这是在20世纪早期由多个研究者共同完成的。（继之而起的广义相对论

---

1. 多恩·金为美国拳击比赛主办人，有一头怒发冲冠式的爆炸发型。——译者注
2. 1905年是爱因斯坦的"奇迹之年"。这一年他发表了多篇论文，每一篇都能胜过几乎每一位科学家的毕生成就：狭义相对论的权威表述，解释光电效应（意味着存在光子，从而为量子力学打下了基础），用原子水平的随机碰撞提出了解读布朗运动的理论，还发现了质量和能量之间的等价关系。接下来十年他几乎都致力于相对论；他的最终答案是完成于1915年的广义相对论，这一年爱因斯坦36岁。1955年，爱因斯坦离世，享年76岁。

将引力阐释为时空弯曲的效应，则几乎完全是靠爱因斯坦一人之力。）狭义相对论的主要贡献者之一是法国数学家、物理学家亨利·庞加莱（Henri Poincaré）。是爱因斯坦做出了最后一步大胆跨越，断言任何运动中的观察者观测到的"时间"都跟别的任何人观测到的"时间"一样正确，不过他和庞加莱在关于相对论的研究中，各自都发展出了极为相似的形式[1]。

历史学家彼得·盖里森（Peter Galison）在其著作《时间帝国：爱因斯坦的钟，庞加莱的图》中指出，爱因斯坦和庞加莱在对物理学架构的深层思考中，都深受各自日常工作的影响[2]。当时爱因斯坦是瑞士伯尔尼专利局职员，这里重点关注的是制造精确的时钟。铁路开始连接起欧洲各地的城市，在遥远距离上的时间同步问题与商业利益关系紧密。同时，年长一些的庞加莱是法国经度局局长。海上交通和贸易的增长带来在海上更精确地定位经度的需求，这对各船只的导航和制作更精密的地图都有重要意义。

这样你就懂了：地图和时钟，空间和时间。尤其是要认识到，重要的不是"你实际上在哪里？"或"实际上是什么时间了？"这种形式的问题，而是"相对于别的物体你在什么地方？"以及"你的时钟测得的是什么时间？"牛顿力学的刚性、绝对的空间和时间跟我们对

---

1. 我们也有必要提到荷兰物理学家亨德里克·洛伦兹（Hendrik Antoon Lorentz），他在 1892 年就提出了这样的观点：当物体接近光速移动时，时间和距离都会受到影响，并推导出"洛伦兹变换"，涉及相对运动的观察者之间的测量。在洛伦兹看来，速度测量是相对于以太这种背景来进行的。爱因斯坦是最早认识到并不需要以太这种假象的人。
2. Galison（2003）。盖里森的书给人的印象是，你会发现庞加莱的故事实际上比爱因斯坦的故事要有意思得多。不过，作者要是有机会把爱因斯坦放在书名上，一般都会把他的名字写在前面。爱因斯坦就是销量。

世界的直观理解极为吻合；相比之下，相对论则需要一定程度的抽象。世纪之交的物理学家只有理解了我们不应当只是因为某个结构符合我们的直觉就将这个结构强加给这个世界，而是应当认真对待实际设备可以测量的东西，才能做到用相对论代替牛顿力学。

狭义和广义相对论形成了我们现在理解空间和时间的基本框架，在本书这一部分里我们将看到，"时空"对"时间"概念有什么影响[1]。很大程度上，我们会把对熵、第二定律和时间之箭的担心暂时搁置，躲进简洁、精确的世界，物理学定律原则上可逆的世界中。但结果将证明，如果我们想对时间之箭给出一个解释，那么相对论和时空的影响对我们这个规划不可或缺。

68

迷失在空间中

禅师教给我们"初心"的概念：在这个状态下，你没有任何成见，准备好以本来面目理解这个世界。想要达到这个状态的雄心是否切合实际，我们可以讨论；但这个概念在考虑相对论时确实十分合适。那么，让我们将我们认为自己知道时间在宇宙中如何起作用搁在一边，

---

1. 乔治·约翰逊（*George Johnson*，2008）在评论萨斯坎德（Susskind）的著作《黑洞战争》（2008年，该书中文版已由湖南科学技术出版社出版。——译者注）时，为大众物理学读物的现代读者的命运感到惋惜：

> 我非常想知道，最后萨斯坎德及其同伴将如何证明霍金可能是错的——也就是说信息确实是守恒的。但首先我得熬过一门关于相对论和量子力学的66页的速成课。讲当代物理学的每一本书似乎都得这么开篇，要是有谁读过不止一本，那肯定会觉得这么开篇烦不胜烦。（想象一下，就好像2008年每一位总统候选人的陈述都得打雅典民主的根源和法国启蒙运动的遗产说起。）

解决方案显而易见：就好像雅典民主的根源和法国启蒙运动的遗产一样，相对论和量子力学的基本知识也应当成为中学教育的常规部分。同时，本章将成为逃不掉的速成课的一部分，但通过聚焦于"时间"这一角色，我们多半能避免用老掉牙的方法解读这一切。

并转向一些思想实验（这些实验的答案我们已经从现实实验中获知），
来弄清楚相对论关于时间有什么好说的。

为此，想象我们在一个封闭的宇宙飞船中与世隔绝，在太空中自
由飘浮，远离任何恒星或行星的影响（图 11）。我们想要的食物、空
气和基本必需品都应有尽有，还有一些高中水平的科学设备，像滑轮、
天平等。只是我们不能向外远眺。由此出发，考虑一下我们从飞船内
外的各种传感器上我们能了解到什么。

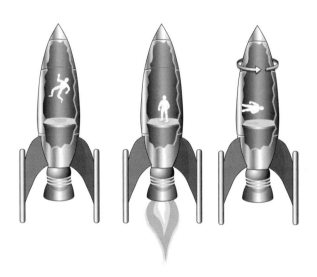

图 11　一艘与世隔绝的宇宙飞船。左起：自由落体、加速、旋转

不过我们先来看一下单从飞船内部我们能了解到什么。我们能接
触到飞船的控制系统；能指定任意轴让飞船旋转，也能发动引擎向任
意方向前进。于是我们以各种各样的方式移动飞船，并不知道也不关
心我们是要去哪，随便做点小实验，就这样打发掉我们的时间。

我们了解到了什么？最明显的就是，我们能分辨什么时候我们在让飞船加速。没有加速的时候，我们餐桌上的叉子会在我们面前自由飘浮，轻若无物；一旦给飞船点火，这枚叉子就会掉下来，而我们所说的"下"是指"远离飞船正在加速的方向"[1]。再多观察一会儿的话还可以说，我们也能分辨何时飞船正绕着某个轴旋转。这种情况下，位置正好在旋转轴上的餐具会待在那里，自由飘浮；而在旋转轴周围的任何东西都会被"拉"向船体，最后跟船体贴在一起。

因此，关于我们这艘飞船的状态，有些东西我们可以通过观察得出，就在飞船内部做点儿简单的实验就行了。但是也有一些事情是我们无法确定的。例如，我们不知道我们身在何方。假设我们在某个地点做了一堆实验，其间飞船没有加速也没有旋转。然后我们稍微点一下火，快速移到别的什么地方，关掉火箭，这样我们就又一次既没有加速也没有旋转了，然后我们再做一遍一样的实验。要是我们像实验物理学家一样心灵手巧，就会得到同样的结果。如果我们曾认真记录加速度和持续时间，也许还能算出在这段时间跑了多远；但只是在飞船里做点实验的话，好像没有任何办法能区分不同的地点。

同样，我们似乎也无法区分不同的速度。只要关掉火箭，我们就又变成自由飘浮的状态了，速度多大都无所谓，也并不需要反向减速。在星际空间这么个前不着村后不着店的地方，我们也没法区分飞船的

---

1. 科幻电影和电视剧往往公然无视这种现实特征，主要是出于很难伪造失重这一现实原因。（《星际迷航：进取号》确实展现了一幕搞笑场景，船长阿彻洗澡的时候，飞船"失重"了。）要让船长和船员能大步流星走过舰桥，所需要的人造重力似乎与我们知道的所有物理学定律都有冲突。如果你没有加速，能形成这么大重力的唯一方法就是带着跟一颗小行星质量一样大的物体，但这个办法似乎并不可行。

不同方向。我们能看出来飞船有没有旋转；但如果我们点燃火箭并加以适当引导（或是操作船上的陀螺仪），让飞船停止旋转，那就没有什么本地实验能揭示飞船转过多少度角了。

这些简单的结论反映了现实如何起作用的深层特征。无论何时，我们对这套设备的所作所为都不会改变实验结果——改变其地点、旋转，使之以恒定速度运动——这种现象反映了自然规律中的对称性。对称性原理在物理学中十分强大，因为这个原理对自然规律能采用什么样的形式做出了严格限定，也决定了能获得什么样的实验结果。

我们发现的这些对称性自然是有名字的。在空间中改变位置叫作"平移"，在空间中改变朝向叫作"旋转"，在空间中改变速度则叫作"推进"。在狭义相对论中，旋转和推进的集合叫作"洛伦兹变换"，而加上平移的一整套操作就叫作"庞加莱变换"。

这些对称性背后的基本思想在狭义相对论之前很早就出现了。伽利略自己第一个证明，自然法则在我们现在称之为平移、旋转和推进的操作之下应该保持不变。就算不用相对论，如果伽利略和牛顿关于力学的想法最后证明是对的，而我们正在一艘与世隔绝的宇宙飞船中自由飘浮，我们就会无法确定我们的位置、朝向和速度。相对论和伽利略的观点之间的区别在于，当我们切换到正在运动的观察者的参照系时实际上会发生什么。其实相对论的神奇之处是，可以认为速度的变化与空间中朝向的变化密切相关；推进则只是旋转在时空中的变体。

在进入相对论之前，我们先停下来问一问，情况是否会有所不同。例如，我们宣称绝对位置不可观测，绝对速度也不可观测，但绝对加速度可以测出来[1]。我们能否想象出一个世界以及一套物理学定律，在这个世界中绝对位置不可观测，但绝对速度是可以客观测量的[2]？

当然可以。设想你是在静止的介质中运动，例如空气或水。如果我们是生活在无限大的水池中，那我们的位置就无关紧要了，但要测量相对于水的速度还是轻而易举的。而要认为有这样的介质充满了整个宇宙空间似乎也不算是异想天开[3]。毕竟，自从有了麦克斯韦的电磁学成就，我们就已经知道光也只是一种波。如果有波，很自然地你就会想到得有什么东西让波在里边儿动起来。例如，声音需要空气才能传播；在太空中，你喊破喉咙也没有人会来救你。但光可以穿过真空，因此（按照这种逻辑，虽说结果证明这个逻辑是错的）必定有什么介质让光穿过。

因此，19 世纪末的物理学家假设电磁波是通过一种看不见但非常重要的介质传播的，并将这种介质叫作"以太"。实验学家也实际

---

1. 速度只是位置的变化率，加速度则是速度的变化率。用微积分的术语来讲就是，速度是位置的一阶导数，加速度则是二阶导数。关于粒子的状态你能具体指定的信息是其位置和速度，加速度则由局部条件和恰当的物理学定律决定，这是经典力学的深层特征。

2. 下列问题作为练习留给各位读者：能否想象出一个世界，空间中的绝对位置是可观测的？或位置、速度和加速度全都不可观测，但加速度的变化率是可以测量的呢？

3. 不要被这些假想搞糊涂了。现在我们强烈相信，没有充满宇宙空间的介质能让我们可以测定相对于这种介质的运动速度。但在 19 世纪末，人们确实相信这一点，这就是我们要说到的以太。但是另一方面，我们也确实相信，在空间中任意位置都界定有场，其中一些（例如假设的希格斯场）甚至在真空中也可能有非零的值。现在我们相信，无论是电磁波还是别的什么波，都是在这些场中传播的振动。但场并不能算是"介质"，既因为其值可以为零，也因为我们不能测定其相对于场的速度。但话说回来，也有可能我们并非无所不知，也有些脑洞大开的理论物理学家思考过，是否真有可能存在能定义静止参照系的场，这样相对于这个参照系，我们就能测定速度了（可参阅 Mattingly, 2005）。有人心血来潮，管这种场也叫"以太"，但此以太非彼以太，不是 19 世纪提出的那种介质。特别是，此以太跟电磁波的传播毫无关系，并且与相对论的基本原则完美契合。

着手探测这种介质，但是徒劳无功 —— 他们的失败为狭义相对论的
出场埋下了伏笔。

相对论要义

　　假设我们回到了太空，不过这次我们带了一些更加复杂的实验设
备。尤其是我们还带了一样新奇的玩意儿，是用最先进的激光技术做
成的，能测量光速。在我们自由落体时（没有加速度），为了校准，我
们检验了无论我们的实验朝什么方向，得到的光速都是一样的。我们
也确实得到了一样的答案。正如预期，在旋转下保持不变是光在传播
中的特性。

　　但现在我们打算在以不同速度运动时测定一下光速。也就是说，
我们先做一遍实验，然后给火箭点一会儿火再关掉，于是我们相对初
始运动状态会获得某个稳定的速度，然后我们再做一遍实验。结果很
有意思：无论我们获得了多大的速度，我们测到的光速都是一样的。
如果真的有一种叫作以太的介质让光穿过，就好像声音穿过空气一样，
那我们就应该因为相对于以太的速度有所不同而得到不同的答案。但
结果并非如此。你可能会猜，因为光线是在运动着的飞船内部产生的，
说不定由此得到了一点什么推力，所以才会这样。要检验这一点，我
允许你拉开窗帘，让外面的光线进来一些。在测定外面的光源发出的
光的速度之后，你还是会发现光速并不依赖于你这艘飞船的速度。

　　上述实验在真实世界的版本发生在 1887 年，是由艾伯特 · 迈
克尔逊（Albert Michelson）和爱德华 · 莫雷（Edward Morley）进行

的。他们没有带强大火箭的宇宙飞船，于是借用了仅次于飞船的东西 —— 地球环绕太阳的运动。地球在轨道上的速度约为 30 千米 / 秒，因此在冬天跟在夏天相比，因为在轨道上的运动方向相反，相对来说会有 60 千米 / 秒的差值。虽然跟 30 万千米 / 秒的光速比起来算不得什么，但迈克尔逊设计了一个精妙的仪器，叫作"干涉仪"，对不同方向即使很小的速度变化也极为敏感。实验结果表明，无论我们移动得有多快，光速似乎都是一样的。

科学进步很少一蹴而就，解读迈克尔逊 – 莫雷干涉实验的正确方式也并非显而易见。有可能以太在被地球拽着走，所以我们的相对速度还是很小。经过在理论上你来我往的唇枪舌剑之后，物理学家终于达成了你我今天都认为是正确的答案：光速就是到哪儿都不变的。每个人测到的光都是以同一个速度运动，跟观测者的运动无关[1]。实际上，整个狭义相对论归根结底就这么两条原则：

● 任何本地实验都无法区分以不同速度匀速运动的观测者；

● 光速对所有观测者来说都是一样的。 [72]

我们说到光速这个词的时候，有一个隐含的假定就是，我们讲的是光穿过真空的速度。想让光以别的速度运动非常容易，只要引入某种透明介质就行了 —— 光在玻璃或水中的运动速度比在真空中要慢得多，但这并不会给我们带来任何深奥的物理学定律。其实在这场好

---

1. 关于历史背景可参阅 *Miller*（1981）。关于相对论，很多原始论文均收于 *Einstein*（1923）。

戏当中，"光"并没有那么重要。重要的是时空当中存在一个独一无二的偏好速度，只不过刚好光在真空中就以这个速度运动——真正有关系的是存在这么个速度上限，而不是光能跑得这么快。

我们应该认识到这一切是怎样的惊天大发现。假设你在你的宇宙飞船里，有个朋友在另一艘很远的宇宙飞船里用手电向你打出一束光。你测了一下这束光的光速，答案是 30 万千米 / 秒。现在你点燃火箭，向你的朋友加速，到相对速度达 20 万千米 / 秒时就不再加速了。你又测了一次这束光中的光速，答案是：30 万千米 / 秒。搞笑吧？任何人的第一反应都应该是觉得有 50 万千米 / 秒。是哪儿出问题了呢？

根据狭义相对论，问题不在于你的参照系当中的光速，而在于你关于"千米"和"秒"的概念。如果一根米尺高速经过我们，就会遭遇"长度收缩"——跟在我们的参照系当中不动的米尺比起来显得要短一些。同样，如果一座时钟高速经过我们，就会遭遇"时间放大"——跟安安稳稳待在我们参照系里的时钟比起来，滴答得要慢一些。这两个现象合起来就精确抵消了任何相对运动，所以每个人都会测到一模一样的光速[1]。

光速不变带来了一个重要结果：任何东西都不能移动得比光速还快。证明起来很简单，假设你坐着火箭想要跟手电打出的光束比赛就好了。刚开始火箭静止（说的是在我们的参照系当中），光以 30

---

1. 要真实体验长度收缩或时间放大，我们要么得有精度极高的测量仪器，要么能以接近光速的速度运动。但这样的仪器和超高的速度都并非我们日常生活中能见到的，因此，狭义相对论对我们来说似乎很违反直觉。当然，我们周围大多数物体都以远小于光速的相对速度运动，这个事实很有趣，关于宇宙的完备理论也应该尝试对此做出解释。

万千米／秒的速度经过火箭。但接下来火箭使出吃奶的劲儿加速，获得了非常高的速度。火箭里的工作人员检查从（现在很遥远的）手电发出的光时，会看到光速以 30 万千米／秒的速度经过他们。无论他们做什么，无论他们使多大劲儿加速或是加速多久，光始终都会比他们快，也始终是快同样大的数值[1]。（从他们的视角来看就是这样。从外部观察者的视角来看，他们的运动速度好像越来越接近光速，但永远都达不到。）

然而，尽管长度收缩和时间放大是考虑狭义相对论时十全十美的 73 方式，这两个概念也还是很容易把人搞糊涂。当我们说到某物理对象的"长度"时，我们要测量的是这个物体从一端到另一端的距离，但肯定得同时这么操作。（你不能说我在墙上给我脚的位置做个记号，然后爬上梯子在我头上的位置做个记号，然后就说两个记号之间的距离就是我的身高；靠这种方法来证明自己长高了是没用的。）但整个狭义相对论的精髓就是告诉我们，要避免对同时发生的独立事件做出陈述。那么，我们从另一个角度来处理这个问题好了：认真看待"时空"。

时空

现在回到我们的宇宙飞船。但是这一次，我们不再局限于在封闭的飞船内部做实验，而是有了一小队机器人探测器，它们每一个都有

---

1. 你可能会怀疑上述过程并没有真的证明物体不可能移动得比光速快，而只是证明了比光速运动慢的物体不可能通过加速变得比光速快。我们也可以想象，存在总是比光速运动得快的物体，这样的物体就不需要加速。逻辑上当然有这种可能，这种假想的粒子就叫作"快子"。但就我们所知，快子在现实世界中并不存在，这也是件好事；能以比光还快的速度发送信息的话就能在时间上向后发送信息，这会对我们因果关系的概念造成严重破坏。

自己的火箭和导航系统，可以按照我们的意愿编程让它们飞出去又飞回来。而且，每个探测器也都装备了非常准确的原子钟。首先我们会仔细校准这些原子钟，使之与我们飞船上的电脑同步，并确认这些原子钟的时间全都一致且能精确计时。

然后我们派出去一些探测器，让它们快速离开我们一段时间，最后飞回来。探测器回来时，我们马上就能注意到：探测器小飞船上的时钟跟我们飞船上的电脑不再一致了。由于这是个思想实验，我们可以放心，这种不一致不是因为宇宙射线、程序错误或是外星人捣乱给改掉了——这些探测器确实经历了跟我们不同的时间总量。

好在这种非比寻常的现象可以解释。时钟经历的时间并非宇宙的绝对特征，可以像球场上的码线一样就在那儿摆着，测量一次就一了百了。相反，时钟测量的时间取决于时钟经历的特殊轨迹，就好像跑步的人跑过的总距离取决于其路线一样。如果我们不是从宇宙飞船上派出去装了时钟的机器人探测器，而是从地面上的一个基地派出去装了码表的带轮子的机器人，那么就没有人会对不同机器人回来时码表读数不一样感到意外。需要记住的就是时钟就有点儿像码表，会记录下沿着特殊路径（穿过时间或空间）行进的距离。

如果时钟有点儿像码表，那时间就有点儿像空间。请记住，就算早在狭义相对论之前，即使我们相信艾萨克·牛顿式的绝对空间与时间，也没有什么东西禁止我们将时间和空间结合成一个整体，并命名为"时空"。仍然必须要有四个数字（三个用来在空间中定位，一个用来在时间上定位）才能指定宇宙中的一起事件。但在牛顿世界中，时间和空间的特性截然不同。给定两起不同事件，比如"星期一早上离开家"和"同一个早上稍晚一点到达办公室"，我们可以分别（而且是唯一地，不必担心会有模棱两可之处）讨论两者之间的距离和两者之间的时间间隔。狭义相对论则会说这样不对。用码表测量的"空间中的距离"和用时钟测量的"时间上的间隔"并不是两回事。这里只有一回事，就是两起事件在时空中的间隔。这个间隔主要发生在空间上的话对应的就是通常所说的距离，主要发生在时间上的话对应的就是时钟测量的间隔。

"主要"由什么决定？就是光速。速度用"千米/秒"来计量，或是别的什么单位时间里通过的单位距离。由此，作为自然法则的一部分，某些特别速度提供了在时间和空间之间转换的方式。如果你的运动速度低于光速，那你就主要是在穿过时间；如果你的速度超过光速（你应该不会打算这么干），那你就主要是在穿过空间。

我们来试着充实一些细节。仔细检查飞船上那些机器人的时钟，我们会发现所有出过门的时钟都是以类似的方式跟我们不一样的：读数比静止时钟要小。这就有点儿闷头一棒了，因为我们以为时间有点儿像空间，那么时钟反映的就是穿过时空的距离，并靠着这个念头高枕无忧。但在经典的普通空间中，在周围随意游走总是会让旅程变长；在空间上，直线总是给出两点之间的最短距离。如果我们的时钟没有撒谎（也确实如此），那看起来好像非加速运动 —— 你愿意的话也可以说是时空中的直线 —— 是两起事件在时间上的最长路径（图 12）。

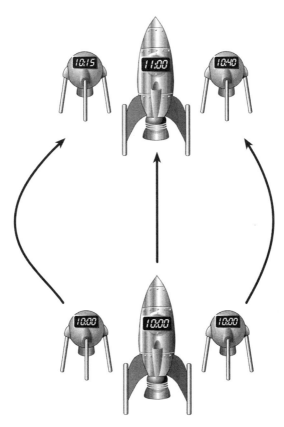

图 12 去而复返的轨迹上，时间流逝比原地待命的时钟上的要短

好了，你是怎么想的？时间是有点儿像空间，但显然不是在任何方面都跟空间完全无法区分。（没有谁会有被导航搞糊涂左转拐进了昨天的危险。）先不谈熵和时间之箭的问题，我们刚刚发现了能将时间和空间区别开来的基本特性：额外运动会使时空中两起事件之间的时间流逝减少，然而空间中两点之间的行进距离会因额外运动而增加。

如果我们想在空间中的两点之间运动，我们可以把实际行进的距离想拉多长就拉多长，只要把我们的路径搞得要多曲折有多曲折（或是随便转多少圈儿，转够了再接着往前走）就行了。但是，考虑一下在时空中的两起事件——空间中特定的点，时间上特定的时刻——之间行进。如果我们沿"直线"前进——非加速的轨迹，整个过程中都匀速运动——那我们就会经历可能最长的间隔。如果我们反着来，在空间中极尽曲折，越快越好，但同时要留心在指定时刻抵达目的地，那我们经历的间隔就会短一些。如果正好以光速曲折往复，无论我们怎么走，都完全不会经历任何时间间隔。我们没法真正做到以光速飞奔，但可以足够接近[1]。

这才是"时间有点儿像空间"的精确含义——时空是空间概念的一般化，时间在其中也扮演了一个维度的角色，尽管这个维度跟空间维度比起来性质略有不同。这些概念没有一个跟我们的日常经验搭得上边，因为我们的运动速度总是远低于光速。速度远低于光速就好像作为跑卫只能精准地沿着场边前进，既不能左转也不能右转。对这样的球员来说，"行进距离"就会等同于"前进的码数"，不会有任何含混不清之处。这就是我们日常经验中时间的样子；因为我们以及所有亲朋好友的运动速度都远低于光速，所以我们天然地以为时间是宇宙的普遍特征，而不是沿着特定轨迹的时空间隔的度量。

76

---

1. 有时候你会听到，狭义相对论不能处理加速对象，要将加速考虑进来的话就需要用到广义相对论。一派胡言。当（且仅当）引力变得重要而且时空发生弯曲时才需要广义相对论。远离任何引力场的时空都是平坦的，无论发生什么，狭义相对论都适用——包括对加速物体。确实，自由落体（非加速）轨迹在狭义相对论中有特殊地位，因为这些轨迹全都等价。但如果由此出发就跳跃到加速轨迹甚至都不能用狭义相对论的语言来描述，那这种念头可就大错特错了。

待在你的光锥里

根据狭义相对论来讨论时空如何运转的方法之一是画一张图：画下时间和空间，标明允许我们去的地方。我们先来热热身，画一张牛顿时空的图。因为牛顿的时间和空间是绝对的，在这张图当中我们可以唯一指定"恒定时间的时刻"。我们可以将四维时空切片，使之成为一系列恒定时间下的三维空间副本，如图 13 所示。（实际上在图 13 中我们只能展示二维的切片，不过发挥一下你的想象力，将每个切片都解读为代表着三维空间好了。）最重要的是，我们一致同意时间和空间有区别，我们做出选择时并没有随心所欲。

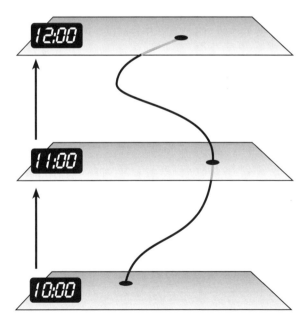

图 13　牛顿空间和时间。宇宙被分割为恒定时间的不同时刻，并将时间明确划分为过去和未来。真实物体的世界线原路穿过时间上一个时刻的次数绝对不会多于一次

　　每一个牛顿力学的对象（人，原子，宇宙飞船）都定义了一条世界线——该对象穿过时空的路径。（就算你纹丝不动坐在那里，你也还是在穿越时空；你在老去，对吧[1]？）这些世界线都会遵循一条十分严格的规则：只要世界线穿过了时间上的某一时刻，就绝对不会在时间上原路返回，再次穿过同一个时刻。你的运动随便想有多快都行——你可以某个瞬间还在这儿，下一秒就到了十亿光年之外——但在时间上你总归只能向前运动，你的世界线跟每一时刻都刚好只相交一次。

　　相对论就不一样。牛顿力学中"你在时间上必须向前运动"的规则由一条新的规则代替了：你的运动速度必须比光速慢。（除非你是光子或别的没有质量的粒子，那样的话如果你在真空中，那你的速度就会一直是光速。）我们曾施加在牛顿时空上面的结构，即将时空切割为恒定时间的时刻，也会被另一种结构取代——光锥（图14）。[77]

　　光锥的概念非常简单。选择一起事件，也就是时空中的一点，想象前往该点或从该点出发的光能采取的所有不同路径，这些路径就定义了该事件的光锥。从该事件发出的假想光线定义的是未来光锥，汇聚在该点的光线定义的则是过去光锥。我们要同时指称两者时，可以只说"光锥"。你的运动速度不能超过光速这条规则，就相当于说你的世界线必须保持在世界线经过的每一起事件的光锥之内。符合这个规则的世界线描述的是比光速慢的对象，这种世界线叫作"类时"；要是不知怎么的你的运动速度比光速还快，你的世界线就是"类空"，

---

1. 很抱歉一时草率中了时间沙文主义的圈套（通过假定你在时间上会向前运动），更别提我还打了个比方，说我们"穿"过时间。说"每个对象的历史所描述的世界线都在时空中延伸"应该会比说"每个对象都在穿过时空"要少一些害处，但如果永远只追求学究式的精确，有时候就难免太无趣啦。

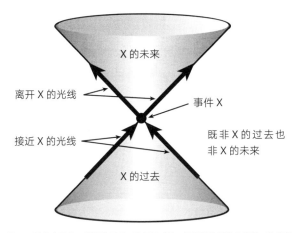

图 14 某特定事件 X 附近的时空。根据相对论，每起事件都会有光锥，其定义是前往该点或从该点发出的光能采取的所有可能路径。光锥之外的事件无法被明确标记为"过去"或"未来"

因为这种世界线覆盖的空间比时间要多。如果你刚好以光速运动，你的世界线就会在想象中被标记为"类光"。

从牛顿时空中的一起事件出发，我们可以定义一个在时空中延展的恒定时间的唯一平面，将所有事件划分为过去和未来（再加上正好处于平面上的"同时"事件）。相对论当中我们就做不到这一点了。我们能做到的是，某起事件的光锥将时空分成该事件的过去（在过去光锥之内的事件）、该事件的未来（在未来光锥之内的事件）、光锥本身以及大量在光锥之外的点，而外面那些点既不属于过去也不属于未来（图 15）。

真正难倒我们的就是最后这点。我们本能地会用牛顿方式思考世界，在这种思考方式中，我们坚持有些风马牛不相及的事件跟我们

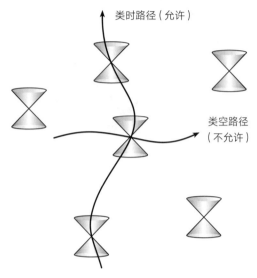

类时路径（允许）

类空路径
（不允许）

图 15　光锥取代了牛顿时空中恒定时间的时刻。有质量的粒子的世界线必须从某事件的过去光锥之内抵达该事件，也只能在未来光锥之内离开——类时路径。类空路径运动比光速快，因此并不允许

自身世界线上某个事件比起来要么发生在过去，要么发生在未来，再不然就是同时发生。在相对论中，对类空分离的事件（彼此都在对方光锥之外），答案是"以上皆非"。如果真想那么干，我们也可以选择画下一些平面将时空切片，并标记为"恒定时间的平面"。这个操作利用的是时间在时空中也被定义为一种坐标，在第 1 章我们已经讨论过这一点，但结果反映的是我们的个人选择，并不是宇宙的本质特征。在相对论中，"同时发生的遥远事件"这个概念毫无意义[1]。

---

1. 将牛顿时空与相对论联系起来有一个办法，就是想象"让光速无限大"。这样一来，我们画下的光锥会变得越来越宽，类空区域就会被挤压成一个平面，就跟牛顿时空中的设定一样了。这个景象让人浮想联翩，但并不多么令人满意。原因之一是，我们总是能选择合适的单位制让光速等于 1：就用年来计量时间，用光年来计量距离好了。所以我们真正要做的是试图改变所有自然界的常数，使得跟光速比起来其他速度都会降低。就算我们这么做，这个过程也远非独特；我们随意选取了采取限制的方式，使得光锥汇聚在恒定时间的特定平面上。

在画如图 15 那样的时空图时，有一种非常强烈的诱惑让你想画下一根垂直的坐标轴标为"时间"，再画一根（或两根）水平的轴标为"空间"。但我们这张时空图中并没有这样的轴线，这完全是有意为之。在相对论当中，时空的整个意义就是，它并不能完全拆分为"时间"和"空间"。牛顿时空可以分解为时间和空间，而光锥标出了每起事件可到达的过去和未来的界线，但光锥并不是直接施加在牛顿分解之上，而是整个取代了牛顿时空的结构。可以沿着每一根单独的世界线测量时间，但时间并不是整个时空的固有特征。

79

如果没有强调一下时间和空间还有一个区别就直接翻篇，那可有点儿不负责任。这个区别就是，时间只有一个维度，而空间有三个[1]。至于为什么会这样，我们还没怎么搞清楚。也就是说，我们对基础物理学的理解还没有得到有效发展，没有足够的信心宣称，有没有什么原因使得时间的维度不能超过一个，或者如果时间维度为零是否有影响。我们知道的只是，如果时间的维度不止一个，生活也许会变得相当艰难。只有这么一个维度的时候，（沿着类时路径运动的）物理对象没得选择，只能沿着这个特定方向运动。如果不止一个，就没有什么能强迫我们在时间上只能前进了。比如说，我们可以画圈圈。这种情况下是否能构建一个不自相矛盾的物理学理论体系，这个问题还没有答案；但至少，情况会很不一样。

---

1. 这里是说，空间维度至少有三个。极有可能，在理论物理学界的某些领域甚至已经视为理所当然的是，空间有额外维度，但出于某些原因我们无法看见，至少在我们已经进入的低能量状态下无法看见。有很多方法可以将额外的空间维度隐藏起来，可参见 Greene（2000）或 Randall（2005）。我们认为不大可能存在隐藏的额外类时维度，但谁也不知道呀，是不是？

爱因斯坦最著名的方程

爱因斯坦 1905 年的重要论文是《论运动物体的电动力学》，文中阐述了狭义相对论的原理，发表于当时德国顶尖的科学杂志《物理学纪事》，占了 30 页。不久，他又发表了一篇两页的文章，题为《物体的惯性同它所含的能量有关吗？》[1]。这篇文章意在指出他长期工作的直接且很有趣的成果：静止物体的能量与其质量成正比。（此处质量和惯性可互换使用。）这个思想背后无疑就是历史上最著名的方程：

$$E = mc^2$$

我们来好好想想这个方程，因为人们经常会误解。因子 c^2 当然是指光速的平方。物理学家会想，啊哈，肯定涉及相对论，随便什么时候只要看到方程里有光速他们就会这么想。因子 m 是我们讨论的物体的质量。你可能会在别的地方读到"相对质量"，当物体运动时，相对质量会增加。但这并不是考虑问题最有效的方式；最好把 m 一劳永逸地当成是物体静止时拥有的质量。最后，说 E 是"能量"并不确切，这个方程中的 E 具体是指静止物体的能量。如果物体在运动，其能量肯定会更高。

80

所以，爱因斯坦的著名方程告诉我们，物体静止时的能量等于其质量乘以光速的平方。请注意，这个人畜无害的词语"物体"非常重要。

---

1. 两文均收于 *Einstein*（1923）。

这个世界上不是什么东西都能算成物体的！例如我们已经讲到的暗能量，对宇宙的加速膨胀罪莫大焉。暗能量似乎不是粒子或其他物体的集合，但它润物无声地充满了整个时空。所以就暗能量而言，$E = mc^2$ 并不适用。同样，有的物体（比如光子）从来不会静止，始终在以光速运动。这种情况下，方程又一次没派上用场。

地球人都知道这个方程的实际意义：就算是很小的质量也等价于巨大的能量。（用常见的单位来表示，光速是个非常大的数字。）能量有很多种形式，狭义相对论告诉我们的就是，质量是能量可以采取的形式之一。但不同形式的能量可以来回转换，这种转换过程时时都在发生。$E = mc^2$ 有效的地方并不局限于核物理学或宇宙学之类的深奥领域，而是对任何静止物体都适用，无论是在火星上还是在自家客厅里。如果我们拿一张纸点燃，让产生的光子带着能量逃走，那么剩下的灰烬跟原来那张纸加上燃烧消耗掉的氧气相比，质量会稍微小一点（无论你多么小心翼翼确保收集到了所有灰烬）。$E = mc^2$ 不只是跟原子弹有关，也是我们周围能量相互作用的深层特征。

81

第 5 章
时间能伸能曲

> 天地所以能长且久者，以其不自生，故能长生。
>
> ——老子，《道德经》

狭义相对论背后的原动力并不是令人困惑的实验结果（尽管迈克尔逊-莫雷的实验肯定是），而是两种已经存在的理论框架之间的明显冲突[1]。一方面是牛顿力学，这是座金光闪闪的物理学大厦，其后所有理论都以此为基础；另一方面是詹姆斯·克拉克·麦克斯韦将电和磁统一的理论，约出现于 19 世纪中叶，解释了各种各样纷繁复杂的实验现象。问题是，这两个极为成功的理论并不契合。牛顿力学显示，两个相向运动的物体，相对速度就只是两者的速度相加；麦克斯韦的电磁学则表明，光速是个例外。狭义相对论成功地将这两种理论结合为一个完整的理论，提供的力学框架中光速扮演了特殊角色，但当粒子运动速度很慢时，就会简化为牛顿的模型。

跟很多世界观的剧变一样，狭义相对论的成功也是有代价的。在

---

1. 狭义相对论源于牛顿力学和麦克斯韦电动力学之间的矛盾，而广义相对论源自狭义相对论和牛顿重力之间的矛盾。现在，物理学家面对另一个很麻烦的矛盾：广义相对论和量子力学。我们都希望，有一天两者能统一为量子引力理论。弦论目前是主要的候选理论，但革命尚未成功，同志仍须努力。

这个例子中，牛顿物理学最伟大的成就——对行星运动做出精妙解释的引力理论——被排除在皆大欢喜的和谐之外。跟电磁力一样，引力是宇宙中最明显的作用力，爱因斯坦决心使之适应相对论的语境。你可能会想，这大概会涉及这里那里修改几个公式，让牛顿的方程与增强后的不变性保持一致。但这个方向的尝试总是捉襟见肘，让人灰心丧气。

82 最后爱因斯坦突然想到了一种精彩见解，本质上就是采用我们已经考虑过的宇宙飞船思想实验。（是他首先想到这个的。）在描述我们这个假想的密封飞船的旅行时，我小心地提到过我们远离任何引力场，因此不用担心会掉进一颗恒星，也不用怕派出去的机器人探测器会被邻近行星的引力拉偏。但是如果我们身边有显著的引力场呢？比如说，假设我们的飞船在环绕地球的轨道上，我们在飞船内部进行的实验会受到什么影响？

爱因斯坦的答案是：只要我们将注意力局限在相对较小的区域和较短的时间间隔，那就完全不会受到影响。我们想做什么实验就可以做什么实验——测定化学反应的速率，扔个球看它怎么下落，观测弹簧上的重量，等等——无论是在近地轨道上游荡还是在遥远的星际空间中穿梭，我们都会得到一模一样的答案。当然，要是等的时间够长，我们还是能看出我们是在轨道上；如果让一把叉子一把勺子在我们面前自由飘浮，其中那把叉子要稍稍靠近地球一点，那么叉子就会受到稍微多一点点的引力作用，因此会有一点点远离勺子。但这样的效应需要时间积累。如果我们只注意范围足够小的空间和极短的时间，那就想不出能有什么实验可以表明，存在万有引力使我们在环绕地球的轨道上运行。

　　探测引力场的难度可以拿来跟比如说探测电场做比较，后者轻而易举，简直小菜一碟。还是拿一样的叉子跟勺子，但这回让叉子带正电，勺子带负电。如果存在电场，相反的电荷就会被推往相反的方向，因此要检验附近是否有电场实在是易如反掌。

　　万有引力的不同之处在于，没有像"负引力子"这样的东西。引力是普适的——所有事物对引力都会有相同的反应。因此，引力无法在宇宙飞船这么小的区域中被探测到，只能通过引力对时空中不同 83 事件下的对象有不同影响来判断（图16）。爱因斯坦将这种观测结果提升到了自然法则的高度，称之为等效原理：任何局部实验都不能测出引力场是否存在。

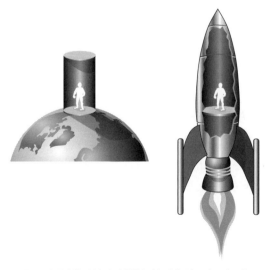

图16　行星上的引力场与火箭的加速运动就局部而言无法区分

　　我知道你在想什么："要探测引力，完全没问题啊。我坐在椅子上，正是引力让我能这么坐着，不至于在房间里飘来飘去呀。"但你是怎么知道这是引力的呢？只能通过往外看，发现你自己是在地球表面上。如果你身处正在加速的飞船内部，你也会被推倒，跌坐在椅子上，就像你说不上来星际空间的自由落体和近地轨道上的自由落体有什么区别，你也说不上来在飞船上稳定加速和在重力场中舒舒服服坐着有什么区别。这就是等效原理中的"等效"：引力的明显作用与加速参照系中的作用力等效。你坐在椅子上时，感受到的不是引力的作用，而是椅子对你屁股的推力。根据广义相对论，自由落体不受任何作用力，是运动的自然状态，只是地球表面的推力将我们推离了命定的轨道。

直线掰弯

　　你我要是能在思考引力本质的问题时想到等效原理这么机智的想法，大概也只是会千虑一得般点点头，然后继续该干嘛干嘛。但爱因斯坦比你我聪明得多，他领会到了这种见解的真正含义。如果通过本地实验并不能探测到引力，那引力就完全不是真正的"作用力"，跟电或磁作为作用力的方式并不一样。因为引力是普适的，认为引力是时空本身的特征而不是延伸穿过时空的什么力场，似乎更能说得通。

　　爱因斯坦认识到，引力可以看成是时空弯曲的表现。我们稍微讲过一点，时空是空间概念的一般化，而时间沿着轨迹的流逝就是在时空中行进距离的度量。但空间并非必须是刚性、平直的，可以卷曲，可以伸展，还可以变形。爱因斯坦说，时空也是一样一样的。

将二维空间可视化是最简单的，比如说模拟为一张纸。一张平整的纸没有弯曲，我们知道这一点是因为这张纸符合经典的欧几里得几何原理。例如，两条一开始就平行的直线永远不会相交，也不会渐行渐远。

作为比较，我们考虑一下二维球面。首先我们得将"直线"的概念 84
推广一下，在球面上直线可不是多么直观的概念。在高中我们就学过，在欧几里得几何中，直线是两点之间的最短距离。所以我们可以给出相似的定义：弯曲几何中的"直线"是连接两点的最短曲线，在球面上应该是大圆的一部分（图17）。如果我们在球面上取两条一开始平行的路径，并沿着大圆延长，最终这两条路径肯定会相交。这就证明了欧几里得几何的原则不再有效，也就发现了球面几何是弯曲几何。

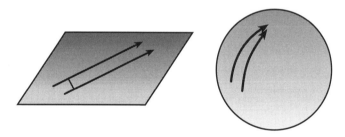

图17　平面几何中，平行线永不相交；弯曲几何中，最初平行的直线最终会相交

爱因斯坦提出，四维时空也可以弯曲，就像二维球面一样。球面的曲率是均匀的，一个点跟另一个点的曲率总是完全一样；但时空的曲率不必如此，不同地方的曲率可以有很大变化，形状也可以不同。我们从这里开始吧：爱因斯坦说，如果我们看到行星"因引力作用而偏转"，那么实际上这颗行星只是在沿直线运动，至少是在行星运行

其间的弯曲时空中尽可能直的一条线。根据非加速轨迹产生两起事件之间时钟能测量的最长可能时间的观点，时空中的直线是能以最大限度让时钟上的时间最长的路径，就好像空间中的直线是以最大限度让码表上读到的距离最短一样。

　　我们不妨来看看，要是把这个结论应用到地球上会怎样。假设有两个时钟彼此同步，放在地球表面上。其中一个在地面上，另一个我们准备高高抛向天空，然后等着它落下来。（对于这个全然不切实际的思想实验，我们可以忽略地球自转，假设时钟还是会落回出发的位置。）根据广义相对论的观点，那个上了天又落下来的时钟没有加速，而是在自由落体，尽最大努力在时空中做直线运动。同时，留在地面上的时钟在加速——由于有地球表面支撑，这个时钟没法自由落体。这样一来，我们抛上天的时钟就会比地面上的时钟经历更多时间流逝——跟地面上在加速的时钟相比，抛上天自由落体的那个似乎走得更快（图 18）。

图 18　地球表面上的时钟测得的时间会比抛到空中的时钟测得的时间短，因为前者是在加速（非自由落体）轨迹上

　　我们不会天天往太空中扔时钟玩儿，然后等着它落回地球。但我们在地球表面上的时钟有的会经常跟卫星上的时钟交换信号，这就是全球定位系统（GPS）背后的基本原理，可以帮助现代汽车实时获取导航信息。你个人的 GPS 信号接收器会从一些环绕地球的卫星上接收信号，并通过比较不同信号之间的时间来确定自己的位置。如果不考虑广义相对论中引力带来的时间放大，计算很快就会谬以千里：GPS 卫星在轨道上会比在地面上每天多经历大约 38 微秒。除了教你的接收器去学广义相对论当中的方程，更好的办法也是实际采用的解决方案是，调整卫星时钟，使之比原本的步调稍微慢一点点，这样就能与地面上的时钟保持一致了。

86

爱因斯坦最重要的方程

　　坊间传言，每一个方程都会让你的书销量减半。我希望这一页能在书中埋得够深，没有哪个读者在买来阅读之前就能注意到有这么一页。因为，我实在是没法抵挡再抛出一个方程的诱惑。这就是爱因斯坦的广义相对论引力场方程：

$$R_{\mu\nu} - (1/2) Rg_{\mu\nu} = 8\pi GT_{\mu\nu}$$

　　如果你说"爱因斯坦的方程"，物理学家会想到的就是这个方程。$E=mc^2$ 只是个小玩意，是更宽泛的原理之中的特例。相比之下，引力场方程则是物理学的深层定律，揭示了宇宙中的物体如何导致时空弯曲，并因此产生引力。方程两边都不是简单的数字，而是张量 —— 能将多个数据一网打尽的几何对象。（如果将张量看成 4 × 4 数组，那就相当靠近真相了。）方程左边代表时空曲率，右边则代表所有能以各种各样的形式引起时空弯曲的东西 —— 能量、动量、压力，等等。爱因斯坦的方程一举揭示了宇宙中粒子和场的任意特定集合是如何在时空中创造特定弯曲的。

　　按照艾萨克·牛顿的说法，引力的来源是质量；质量越大的物体产生的引力场也越强。但在爱因斯坦的宇宙中，情况要复杂一些。质量被能量代替了，但带来的时空弯曲也还有别的特性。比如说真空能量，不只是有能量，还有张力 —— 这是一种负压力。拉紧的弦或橡皮筋就有张力，这种力不是要往外推，而是要往回拉。是能量加上张力的综合效用，造成了存在真空能量的宇宙加速膨胀 [1]。

　　能量和时空弯曲之间的相互作用带来了巨大影响：在广义相对论中，能量并不守恒。在这个领域并不是每一个专家都同意这个论述，但并不是因为对理论预测有什么矛盾，而是因为并不能就如何定义"能量"和"守恒"达成一致。在牛顿的绝对时空中，对每个物体都有明确定义的能量概念，我们可以将这些能量加起来，得到宇宙中的总能量，而这个总值是绝对不变的（任何时候都一模一样）。但在广义相对论中，时空是动态的，在时空的运动中能量可以注入物体或是从物体中提取出来。例如随着宇宙膨胀，真空能量的密度保持绝对常数。因此每立方厘米的能量是不变的，但立方厘米的数量在增加 —— 总能量在上升。与此相反，辐射占主导的宇宙中总能量在下降，因为

---

1. 张力是要把东西都拉拢到一起，却带来了宇宙加速膨胀，这是不是奇怪得很？其实原因在于，暗能量带来的张力在整个空间中处处相等，可以完全抵消，因此不会产生直接的拉力。这样一来，剩下的就只是暗能量对时空弯曲施加的间接影响了。这个影响是给宇宙带来永久的推力，因为暗能量密度并不会被稀释。

每个光子都在随着宇宙学红移而损失能量。

你可能会觉得，只要把"引力场的能量"也包括进来，我们就能摆脱能量不守恒的结论了，但结果证明这比你能想到的要困难得多——原因很简单，关于引力场中的能量，根本就没有明确的局部定义。（这也不能完全说是意外，因为引力场甚至都没法在局部探测到。）还是硬着头皮承认在广义相对论中，能量除了在某些特殊情形下之外确实不守恒要容易一些[1]。但并不是好像这样一来就会天下大乱，考虑到时空弯曲，我们可以精准预测，任何特定的能量来源会怎么演化。

时空中的洞

黑洞很可能是广义相对论最有意思的重大预测，但描述起来通常会显得有点儿单调无趣："引力场过于强大，就连光线本身都无法逃逸出来的物体。"现实比这个描述更有意思。

就算在牛顿的引力理论中，也并没有什么禁止我们考虑一个质量极大、密度极高的物体，其逃逸速度大于光速，从而变成"黑"体。其实这个想法时不时有人想到，包括英国地质学家约翰·米歇尔（John Michell，于 1783 年）和法国天文学家、数学家皮埃尔 - 西蒙·拉普拉

---

1. 还可以从另一个角度思考这个问题。牛顿力学中能量守恒的事实反映了该理论一个基本的对称性：时间平移不变。粒子在其中运动的背景时空，设定一次之后就再也不会发生改变了。但广义相对论不再如此，背景时空是动态的，会将物体往外推，改变物体的能量。

斯（Pierre-Simon Laplace，于 1796 年）[1]。那个时候还并不清楚这个想法是否有意义，因为没有人知道光是否会受引力的影响，而且光速也还没有得到在相对论当中那样的最基本的重要地位。然而更重要的是，在"逃逸速度大于光速"和"光无法逃逸"之间，看似没什么不同，实则隐藏着非常大的区别。如果我们想让一个物体向上运动并最终逃出引力场，整个过程中没有任何加速，就需要给它一个起始速度，这就是逃逸速度。如果我往空中扔一个排球，希望这个球能逃到外太空，扔出去的速度就得比逃逸速度快。但是，当然没有任何理由说，我不能把同样这个排球放在火箭上，然后逐渐加速进入太空，整个过程中都没有达到过逃逸速度。换句话说，真的要逃出生天并不需要达到逃逸速度，只要燃料管够，你想走多慢都行。

　　但根据广义相对论的预测，真实的黑洞远比上述情形惊人：真的就是个有去无回的地方——一旦进入，无论有什么技术奇迹供你驱遣，你都没有任何可能再离开了。原因在于广义相对论允许时空弯曲，这一点跟牛顿引力或狭义相对论都不一样。对时空中任一事件，都会有光锥将空间分成过去、未来和我们不能抵达的地方。但是跟狭义相对论不一样，光锥不是刚好对齐成直线；因为时空会在质量和能量影响下弯曲，光锥也会随之倾斜、拉伸。在大质量物体附近，光锥会向这个物体倾斜，这跟其他物体会因为引力场的影响被拉向这个物体的倾向是一致的。黑洞在时空中就是这样一个区域：光锥倾斜得太厉害，你必须运动得比光还快才能逃出来（图 19）。尽管文字上很相似，

---

1. 参见 Michell（1784）。拉普拉斯的文章作为附录收在 Hawking and Ellis（1974）中。时不时地会有人趾高气扬地指出，根据牛顿引力计算出来的"黑星"的半径与广义相对论预测的黑洞的史瓦西半径完全一样（$2GM/c^2$，其中 G 是牛顿的万有引力常数，M 是物体的质量，c 是光速）。这一巧合纯属偶然，主要是因为用 G、M、c 这几个数你能创造出一个长度值来的方法并没有多少种。

但这个表述还是比"逃逸速度大于光速"要强烈得多。你仍有机会逃出生天的区域和你命中注定只能一猛子扎进去的区域之间有个边界，这个边界定义了黑洞，叫作事件视界。

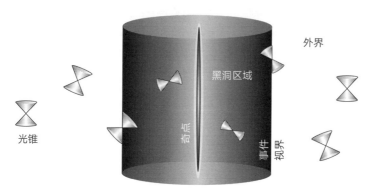

图19　在黑洞附近倾斜的光锥。事件视界标出了黑洞的边缘，这里光锥翻倒在地，任何物体除非移动速度比光速还快，都不可能逃脱

在现实世界中形成黑洞的方式可能有很多种，但标准情形是质量足够大的恒星发生坍缩。20世纪60年代末，罗杰·彭罗斯（Roger Penrose）和史蒂芬·霍金证明了广义相对论的一个重要特征：如果引力场变得足够强，就一定会形成奇点[1]。你可能会觉得也只有这样才合情合理，因为引力会变得越来越强，最后将所有物质都拉到一个点上。但以牛顿的引力理论为例可以看到并非如此。如果精诚所至，你就能得到一个奇点，但是将物质挤压在一起的通常结果是会达到某个最大密度。但在广义相对论中，密度和时空的弯曲程度都可以无限增长，直到形成无限弯曲的奇点。这样的奇点在每个黑洞中都有。

89

---

1. 就本章来说，尽管我们知道在涉及奇点的时候，广义相对论必须由更好的理论来代替，但我们只是在展示经典的广义相对论有多有效。这些问题的更多细节，可参阅 *Hawking*（1988）或 *Thorne*（1994）。

如果去想奇点就在黑洞"中心"那就错了。仔细观察图 19 所示对黑洞附近时空的描述，我们会看到事件视界以内的未来光锥向奇点倾斜得越来越厉害。但这个光锥定义了该事件的观察者所谓的"未来"。就像过去的大爆炸奇点，未来的黑洞奇点是时间中的一个时刻，而不是空间中的一个位置。一旦你处在事件视界之内，就绝对没得选了，只能继续前往命中注定的奇点，因为那是时间上位于你前方的一点，而不是空间中的某个方向。你不可能避开奇点，就像你无法让明天不要到来一样。

到你真的掉进事件视界里面的时候，你可能压根儿就不会注意到。那里没有障碍，也没有一片能量让你穿过，从而表明你已经进入黑洞。可供你未来生命选择的可能性减少了，"回到外面的宇宙"这个选项不复存在，"撞进奇点"是你仅存的希望。实际上，如果你知道黑洞的质量，你可以精确算出（根据你随身携带的时钟来看）你要多久才能抵达奇点化为无形。如果这个黑洞跟太阳的质量一样，那大概是百万分之一秒。你可能会试图让这么糟糕的命运晚点到来，于是比如说点燃火箭让自己远离奇点，但这么做只会适得其反。根据相对论，非加速运动会将两起事件之间的时间最大化。越是挣扎，你命运的绳索就系得越紧[1]。

你穿过事件视界时，在你落下来的路径上会有一个确定的时刻。如果我们假设你在持续向外面的朋友发送无线电波，那你在这个确定时刻之后发送的任何信号，他们都永远不可能收到。然而他们也不会

---

1. 如果你想构思你自己的道德说教，请随意。

看到你转眼之间就消失不见，而是会以越来越长的时间间隔收到你的信号，你的信号也会红移得越来越厉害，波长越来越长（图20）。你穿过事件视界之前的最后时刻，从外部观察者的角度来看（原则上）已经冻结在时间中，尽管随着时间流逝，这个时刻变得越来越暗淡，也越来越红。

₉₀

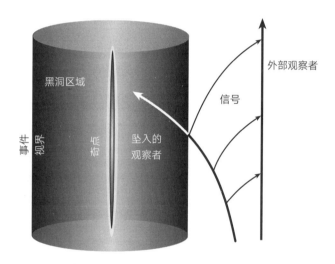

图20　当物体靠近事件视界时，对遥远的观察者而言，这个物体会显得慢了下来，并红移得越来越厉害。物体的世界线穿过事件视界的时刻，就是从外部还能看到这个物体的最后时刻

白洞：黑洞反着来

如果稍微想一想这个黑洞的故事，你会注意到有件事情很有意思：时间不对称。我们随随便便就扔进来一套假定时间有方向的话语，说"一旦穿过事件视界，你就再也不能回去了"，而不是"一旦离开事件视界，你就再也不能回去了"。这不是因为我们一不小心陷入了时

间不对称用语的圈套；而是因为黑洞这个概念本身就是时间不对称的。奇点毫无疑问是在你的未来，而不是在你的过去。

这里时间上的不对称并不是物理学基础理论的一部分。广义相对论在时间上是完全对称的，对于每一个符合爱因斯坦方程的特定时空，都会有另一个解，除了时间的方向反转了之外，其他一切都完全一样。黑洞是爱因斯坦方程的一个特解，但也有等价的解与黑洞相向而行，这就是白洞。

白洞的描述跟黑洞的描述分毫不差，只要将提到时间的字词都换个方向来说就好了（图 21）。在过去有一个奇点，光锥就从这个奇点出现。事件视界位于奇点的未来，而外界又身处奇点和事件视界的未来。有一个地方你一旦越过就再也无法回到白洞区域，事件视界代表的就是这个地方。

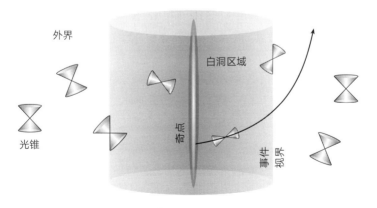

图 21 白洞的时空是黑洞的时间反转变体

那为什么我们老听到宇宙中黑洞的事情，却几乎从来没听说过白洞呢？首先你可以注意到，我们没法"造出"一个白洞。我们身在外界，白洞的奇点和事件视界都必然在我们的过去。所以这个问题不是怎样才能造一个白洞出来，而是如果我们能找到白洞，就会发现这个白洞是打一开始就在宇宙中了。

但实际上，稍微仔细点想一想，我们就会觉得造出这个词很可疑。我们这个世界受到可逆的物理定律的支配，为什么我们会想着自己要"造出"什么能持续到未来的东西，而不是"造出"什么能延伸到过去的东西？这跟我们相信自由意志的原因是一样的：过去的低熵边界条件极大地限制了什么事情有可能发生，但我们并没有相应的未来边界条件，这让尚未发生的事情悬而未决。

所以，如果我们问道："为什么要造一个黑洞还算简单，但白洞就是宇宙中已经存在，我们要去把它找出来的东西？"答案应当是不言自明的：因为跟用来造出黑洞的材料相比，黑洞总是有更高的熵。真正计算一下熵有多高，由于涉及霍金辐射会变得非常棘手，在第 12 章我们会对此详加论述；但重点就是，黑洞的熵很高。结果表明，黑洞在引力和熵之间提供了最紧密的联系，两者在对时间之箭的终极阐释中都是关键要素。

92

第 6 章
在时间中打转

孩子啊，你看，时间在这里变成了空间。

　　　　　——理查德·瓦格纳（Richard Wagner），《帕西法尔》

　　谁都知道时光机看起来是什么样子：就像是蒸汽朋克的那么一个玩意儿，坐在红色天鹅绒椅子上，灯光闪烁，背后还有一个巨大的旋转着的轮子。对青年一代来说，增强型不锈钢跑车大概也可以接受；我们的英国读者则可能会想到 20 世纪 50 年代那种伦敦警察亭[1]。不同模型的操作细节会大异其趣，但你要是真的在时间中旅行，这个机器就会非常夸张地化为无形，然后大概会到好几千年之前或之后再重新成形。

　　但时光机并不能真的这么玩儿。这不是因为时间旅行压根儿不可能，整个设想都愚蠢透顶；时间旅行到底有没有可能，恐怕比你能想到的更具未定之数。我已经强调过，时间有点儿像空间。顺着往下说就是，如果你在某个疯子发明家的实验室意外发现一台当真

---

1. 当然，这里的致敬对象依次为：1960 年乔治·帕尔（George Pal）的电影《时间大挪移》[改编自威尔斯（H. G. Wells）的《时光机》]，罗伯特·泽米吉斯（Robert Zemeckis）1985 年的电影《回到未来》，及英国广播公司的连续剧长编《神秘博士》。

能用的时光机，那这台机器只会看起来像"空间机器"——某种常见的车，用来把你从一个地方移到另一个地方。如果你想将时光机的样子具体描画出来，那就想着发射火箭好了，别想着喷一团烟就消失不见。

那穿越时间的旅行究竟会带来什么后果呢？有两种情况我们可能会很感兴趣：向未来旅行和向过去旅行。要走向未来很简单，坐在你的椅子上不动就好了。每过一小时，你都向未来前进了一小时。但是你会说："这样太无聊啦。我想以超快的速度移动到更遥远的未来，比 1 小时 / 小时快很多。我想在吃午饭之前就能看到 24 世纪。"但是我们知道，相对于你旅行时随身携带的时钟来说，要想移动得比 1 小时 / 小时快是不可能的。你也许可以自欺欺人，睡上一大觉或是让动画片定格，但时间还是在不断流逝。

但是，你可以篡改沿着你自己的世界线所经历的时间总量，使之 ⁹³ 与别人世界线上的时间不同。在牛顿式的宇宙中就连这种办法也不可能管用，因为时间是普适的，连接同样两起事件的每一根世界线都会经历相同的时间总量。但在狭义相对论中，我们可以通过在空间中移动来影响时间总量。匀速运动会经历事件之间的最长时间；所以如果你想迅速抵达未来（从你的角度来看），你只需要在时空中以极尽曲折的路线来运动就好了。你可以用火箭把自己嗖的一声接近光速发射出去然后再回来，如果燃料管够，你也可以以超高的速度在离出发点不远的地方画圈圈。到你停下来钻出宇宙飞船的时候，除了有点儿晕乎乎的，你也会已经"穿越到了未来"；说得更准确一点，你在自己的世界线上所经历的时间，要比留在原地的任何人所经历的都要短。穿越到未来还挺简单的，能有多快只是个技术问题，并不会与物理学基本定律产生矛盾。

但是你有可能还想回来，这就是我们要面对的挑战了。时间旅行的问题，到我们想要穿越到过去时就出现了。

欺骗时空

尽管有看超人电影得到的经验，在时间中向后穿越却不是改变地球的自转方向那么回事。时空本身也得配合。当然，除非你通过运动得比光速还快来欺骗时空。

在牛顿式宇宙中，向后穿越时间纯粹是天方夜谭。世界线在时空中延伸，而时空被划分为三维的、时间相同的时刻，其中有条金科玉律就是世界线绝对不能原路返回，再次回到过去。狭义相对论的情形也没好到哪儿去。在整个宇宙中定义"时间相同的时刻"非常武断，但在每起事件中我们都得面对光锥强加给我们的限制。如果我们都是肉体凡胎，从每起事件出发都只能在其光锥内部向前运动，那就没有任何希望能在时间中向后穿越；在时空图中，我们命中注定，永远只能向前行进。

但如果我们不是肉体凡胎，而是由特殊物质组成，那就开始有点儿意思了。特别是，如果我们是由快子组成——这种粒子的运动速度总是比光速还快。但很不幸，我们不是快子做的，也有充分理由相信快子压根儿就不存在。跟普通粒子不同，快子总是只能在光锥之外移动。在狭义相对论中，无论什么时候，只要我们在光锥之外移动，从某些人的角度来看，我们就都是在时间中向后移动。更重要的是，[94] 光锥是相对论在时空中定义的唯一结构，并没有"在某个时间点的空间"这么一个单独的概念。因此，如果一个粒子能从你暂时所在的某事件出发，并运动到你的光锥之外（比光速快），那么从你的角度来看，它就必定能运动到你的过去。没有什么能阻挡它。

这样一来，快子当然可以干出一些出乎意料、恐怖怪异的事情来：从某个（比光速慢的）普通物体的世界线上的某起事件"出发"，这起事件是由空间中的某个位置和时间中的某个时刻来定义的；接下来行经的路径则将快子带到同一根世界线上之前的某一点（图 22）。如果你有个能发射快子的手电，（原则上）你就可以构造一组精心设

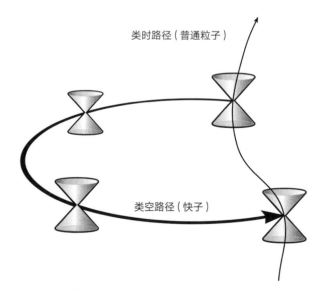

类时路径（普通粒子）

类空路径（快子）

图 22　如果快子存在，可以由普通物体发射并快速游走，最终被过去吞并，那么对其轨迹上的每起事件，快子的运动都在其光锥之外

置的镜子，并通过这组镜子用莫尔斯电码向过去的你发信号。你可以警告早些时候的自己，那次不要在那家餐馆吃虾，或者是不要跟办公室的那个怪人约会，再或者是不要用你攒的钱去买宠物电商公司的股票。

很明显，向后穿越时间的可能性有可能带来悖论，这一点现在都还没解决。也有个简单的办法脱身：注意到快子似乎并不存在，于是宣布快子与物理学定律本来就是矛盾的[1]。这个办法很有效也很准确，至少就狭义相对论来说正是如此。但如果弯曲时空也掺和进来，那这事儿就越发有意思了。

时间中的圆环

对我们中间那些不是由快子组成的人来说，我们在时空中的轨迹受到光速的限制。从定义我们当前位置的任意事件出发，我们必须朝向我们光锥中的另外某个事件，"在时间中向前"运动 —— 用术语来讲，就是我们是在时空中的类时路径上移动的。这是个局部条件，只涉及宇宙中我们邻近地区的特征。但在广义相对论中，时空是弯曲的。这就意味着我们附近的光锥跟远之又远的光锥比起来，可能是倾斜的。就是这种倾斜带来了黑洞。

---

1. 为了讲好我们这个故事，我们对快子的问题没有完全做到公平对待。允许物体运动得比光速快打开了悖论的大门，但并没有也强迫我们必须穿过这道门。我们可以想出一些模型，只是以自洽的方式允许快子存在。相关讨论可参阅 *Feinberg*（1967）和 *Nahin*（1999）。想让事情更加扑朔迷离的话，在量子场论中"快子"一词通常只是指称场的暂时性不稳定结构，在这样的场中任何东西都不会真的运动得比光速还快。

但是也可以这么想。如果光锥不是向内朝一个奇点倾斜并创造出一个黑洞，而是沿着一个圆环倾斜，这样的时空如图 23 所示。当然这样的时空会要求某种极为强大的引力场存在，不过现在我们只是脑洞大开，放飞自我而已。如果时空以这种方式弯曲，就会发生一件非同寻常的事情：我们可以沿着类时路径行进，一直向前运动进入我们的未来光锥，但最终会在我们过去的某个时刻跟自己相遇。也就是说，我们的世界线描述的是空间中的封闭圆环，因此与自身相交，在我们生命中某个时刻将我们带到与另外某个时刻的自己对面相逢的情景。

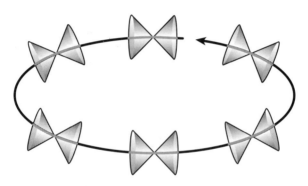

图 23　在弯曲时空中，我们可以想象光锥沿着一个圆环倾斜，创造出闭合类时曲线

这样的世界线 —— 从局部视角看在时间中永远向前移动，但是能在过去与自身相交 —— 就是闭合类时曲线，简称 CTC。当我们在[96] 广义相对论中谈论"时光机"时，我们真正要说的就是这个。真正沿着闭合类时曲线运动也会涉及通常的在时空中的运动，比如在宇宙飞船上或是更加司空见惯的 —— 甚至有可能就是坐在椅子上"一动不动"。是时空本身的曲率带着你跟自己的过去产生联系，这是广义相对论的中心特征，稍后等我们回到宇宙起源和熵的问题上时这个特征

就会变得至关重要了：时空不是钉在那里就一成不变了的，而是会因物质和能量的影响而变化（甚至还能有无相生，前后相随）。

在广义相对论中要找到含有闭合类时曲线的时空并不难。早在 1949 年，数学家和逻辑学家库尔特·哥德尔（Kurt Gödel）就找到了爱因斯坦方程的一个解，描述的是一个"旋转"的宇宙，其中每起事件都有闭合类时曲线穿过。哥德尔是爱因斯坦晚年在普林斯顿高等研究院的朋友，他对方程求解的思路就部分来自于两人之间的对谈[1]。1963 年，新西兰数学家罗伊·克尔（Roy Kerr）找到了旋转黑洞的精确解；其中很有意思的是，奇点是个快速旋转的环，奇点附近则满是闭合类时曲线[2]。还有 1974 年，法兰克·迪普勒（Frank Tipler）证明，长度无限、正在旋转的圆柱形物质能在其周围创造出闭合类时曲线，只要这个圆柱体密度够高，转得也够快[3]。

但是，你不用费那么大劲去建构有闭合类时曲线的时空。想想我们在狭义相对论中已经很熟悉的、古老的花园般平坦的时空。但是这一次，要想象类时方向（正如一些特别的匀速观察者所定义的）是个

---

1. Gödel（1949）。查尔斯·米斯纳（Charles Misner）、基普·索恩（Kip Thorne）和约翰·惠勒（John Wheeler）在为他们的大部头教科书《万有引力》（1973）做研究时，三人拜访了哥德尔，一起探讨广义相对论。哥德尔想问他们的却是，当代宇宙观测是否为宇宙总体上的旋转提供了什么线索。他仍然对自己的解与现实世界之间可能的关联感兴趣。

2. Kerr（1963）。在任何关于广义相对论的现代教科书中，对克尔的解都有技术层面的讨论，科普层面的讨论则参见 Thorne（1994）。索恩的故事讲述了克尔如何在得克萨斯州第一届相对论天体物理学专题研讨会上展示自己的解，但是完全（并且还有点儿粗鲁地）被与会的天体物理学家忽略，因为他们在忙着争论类星体的问题。平心而论，克尔找出这个解的时候他自己也没意识到这个解代表了黑洞，尽管他也知道这是爱因斯坦方程的旋转解。后来天体物理学家才开始理解，类星体就是由克尔的时空所描述的旋转黑洞驱动的。

3. Tipler（1974）。在无限圆柱体周围的时空曲率的解实际上是荷兰物理学家（及轰炸机飞行员）威廉·范·斯托克姆（Willem Jacob van Stockum）于 1937 年找到的，但斯托克姆并没有注意到他的解包含闭合类时曲线。在 Nahin（1999）中能读到对广义相对论中时光机的研究以及虚构作品中时间旅行面目的精彩概述。

圆圈，而不是永远向前延伸。在这样的宇宙中，在时间上向前移动的物体就会发现自己一次又一次回到宇宙历史上的同一个时刻。在哈罗德·雷米斯（Harold Ramis）的电影《土拨鼠之日》中，比尔·默瑞（Bill Murray）扮演的角色总是在同一个清晨醒来，经历跟自己前一天经历过的一模一样的情景。我们所想象的时间回环的宇宙就有点像这个样子，不过也有两个重要区别：首先，每一天都得是真真正正的一模一样，包括男主角自己的活动。其次，没有任何机会逃出轮回。哪怕是赢得安迪·麦克道威尔（Andie MacDowell）的芳心也救不了你。

时间回环的宇宙并非只是电影制作人的游乐场，也是爱因斯坦方程的精确解。我们知道，如果选定某个惯性参照系，我们可以将四维的平坦时空"切片"，使之成为三维的时间相同的时刻。选取两个这样的切片，比如说 2 月 2 日午夜和 2 月 3 日午夜 —— 这两个时刻在整个宇宙中延伸（在平坦时空的这个特例中，在这个特殊的参照系 [97] 下）。现在只选取这两个切片之间时长一天的这部分时空，将其余部分全都弃之不顾，最后再将开始的时刻与结束的时刻等同起来。也就是说规定在任何情况下只要有世界线抵达 2 月 3 日空间中的某个点，就会马上回到 2 月 2 日空间中的同样一点，重新出现。在心里面你可以这么想，这个就跟把一张纸卷起来，对边贴在一起变成圆柱没什么两样。对每一事件，即便是我们定义为不同切片的午夜上的事件，一切都显得极为流畅，时空也是平坦的 —— 时间是个圆，圆上没有哪一点会跟其他任何点有所不同。这个时空充满了闭合类时曲线，如图 24 所示。这可能不是真实的宇宙，但展现了单单只有广义相对论的规则，并不会不允许存在闭合类时曲线。

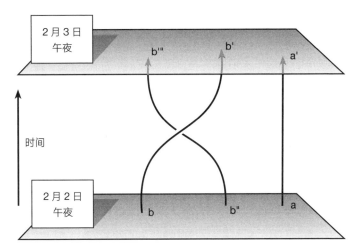

图 24　时间回环的宇宙，令平坦时空中两个不同时刻等同即可构建。图中显示
了两条闭合类时曲线：其一在封闭之前仅回环一次，即从 a 到 a'；另一条回环了两次，
即先从 b 到 b'，再到 b"，再到 b"'

通往昨天的门

　　大部分在"时间旅行有没有可能"这个问题上花过心思的人都会
将这个问题归为"科幻"类而非"严肃研究"类，有两个主要原因。首
先，很难看出如何才能真正创造一条闭合类时曲线，尽管我们也会看
98　到，有些人其实是有主意的。但第二个也是更根本的原因是，很难看
出来这个概念怎样才能讲得通。一旦我们承认有可能穿越到我们的过
去，那要想瞎扯淡或是搞点悖论出来就太容易了。

　　为了处理我们这个想法，可以想象时光机的如下简单情形：通往
昨天的门。（叫成"通往明天的门"也同样正确——从门的另一边走
进来就行了。）假设有一个魔法门矗立在田野中。从任何方面看这道

门都跟普通的门没什么两样，只有一个重大区别：如果你从我们会叫作"门前"的地方跨过这道门，就会出现在同一片田野上这道门的另一边，但时间是一天前 —— 至少从"背景时间"的角度来看，也就是从未踏入这道门半步的旁观者的角度来观察的话是这样。（假设田野上也矗立着校准好的时钟，也从未穿过那道门，并与田野本身的参照系同步。）相应地，如果你从"门后"跨过这道门，就会出现在门前，而时间是一天后（图 25）。

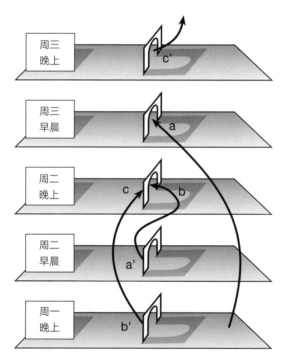

图 25 "通往昨天的门"展示了一条可能的世界线。旅行者从门前穿过，也就是从右侧（a）穿过后，出现在一天前（a'）的门后。这个人花了半天时间在门附近转悠，然后再次从门前走进去（b），重新出现在一天前（b'）。接下来这个人等了一天，再从门后进入这道门（c），出现在一天后的门前（c'）

听起来玄之又玄，但这并不是众妙之门，我们只不过描述了一种特定的不寻常的时空而已。我们将空间中的一系列点在不同时间等同起来。没有谁在一阵烟雾中消失不见，从任意特定观察者的视角来看，他们自己的世界线一直在向着未来以 1 秒 / 秒的速度前进，永不止息。若你从门前看向门的另一边，看到的不会是漆黑一片，也不会是光怪陆离的色彩漩涡；你会看到另一边的田野，就跟你从别的任何一道门看过去会看到的一样。唯一的区别是，你看到的是这片田野昨天的样子。如果你端详这道门的两边，这边你会看到今天的田野，而从门里看过去则会看到前一天的田野。同样，如果你走到另一边，从门后看过来，你也只不过看到这一侧的田野，但看到的是明天这片田野的样子。也没有什么不让你跨过这道门又马上返回，随便跨过多少次都行，再或者两只脚分别站在门槛的两侧。这样做不会感觉到有奇怪的刺痛，一切看起来都再正常不过，除了在其中一侧精确校准过的时钟会比另一侧时钟的读数晚一天。

"通往昨天的门"所在的时空明显有闭合类时曲线。你只需要从门前穿过这道门，在时间上退回去一天，从门的旁边回到门前，然后耐心等着就是了。一天过去之后，你会发现自己来到了（根据你个人的感觉来看）一天前自己所处时空中的同一个时间、同一个地点 —— 当然，你应该也会在那里看到早前的自己。你要是愿意，还可以跟早前的自己寒暄一番，聊一聊此前一天过得怎么样。这就是一条闭合类时曲线。

这也是悖论出现的地方。甭管出于什么原因，物理学家就是喜欢让他们的思想实验尽可能的暴力、致命；想想薛定谔（Schrödinger）

和他那只可怜的猫[1]。谈到时间旅行的问题时，标配情景是想象自己回到过去，在你爷爷遇到你奶奶之前抢先杀了他，最终就会让你自己没法出生。悖论本身显而易见：要是你的爷爷奶奶从未见面，你要如何才能出现，好回去杀掉他们呢？[2]

　　我们不用搞得那么狗血。下面是上述悖论更简单也更友好的版本。你走过这道门进入昨天，然后你会看到你自己的分身在那儿等着你，但是看起来比你现在的样子要老一天。因为你知道闭合类时曲线这回事，你也不怎么奇怪；很显然，你穿过门之后就在附近逗留，期待着跟自己早前的分身握个手的机会。于是你的两个分身寒暄一番，然后一个你把另一个你甩在身后，又穿过这道门抵达昨天。（我为什么要说"又"？）但穿过去之后，完全出于任性，你决定把这个进程搁在一边。你没有在周围闲逛，等着遇见更年轻的自己，而是叫了个车去机场，搭了个去巴哈马的航班，就此江湖远遁。你再也没有跟一开始穿过那道门的你自己碰面，但那个分身又确实与其未来的一个分身碰过面 —— 实际上，你都仍然还记得那次碰面。到底怎么回事？

100

---

1. 量子力学的先驱埃尔温·薛定谔（Erwin Schrödinger）提出了一个著名的思想实验，展现量子叠加的古怪之处。他假设，将一只猫放在封闭的盒子里，盒子里有一个放射源，在给定时间内有50%的概率衰变，并激活一个会向盒子中释放有毒气体的装置。根据量子力学的传统观点，最终系统是"活猫"和"死猫"的等量叠加状态，至少在有人观测猫之前都是如此。详细讨论参见第11章。
2. 基普·索恩（Kip Thorne）指出，"祖父悖论"似乎有点儿小题大做，引入了额外的一代人不说，还有点儿父系社会的意思。他建议我们可以试试"弑母"悖论。

一个简单规则

有一个简单的规则可以解决所有可能出现的时间旅行悖论[1]，这就是：

● 悖论不会发生。

● 不可能有比这更简单的情况。

目前科学家还没有真正足够了解物理学定律，无法论定物理定律是否允许宏观闭合类时曲线存在。如果不允许，那显然就不用操心悖论了。更有意思的问题是，闭合类时曲线必然导致悖论吗？如果是的，那闭合类时曲线就不能存在。就这么简单。

但也有可能并不是。我们都同意，逻辑冲突不会发生。说得更具体一点，在我们现在考虑的经典（跟量子力学相对而言[2]）设定中，对于"在时空中这一特定事件附近发生了什么"这个问题，只有一个正确答案。时空中任一部分都有事件在发生 —— 你穿过了一道门，你孤身一人，你遇见了什么人，你不知怎的从未现身，等等，随便什么事件都行。要发生的事件是什么就是什么，不管在过去、现在还是未

---

1. 这条规则有时候会上升到原则的地位，讨论可参见 *Novikov*（1983）或 *Horwich*（1987）。像是 *Hans Reichenbach*（1958）和 *Hilary Putnam*（1962）也曾强调，闭合类时曲线并非必然会引出悖论，只要时空中的事件在内部前后一致就行。其实，这只不过是个常识罢了。很明显现实世界没有悖论；自然界是如何成功避开悖论的，是个很有意思的问题。
2. 到第 11 章我们讨论量子力学时，还会稍微回顾一下这个陈述。在量子力学中，现实世界可能包含不止一种传统的历史。*David Deutsch*（1997）提出我们或许能利用多重历史，可以让你处于冰河世纪，也可以让你不在冰河世纪。（还有无数种其他历史。）

来，永远都是。如果在某一特定事件中，你爷爷和你奶奶开始了一段
革命友谊，那这就是在该事件中发生了什么。你无论做什么都改变不
了这件事，因为已经发生了。在有闭合类时曲线的时空中你改变不了
你过去已经发生的事件，就跟你在一个普通的、没有闭合类时曲线的
时空中也没法改变已经发生的事件一样[1]。

　　应该很清楚，就算在有闭合类时曲线的时空里面，前后一致的故
事也是可能的。图 25 描绘的世界线上，一个勇敢的冒险家在时间中
往回跳了两次，觉得有点腻了于是又往前跳了一次，然后才走开。这
里没有什么地方自相矛盾。至于上一节结尾的地方我们看到的情景，
我们当然也能想出一个没有矛盾的版本。你走进那道门，看到一个老 [101]
一点儿的你自己的化身在那里等你；你们互致问候，然后你离开另一
个自己，从前面穿过那道门进入昨天。但是你没有执拗地走开，而是
在那儿等了一天，好跟更年轻的自己碰面。你跟这个自己寒暄一番，
然后才继续走自己的路。所有事件在所有人那里的版本都会完全一致。

　　我们的故事还可以更加戏剧化，但仍能保持前后一致。假设我们
被分派了在这道门当门卫的工作，职责就是警觉地盯在这里，看谁
会穿过这道门。有那么一天我们在门旁边站着，看到有个陌生人从门
后出现。一点儿都不奇怪；这只不过意味着这个陌生人明天将会从门

1.《回到未来》很可能是有史以来最不合情理的时间旅行电影了。马蒂·麦克弗莱从 20 世纪 80
年代穿越到 50 年代，开始翻云覆雨，改变过去。更糟糕的是，只要被他干涉的事件本应已经发
生，这些事件的后果就会 "立即" 传播到未来，甚至还会影响到马蒂随身携带的一张全家福。很难
想象这个 "立即" 要怎么定义才说得通。虽然，兴许不是完全不可能 —— 你可能得假设存在一个
额外的维度，具备一般时间的很多特征，马蒂的个人意识就是在这个维度上通过他的行为造成的
影响来传递的。很可能什么地方就有一篇优秀博士论文在讲这个问题：《时间和记忆的一致本体
论，以〈回到未来〉等为例》。不过我不确定这样的文章会归在什么专业。

前进入（"已经进入"？——我们的语言当中没有能描述时间旅行的时态）这道门。但是，只要你一直盯着，就会看到突然出现的这个陌生人只是在周围闲逛了一天，刚好 24 小时过去之后，就平静地从门前走进了这道门。没有人从别的地方过来——这个突然出现又走进去的陌生人形成了闭环，这 24 小时就构成了这位陌生人的整个人生。这番情景也许会给你荒诞不经的印象，但其中并没有自相矛盾或逻辑上讲不通的地方[1]。

　　问题在于，如果我们想制造点麻烦，那么会出现什么情形？也就是说，如果我们选择不按剧本走的话会怎样？前面那个故事中，你刚好在门前跨过这道门从而在时间上后退一天之前遇见了稍微老一点儿的你自己，关键之处在于一旦你跨过去，好像就可以有所选择。你可以乖乖地去实现自己显而易见的宿命，也可以走去别的地方来制造麻烦。如果你选择的是后者，有什么能阻止你呢？矛盾好像就是从这里开始需要认真考虑的。

　　我们知道答案是什么：上述情形不可能发生。如果你遇见了一个更老的自己，我们就会确定、一定以及肯定地知道，只要你老到了那个更老的自己的岁数，你就会在那里跟更年轻的自己碰面。假设我们把乱糟糟的人类从这个问题里清除掉，只考虑简单的、无生命的物体，比如让一堆台球穿过这道门。在时空中的不同事件上会有很多组事情

1. 罗伯特·海因莱因（Robert A. Heinlein）的短篇小说《你们这些还魂尸》（All You Zombies，1959 年；该小说已于 2014 年改编为电影《前目的地》。——译者注）多多少少算是对存在闭合类曲线时让历史前后一致的最后探索。经过一系列时间跳跃和一次变性手术，主人公成功变身为他／她自己的父亲、母亲以及进入时间局的招募人。但是也请注意，这段人生故事并非自我包含的闭环，主角在未来也变老了。

都前后一致 —— 但有一组也只有一组会真的发生[1]。前后一致的故事会发生，不一致的则不会发生。

熵与时光机

认真看待这个问题的话，困扰我们的并不是关于物理学定律的什么问题，而是跟自由意志有关。我们深切感到自己不会被预先设定去 [102] 做我们选择不做的事情；但如果我们已经看到自己在做这样的事情，那就很难维持这种感觉了。

有些时候，我们的自由意志不得不屈从于物理定律。如果我们被人从一栋摩天大楼的顶层窗户扔了出去，无论我们有多想飞去别的什么地方并安全着陆，我们都预计自己会猛砸到地上。这种预先设定我们会心甘情愿地接受。但闭合类时曲线意味着一种更精细的预设，这种预设下历史如果要在时空中保持前后一致，似乎就禁止了我们做出自由选择的权利，而这种选择在别的情况下是可以做出的；这样的预设，就有点儿招人烦了。当然，我们也可以成为顽固不化的决定论者，并假设构成我们身体以及外界的所有原子都要受牛顿运动定律支配，没得商量；这些原子的运动凑在一起，就会迫使我们精确地按需要的方式行事，从而避免出现悖论。但这种假设跟我们对自身的想法多少有些出入[2]。

---

1. 关于这一点的讨论可参看 *Friedman et al.*（1990）。
2. 实际上，我们确实是坚定不移的决定论者。人类由粒子和场组成，而粒子和场严格遵循物理定律；原则上（尽管肯定不是实际上）我们甚至都能忘了我们是人类，而只是将我们自身看作基本粒子的复杂集合。但这并不意味着，真的存在闭合类时曲线的话，我们应当回避自由意志有多古怪这样的问题。

　　问题的要害之处在于，存在闭合类时曲线的话，你的时间之箭就没法前后一致了。在广义相对论中，"我们记得的是过去而不是未来"成了"我们记得的是发生在我们的过去光锥而非未来光锥之内的事件"。但在闭合类时曲线上，因为过去和未来有重叠，时空中有的事件既在我们的过去光锥里，也在未来光锥里。那么，这样的事件我们到底是记得还是不记得？我们也许能保证，闭合类时曲线上的事件跟物理学的微观定律是吻合的，但一般来讲，这些事件不可能与熵沿着曲线不断增加的事实和谐并存。

　　要突出这一点，我们可以想象那个从门后突然出现的假想陌生人，只能在一天之后从门前再进入这道门，因此这个人的整个人生故事就是个为期一天的回环，无休止地一再重复。如果我们打算把这个回环看成是从某个点"开始"的，就得花点时间想一想，要让这件事能成立，得需要多高的精确度。陌生人必须保证一天之后他体内的所有原子都恰好在合适的位置，这样他才能平滑交会到他过去的自己身上。比如说，他必须确保他的衣服跟他头天一样，没有额外沾染任何尘埃或斑点，他消化道里的内容物也得完全一样，头发和脚指甲也要刚好是同样的长度。这样的要求跟我们关于熵如何增加的经验似乎并不相容——说得婉转一点——就算严格来讲并没有违反热力学第二定律（因为这个陌生人并不是封闭系统）。如果我们只是跟先前的自己握握手，而不是与之交会成为一体，那么所要求的精确度似乎就不用那么高；但无论哪种情况，我们都要在正确的时间出现在正确的地点，才能确保前后一致，这就对我们未来可能的行动带来了很严格的限制。

我们关于自由意志的概念与"过去可能已经覆水难收，未来则还有待把握"的想法密切相关。就算我们相信，物理定律原则上以完美的精确度决定了宇宙的某个特定状态在未来将如何演化，我们也并不知道这个状态是什么，而现实世界中与熵增加并不矛盾的可能的未来会有无数个。存在闭合类时曲线时，似乎由一致性演化意味着的那种预设，就跟宇宙中未来如果真的存在低熵边界条件那么我们就会一头撞进去的预设一模一样，只不过前者是在更加局部的范围内。

换句话说就是，如果存在闭合类时曲线，那么在我们看来，该条件下的一致性演化似乎就只会跟倒着放一部电影或别的任何会让熵减少的演化例子一样奇怪，而且很不自然。这种情形并非没有可能，只是可能性太低了。因此，要么闭合类时曲线不存在，要么大型宏观物体无法真的沿时空中的闭合路径运动 —— 再或者，就是我们以为我们知道的关于热力学的一切都是错的。

预测与遐想

在闭合类时曲线上的生活似乎早就命中注定、了无生趣：如果系统沿着这样一条曲线在闭环上运动，那么就要求它能精确回到起始的那个状态。但从旁观者的角度来看，闭合类时曲线同样也带来了似乎是相反的问题：沿着这样一条曲线会发生什么，并不能由宇宙先前的状态出发做出唯一预测。也就是说，我们有非常严格的限制，就是沿着闭合类时曲线的演化必须是前后一致的，但可以存在的一致性演化有很多，而且都是可能发生的，但要预言究竟哪一个会真的发生，物理定律好像就无能为力了[1]。

　　我们说过，关于宇宙有一组对比鲜明的观点，其一是当下论，认为只有当下这个时刻是真实的；与之对立的则是永恒论或模块宇宙观，认为宇宙的整个历史都同样真实。究竟哪种观点更能成功描述现实，有非常引人入胜的哲学辩论；但对物理学家来说，两者恐怕难分伯仲。我们通常认为，物理定律就像电脑一样运转：将目前状态作为输入，物理定律就会以返回一段时间之后（或之前，随你便）的状态作为输出。多次重复这个过程，我们就能从头到尾将宇宙整个的预测历史建立起来。从这个意义上来说，对当前状态的完备认识就意味着对整个历史的完备认识。

　　一个简单的思想实验就能揭示出闭合类时曲线让这个规划不再
104　可行。回想一下从那道门凭空出现、进入昨天的那位陌生人，一天后又从门前跳了回去，从而形成一个闭环。从早一点的宇宙状态出发可没办法预言会有这么一位陌生人出现。现在假设我们是从在某个特定时刻并不存在闭合类时曲线的宇宙开始。物理定律据称允许我们预言该时刻的未来会发生什么。但要是有人创造了闭合类时曲线，这种能力就烟消云散了。闭合类时曲线一旦建立，神秘的陌生人或是别的随便什么东西就会不断出现，并在周围游走——不过也有可能不出现。如果只知道宇宙在早前某时刻的完整状态，那就没办法预言究竟会发生什么。

---

1. 比起物理学家真正能够证明的，这里听起来还可以更加板上钉钉一些。实际上，在某些极端简化情形下我们能证明，就算存在闭合类时曲线，未来也可以通过过去预测；可参阅 *Friedman* 和 *Higuchi*（2006）。似乎很有可能（不管怎样，至少在我看来吧），在更真实、更复杂的模型中就不再是这样的情形了；但眼下还没有明确的答案。

　　我们可以坚持自己喜欢的，也就是说，认为存在闭合类时曲线时发生的一切是前后一致的 —— 没有矛盾。但加上物理定律决定的未来以及宇宙在某一时刻的状态，也还不够预测会发生什么。实际上，闭合类时曲线不可能会让我们定义出"某个时刻的宇宙"。在我们前面对时空的讨论中，允许我们将四维的宇宙"切片"，使之成为三维的"时间中的时刻"，再给这个完备的序列标上不同的时间坐标值，这一点至关重要。但有了闭合类时曲线，一般来讲我们就没办法将时空以这种方式切片了[1]。从局部来看 —— 在任意特定事件附近 —— 将时空按照光锥的定义分为"过去"和"未来"还算完全正常，但就全局来看，我们无法将宇宙一致划分为时间中的时刻。

　　因此，在存在闭合类时曲线的情况下，我们不得不揅弃"决定论"的概念 —— 这种观点认为，任一时刻的宇宙状态都能决定其他所有时刻的状态。我们是否把决定论抬得太高，以至于这种冲突意味着我们应该拒绝承认闭合类时曲线有可能存在？没有必要。我们可以想到另外一种能将物理定律确切表达出来的不同方式 —— 不是像电脑那样从当前时刻出发就可以计算出后续时刻，而是像被强加给整个宇宙史的一些系列条件。我们还不清楚可能是些什么条件，但我们没办法纯粹基于思考就排除这个想法。

　　所有这些举棋不定可能有些不合时宜，但也反映了一个重要教训。我们对时间的有些理解是以逻辑和已知的物理定律为基础的，但也有

---

1. 即便存在闭合类时曲线，我们也仍有可能将时空切割为常数时间的时刻 —— 例如在简单的时间回环宇宙中我们就能做到。但这是个非常特殊的例子，在更典型的具有闭合类时曲线的时空中，不可能找到任何切片，能连续不断覆盖整个宇宙。

一些是纯粹出于方便，或基于听起来很合理的假设。我们认为从我们对当前状态的认识出发唯一确定未来的能力很重要，但现实世界最终可能有别的想法。如果闭合类时曲线能够存在，那么对永恒论和当下论之争我们就有了明确答案：永恒论的模块宇宙将正式获胜，直截了当的原因是，如果有闭合类时曲线潜藏在周围，宇宙就没法被好好分成一系列"当下"。

对于闭合类时曲线带来的那些难题，最终答案可能只是闭合类时曲线不存在（也不允许存在）。但如果这个答案是对的，那也只是因为物理定律不允许将时空卷曲得那么厉害来产生闭合类时曲线，而不是因为这样的曲线会让你去杀掉自己的祖宗。所以，现在我们该转身看看物理定律啦。

平面国

闭合类时曲线给饶有趣味的思想实验提供了试验场，我们可以借此探索时间的本质。但如果打算认真看待这些问题，我们就得问问，闭合类时曲线在现实世界中究竟能不能存在，至少根据广义相对论的法则来看会是什么情形。

我在前面提到过，爱因斯坦方程有几个解是以闭合类时曲线为主要特色的——时间回环宇宙，哥德尔宇宙，旋转黑洞内部奇点附近的区域以及无限长的旋转圆柱体。但所有这些跟我们的想法比起来都还差点儿意思，那就是"建造"时光机是什么意思——无中生有创造出闭合类时曲线来。在时间回环宇宙、哥德尔宇宙和旋转圆柱体的情形中，闭合类时曲线是从一开始就内置在宇宙中的 [1]。真正的问题在于，我们能在时空中的某个局部区域制造出闭合类时曲线来吗？

快速回顾一下图 23，很容易看出为什么所有这些解都以某种类型的旋转为特征 —— 光是倾斜光锥并不够；我们希望这些光锥都能倒下来，变成一个圆圈。所以如果我们打算坐下来好好想想，怎么才能在时空中制造出闭合类时曲线的话，刚开始我们也许会想到在旋转的什么东西 —— 就算不是无限长的圆柱或黑洞，也会是相当长的圆柱，或者质量非常大的恒星。如果想更加活色生香，我们还可以设想一开始有两个质量巨大的物体，并让两者以极大的相对速度射向对方。如果我们运气够好，接下来这些质量的引力就会让周围的光锥产生足够大的变形，从而制造出闭合类时曲线。

这些听起来全都有点儿马马虎虎，我们也确实要面对一个直接的问题：广义相对论很复杂。不只是在概念上如此，操作起来也是。决定时空曲率的方程在任何现实世界的情形中都极难求解。我们所知道的关于这个理论的精确预测，几乎都来自于高度理想化的、具备极高对称性的情形，比如静止不变的恒星或完全均匀的宇宙。两个黑洞以接近光速的速度经过彼此，要确定由此产生的时空曲率就已经超出了我们目前的能力（尽管技术前沿日新月异）。

106

---

1. 很明显，旋转黑洞是个例外。当然，我们可以想象由旋转恒星坍缩形成这样一个黑洞，但这里还有另一个问题：闭合类时曲线藏在事件视界后面，我们只有离开外界并一去不复返，才能真的抵达那里。稍后我们将在本章中讨论，这个例外是否能算作脱身之计。或许更重要的是，克尔找到的这个解所描述的旋转黑洞，只有在时空中绝对没有任何物质的理想情况下才成立；这个黑洞原本就在那里，不是由恒星坍缩而来。广义相对论领域的大部分专家都相信，现实世界中坍缩恒星绝不会产生闭合类时曲线，就算事件视界后面也不会有。

以这种极端简化为指导思想，我们可以问，在只拥有三维时空的宇宙中，如果有两个质量巨大的物体以极高的相对速度路过彼此，会发生什么？也就是说，我们真实的四维时空是由三维空间和一维时间构成的，但我们得假定空间只有二维，这样才能让时空总的维数保持三维。

为了简化而去掉空间的一个维度，这种举动令人肃然起敬。埃德温·阿博特（Edwin A. Abbott）在其著作《平面国》中，设想了一种生活在二维空间中的生物，用来介绍维度可以不止三个的想法，同时也抓住机会嘲讽了一把维多利亚时代的文化 [1]。我们在此借用一下阿博特的术语，将具备两个空间维度和一个时间维度的宇宙称为"平面国"，尽管这个国度并非真的是个平面 —— 我们关心的情形是，时空能够弯曲，光锥能够倾斜，类时曲线能够闭合。

在平面国（以及坎布里奇）研究时光机

考虑如图 26 所描绘的情形，在平面国有两个质量很大的物体，以很高的速度经过对方。三维时空的绝妙之处在于，爱因斯坦方程大为简化，在现实的四维时空中会复杂到不可能解出来的问题，到了这儿也能精确求解了。1991 年，天体物理学家理查德·戈特（Richard Gott）撸起袖子，算出了这种情形下的时空曲率。值得注意的是，他发现重物如果移动速度够快，那么在经过彼此时确实会产生闭合类时曲线。对两个物体的任意特定质量，戈特算出来一个速度，要想让周

---

1. *Abbott*（1899）；亦可参阅 *Randall*（2005）。——作者原注（英文书名为 *Flatland*，原作首次发表于 1884 年，有多个中译本，译名或作《平面国》，或作《二维国》。——译者注）

围的光锥足够倾斜从而让时间旅行成为可能，两者就必须以这个速度运动 [1] 。

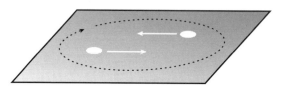

图 26 平面国的戈特时光机。如果两个物体以足够高的相对速度经过彼此，那么图中的虚线圆环就会成为闭合类时曲线。请注意，此处绘出的平面真的是二维平面，而不是三维空间的投影

这个结果令人浮想联翩，但并不能真正算是"建造"时光机。戈特时空中的物体一开始相距遥远，路过彼此之后又很快分开，回到遥不可及的状态。最终，闭合类时曲线注定会出现，在这个演化过程中没有什么能避免曲线形成。因此问题还是留在那里 —— 我们能造出戈特时光机吗？比如说，我们可以想象平面国中一开始相对静止的两个重物，并给这两个物体都加载上火箭的引擎。（记得不断提醒自己，这是个"思想实验"。）我们能将两者加速到足够快，从而产生闭合类时曲线吗？这样肯定算得上是"建造时光机"了，尽管所处环境有那么点儿不切实际。

---

1. 原文见 Gott（1991），就此主题他还写过一本科普书（2001）。关于这项工作，你能读到的几乎所有描述都不会讨论"在平面国运动的重物"，而是会说到"在四维时空中运动的绝对平直、完全平行的宇宙弦"。这是因为这两种情形完全等价。宇宙弦是早期宇宙留下的假想遗迹，在微观层面可以非常纤细，但也能延伸到天文尺度的距离。理想化版本会绝对平直、无限延伸，但现实世界中的宇宙弦会以很复杂的方式极尽曲折。但是，如果宇宙弦绝对平直，那就没有什么会依赖于时空中这样的弦延伸的方向。用术语来说就是，整个时空对于在弦上的平移和放大来说都是不变的。实际上这就意味着，弦的延伸方向完全没有关系，我们完全可以忽略。如果我们只是去掉这个维度，那么三维空间中无限长的弦就变得跟二维空间中的点状粒子等价了。对于多根弦的集合也是如此，只要这些弦都绝对平直并一直保持彼此平行。当然，摆弄绝对平直、无限延伸的弦的想法几乎就跟想象我们生活在三维时空中一样荒诞不经。这也没什么，毕竟我们只是不切实际地假设一下，因为想把我们的理论推到极致，看看究竟能想到什么，区分哪些在原则上就不可能，哪些只是艰巨的技术挑战。

答案很有意思，我也很幸运，从一开始就参与了解决这个问题的过程[1]。戈特的论文于 1991 年发表的时候，我还是哈佛大学的研究生，主要跟导师乔治·菲尔德（George Field）一起工作。但跟很多哈佛的学生一样，我经常乘红线地铁去麻省理工听一些我自己的学校不开的课程。（也有很多麻省理工的学生出于同样的原因往哈佛跑。）这些课程中就有爱德华（"艾迪"）·法里（Edward Farhi）教授开设的理论粒子物理学课程以及艾伦·古思（Alan Guth）关于早期宇宙的宇宙学课程，都非常精彩。艾迪很年轻，有纽约布朗克斯的口音。他对物理学的态度，至少对那些写过像是《是否有可能在实验室中通过量子隧穿效应创造出宇宙》这种论文的人是相当的直来直去[2]。艾伦是位头脑格外清醒的物理学家，作为暴胀宇宙模型的发明人而闻名世界。他俩都很热情友善，也都是大忙人；就算不跟他们讨论妙趣横生的物理学，你也会很乐意跟他们打交道。

所以当他俩把我拉到一块儿来解决是否有可能建造戈特时光机的问题时，我十分激动，也深感荣幸。另一个理论物理学家团队——斯坦利·德赛尔（Stanley Deser）、罗曼·贾基夫（Roman Jackiw）和诺贝尔奖获得者杰拉德·特·胡夫特（Gerard 't Hooft）——也在致力于这个问题。他们已经发现了戈特宇宙中两个运动物体的一个古怪特征：尽管两个物体本身的运动速度都比光速慢，但放到一起来看的话，

---

1. 戈特的文章问世后不久，柯特·卡特勒（Curt Cutler, 1992）证明了闭合类时曲线会无限延伸，同样标志着这个解并不能真正看成是建造时光机（因为我们将"建造"看成是能在局部区域内完成的）。Deser、Jackiw 和 Gerard 't Hooft（1992）检验了戈特的解，发现总的动量相当于快子的动量。我和法里、古思以及 Olum（1992, 1994）一起证明了开放的平面国宇宙永远不可能具有足够的能量来从无到有制造出戈特时光机。杰拉德·特·胡夫特则证明，封闭的平面国宇宙会在闭合类时曲线有机会形成之前就坍缩为奇点。

2. *Farhi, Guth and Guven*（1990）。

整个系统的总动量竟然等于快子的动量。这就好比两个完全正常的粒子，结合在一起就创造出了一个比光速还快的粒子。狭义相对论中不考虑引力，时空也绝对平坦，上述情形不可能发生；速度比光速慢的粒子无论有多少，结合起来的总动量都只会明显低于光速。只是因为弯曲时空的独特之处，两个物体的速度才能以这么有趣的方式加在一起。但对我们来说，这个完全算不上是最后答案。谁能说弯曲时空的特性就不允许我们制造出快子呢？

108

我们解决了用火箭提出的这个问题：我们能否以缓慢移动的物体为起点，将其加速到足够快，从而制造出时光机？这样讲的话，很难看出哪里可能出问题 —— 有了这么大的一个火箭，什么能阻止我们将重物加速到想达到的任意速度呢？

答案就是宇宙中没有足够的能量。一开始我们假设有一个"开放的宇宙"—— 平面国里的那个平面，可以延伸到无穷远处，我们的运动粒子就在这个平面上运动（图27）。但平面国的引力有个独特的性质，你能放进这个开放宇宙的总能量有个绝对上限。要是想放进去更多，时空就会弯曲得太厉害，这个宇宙就自己闭合了¹。在四维时空中，你可以想往宇宙中放多少能量就放多少能量，每一点能量都会让附近的空间弯曲，但如果你离远一点，效应就稀释了。相比之下，三维时空中引力的效应不会被稀释，而是会积累。因此，在开放的三维时空

---

1. 我们可以从某个特殊视点出发，将一个平面看成是一个360°的角向外延展。平面国发生的事情就是，每一点能量都会让你周围总的角度减少；我们说每份质量都对应一个"角度亏损"，这个亏损的角度因为这份质量的出现而被从空间中移除。质量越大，移除的角度就越大。结果从几何上看就像是远远看去的一个锥体，而不是一张平坦的纸。但可供移除的角度一共只有360°，因此在开放宇宙中我们能拥有的总能量有一个上限。

中，你可能拥有的能量有个最大值 —— 如果一开始并没有戈特时光机的话，这个最大值并不够让你造一个出来。

图 27　粒子在封闭的平面国宇宙中运动，该宇宙的拓扑结构是个球面。可以看成是蚂蚁在沙滩排球的表面爬来爬去

　　这是自然界成功避免时光机出现的有趣方式。我们写了两篇文章，其一是我们三个人写的，给出了对我们的结果听起来很合理的证明，另一篇则是跟肯·奥鲁姆（Ken Olum）一起写的，证明了更一般的情形。但在写作中我们注意到有件事情很有意思。在开放的平面国宇宙中你能拥有的能量值有个上限，但在封闭的宇宙中会怎样呢？如果你想往开放宇宙中塞进去太多的能量，问题是这个宇宙会自己封闭起来。但在考虑封闭宇宙的情形时，我们可以把这个漏洞看成一个特征。这样的宇宙空间看起来有点儿像一个球面，而不是平面[1]。那么对允许的

---

1. 说"有点儿像"是因为我们讨论的是空间的拓扑结构，而非几何结构。也就是说，我们不是在讲空间的曲率要处处都刚好等于球面曲率，而是你可以顺畅地将其变形为球面。球面拓扑结构对应的角度亏损刚好是 720°，是开放宇宙中可供亏损的角度值上限的两倍。考虑一个立方体（在拓扑学意义上与球面等价），有 8 个直角，而每个直角都相当于 90° 的亏损，因此总的角度亏损就是 720°。

能量也会有一个精确的总值 —— 没有讨价还价的空间，空间的总曲率加起来必须刚好是球面的总曲率 —— 这个值正好是你在开放宇宙中能拥有的最大值的两倍。

我们比较了封闭的平面国宇宙中的总能量和要造出戈特时光机可能需要的能量值，发现现在能量够了。发现这一点是在我们第一篇文章提交之后，这篇文章也已经被接收，准备在物理学领域的顶尖期刊《物理评论快报》上发表。但是期刊允许作者在文章发表前作为"补充证据"在文中插入小小的脚注，所以我们加了几句话，提到我们认为可以在封闭的平面国宇宙中造出时光机，尽管在开放宇宙中做不到。[109]

我们搞砸了。（作为年轻科学家跟学界泰斗一起工作的唯一好处就是，一旦搞砸了你可以这么想："要是连这些人都搞不定，那这事儿得有多让人恼火啊？"）对我们来说，看到自然界在开放宇宙中以不可思议的聪明才智避免戈特时光机出现，同时在封闭宇宙中似乎又不觉得时光机是多大个事儿，好像还是有点儿意思的。但是，肯定有足够的能量来将物体加速到足够的速度，那么问题又来了 —— 究竟哪里有可能出错呢？

很快杰拉德·特·胡夫特就搞清楚了哪里会出错。封闭宇宙跟开放宇宙不一样，总体积是有限的 —— 实际上是"总面积有限"，因为我们只有两个空间维度，不过你明白意思就行了。特·胡夫特证明的是，如果让一些粒子在封闭的平面国宇宙中运动，意在尝试造出戈特时光机，那么体积就会开始快速减少。本质上就是，宇宙会开始朝着大挤压发展。一旦这种可能性发生在你身上，就很容易看出时空是如何避免时光机出现的 —— 闭合类时曲线还没来得及创造出来，体积就已经被挤压为零了。方程不会撒谎，艾迪、艾伦和我都承认我们错了，于是向《物理评论快报》提交了一份勘误。科学的车轮滚滚向前，似乎没有因为磨损就坏了多大的事。

　　有了我们关于开放宇宙的结论和特·胡夫特关于封闭宇宙的结论，那么在平面国如果原本没有戈特时光机，你就没办法以这个状态为起点造出这样的时光机来，这一点已经很清楚了。用来推导出这些结论的很多理由好似都只能应用于三维时空这样的非现实情形，这种看法也有可能是对的。但是同样也很清楚，广义相对论在试着告诉我们：它不喜欢闭合类时曲线。你可以努力建造这样的曲线，但好像总会有什么地方会出问题。当然，我们也想问问，这个结论在四维时空的现实世界中究竟能推广到多大范围。

虫洞

　　1985 年春天，卡尔·萨根（Carl Sagan）正在写一部小说《接触》。小说中的天体物理学家埃莉·阿罗维［Ellie Arroway，后来在由小说改编的电影《超时空接触》中由朱迪·福斯特（Judie Foster）扮演］跟外星文明有了首次接触[1]。萨根想找到让埃莉快速穿过星际空间的办法，但他又不想学别的科幻小说家那样偷懒，采用曲率引擎让她运动得比光速还快。因此，他像每一个自尊自重的作家那样，将他的女主角抛

110

---

1. *Sagan*（1985）。*Throne*（1994）提到，萨根的问题如何启发了基普·索恩建立虫洞和时间旅行方面的理论。

进黑洞，指望着她能在 26 光年之外的地方突然出现，毫发无伤。

这不大可能。可怜的埃莉会被抻成面条 —— 被黑洞奇点附近的潮汐力拉伸延展成碎片，而且绝对不会再从什么地方喷出来。萨根并非对黑洞物理学一无所知，他想说的是旋转黑洞，其中的光锥不会真的迫使你撞进奇点，至少对罗伊·克尔于 20 世纪 60 年代发现的精确解来说是这样。但是他也知道自己不是这个世界的专家，对自己小说中的科学，他想谨慎从事。好在他有个朋友基普·索恩（Kip Thorne），这位加州理工的理论物理学家也是广义相对论领域最杰出的权威之一。

索恩很高兴读到萨根的初稿，也注意到了这个问题：现代研究表明，现实世界中的黑洞并不像克尔的原始解那样表现得那么好。可能由我们宇宙中的物理过程创造出来的真实黑洞，无论是否旋转，都会吞噬勇敢的宇航员，永远不会再吐出来。但也许有一个替代方案 —— 虫洞。

几乎可以确定，黑洞在现实世界中是存在的，而且我们有大量真实的观测数据可以证明；但虫洞与此不同，虫洞完全是理论物理学家推测出来的玩物。这个思路多多少少就是听起来的那个样子：在广义相对论中利用时空的动力学特性，想象出一个连接空间中两个不同区域的"桥梁"。

虫洞的典型描述如图 28 所示。图中的平面代表三维空间，有某种类型的隧道在两个遥远地区之间提供捷径；虫洞通过额外空间连接

图 28　连接起空间中距离遥远的两部分的虫洞。虽然没办法在图中精确表示出来，但是通过虫洞的物理距离可以比通常情况下两个虫洞开口之间的距离要短得多

[111] 起来的两个地方就是虫洞的"口"，而连接两个口的管道就叫作"喉"。这条管道看起来可不像捷径 —— 实际上就图上来看，你说不定会觉得从虫洞里走要花的时间反而比只是在空间中取道两口之间的路线要长。但这只是我们能力有限，无法画出饶有趣味的弯曲空间，并将其嵌入乏味的本地三维空间中。我们当然可以随意构想基本如图 28 所示的那种几何结构，但其中穿过虫洞的距离是我们想要的任意值 —— 包括比正常空间中的距离短得多的情形。

实际上有一种更加直观的方式来表示虫洞。只需要想象通常的三维空间，并"挖出"两个同样大小的球状区域，然后令其中一个球体的表面等同于另一个球体的表面。也就是说，宣称进入一个球体的任何物体，都会马上出现在另一个球体的另一面之外。我们最终得到的如图 29 所示，两个球面都是虫洞的开口。这个虫洞的长度正好是零，如果你进入其中一个球，就会立即出现在另一个球的外面。（对这句话中的"立即"这个词我得提个醒 —— 是对谁来说的立即？）

虫洞令我们想起前面那个"通往昨天的门"的例子。如果你透过虫洞的一端往里看，你不会看到旋转的色彩或是闪烁的光芒，你会看到的只是虫洞另一端周围的那些东西，就像你在透过某种潜望镜（或

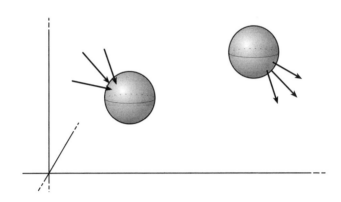

图 29　三维空间中的虫洞，将两个球面内部空间移除并等同起来构成。进入一个球体的任何物体都会立即出现在另一个球的另一面

是摄像头位于另一端的监视器）看一样。唯一的区别是，你可以轻而易举地把自己的手伸过去，或者（如果这个虫洞够大的话）自己直接跳过去。[112]

　　这样的虫洞显然就是穿过时空的捷径，完全不花任何时间就能连接起两个遥远的地方。这样的虫洞也完全满足萨根的小说所需要的花招，在索恩的建议下，萨根重写了相关内容。（但在电影版中，虫洞里有旋转的色彩、闪烁的光芒，真令人遗憾。）但萨根的问题不只是让故事更经得起推敲，还引发了一连串的想法，引领了新颖的科学研究。

轻而易举造出时光机

　　虫洞是穿过空间的捷径。你从一个地方去另一个地方时，比起你直接穿过庞大的时空，虫洞会让你的速度快得多。从你自己的本地视角来看，你的运动速度绝对不会超过光速，但如果光走的是虫洞以外的路线，你就可以比光更早抵达你的目的地。我们知道，前进速度比光还快的话就可以在时间中往回走；穿过虫洞并非真的比光快，但肯定有相似之处。索恩与迈克尔·莫里斯（Michael Morris）、乌尔维·尤尔特塞韦尔（Ulvi Yurtsever）等人一起合作，终于弄清了如何利用虫洞来创建闭合类时曲线[1]。

秘诀如下：我们抛出像是"虫洞连接空间中相距遥远的两点"这样的论述时，就得认真看待虫洞确实连接起了时空中两组事件这一事实。我们假设时空除了虫洞之外绝对平坦，此外我们也在别的什么参照系中定义了"背景时间"。我们将两个球体关联起来制造出虫洞时，我们所说的"同时"就以这个特定的背景时间坐标为依据。在别的参照系中，两者就未必同时了。

现在我们来做一个强有力的假设：我们可以独立选取并移动虫洞的任意一个开口而不影响另一个。对于这个假设会有一些大而化之的解释，但对我们的思想实验来说大可以略而不谈。接下来，我们让其中一个开口老老实实坐在匀速运动的轨迹上，同时以极高的速度来回移动另一个开口。

想看看会怎么样的话，可以想象我们在虫洞的每个开口那里都附了一座时钟。在静止开口那里的时钟会跟背景时间坐标保持一致；但

---

1. 从年份可以明显看出，关于虫洞时光机的工作实际上早在平面国的探索中就已经开始了。但平面国涉及的物理学比戈特的思想还要奇特，因此按这个顺序来讨论提议是合乎逻辑的。"虫洞作为时光机"的原始文献是 Morris, *Thorne and Yurtsever*（1988）。*Friedman etal.*（1990）详细研究了虫洞时空中时间旅行可能的一致性，*Thorne*（1994）则以科普的方式讲述了这个故事。

来回移动的虫洞开口那里的时钟在其路径上经历的时间就要短一些，就跟相对论当中别的运动物体一样。因此，到两个开口肩挨肩放回去的时候，动来动去的时钟现在看起来就比静止时钟要慢了一些。

现在考虑完全相同的情形，但这回是从你通过虫洞观察能看到的 113 情况出发。请记住，你通过虫洞口往里看的时候，不会看到任何吓人的景象，只会看到在另一个开口能看到的东西。如果我们通过虫洞口来比较这两座时钟，那么它俩相对而言并没有运动。这是因为就算虫洞口在移动，虫洞喉的长度也不会变化（在我们这个简化的例子中就是零）。通过虫洞观察，就只是两座时钟肩并肩坐在一起，相对完全静止。因此这两座时钟会保持同步，显示的时间完全一致。

这两座时钟彼此保持一致，而我们前面又说过来回移动的那座时钟所经历的时间流逝更短，这是怎么回事呢？很简单——我们作为旁观者来观察时，两座时钟会显得不一样，但我们通过虫洞来观察时，两者就显得相互匹配了。这个令人费解的现象解释起来很简单：当两个虫洞口在时空中以不同路径移动时，从背景视角来看，两者就不再等于同一个时间了（图30）。代表其中一个口的球面仍然与代表另一 114 个口的球面等同，但现在它们各自代表着不同的时间。穿过其中一个，从背景时间的角度来考虑，你会穿越到过去；反方向穿回来，你就穿越到了未来。

因此，这种虫洞几乎就跟通往昨天的门一模一样。通过摆弄喉很短的虫洞的两端，我们就能连接起时空中两个时间非常不一样的不同区域。一旦做到了这一点，就很容易以我们描述闭合类时曲线的方

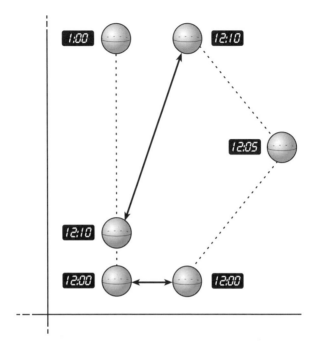

图 30　虫洞时光机。双向箭头代表球形虫洞的两个开口互相等同。两个虫洞口一开始很近，背景时间也相同。其一保持静止，同时另一个以接近光速的速度移开并返回，因此两者的背景时间变得很不一样了

式穿过虫洞，所有关于悖论的担忧也都可以照搬。这个过程如果能在现实世界中实现，按照我们前面讨论的标准，肯定算是"建造时光机"了。

阻击时光机

虫洞时光机让"闭合类时曲线能存在于现实世界"听起来有几分合理。问题似乎变成了技术能力，而不是物理定律带来的限制；我们

需要的只是找到一个虫洞，令其保持开放，以正确方式移动其中一个开口……好吧，说到底也有可能并非完全合理。你可能会怀疑，最终会有大量充分的理由让人相信，虫洞不能为建立时光机提供切实可行的方法。

首先，虫洞又没长在树上。1967 年，理论物理学家罗伯特·杰勒西（Robert Geroch）研究了建造虫洞的问题，证明了实际上以恰当的方式扭曲时空就可以创造出虫洞——但作为中间步骤，只有创造了闭合类时曲线之后才能造出虫洞来。换句话说，通过操控虫洞来建造时光机的第一步是建造时光机，这样你就能制造虫洞了[1]。但就算你走了狗屎运让虫洞绊了一跟头，你也需要面对如何让虫洞保持开放的问题。实际上，人们认为这个困难是虫洞时光机这个想法的合理性当中唯一的最大障碍。

问题在于保持虫洞开放需要负能量。万有引力是吸引力，由普通的正能量的物体产生的引力场通过将别的物体拉到一起来起作用。但我们回头看一下图 29，看看虫洞对穿过虫洞的粒子集合做了什么——这些粒子"去焦"了，原本是要聚焦到一块儿的，现在被推出去四下散开了。这跟引力的传统行为相反，也表明肯定涉及负能量。

---

1. 我曾为引入罗伯特·杰勒西的一次演讲介绍过他，这种情形下找点跟演讲人有关的趣闻轶事大有裨益。因此我上网搜了一下，发现了非常合适的内容：一个以我们银河系的地图为主打特色的《星际迷航》网站突出显示了名为"杰勒西虫洞"的东西。（显然是这个虫洞将贝塔象限和德尔塔象限连接起来，与罗慕伦人唇枪舌剑的源头也是这个虫洞。）于是我用透明胶片打印了这张地图，在介绍他时做了展示，大家都挺喜闻乐见。后来罗伯特告诉我，他以为这张地图是我弄出来的，也很高兴看到自己关于虫洞的工作对外面的世界产生了有益的也有实际意义的影响。*Geroch*（1967）证明，如果想建造虫洞，你得先制造一条闭合类时曲线出来。

115　　　自然界存在负能量吗？很可能不会，至少不会以维持宏观虫洞所需的方式存在 —— 但是我们也没法肯定。有人提出了用量子力学机制来创造负能量团的想法，但这些想法的立论依据并不扎实。一大障碍就是，这个问题需要涉及引力和量子力学两大理论，而这两大理论的结合点我们还没理解透彻。

　　就好像这还不够让人操心似的，就算我们找到虫洞并知道怎么让它保持开放，也仍有可能这个虫洞压根儿就不稳定 —— 最轻微的扰动都能让这个虫洞坍缩成黑洞。这是另一个难以找到明确答案的问题，但基本思路是，能量上的任何微小波动都能将闭合类时曲线缩放任意比例数。现在我们最好的想法是，至少对一些小波动来说，这种重复过程不可避免。因此，虫洞不只是能感觉到轻如微尘的质量穿过去 —— 它会一遍又一遍感觉到这个效应，创造出巨大的引力场，最终足以破坏掉我们也许能造好的时光机。

　　大自然似乎想尽了千方百计来阻止我们造出时光机。积累起来的间接证据促使史蒂芬·霍金提出了他称之为"时序保护猜想"的想法：（无论是什么样的）物理定律都禁止制造闭合类时曲线[1]。我们有大量证据可以证明，顺着这个思路有很多事情都是对的，尽管我们还缺少一个决定性的证据。

　　时光机让我们流连忘返，部分原因是它似乎打开了悖论的大

---

1. *Hawking*（1991）。霍金也在其结论中宣称，有观测证据可以证明，在时间中倒退是不可能的，理由是我们还从来没有被来自未来的历史学家打扰过。（我敢肯定）他在开玩笑。就算有可能从零开始建造闭合类时曲线，这些曲线也绝不可能用于穿越到闭合类时曲线建造出来之前的时间。因此并没有观测证据推翻建造时光机的可能性，能证明的只是现在还没有人造出来而已。

门，挑战了我们关于自由意志的想法。但很可能时光机并不存在，因此带来的问题也并不是迫在眉睫（除非你是好莱坞编剧）。但另一方面，时间之箭是现实世界毋庸置疑的特征，而它带来的问题需要有个解释。这两个现象彼此相关：在可观测宇宙中能有个一致的时间之箭，只能是因为不存在闭合类时曲线，而闭合类时曲线的很多令人坐立不安的特性，都是因为与时间之箭不能相容而产生。时光机的阙如对时间之箭的一致性来讲是必要的，但绝不是说这就足以解释时间之箭了。我们已经打下坚实的基础，现在是时候面对时间的前进方向这个奥秘了。

116

从永恒到此刻

3

熵与时间之箭

第 7 章
时间反向运行

当我说要重返过去时，意思是说：我要消除某些事件带来的后果，恢复我原来的处境。

——伊塔洛·卡尔维诺（Italo Calvino），《如果在冬夜，一个旅人》

彼埃尔·西蒙·拉普拉斯是个趋炎附势的人，但他那个时代在社会上见风使舵要冒很大的风险[1]。法国大革命爆发时，拉普拉斯已经树立了欧洲最伟大的数学头脑之一的形象，在法国科学院的同侪面前他也经常这么自我标榜。1793 年，雅各宾专政的恐怖统治控制了科学院，拉普拉斯宣布自己同情共和党人，但出于安全考虑他还是离开了巴黎。（并非毫无理由。他的同僚，现代化学之父安托万·拉瓦锡（Antoine Lavoisier）就在 1794 年被送上了断头台。）拿破仑如日中天时他摇身一变成为波拿巴党，还将自己的《概率分析理论》献给了皇帝。拿破仑给了拉普拉斯一个内政部长的职位，但他没当多久 —— 原因是这个职位太抽象了。波旁王朝复辟后，拉普拉斯又成了保皇党人，并在自己的新版著作中删除了给拿破仑的献词。1817 年，他得到了侯爵的头衔（图 31）。

---

1. 参见 *O'Connor and Robertson*（1999），*Rouse Ball*（1908）。你可以记住，拉普拉斯是在广义相对论出现之前，很早就在猜想有黑洞存在的人。

图 31 彼埃尔·西蒙·拉普拉斯，数学家、物理学家、见风使舵的政治家以及坚如磐石的决定论者

　　尽管在社交方面野心勃勃，但拉普拉斯在面对跟自己的科学有关的问题时也会很不明智。有一则著名的轶事讲到他跟拿破仑见面，当时他请皇帝受赠自己的《天体力学》——一套关于行星运动的五卷本专题巨著。拿破仑似乎不大可能看过全书（或是当中任何一卷），但他宫廷里肯定有人告诉过他，上帝之名在整本书中都未得一见。拿破仑抓住机会，不无调侃地问道："拉普拉斯先生，他们跟我说你写了这么一部关于宇宙系统的巨著，但从来没有提到过造物主。"对这个问题，拉普拉斯固执地回答："我不需要这么个假设。"[1]

　　拉普拉斯哲学的中心信条之一是决定论。正是拉普拉斯真正认识到，牛顿力学对当前与未来的关系有何作用。那就是，如果你对当前

119

---

1. 显然拿破仑觉得这个回答很有趣。他把拉普拉斯的这句俏皮话讲给当时另一位杰出的物理学家、数学家约瑟夫·拉格朗日（Joseph Lagrange）听，拉格朗日回应道："哦，但这个假设多棒啊，能解释好多事情呢。"见 *Rouse Ball*（1908），427。

状况事无巨细都了如指掌，那么未来也就完全确定了。在关于概率的文章的引言中，他这样写道：

> 我们可以把宇宙的当前状态看成是过去的结果，同时也是未来的原因。在某个特定时刻，智者会知道所有让大自然运动起来的作用力，知道大自然所有组成部分的位置；如果这个人也足够渊博，能将这些材料加以分析，那么一个公式就可以囊括所有物体的运动，从宇宙中最大的天体到最小的原子，无所不包。对这样的智者来说，没有什么是在未定之间，未来也正如过去一样，会在他眼前一一展现[1]。

现在我们大概会说，给定所有这些关于宇宙现状需要了解的信息，足够强大的电脑就能以完美的精确程度预测未来（或回溯过去）。拉普拉斯并不知道计算机，所以他想到的是渊博的智者。后来他的传记作者觉得这个想法有点儿干巴巴的，于是给他这个假想的智者贴了个标签 —— 拉普拉斯妖。

当然，拉普拉斯从来没有把这个智者叫作妖，既然他不需要假设有神祇，恐怕也不需要假设有妖怪。但这个思想抓住了牛顿物理崭新的数学中潜藏的一些威胁。未来不是什么尚待确定的状态，我们的命运已经编写在宇宙当前的细节中。过去和未来的每一时刻都被当前决定。只不过我们还没有用来进行计算的资料罢了[2]。

---

1. *Laplace*（2007）。
2. 不用担心宇宙当中会有个拉普拉斯妖，在那儿洋洋得意地预测着我们的一举一动。首先，这样一个妖怪必须和宇宙一样大，计算能力也要和宇宙本身一样强才行。

我们所有人都有一种深植内心的冲动 —— 拒绝承认拉普拉斯妖。就算有人能获取宇宙的整个状态，我们也不愿相信未来已经确定。汤姆·斯托帕德的《阿卡迪亚》又一次以生动的语言表达了这种焦虑。[120]

> 瓦伦丁：是的，19 世纪 20 年代有那么一个人，我忘了他的名字了；他就指出过，按照牛顿那些定律，你可以预测将要发生的任何事情 —— 我的意思是说，你可能需要像宇宙那么大的一台计算机，但公式肯定是有的。
>
> 克洛艾：但没起作用，是吧？
>
> 瓦伦丁：是的。结果里面的数学不大一样。
>
> 克洛艾：不，全都是性的原因。
>
> 瓦伦丁：真的？
>
> 克洛艾：我就是这么想的。宇宙是确定性的没错，就像牛顿说的，我的意思是宇宙在尽力成为确定性的，但唯一会出错的地方在于，人们爱慕那些不应该在那部分计划里的人。
>
> 瓦伦丁：哦，牛顿没考虑到的那种引力。一切都要追溯到花园里那只苹果。是啊。（停顿）是啊，我想你是第一个想到这一点的人。[1]

我们不打算在此探讨性吸引力是否有助于我们摆脱决定论的魔

---

1. *Stoppard*（1999），103 — 104。有人推测，瓦伦丁说的是混沌现象会破坏决定论的观点。混沌机制非常真实，初始条件中极微小的变化都会导致稍后的演化中出现极大的不同。实际上，这种现象使得对混沌系统 —— 在我们对系统现状的了解中，总会有那么一些小误差 —— 来说，预测未来变得极为困难（但并非所有系统都是混沌系统）。我不大确定这样的争议对拉普拉斯妖能有多大影响。实求是地讲，我们没有可能了解宇宙的整个状态，更不可能以此预测未来；这个概念总归只是原则上的。混沌带来的可能性根本不会改变什么。

掌。我们关心的是，为什么过去看起来与未来有如此明显的不同。但如果不是物理学基本定律看起来完全可逆，上述问题也完全不会是未解之谜的样子。对拉普拉斯妖来说，重建过去和预测未来没什么两样。

　　事实证明，让时间反向运行不是那种乍一看还算直观的事情，（只需要把电影倒着放就行了呗，对吧？）而是个精妙得让人大跌眼镜的概念。随随便便就把时间的方向反过来，可不是自然规律的对称翻转——我们必须正襟危坐，说清楚我们的"时间反演"究竟是什么意思，才能正确找到根本的对称性。所以我们得用点儿迂回战术，用简化的玩具模型来接近这个话题。最终我会证明，关键之处完全不在于"时间反演"的概念，而在于听起来很相似的"可逆性"的概念——我们从现状出发重建过去的能力，也就是拉普拉斯妖据说能做到的，尽管这比只是让时间反演复杂得多。而能确保可逆性的关键因素是信息守恒——如果阐释清楚宇宙状态所需的信息在时光流逝中保存下来了，我们就总是能让时钟倒着走，复盘先前的任何状态。关于时121 间之箭真正的未解之谜就是在这里出现的。

棋盘世界

　　我们来玩个游戏。这个游戏叫作"棋盘世界"，规则非常简单。你会看到方格排成的阵列，也就是棋盘——有的方格涂成了白的，有的涂成了灰的。在计算机语言中，所有方格都是"位元"（比特）——我们可以把白色方格标记为数字 0，灰色标记为 1。棋盘在每个方向都无限延伸，但我们每次都只能考察有限大小的一部分。

游戏的重点是猜出规律。在你面前给出方格阵列，你要做的是在白色和灰色的排列中看出规律或规则来。你的猜想接下来会接受评判，方法是展示比刚开始给出的更大的棋盘，并把根据你的猜想得出的预测与真实棋盘相比较。最后这一步在游戏中叫作"假设检验"。

当然这个游戏还有另一个名字，叫作"科学"。我们说的这些尽管高度理想化，却正好描述了现实世界中科学家是怎样了解自然界的。就物理学而言，完备的理论有三个要素：组成宇宙的对象（要有具体说明），对象分布的场所以及对象需遵循的一组规则。例如，对象可[122]以是基本粒子或量子场，场所可以是四维时空，规则可以是物理定律。棋盘世界刚好是这样一个模型：对象是一组位元（0 和 1，白色方格和灰色方格），对象分布的场所就是棋盘本身，而规则 —— 这个玩具世界中的自然法则 —— 就是我们要在方格的分布特点中找出来的规律。玩这个游戏的时候，我们要把自己当成想象中的物理学家，生活在这样一个想象中的棋盘世界里，花了很多时间在方格的样子中寻找规律，力图对自然法则做出系统阐述[1]。

图 32 是这个游戏特别简单的一个例子，标记为"棋盘 A"。显然这里有些规律，可以说是显而易见。这个规律可以这样阐述："任一特定列中的所有方格都处于相同状态。"我们得小心翼翼，确保没有任何其他规律藏着掖着 —— 如果别人找到的规律比我们多，我们就输

---

1. 的确，物理学家不可能真的住在我们任何一个棋盘中，原因本质上与人类有关：对也许可以认定为智慧观察者的复杂结构体来说，这个设定太简化了，不允许这样的结构体形成和演化。这种憋死人的简洁可以归因为在不同元素之间缺乏有趣的"相互作用"。在棋盘世界中我们将考察整个描述只有一种事物类型（像是垂直线或斜线）延伸开来，没有变化。一个世界要有趣，里边的事物就得多少能持续一段时间，同时也会因为跟世界上其他事物相互作用带来的影响而逐渐改变。

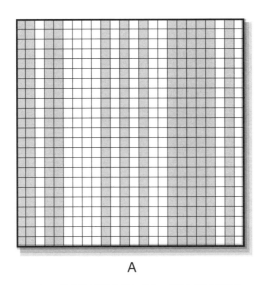

A

图 32 棋盘世界的简单例子，在每一纵列中都有简单规律

了，而那些人会赢得棋盘世界的诺贝尔奖。从棋盘 A 的样子来看，横向的每一行似乎都没有任何明显模式允许我们进一步简化，所以好像这样就可以啦。

简单归简单，棋盘 A 还是有些特点跟现实世界是息息相关的。其一，可以注意到这个规律区分了"时间"和"空间"：时间是竖直向上运行的列，空间则是水平方向的行。两者之间的区别在于，在一行当中什么都有可能发生 —— 就我们所知，只知道某特定方格的状态并不能让我们也知道邻近方格的状态。现实世界也与此类似，我们相信对空间中的物质一开始可以有任何我们喜欢的布局，但一旦布局确定，"物理定律"就会准确地告诉我们随着时间流逝会发生什么。如果有只猫坐在我们腿上，我们可以相当确定，过一会儿同样这只猫还会在附近；但知道这儿有只猫并不能告诉我们房间里还有没有别的东西。

如果是完全从零开始创造一个宇宙，那么在时间和空间之间必须有这种形式的区分吗？好像完全不是显而易见的结论。我们可以想出一个世界，其中的事物会在时间当中发生剧烈的、无法预测的变化，就好像随着空间变化发生的变化那样。但我们生活的真实宇宙似乎确实有这么个区分。宇宙中的事物经历时间而演变，而"时间"的概念在逻辑上并不是这个世界必须要有的；只是当我们想到我们发现自己实际上厕身其间的真实时，这个概念恰好特别有用。

我们将棋盘 A 展现的规则描述为"同一列的所有方格都处于同一状态"。这是个全局性的描述，一句话就包括了一整列。但我们也可以换个说法，在表述上更加局部化，就从某特定行（"时间中某个时刻"）开始，并向上或向下延伸。我们可以将规则表示为"给定任一特定方格的状态，紧接其上的方格必须与其状态相同。"换句话说，我们可以将我们看到的规律用随着时间演化的语言来表述 —— 始于我们在某特定时刻发现的任一状态，我们可以前进或后退，一次一行。这是思考物理定律的标准方式，正如图 33 所示。你告诉我某一刻这个世界上发生了什么（比如说，宇宙中所有单个粒子的位置和速度），

图 33　物理定律可以被看成是这样一台机器，给定世界当前的样子，就能告诉我们稍后会演变成什么样子

物理定律就是个黑匣子，能告诉我们这个世界在下一刻会演变成什么样子[1]。重复这个过程，我们就能建立起整个未来。过去又怎样呢？

上下颠倒翻转时间

棋盘有点儿无聊也有点儿局促，就跟想象中的世界一样。很难想象这些小方格能办个毕业舞会，或是写部《格萨尔王》出来。但是，如果有物理学家住在这些棋盘里，一旦他们完全阐述清楚了时间演化定律，那就有好多好玩的事情让他们聊了。

比如说，棋盘 A 的物理学似乎有某种程度的对称性。对称性之一是时间平移不变 —— 这个概念很简单，说的是物理定律不会随时间改变。我们可以在时间中向前或向后移动我们的视角（沿着那些列向上或向下），同时"紧接其上的方格必须与其状态相同"的规则仍然有效[2]。对称性总是这样：你做了某种操作，但并没有影响；规则仍同样有效。我们也讨论过，现实世界在时间平移下也是不变的；物理定律似乎并不会随着时间流逝而改变。

还有一种对称性藏在棋盘 A 中：时间反演不变。时间反演背后的思路还算简单 —— 就让时间反向运行就行了。如果结果"看起来一

---

1. 这里的"某一刻"并不完全准确，因为（就我们所知）现实世界并不能分割成互不相连的一刻一刻的时间。时间是连续的，从一个时间均匀流向另一个时间，并会经历其中所有可能的时刻。但这也无伤大雅。尽管时间本身是连续的，但微积分恰好提供了合适的数学工具，来让"一顿一顿地一次前进一个时刻"讲得通。
2. 请注意，空间平移和空间翻转（左右之间镜像反射）也是非常好的对称。只是从图上看的话这一点没有那么显而易见，但这只是因为状态本身（0 和 1 的规律）在空间平移或反射下是不变的。你可能会觉得这些陈述毫无意义，有些对称性也可以存在，但事实并非如此。比如说，我们无法交换时间和空间的角色。一般来讲，拥有的对称性越多，情形就会变得越简单。

从永恒到此刻

186

样 "—— 也就是说，看起来还是跟原来的设定一样，遵循同样的物理定律 —— 我们就说规则是时间反演不变的。要将这种对称性应用到棋盘中的话，可以在棋盘上选取一行，并围绕这一行将方格在竖直方向翻转。只要棋盘的规则也是时间平移不变的，我们选择哪一行就都没关系，因为哪行都一样。如果描述初始规律的规则也能描述新的规律，这个棋盘就可以说时间反演不变。以棋盘 A 为例，竖直方向每一列中方格的颜色都相同，显然在时间反演中是不变的 —— 翻转后的规律不只是能满足同样的规则，压根儿就跟原来是一样的规律。

我们来看一个更有意思的例子，以求更好地把握这个想法。图 34 展示了另一个棋盘世界，标记为 B。现在灰色方格从底部到顶部有两种不同的规律 —— 两个方向各有一系列方格斜着走。（这个样子看起来有点儿像光锥呢，对吧？）同样，我们可以用随着时间演化的方式表述这个规律，不过脑子里要时刻记着另一件事：沿着随便哪 125

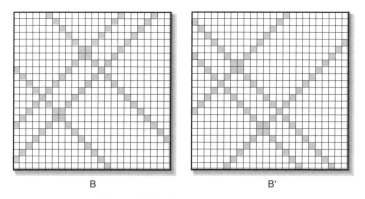

B   B'

图 34 左侧为棋盘 B，比棋盘 A 的作用机制稍微复杂一些，两个方向都有灰色方格组成的斜线。右侧为棋盘 B'，是我们将棋盘 B 围绕中间一行反射，令时间方向反转时的情形

一行，都不能够追踪某个方格是白还是灰。我们还需要追踪是灰色方格的哪种斜线正在经过该点（如果有的话）。可以选择将每个方格标记为以下四种不同状态之一："白色""灰色方格右上方""灰色方格左上方"以及"两个对角方向都有灰色方格"。如果在任一行只是列出一串 0 和 1，那想要弄清楚往上走下一行应该什么样是不够的[1]。就好比我们在这个宇宙中发现有两种不同"粒子"，一种总是往左移动，另一种总是往右移动，但不会以任何方式相互作用或干涉。

　　棋盘 B 在时间反演中会出现什么情景？我们在这个例子中让时间方向反转时，结果在形式上看起来很相似，但白色和灰色方格的实际布局肯定是变了。（棋盘 A 就不一样，翻转时间只会得到跟刚开始完全一样的白色与灰色方块的分布。）图 34 的第二部分标记为 B'，展现了棋盘 B 以某行为轴反射后的结果。具体而言，之前从左下延伸到右上的斜线，现在变成了从左上延伸到右下，反之亦然。

　　图 B 中描述的棋盘世界是时间反演不变的吗？是的。我们围绕某一行将时间反射时，白色和灰色方格的个别分布变了，但这种改变

---

1. 棋盘世界的整个思想有时候会被叫作元胞自动机。元胞自动机只是一些离散的网格，根据某种规则由前一行的状态来确定下一行。最早的研究是约翰·冯·诺依曼（John von Neumann）于 20 世纪 40 年代进行的，也是这位仁兄搞清楚了熵在量子力学中有何作用。元胞自动机十分迷人，原因有很多，但基本上跟时间之箭关系不大；它能展现极为复杂的情形，还能当成通用计算机使用。参见 *Poundstone*（1984）及 *Shalizi*（2009）。

我们不只是把元胞自动机生拉硬拽出来却仅仅用于展现时间反演和信息守恒的一些简单特征，这简直是大材小用；而且我们也没有用元胞自动机领域行家里手的日常用语来讨论问题。原因之一是，计算机科学家通常认为时间是从上往下运行的。简直脑子有毛病，人人都知道在图表上时间明明都是从下往上运行的。更加值得注意的是，尽管我们说得好像每个方格要么处于"白色"状态要么处于"灰色"状态，我们也承认，在我们叫作棋盘 B 的例子中，必须追踪的信息比准确地演进到未来所需要的还要多。没问题，这只不过意味着在我们要面对的自动机中，"细胞"可以处于两个以上的不同状态。你还可以想象，不只是白色和灰色，还可以允许方格有四种不同颜色之一。但就我们当前的目的来说，不需要详细介绍到这么复杂的程度。

无关紧要；要紧的是"物理定律"，也就是方格规律所遵循的规则没有变。在时间反演之前的初始棋盘 B 中，规则是有两种灰色方格的斜线，分别沿两个方向延伸；棋盘 B'中同样的规则仍然成立。两种斜线交换了身份，这一事实并没有改变在之前和之后都能找到同样两种斜线的事实。所以生活在棋盘 B 世界里的虚构物理学家当然可以宣布，自然规律时间反演不变。

镜中奇遇记

那好，如图 35 所示的棋盘 C 又如何呢？规则看起来仍然相当简单：我们只看到斜线从左下角延伸到右上角。如果我们想用"一次一步"的演化术语来考虑这条规则，那么可以表述为"给定任一方格的状态，往上一步再往右一步的方格必须处于同一状态。"这条规则在时间平移下肯定是不变的，因为随便从哪一行开始都一样。

126

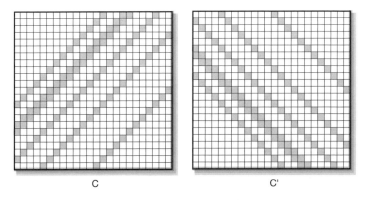

C   C'

图 35　棋盘世界 C 只有从左下延伸到右上的灰色方格斜线。如果反转时间方向得到 C'，我们只能得到从右下延伸到左上的线。严格来说，棋盘 C 并非时间反演不变，但如果同时进行空间反射和时间反演，棋盘 C 又是不变的

如果我们倒转棋盘 C 中时间的方向，就会得到如图中棋盘 C'所示的样子。显然这跟前面的情形都有所不同。C'所遵循的规律跟 C 所遵循的不一样 —— 斜线原本从左下延伸到右上，现在被另一个方向的斜线取代了。住在这些棋盘里的物理学家大概会说，就他们观察到的自然法则而言，时间反演不是对称的。我们能看出"在时间中前进"和"在时间中后退"的区别 —— 前进的方向上斜线会向右移动。将哪个方向标记为"未来"完全取决于我们，但一旦选定，就再无二话了。

但是，故事肯定没有到此结束。严格来讲，虽然根据我们的定义，棋盘 C 并不是时间反演不变，但这里似乎确实有什么东西是"可逆的"。我们来看看是否能掰扯清楚。

除了时间反演，我们也可以考虑"空间反向"，也就是通过围绕某给定列水平翻转棋盘。现实世界中通过照镜子就能得到这种结果；我们可以把空间反向就看成是对某物取镜像。物理学中这种操作通常被冠以"宇称"的名称，（跟棋盘世界中只有一个空间维度不一样，当我们有三个空间维度时）可以通过同时倒置空间中所有方向来得到。我们就管它叫宇称好了，这样一旦情势所需，我们也能听起来像是物 127 理学家。

我们最开始的棋盘 A 明显有宇称守恒的对称性 —— 我们发现的行为规则在我们将左右翻转之后仍然有效。但是对棋盘 C，我们看到的情形就跟考虑时间反演时遇到的很像了 —— 规则并非宇称守恒的，因为这个世界原本只有向右上方延伸的斜线，在左右互换后变成了只有向左上方延伸的斜线，就跟我们反转时间的时候一样。

尽管如此，似乎你也可以将棋盘 C 同时进行时间反演和空间宇称变换，最后就会得到跟开始时一样的规则。时间反演将一种斜线变成另一种，空间反射则又把斜线变了回来。结论完全正确，而且展现了时间反演在基础物理学中的一个重要特性：通常情况下，某个物理学理论在"单纯的时间反演"下并不会不变，因为这种操作只是反转时间方向，不及其余；但该理论在恰当的广义对称变换下是不变的，这种变换不仅反转时间方向，还会干点儿别的事。在现实世界中这样操作能够起作用的方式有点儿精妙，在物理学读本的讨论中也常常会把人搞得晕头转向。那我们还是放下棋盘世界里的方格，好好看看真实的宇宙吧。

最"系统"的状态位置

物理学家经常用来描述现实世界的理论，与"随着时间演化"的"状态"有相同的基本框架。在牛顿集大成的经典力学中，在广义相对论中，或是量子力学中，甚至一直到量子场论及粒子物理标准模型中，都是这样。在我们的棋盘世界中，状态是水平的一行方格，每个方格要么是白色要么是灰色（可能还会有些额外信息）。在探讨现实世界物理学的不同方法中，什么才算"状态"也有所不同。但无论是哪种情形，我们都可以问类似的一连串关于时间反演和其他可能的对称性的问题。

物理系统的"状态"是指"该系统在某特定时刻的所有信息，亦即以物理定律为基础，要确定该系统的未来演化所需要的全部信息[1]"。我们会特别考虑到孤立系统——那些不受不可预测的外力影响的系统。（可预测的外力可以当成是与系统相关的"物理定律"的一部分。）因此，我们可以想到整个宇宙，理论上是孤立的；或是远离任何行星和恒星的宇宙飞船。

128　首先考虑经典力学——艾萨克·牛顿爵士的世界[2]。在牛顿力学中，我们要有哪些信息才能预测系统的未来演化？答案我已经提到过：系统所有组分的位置和速度。不过，我们还是一步一步来看这个答案好了。

一旦有人提到"牛顿力学"，你就知道迟早你们得玩起台球来[3]。但我们还是考虑一种并非完全是传统的八球游戏的那种台球好了，这种假定设置很独特，可以叫"物理学家的台球"。我们希望能抛开复杂性，直击问题的要害，因此物理学家会假定这种台球游戏中没有噪声也没有摩擦力，因此这些绝对理想的球体在桌面上滚动时，或是相撞又彼此分离时，都不会损失任何能量。真正的台球不是这样子的——相撞时和在毡布上滚动时都会有声音和能量损耗。这是时间

---

1. 如果物理定律并非完全决定性的——如果会涉及某些随机的、有可能发生的因素——那么"确定"未来演化就会涉及概率，而不是确定性。重点在于，根据我们所运用的物理定律，状态既包括所有需要的信息，也包括所有可能用到的信息。

2. 有时候人们将相对论当成是一种独特的理论，并将"经典力学"和"相对论力学"区分开来，但更多的时候人们不会这样区分。在大部分情况下，将相对论看成是经典力学的特殊形式而非全新的思考方式，是有道理的。例如，我们确定系统状态的方式，在相对论中和牛顿力学中就是完全一样的。但量子力学极为不同。因此我们用到经典这个表述时，除非另有说明，通常都是与量子相对而言的。

3. 没有人知道（至少我是不知道）牛顿自己有没有玩过台球，虽说他那个时代的英国肯定是有这种游戏的。不过，我们倒是知道康德（Immanuel Kant）在学生时代靠台球（以及纸牌）挣过零花钱。

之箭在发挥作用，噪声和摩擦力产生了熵——所以我们暂时把这些复杂性放在一边。

我们首先考虑只有一个台球在桌面上运动的情况（图36）。（推广到多个球的情形也不会有多难。）我们假定这个球永远没有能量损失，并且只要击中台边就会干净利落地弹开。就这个问题而言，"从台边干净利落地弹开"算是台球这个封闭系统的"物理定律"之一。那么对这个台球来说，什么才算是系统的状态呢？

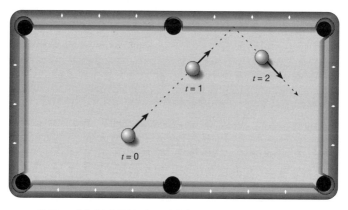

图36　一个台球在桌面上运动，没有摩擦，图中显示了三个不同时刻。箭头表示球的动量，在运动中保持不变，直到撞到台边被弹回

你可能会想，任意时刻台球的状态就是台球在桌面上的位置。毕竟如果我们朝桌面拍张照片，也就只会看到台球的位置而已。但我们对状态的定义是，预测系统未来演化所需的所有信息，而只知道位置肯定是不够的。如果我告诉你，台球正好在桌面的正中央（别的什么信息都没有），然后问你一秒钟之后这个台球会在哪儿，你肯定就得抓瞎了，因为你连球是不是在运动都不知道。

要从某个时刻所定义的信息出发预测球的运动，球的位置和速度当然全都需要一清二楚。我们说"球的状态"时，意思就是位置和速度，而且——关键是——再无其他。比如说，我们不需要知道球的加速度，这是一天当中的什么时候，这个台球早餐吃了啥，或是别的任何信息。

在经典力学中，我们通常会用动量而非速度来描述粒子的运动。这个概念可以追溯到公元 1000 年左右伟大的波斯思想家伊本·西那（Ibn Sina，欧洲人通常将这个名字拉丁化为 Avicenna，即阿维森那）。他提出的运动理论中，"倾向"——重量乘以速度——在没有外来影响时保持恒定。动量可以告诉我们物体有多大动力以及在向什么方向运动[1]；牛顿力学中的动量等于质量乘以速度，相对论中这个公式稍有变动，因此当速度趋于光速时，动量会趋于无限大。对固定质量的任何物体来说，知道动量就知道了速度，反之亦然。因此，我们可以根据单个粒子的位置和动量来确定该粒子的状态。

只要知道台球的位置和动量，就可以预测台球在桌面上晃荡的整个轨迹。球如果是在自由运动，没有击中任何台边，动量就会保持不变，同时位置会沿着一条直线以恒定的速度改变。球击中台边时，动量就会以台边代表的直线为轴突然反射，之后球仍然会以恒定的速度继续运动。也就是说，球弹了回来。我是在让简单的事情听起来很复杂，但这堆胡言乱语当中也有章法。

---

1. 因此，动量并非只是个数字。动量是向量，通常用一个小箭头表示。向量可以定义为数量（长度）加上方向，或是沿着空间中所有坐标方向的子向量（组分）的结合。例如，你会听到有人讲，"沿着 x 轴方向的向量"。

整个牛顿力学就像这样。如果同一张桌子上有很多台球，系统的完整状态就是所有球的位置和动量的列表。如果你想考察的是太阳系，那么状态就是所有行星以及太阳的位置和动量。或者如果我们想更加完全，也更加贴近现实，也可以说状态其实是组成这些对象的所有单个粒子的位置和动量。如果你想考察的是你的心上人，你只需要精确测定他或她身体里所有原子的位置和动量。经典力学的原则对系统将 130 如何演化给出了明确的预测，用到的信息只是当前状态。只要你确定了位置和动量的列表，拉普拉斯妖就接管大权，剩下的历史就板上钉钉了。你不会有拉普拉斯妖那么聪明，也没法搞到同样多的信息，因此你的心上人还是会神秘莫测。此外，他们还都是开放系统，所以你还得对剩下的这个世界也了如指掌才行。

考虑"可以想象系统可处于的所有可能的状态"通常都很方便。这就叫作系统的状态空间。请注意，"空间"可用于两种多少有些不同的含义。我们有"空间"，即宇宙中的真实物体可以运行其间的物理场所；以及更为抽象的可数"空间"的概念，作为任意种类的数学对象的集合（差不多跟"一组"是一个意思，但有可能要加入结构）。状态空间是可数的，根据所考虑的物理定律的不同，可能会有不同形式。

牛顿力学中的状态空间叫作"相空间"，至于其原因，似乎十分神秘。这个空间只是系统中所有物体的所有可能位置和动量的集合而已。对我们的棋盘世界来说，状态空间由白色和灰色方格在一行中的所有可能序列组成，如果有斜线相交，可能还得加上些额外信息。而一旦进入量子力学领域，状态空间就变成了描述量子系统的所有可能的波函数,专业词汇是希尔伯特空间。任何完备的物理理论都有状态空间,及描述某个状态如何随时间演化的规则。

尽管通常的空间只有三维,但状态空间的维度可以非常大。在这个抽象的语境中,"维度"仅仅表示"在空间中确定一点所需要的数字"。对系统中的所有粒子来说,对位置的每个成分,状态空间都有一个数字,对动量也同样如此。限制在平坦的二维桌面上运动的台球,我们需要给出两个数字才能确定其位置(因为桌面本身是二维的),还需要两个数字才能确定其动量,因为动量有大小还有方向。因此,这样一个台球的状态空间是四维的:两个数字确定位置,两个数字确定动量(图37)。如果桌面上有九个台球,对每个球都需要两个数字来分别确定其位置,及另外两个数字确定其动量,那么整个相空间就有三十六维。对位置和动量,需要的维数总是相同,因为在现实空间中动量朝向任何方向都有可能。如果是飞过空中的一只排球,就可以看成是三维空间中自由运动的单个粒子,状态空间将是六维;

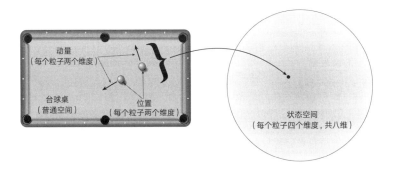

图37 台球桌上的两个球以及相应的状态空间。每个球都需要两个数字确定该球在桌面上的位置,及另外两个数字确定其动量。两个粒子的完整状态是八维空间中的一个点,如右图所示。我们无法画出八维空间,但你应该能想象出来。桌面上每多一个球,状态空间都需要增加四个维度

有1 000 个粒子的话，状态空间就是 6 000 维的了。

现实情形中，状态空间确实非常大。真实的台球由大概 10^{25} 个原子组成，状态空间则为所有原子的位置和动量的列表。我们不用去想所有这些原子在三维空间中分别以各自的动量运动时状态随时间的演化，倒是可以去想整个系统作为单个的点（状态）在维数巨大的状态空间中运动的演化情况，两种思路完全等价。这是将大量信息剧烈地改头换面，并不会让描述简单分毫（我们不过是将大量粒子换成了大量维度），但提供了看问题的不同思路。

牛顿反个向

牛顿力学在时间反向中是不变的。如果我们把单个台球在桌面上弹来弹去的情形录制下来，随便给谁看，都看不出这个录像究竟是在正着放还是倒着放。两种情形下，都只会看到台球以恒定速度沿直线运动，直到被台边反射回来。

但这个故事还没讲完。回到棋盘世界，我们定义的时间反演不变是我们可以反转系统状态序列的时间顺序，结果仍然遵循同样的物理定律。在棋盘上，状态就是一行或白或灰的方格；对我们的台球来说，[132]状态是状态空间中的一点，亦即球的位置和动量。

看一下图 36 所示球的轨迹的第一部分。球均匀地向右上方运动，动量固定在一个常数值，指向右上方。因此这个轨迹的时间反演就是球从右上方往左下方运动的一系列位置，及一系列指向右上方的数值固定的动量。但这样子也太古怪了。如果球是在沿着时间反演的轨迹运动，从右上方走向左下方，那么动量肯定也得沿着球的轨迹指向同一个方向。将原始的一组按时间顺序排列的状态刚好反过来逆序排列的简单做法显然并不能给我们带来遵守物理定律的轨迹。(或者从常识出发，很显然——动量怎么可能指向与速度相反的方向？动量可是等于速度乘以质量呀[1]。)

要解决由此产生的困境其实非常简单。在经典力学中，我们将时间反演的操作定义为不只是将原始的那组状态反向运行，而是还要令动量反向。这样一来，经典力学就实打实地在时间反演中完全不变了。如果给出系统随着时间的某种演化，信息包括系统在所有时刻、所有组成部分的位置和动量，那么就可以在所有时刻都将状态中动量这部分内容反向，再在时间上逆序运行，就能得到同样完美契合牛顿运动方程的新轨迹。

这多多少少算是常识。如果想到环绕太阳的一颗行星，并决定反着考虑这个环绕的过程，那么可以想象这颗行星倒转航向，反过来环绕。在脑子里多过一会儿这个过程，你就会觉得这个结果中行星的表现看起来仍然非常合理。但这是因为你在脑子里自动让动量反向了，甚至想都没想一下——这颗行星显然是在相反的方向运行嘛。我们

---

1. 这是个好问题，也困扰了我好多年。学习经典力学时，在不同阶段你都会不时听到老师漫不经心地跟你讲，动量与系统的真实轨迹可以完全不一致。怎么回事？问题在于，我们第一次引入"动量"概念时，通常是将其定义为质量乘以速度。但是随着你对经典力学的探索越来越深入，从某个时候开始，这个概念就不再是个定义，而成了可以从基础理论中得到的概念。也就是说，我们开始认为，动量的实质是"在粒子路径上的每一点所定义的某种向量（数量和方向）"，随后可以得到要求动量等于质量乘以速度的运动方程。（这就是哈密顿力学表述。）这也是我们如何思考、讨论时间反演的方法。动量是独立的量，是系统状态的一部分；只有在物理定律成立时，才等于质量乘以速度。

没觉得这是多大个事儿，因为我们不会按照看待位置的方式去看待动量，但动量和位置同样都是状态的一部分。

时间反演最单纯的定义是，取一组在时间上允许的状态序列，反转其顺序，再看物理定律是否允许新的序列发生。因此，如果说牛顿力学在这种时间反演下不变，那就错了。不过也没有人对此感到困扰，完全没有。实际上，我们只需要定义一种更复杂的时间反演：取一组在时间上允许的状态序列，以某种特定的简单方式转换每个状态，再反转其顺序。"转换"在这里的意思是，按照某种预先定义的规则改变所有状态；在牛顿力学中，相关转换就是"令动量反向"。如果我们 133 能找到足够简单的方式来转换所有状态，使得逆序时间的状态序列仍能满足物理定律，我们就能以极大的成就感宣称，这些定律在时间反演下不变。

一切都让人想到（或应该能让人想到，如果我的总体规划还算成功的话）棋盘 C 的斜线。在棋盘 C 中我们发现，如果只是将状态按时间顺序反演，得到的就是棋盘 C'，但这个结果并不符合原来的规律，因此棋盘 C 并非简单的时间反演不变。但如果我们首先将棋盘左右翻转，然后再颠倒时间的方向，结果就会符合一开始的规则。因此，确实存在明确定义的程序来转换单个状态（一行方格），使得棋盘 C 在这种更复杂的意义上，确实是时间反演不变的。

时间反演的这个概念涉及的不只是单纯的时间反向，还包括了状态转换。这也许看起来有点可疑，但物理学家一直在这样操作。比如说，在电磁学理论中，时间反演让电场不变，但反转了磁场的方向。

这样操作只是必须进行的一种转换；磁场和动量都在我们让时间反向运行之前就先反向了 [1]。

　　所有这些带来的经验就是，"该理论在时间反演下不变"的陈述，并不等于大白话的"可以倒转时间的方向而该理论仍然同样适用"。这个陈述的意思大体上是"可以将状态在每个时点以某种简单方式转换，然后倒转时间的方向，这时该理论仍然同样适用。"诚然，我们开始把像是"以某种简单方式"这样的表达放在基础物理概念的定义中时，听起来会有点儿不对劲。谁来说怎样才算够简单呢？

　　归根结底，没有关系。如果存在某种转换，你可以对某系统的状态在每个时刻都执行该转换，使得时间反演的演化也遵循原来的物理定律，那你就将这种操作定义成"在时间反演下不变"好了。你也可以随便叫成别的对称性，跟时间反演有些关系但并不完全一样。名称无关紧要；重要的是理解这些各种各样的对称性，物理定律有的符合，有的不符合。实际上，在粒子物理标准模型中，我们要面对的就正是

---

1. David Albert（2000）对所有这一切提出了截然不同的看法。他建议，我们应该将"状态"定义为只包含粒子的位置，而不是位置和动量（他管动量叫作"动态条件"）。他的论点是，状态对每个时刻在逻辑上都应该是独立的 —— 未来的状态不得依赖于现在的状态；但我们对状态的定义完全不是这样，这就是艾伯特（Albert）的整个要点。但通过以这种方式重新定义，艾伯特就能得出时间反演不变的最直接定义："时间上逆序运行的状态序列遵循同样的物理定律"，而不必援引任何听起来像是顺手随意选取的转换。他付出的代价是，尽管牛顿力学在该定义下是时间反演不变的，但几乎再没有别的理论满足这一点，经典的电磁理论也折戟沉沙。艾伯特也承认这一点。他宣称，传统理解认为电磁学在时间反演下不变，这种认识从麦克斯韦一直传到现代教科书，但其实都是错的。你大概能猜到，这种立场招致了连珠炮似的谴责，例子可参见 Earman（2002），Arntzenius（2004），或 Malament（2004）。

多数物理学家会说其实没什么关系。时间反演不变没有什么唯一正确的含义在世界上待着，等着我们去摘取其实质。有的只是各种各样的概念，我们在思考世界如何运行时，可能会也可能不会发现这些概念很有帮助。至于电子在磁场中如何运动，没有谁会有不同意见；他们不能达成一致的，只不过是描述这个情景时该用什么样的措辞。物理学家喜欢说，哲学家总是小心翼翼字斟句酌，好让人困惑；哲学家这边则喜欢说物理学家总是用一些自己也不知道到底是什么意思的言语，真让人恼火。

这种情况。该模型可以将状态进行转换，使得这些状态可以在时间中反向运行且符合初始的运动方程，但物理学家并没有称其为"时间反演不变"。我们来看看这是怎么回事。[134]

粒子反向运行

基本粒子并非真的会遵守经典力学的那些规则，而是会依照量子力学行事。但基本原则仍然是一样的：我们可以按特定方式转换状态，这样在转换之后再将时间的方向倒转，就能给我们带来完全符合初始理论的解。你可能经常听到粒子物理并非在时间反演下不变，有时候还会有很隐晦的暗示说，究其原因，还是跟时间之箭有关。这是误导：时间反演下基本粒子的行为跟时间之箭无论如何都扯不上关系。不过，即便撇开时间之箭，这个问题本身也已经非常有趣了。

那我们就来假设我们想做个实验，研究一下基本粒子物理学究竟是不是时间反演不变的。你可能会考虑一些特殊的涉及粒子的过程，并在时间中反向运行。例如，两个粒子可以相互作用，并产生其他粒子（比如在粒子加速器中），或是某个粒子可以衰变为多个别的粒子。如果这样的过程正着进行和反着进行要花的时间不一样，应该就能证明时间反演不变在这里并不成立。

原子核由中子和质子组成，而中子和质子又是由夸克构成的。中子如果被质子和其他中子开开心心地包裹在原子核里面就会很稳定，但如果只剩下中子，就会在几分钟之内衰变。（中子有点儿像个戏精。）问题在于，中子可以衰变为质子、电子和中微子（一种非常轻的中性粒子）这样的组合[1]。你可以假设将这个过程反向运行，用质子、电子和中微子射向彼此，方向速度什么的都正好能产生一个中子。但就算其间的相互作用能揭示出哪怕是一星半点跟时间反演有关的有趣信息，实际困难也极难克服；要求我们将这些粒子安排得刚好能重现中子衰变的时间反演，就有点儿太过了。

　　但有时候我们运气很好，而且粒子物理中有这样的背景：单个粒子"衰变"为另一种单个粒子，而后者也正好能"衰变"回去，变成原来的粒子。这个过程其实一点儿都算不上是衰变，因为前后都只有一个粒子——这样的过程有另一个名字，叫作振荡。振荡明显只能在非常特殊的情况下才能发生。比如说，质子不能振荡成中子，两者的电荷数并不相同。两种粒子只有在拥有相同电荷数、相同夸克数和相同质量时才能在振荡中互相转化，因为振荡不应产生或破坏能量。请注意，夸克和反夸克是不一样的，因此中子并不能振荡成反中子。基本上两种粒子得是几乎同样的粒子，但也不完全是这样。

135

---

1. 基本粒子有两种形式：一种是"物质粒子"，又叫"费米子"；另一种是"作用力粒子"，又叫"玻色子"。已知的玻色子包括传递电磁相互作用的光子，传递强相互作用（核力）的胶子，及传递弱相互作用的 W 玻色子和 Z 玻色子。已知的费米子可以规规矩矩地分成两类：六种不同的"夸克"，受强相互作用影响结合在一起，形成复合子，例如质子和中子；六种不同的"轻子"，不受强相互作用影响，可以自由移动。这两组各六种的粒子还可以进一步分成各三种粒子的集合。有三种夸克的电荷数为 +2/3（上夸克、粲夸克和顶夸克），剩下的三种夸克电荷数则为 −1/3（下夸克、奇夸克和底夸克）；有三种轻子的电荷数为 −1（电子、µ 子和 τ 子），剩下三种轻子的电荷数则为 0（电中微子、µ 中微子和 τ 中微子）。还可以进一步添乱：所有夸克和轻子都有相应的反粒子，所带电荷数相反，比如说反上夸克的电荷数是 −2/3，等等。

借此我们能将中子（两个下夸克加一个上夸克）的衰变描述得更加具体：衰变实际上产生了一个质子（两个上夸克加一个下夸克）、一个电子，还有一个反中微子。有个反中微子非常重要，因为这样一来，轻子的总体数目没有变化：电子算是一个轻子，但反中微子算是负一个轻子，因此互相抵消了。物理学家从未观测到有轻子总数或夸克总数变了的物理过程，尽管他们认为这样的过程一定存在。毕竟，现实世界中似乎夸克比反夸克要多得多。（我们还不大了解轻子的总数，因为宇宙中绝大部分中微子都很难探测到，而反中微子的数目应该也会非常大。）

　　大自然以中性 K 介子的形式为这种振荡双手奉上了一种完美候选。K 介子是一种介子，由一个夸克和一个反夸克组成。如果我们想让这两种夸克不一样，并让两种夸克加起来的总电荷数为零，满足条件的最简单的方法就是一个下夸克加一个反奇夸克，或者反过来也一样[1]。按照惯例，我们将下夸克 / 反奇夸克组合叫作"中性 K 介子"，奇夸克 / 反下夸克组合就叫作"中性反 K 介子"。两种 K 介子的质量完全相等，都约为质子或中子质量的一半。很自然就会想到在 K 介子和反 K 介子之间寻找振荡，而在实验粒子物理学领域，这种追寻也确实成了一门产业（图 38）。（也有带电荷的 K 介子，由上夸克和奇夸克组合而成，但对我们的目标来说没什么用处；就算我们出于简化省去"中性"这个词，我们要说的也仍然是中性 K 介子。）

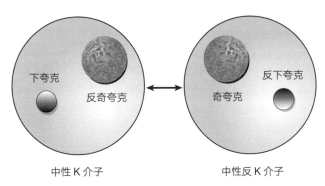

中性 K 介子　　　　　　　　　　中性反 K 介子

图 38　中性 K 介子和中性反 K 介子。因为两者电荷数相同，总的夸克数也都是零，所以 K 介子和反 K 介子可以彼此振荡成对方，尽管两者是不同的粒子

　　这样一来，我们就可以将 K 介子和反 K 介子收集起来，并在这

---

1. "最简单"的意思是"质量最小"，因为要形成质量更高的粒子需要更多能量，而且就算形成，这样的粒子也容易衰变得更快。最轻的两种夸克是上夸克（电荷数 +2/3）和下夸克（电荷数 −1/3），但将上夸克和反下夸克组合起来得不到中性粒子，因此我们得去质量更大的夸克中去找。接下来最轻的是奇夸克，电荷数为 −1/3，因此可以与下夸克结合，形成 K 介子。

些粒子来回振荡相互转化时仔细追踪。如果时间反演不变不成立，我们可以预计，其中一个过程会比另一个过程花的时间要稍微长一点；结果就是，平均而言我们收集的这堆介子中，K 介子会比反 K 介子稍微多一点，或者是反过来的情况。但很不幸，这些粒子也没有在自己身上贴个小标签告诉我们自己是什么型号。它们倒是会最终整个衰变为别的粒子——K 介子衰变为带负电的 π 介子、反电子和中微子，而反 K 介子则衰变为带正电的 π 介子、电子和反中微子。如果测量一下其中一种衰变的频率并与另一种相比较，就能弄清楚原来的粒子过程中 K 介子要花的时间是不是比反 K 介子要多。

尽管理论预测已经建立了一段时间，但这一实验还是要到 1998 年才由位于瑞士日内瓦的欧洲核子研究中心（CERN）实验室的 CP 低能反质子环（CPLEAR）实验真正实施[1]。实验人员发现，他们的粒子束在 K 介子和反 K 介子之间来回振荡之后，作为 K 介子的衰变频率要比作为反 K 介子的稍微高一点点（约为 0.67%）；振荡粒子束作为 K 介子存在比作为反 K 介子花的时间要稍微多一些。换句话说，从 K 介子到反 K 介子的过程，跟时间反演的从反 K 介子到 K 介子的过程相比，花的时间要稍微长一点点。在现实世界中，基本粒子物理学并不具备时间反演的对称性。

至少不是我们前面所定义的"单纯"的时间反演。在基本粒子的世界中，是否有可能找到某种额外的转换，使得时间反演不变在某种

---

1. *Angelopoulos et al.*（1998）。还有一项相关的实验由芝加哥郊外费米实验室的 KTeV 合作组进行，是用一种稍微有些不同的方式通过中性 K 介子测量时间反演的不对称性（*Alavi-Harati et al.*，2000）。

意义上得以保留？确实有这种可能，也很值得讨论。

自然界的三种反射

当我们深入挖掘粒子物理如何运转的深层内涵时，事实证明可能有三种不同的对称性涉及"反演"这一物理特性，每一种也都可以用一个大写字母表示。我们有时间反演 T，就是把过去和未来交换。我们也有宇称 P，就是把左右交换。我们在棋盘世界的背景下讨论过宇称，但宇称跟现实世界的三维空间也同样密切相关。最后，我们还有"电荷共轭"C，这是个很别致的称呼，代表将粒子与其反粒子互换的过程。C、P、T 三种变换都有这样的特点：如果在一个状态中重复进行两次，就会回到一开始的状态。

原则上我们可以想象出一组物理定律，分别进行这三种变换的每一种时都是不变的。实际上，现实世界表面上看起来就是这样，只要你不过于吹毛求疵（比如说，去研究中性 K 介子的衰变）。如果我们将反质子和反电子结合起来形成反氢原子，这个原子就会具有跟普通的氢原子几乎一模一样的特性 —— 只除开一点，如果这个反氢原子碰到了普通的氢原子，两者就会一起湮灭，变成辐射。因此，C 乍一 [137] 看似乎是很好的对称性，P 和 T 也同样如此。

所以到了 20 世纪 50 年代，当这些变换之一的宇称被证明并不是自然界的对称性时，实在是令人大感意外。这个结果主要出自三位生于中国的美籍物理学家的努力：李政道、杨振宁和吴健雄。宇称不守恒的想法已经流传了一段时间，不少人都提出过这个想法，但从未有人认真对待。在物理学界，声望的增长不只是在那些随随便便提出想法的人身上，更是在那些将想法看得足够认真，将其投入实际工作中并转化为相当好的理论或决定性的实验的人身上。在宇称不守恒这个例子中，是李政道和杨振宁坐而论道，对这个问题进行了详尽的分析。他们发现，有充足的实验证据表明，电磁作用力和强相互作用力在宇称转换下都是守恒的，但一旦涉及弱相互作用力，问题就出现了。

李政道和杨振宁也提出了一些方法，可以用于在弱相互作用领域研究宇称不守恒问题。最后他们说服了吴健雄，让她相信这个问题值得大干一场。吴健雄是弱相互作用领域的实验物理学家，也是李政道在哥伦比亚大学的同事。她从美国国家标准局招揽了一些物理学家，跟她一起实施低温条件下磁场中钴 -60 原子的实验。

在设计实验时，吴健雄越来越相信，这个项目极为重要。在后来的回忆中，她生动地讲述了自己被科学史上的关键时刻眷顾时是多么兴奋：

> 在李教授的拜访之后，我开始深入思考这个问题。对搞 β 衰变的物理学家来说，这是个进行关键实验的绝好机会，我怎么能让这么好的机会白白溜走呢？——这年春天，我先生袁家骝和我本来准备去日内瓦参加一个会议，随后前往东亚。我们俩都是在 1936 年离开的中国，已经整整 20 年了。我们预订了伊丽莎白女王号的航程，之后我才突然意识到，我必须马上做这个实验，要不物理学界其他人也会认识到这个实验有多重要，并抢先做出来。所以我

告诉家骝让我留下来，他自己去欧洲。

5 月下旬，春季学期一结束，我就开始为实验认真做准备了。到 9 月中旬，我终于去了华盛顿特区，跟安布勒（Ambler）博士第一次见面……除了在华盛顿的实验上奔忙，我还得在实验间隙赶回哥伦比亚大学教学和进行其他研究工作。圣诞节前夕，我赶最后一班火车回到了纽约，机场因为大雪关闭了。在那里我告诉李教授，观测到的不对称可以重复，而且十分显著，不对称参数几乎达到了 −1。李教授说，真是太好了，对中微子的两组分理论来说，这正是人们应该期待的结果[1]。

你的另一半以及回到你儿时故乡的旅程，都得等一等了 —— 科学在召唤！李政道和杨振宁获得了 1957 年的诺贝尔物理学奖；吴健雄本该也在获奖者之列，却未能与有荣焉。

弱相互作用的宇称不守恒一旦确立，人们很快就注意到如果将宇称转换和电荷共轭 C（也就是将粒子及其反粒子互换）结合起来，实验就似乎又是守恒的了。此外，这好像也是对当时很流行的理论模型的预测。因此，那些因为宇称在自然界中并不守恒而大感意外的人，从 C 与 P 结合好像能产生良好对称性的想法中得到了些许慰藉。

但这种慰藉也落空了。1964 年，詹姆斯·克罗宁（James Cronin）

---

1. 引自 *Maglich*（1973）。原始文献为 *Lee and Yang*（1956）及 *Wu et al.*（1957）。吴健雄怀疑，其他物理学家也能很快重复这个结果；实际上，哥伦比亚另一个小组做了快速确认实验，并与吴健雄等人各自独立地发表了实验结果（*Garwin, Lederman and Weinrich*, 1957）。

和瓦尔·菲奇（Val Fitch）领导的合作小组研究了我们的老朋友中性 K
介子。他们发现，中性 K 介子以一种宇称不守恒的方式衰变，而中性
反 K 介子衰变的方式对宇称的破坏与此稍有不同。换句话说，将宇称
变换和粒子、反粒子交换的变换结合起来，得到的变换也并不是天然
对称的[1]。克罗宁和菲奇获得了 1980 年的诺贝尔物理学奖。

到头来，所有可能的对称性 C、P、T 在自然界中都不守恒，将三
者中任意两者组合起来的结果也同样如此。显而易见的下一步就是探
寻所有三者的组合 —— CPT。也就是说，如果我们对自然界中观察
到的某个过程，将所有粒子都换成相应的反粒子，将左右翻转，再将
这个过程在时间中反向运行，能得到一个遵循物理定律的过程吗？这
时候，其他所有对称性都已经被破坏，我们可能会得出结论说，对这
种形式的对称性持怀疑态度也无伤大雅，并猜测就连 CPT 都是不守
恒的。

又错啦！（提出一个问题然后接着抢答的感觉真是太好啦。）就目
前已经做过的实验来说，CPT 是自然界中的完美对称。而且还不止于
此，在对物理定律做出某些相当合情合理的假设之后，可以证明 CPT
必须是完美对称的 —— 这个结果被异想天开地命名为"CPT 定理"。
当然，多么合情合理的假设也有可能是错的，无论是搞实验的还是
139 搞理论的都没有回避，都在继续探索 CPT 有没有可能不守恒的问题。
但就我们所知，这种特别的对称性目前还站得住脚。

---

1. *Christenson et al.*（1964）。在粒子物理标准模型中，有一种既定方法可以解释 CP 不守恒。这
种方法由小林诚（Makoto Kobayashi）和益川敏英（Toshihide Maskawa）开发（1973 年），是将尼
古拉·卡比博（Nicola Cabbibo）提出的想法一般化了。小林诚和益川敏英获得了 2008 年的诺贝
尔物理学奖。

前面我曾提及，往往有必要修正时间反演的操作，从而得到一种自然界会遵循的转换。在粒子物理标准模型中，必要的修正涉及在我们的时间反演中加入电荷共轭和宇称变换。大多数物理学家都发现，将 C、P、T 全都分别守恒的假想世界与只有 CPT 的组合才守恒的现实世界区分开更方便，并由此宣称，现实世界在时间反演下是不对称的。但是，有办法修正时间反演使之显得在自然界确实对称，认识到这一点也很重要。

信息守恒

我们已经看到，"时间反演"涉及的不只是将系统的演化反向，让所有状态以相反的时间顺序运行，同时也要对状态进行某种转换操作——可能只是让动量反向，或是翻转我们棋盘上的一行，再或者就是更加复杂的，像是将粒子换成反粒子。

在这些情形当中，每一组合里的物理定律在某种形式的"复杂时间反演"下都是不变的吗？总是有可能找到关于状态的某种变换，使得时间反演的演化符合物理定律吗？

非也。我们之所以能成功定义"时间反演"，使得某些物理定律能在该操作下保持不变，是有赖于另一个关键假设——信息守恒。简单来讲就是，过去的两个不同状态总是会演化成未来两个不同状态——绝不会演变成同一个状态。如果这个假设成立，我们就叫作"信息得到保留"，因为根据对未来状态的认知就足以弄清在过去与之对应的必定是什么状态。如果某些物理定律符合这个特征，就说这些定律是可逆的，并且存在某些（可能很复杂的）转换，使得我们对状态进行这样的转换后，满足时间反演不变[1]。

让我们回到棋盘世界，看一下这个想法的实例。如图 39 所示的棋盘 D，看起来非常简单。有一些斜线，还有一竖列灰色方格。但这里有些情况是我们前面那些例子中从来没有出现过的：不同的灰色方格线在"相互作用"。具体来讲，似乎斜线既可以从右边也可以从左边接近竖列，而斜线一旦抵达竖列，这条斜线也就走到头了。

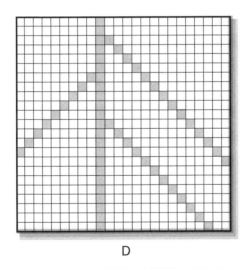

D

图 39　具备不可逆特性的棋盘。过去的信息没有保留到未来

这是一条相当简单的规则，也构成了一组完全可以遵从的"物理

---

1. 这里我们做了两个假设：其一，这些物理定律是时间平移不变的（不会随着时间的变化而变化）；其二，这些定律是决定论的（未来可以绝对预测，而非只是推出一些可能性）。如果任何一个假设不成立，那么某组定律是否是时间反演不变的定义就会变得有些微妙了。

定律"。但棋盘 D 跟我们前面那些棋盘相比有个根本区别：这个棋盘是不可逆的。状态空间跟往常一样，只是白色和灰色方格沿任意一行的列表，外加一点额外信息，说明该方格是来自右行斜线、左行斜线，还是竖列。有了这些信息，将状态在时间中正向演化完全没有任何问题——我们百分之百知道往上走下一行会是什么样子以及再下一行，以至无穷。

但如果我们只知道其中一行的状态，就没法在时间中将其反向演变。斜线可以接着走，但从时间反演的角度来看，竖列也许会以完全随机的间隔分出斜线来（从图 39 中所示的视角来看，就对应于斜线与灰色方格竖列会合时会被竖列吸收）。如果我们说某物理过程是不可逆的，意思是我们无法通过当前状态构建过去，眼前这个棋盘就是这种情况的绝佳例子。

在这种情形下，信息丢失了。知道某个时刻的状态，并不能完全确定更早的状态是什么。我们有一个状态空间——对一行白色和灰 [141]色方格的具体说明，灰色方格会带有标记，指出这些方格是往右上方、左上方还是垂直向上移动。这个状态空间不会随时间改变，每一行都是同一个状态空间中的成员，任何可能的状态都允许出现在任一具体行。但棋盘 D 非同寻常的特征是，不同的两行在未来可以演变为同一行。一旦我们在未来得到了这样一行，是哪种过去的布局让我们演变成这样的，这个信息就无可挽回地丢失了。演变不可逆。

在现实世界中，明显的信息丢失一直都在发生。考虑一杯水的两种不同状态：一种状态下水是均匀的，处处都是同一个很低的温度；

另一种状态下，我们看到的是温水加冰块。这两个状态在未来可以演变为看起来一样的状态 —— 一杯冷水（图 40）。

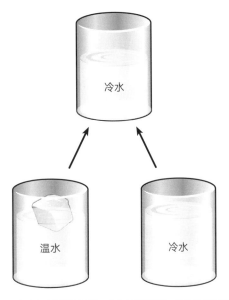

图 40　一杯水中明显的信息丢失。作为未来状态的一杯冷水可以来自同样状态
的一杯冷水，也可以来自温水加冰块的混合

　　前面我们也碰见过这种现象，这就是时间之箭。随着冰块在热水中融化，熵增加了；这个过程可以发生，但绝不会不曾发生。未解之谜在于，构成水的单个分子的运动在时间反演下完全不变，但从冰和液体的角度出发的宏观描述并非如此。要理解可逆的基本定律如何引起宏观上的不可逆，我们就得回到玻尔兹曼那里，看看他关于熵的想法。

第 8 章
熵与无序

没有人能够用物质的词汇来想象时间顺序的逆转。时间不可逆转。

—— 弗拉基米尔·纳博科夫（Vladimir Nabokov），

《看，那些小丑！》

为什么讨论熵和热力学第二定律最后老是会归结到食物上去？以下是不可逆过程中熵增加的一些很常见（也很可口）的例子：

- 把鸡蛋打破做成炒蛋；

- 把牛奶搅到咖啡里；

- 葡萄酒洒到新地毯上；

- 新鲜出炉的馅饼，香气在房间里扩散；

- 冰块在一杯水里融化。

公平地讲，这些例子并非全都同样让人胃口大开；冰块的例子就有点儿清淡，除非你把水换成杜松子酒。此外，我还得讲清楚炒鸡蛋这个事儿。真实情况是，你在平底锅里煎鸡蛋的动作并不是第二定律的直接证明。烹饪是个化学反应，起因是引入了热量；如果鸡蛋不是开放系统，这个情形就不会发生。熵开始起作用是在我们打破鸡蛋把蛋黄和蛋清搅成一团的时候，将最后得到的混合物煎炒一番的作用是避免沙门菌中毒，而不是展示热力学定律。

熵和食物之间的关系主要来自于无处不在的混合。在厨房里，我们经常会很有兴趣把两种本来分开存放的东西搁到一起——要么是同一种物质的两种不同形式（冰和液态水），要么是两种完全不同的原料（牛奶和咖啡，蛋清和蛋黄）。19 世纪最早的那些热力学家对热的动力机制极为关注，融化中的冰块是他们最关心的问题；他们对所有原料都处于同样温度的过程就没有那么感兴趣了，比如葡萄酒洒到地毯上的过程。但这些过程中明显有一些基本的相似之处：各种物质都互不相干的初始状态，演变成了这些物质都混到一起的最终状态。把东西混起来很容易，分开就难了——我们在厨房里干的所有勾当，都有时间之箭在头上隐现。

为什么混合容易分开难？我们把两种液体混合的时候，会看到这两种液体打着旋儿搅在一起，逐渐交融为均匀的质地。就其本身而言，这个过程看不出多少线索，让我们知道究竟发生了什么。所以换个方式，我们来想象一下如果将两种不同颜色的沙子混合在一起会发生什么。关于沙子有很重要的一点就是，一堆沙子明显是由离散的单位，也就是单个的沙粒组成的。我们把，比如说蓝色沙子和红色沙子，混到一起的时候，混合物整个看起来开始呈现出紫色。但并不是单个的沙粒变成了紫色；蓝色沙粒和红色沙粒开始混到一块儿的时候，这些沙粒都还保持着自身的特性。只有从远处（"宏观上"）看，觉得混合物是紫色的才讲得通；拿近了仔细看（"微观上"），就会看到单个的蓝色沙粒和红色沙粒。

动力学先驱——瑞士的丹尼尔·伯努利（Daniel Bernoulli），德国的鲁道夫·克劳修斯，大不列颠的詹姆斯·克拉克·麦克斯韦和威廉·汤姆森，奥地利的路德维希·玻尔兹曼，还有美国的约西亚·威拉德·吉布斯——的伟大洞察力，就是能以我们理解沙子的同样方式去理解所有的液体和气体：特性永存不变的极小微粒的集合。当然，我们会认为液体和气体不是由沙粒组成，而是由原子和分子组成，但原理是一样的。牛奶和咖啡混合时，单个的牛奶分子和单个的咖啡分子并没有结合起来变成某种新的分子，这两种分子只是交织在一起。就连热量也是原子和分子的一种特性，而不是热量自身就能构成某种流体——物体所包含的热量是物体内部快速运动的分子能量的量度。冰块在一杯水中融化时，分子保持不变，但是分子之间会互相碰撞，让能量在杯子里的这些分子中间逐渐均匀分布。

我们（还）没有给"熵"下一个精确的数学定义，但是就凭混合两种颜色的沙子这个例子就能展现为什么混合容易分开难了。假设有一碗沙子，所有蓝色沙粒都在碗的一边，红色沙粒在另一边。很明显，这样的布局有些脆弱——如果我们晃动这个碗或是拿勺子搅搅来制造混乱，这两种颜色就会开始混合起来。但另一方面，如果我们一开始就把两种颜色充分混合，这样的布局就会很牢靠——搅乱混合物，[144]结果还是混合状态。原因很简单：要将两种混在一起的沙子分开，需要的操作比简单晃动或搅动几下要精准得多。我们得拿上镊子和放大镜，小心翼翼地将所有的红色沙粒移到碗的一边，同时也将所有的蓝色沙粒移到另一边。要让沙子处于脆弱的未混合状态，要操的心比混合状态可多多了。

这种思考方式如果要进行定量的、科学的研究可以搞得令人望而生畏，而 19 世纪 70 年代的玻尔兹曼等人就正是在朝这个方向努力。我们准备打破砂锅问到底，看看他们做了什么，探索一下这能解释什么，不能解释什么，及这种方式又是如何跟完全可逆的物理学基本定律保持一致的。但是应该已经很清楚，我们在现实世界的宏观物体中能找到的大量原子起到了至关重要的作用。如果我们的红色和蓝色沙子各只有一粒，那么"混合"与"未混合"之间不会有什么区别。上一章我们讨论了物理学基本定律怎样在时间中向前和向后都同样有效（只要适当定义）。那是一种微观描述，我们会仔细追踪系统的每一组成部分。但现实世界中的情形往往涉及大量原子，我们不会对那么多信息都保持追踪，而是会进行简化——考虑平均颜色、温度或压力，而不是每个原子的具体位置和动量。当我们从宏观上考虑问题时，就会忘了（或是忽略）每个粒子的详细信息——而熵和不可逆性就正是从这里粉墨登场的。

抹平

我们想要弄懂的基本思想是："一个由很多原子组成的系统，其宏观特征如何随着单个原子运动的结果而演化？"（我差不多会把"原子""分子"和"粒子"这几个词作为同义词倒换着用，因为我们关心的只是，它们都是很细小的东西，都遵循可逆的物理定律，要得到宏观态的话它们也都得多多益善才行。)按这种思路，考虑一个密封的盒子被一块隔板一分为二，隔板上有一个孔。气体分子可以在盒子的一侧弹来弹去，碰到中间那块隔板的话通常也会立即弹开。但每隔一段时间，气体分子都会偷偷潜入盒子另一侧。我们也许可以想，比如说分子 1000 次当中有 995 次会从中间那块隔板上弹开，但有 0.5% 的机会（比方说，每秒）能找到那个孔钻到另一侧（图 41）。

145

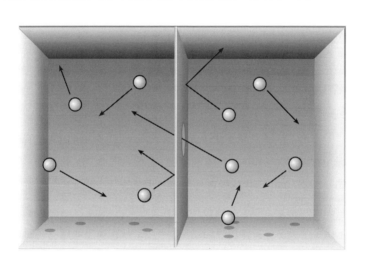

图 41 一盒气体分子，盒子中间有个带个孔的隔板。每个分子每秒都有极小的机会穿过这个孔抵达另一侧

这个例子简单易懂。我们可以详细考察一个具体的实例，来看看会发生什么[1]。位于盒子左侧的每个分子每秒有 99.5% 的机会留在这一侧，有 0.5% 的机会移到另一侧；盒子右侧的分子也是一样。这个

---

1. Wheeler（1994）中讨论了几乎一样的例子，但他将这个例子归功于保罗·埃伦费斯特（Paul Ehrenfest）。在惠勒称为"埃伦费斯特瓮"的容器中，刚好有一个粒子每一步换一次边，而不是每个粒子都有很小的机会换边。

规则完全是时间反演不变的：如果你将一个粒子按这个规则所做的运动拍成短片，那么你没法分辨在时间上这个短片是在正着放还是倒着放。在单个粒子的层面，我们没法将过去和未来区分开。

　　图 42 描绘了这样一个盒子的一种可能的演化。跟以前一样，时间是向上的。盒子里有 2 000 个"空气分子"，初始时 $t = 1$，有 1 600 个分子在左侧，右边只有 400 个分子。（你不应该问为什么初始状态是这样 —— 不过稍后我们用"宇宙"代替"盒子"的时候，我们会开始问这样的问题。）如果我们坐下来让分子在盒子里弹来弹去，发生的事情并不会十分出人意料。任意特定分子每秒都有极小的概率换边，但因为我们起始时有更多分子在盒子的一侧，会有一个总体的倾向让分子数扯平。（正如克劳修斯所表述的第二定律中的温度。）只要左侧的分子更多，从左边换到右边的分子总数就总是会比从右边换到左边的分子数要大。因此 50 秒之后我们看到，两边的数目开始接近平均，而到 200 秒之后分布就基本均匀了（图 42）。

　　这个盒子清楚地展现了时间之箭。就算我们没有为图中不同的分布标上具体对应的时间，多数人也不难猜出底下的盒子是最早的，顶上的盒子是最后的。这些气体分子自己平均起来的时候我们不会觉得惊讶，但如果这些分子自动自发地全都（或即便只是大部分）聚集在盒子的一侧，我们就都会大感意外。过去就是事物更加孤立隔绝的时间方向，而未来就是事物自己抹平了自己的方向。一勺牛奶在一杯咖啡中扩散时，发生的事情完全一样。

　　当然，所有这些都只是统计数据，并非绝对。也就是说，当然有

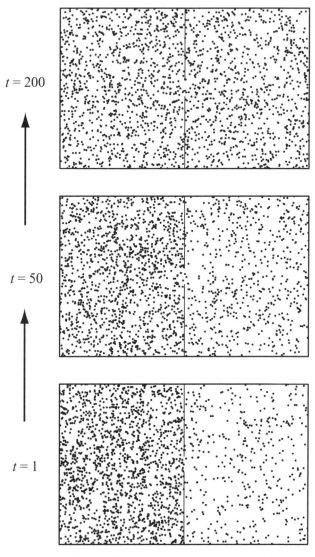

图 42　隔开的气体盒子中 2 000 个分子的演化。开始时有 1 600 个分子在左侧，400 个在右侧。50 秒后，约有 1 400 个在左侧，600 个在右侧；200 秒过去后，分子在两边的分布就已经基本均匀了

可能我们从分子在左右两侧平均分布的状态开始，而仅仅出于偶然，有大量分子跳到了其中一侧，留给我们极不均匀的分布。我们会看到这种情况不太可能发生，而且随着我们涉及的粒子越来越多，这种情况也变得越来越不可能了。但我们还是可以记住这一点。现在的话，我们忽略掉这么罕见的事情就好，专心考察系统最可能的演变。

玻尔兹曼的熵

我们希望自己能做得更好，而不只是说一说："是呀，很明显分子最有可能的就是四处运动直到均匀分布嘛。"我们还希望能准确解释为什么我们会这样期待，并把"均匀分布"和"最有可能"换成严格的定量陈述。这就是关于统计力学的主题。用彼得·威克曼（Peter Venkman）的不朽言辞来说就是："闪开，伙计，我可是个科学家哦！"

玻尔兹曼的第一个重要见解是，简单地认识到分子在整个盒子里（差不多）均匀分布比分子都挤在盒子的同一侧有更多方式实现。假设我们给单个的分子都编了号，从 1 一直到 2 000。我们想知道可以有多少种方式来排列这些分子，使得有确定数量的分子在左侧，也有确定数量的分子在右侧。例如，有多少种排列方式可以使所有 2 000 个分子都在左侧，而右侧的分子数为零？只有一种。我们只追踪每个分子是在左侧还是在右侧，跟分子的具体位置或动量有关的任何细节都不用关心，所以我们只需要把所有分子都放在盒子左侧就好了。

但现在我们问，有多少种排列方式可以刚好使 1999 个分子在左侧，1 个分子在右侧？答案是 2 000 种不同方式 —— 每一种对应一

148

个具体的分子都可以成为幸运儿待在右侧。如果我们问有多少种方式让 2 个分子在右侧，就会找到 1 999 000 种可能的排列。如果我们胆子够肥，还想考虑右侧有 3 个分子，另外 1 997 个分子都在左侧的情况，就会发现有 1 331 334 000 种方式来实现 [1]。

现在应该很清楚了，这些数字增长得很快：2 000 比 1 大了很多，而 1 999 000 又比 2 000 大了很多，接着 1 331 334 000 又大了去了。最后随着我们将越来越多的分子移到右侧让左侧空出来，这些数字又会开始降下来；毕竟如果我们问，有多少种排列方式让所有 2 000 个分子都在右侧而左侧为零，我们就回到了独一无二的那一种方法。

不同的排列方式最多可能有多少种，对应的情形就是两边的分子刚好平衡的时候：1 000 个在左侧，1 000 个在右侧，一点儿都不意外。这种情形下有——真的是相当大的一个数，那么多种方式来实现。我可不想完整写下这个数字，但可以告诉你们这个数大概是 2×10^{600}，也就是 2 后面跟着 600 个零。而这一共也才 2 000 个粒子。想象一下我们能在真正的一屋子空气或是一杯水里找到的原子，会有多少种可能的排列方式。（你能握在手里的物品一般会有大约 6×10^{23} 个分子——阿伏伽德罗常量。）宇宙的年龄只有 4×10^{17} 秒左右，所以你

---

1. 我们要有 2 个分子在右侧时，第一个分子可以是 2 000 个中的任何一个，第二个可以是剩下的 1 999 个中的任何一个。所以你可能会觉得，有 1 999 × 2 000 = 3 998 000 种不同方式来实现。但这样算肯定是有点儿算多了，因为右侧的两个分子肯定不需要区分先来后到的顺序。（比如说，"723 号分子和 1 198 号分子在右侧"，就跟"1 198 号分子和 723 号分子在右侧"是完全一样的陈述。）因此我们还要除以 2 来得到正确答案，也就是有 1 999 000 种不同方式让 2 个分子在右侧，1 998 个在左侧。如果有 3 个分子在右侧，我们取 1 998 × 1 999 × 2 000 然后除以 3 × 2 种不同的顺序。你应该能看到规律了，对 4 个粒子就用 4 × 3 × 2 去除 1 997 × 1 998 × 1 999 × 2 000，以此类推。这些数字有个名字，叫"二项式系数"，代表着我们从一大组物品中选取特定数量的物品出来可以有多少种方式。

尽管想一想得把分子前前后后移动得多快，才能在有"生"之年穷尽每一种可能允许的组合。

这真是让人浮想联翩。所有分子都泡在盒子同一侧的方式相对较少，而这些分子在两侧大致相等地分布的方式就非常多了 —— 而且我们预期，极不均匀的分布很容易演化成相当均匀的分布，但反过来并不成立。但这些陈述并不完全是一回事。玻尔兹曼的下一步是说明，如果没有更多了解，我们应该预期系统会从"特殊"布局演化为"普通"布局 —— 也就是说，从粒子的可能排列方式相对较少的情形出发，向排列方式较多的那些排列演化。

玻尔兹曼这种思考方式的目标是，为热力学第二定律 —— 封闭系统中熵总是在增加（或保持不变）—— 提供一个原子论基础。第二定律已经由克劳修斯和其他人系统阐述过了，但玻尔兹曼想从几组简单的基本原则出发将其推导出来。你可以看到，这种统计学思路是怎样把我们引入正轨的 —— "系统倾向于从不常见的排列演化为常见排列"跟"系统倾向于从低熵布局演化为高熵布局"简直是一奶同胞。

所以我们很容易就会想到把"熵"定义为"我们可以重新排列系统的微观组分而使系统在宏观上保持不变的方式有多少种"。在我们一分为二的盒子这个例子中，对应的就是我们能重新排列单个分子同时让每侧总分子数不变的方式有多少种。

基本上是对的，但还不完全正确。热力学先驱对熵的了解实际上比简单的"倾向于增加"要多。例如，他们知道如果取两个不同的系统并使两者彼此相邻互相接触，总的熵应该就是两个系统分别的熵之和。熵是满足加法律的，这一点就跟粒子数目一样（但不像比如说气温那样）。但重新排列的数目肯定不满足加法律；如果将两盒气体合并，能在两个盒子之间重新排列气体分子的方式数量，远远大于在每个盒子内部重新排列这些分子的方式数量。

玻尔兹曼解决了如何从微观重排的角度定义熵的难题。我们用字母 W —— 来自德语的 Wahrscheinlichkeit，意思是"概率"或"可能性"—— 来表示我们能重新排列系统的微观组成而不改变其宏观表现的方式有多少种。玻尔兹曼的最后一步是取 W 的对数，并宣称结果与熵成正比。

对数这个词听起来很高大上，但这只是用来表示要写出一个数字需要多少位数的方式。如果要表达的数字是 10 的幂，那么其对数就是这个幂[1]。因此，10 的对数是 1，100 的对数是 2，1 000 000 的对数是 6，等等。

在本书附录中我更加详尽地讨论了一些数学细节。但那些细节对大局来说并不是关键，如果你只是蜻蜓点水般掠过有对数这个词出现的地方，你也不会错过太多。你真正需要知道的只有两件事：

● 随着数字变大，其对数也会变大。

---

1. 这里我们假定对数是以 10 为底的，尽管任何数字都可以当成底数来用。$8=2^3$，所以 8 以 2 为底的对数就是 3；$2\ 048 = 2^{11}$，所以 2 048 以 2 为底的对数就是 11。更多引人入胜的细节请参阅附录。

● 但没有多快。在数字本身变得越来越大时，数字的对数增长很

150 慢。10 亿比 1 000 要大得多，但 9（10 亿的对数）比 3（1 000 的对

数）就大不了多少。

当然，后面这一点在我们这个游戏需要处理巨大的数字时就变得

很有帮助了。将 2 000 个粒子在盒子两侧等分的方式有 2×10^{600} 种，

这个数字大到超乎想象。但其对数才 600.3，相对来说就好打理多了。

玻尔兹曼的熵传统上用 S 来表示（你不会想把熵叫成 E 的，因为

E 通常表示能量），而他关于熵的公式则表明，熵等于某个常数 k（称

之为"玻尔兹曼常数"真是绝妙）乘以 W 的对数，而 W 就是系统在宏

观上无法区分的微观重排数[1]。公式如下：

$$S = k \lg W$$

毫无疑问，这是整个科学领域最重要的方程之一——这是 19 世

纪物理学的伟大胜利，可以跟 17 世纪牛顿编纂的动力学，或 20 世纪

相对论和量子力学革命相提并论。如果有一天你去维也纳瞻仰玻尔兹

曼的墓，就会发现这个方程就刻在他墓碑上（参见第 2 章）[2]。

---

1. k 的数值约为 3.2×10^{-16} 尔格 / 开尔文。尔格是能量的一种单位，开尔文度量的当然是温度。
（这个数值在绝大部分参考文献中都找不到，因为我们用的是以 10 为底的对数，而这个方程更常
见的写法是用自然对数。）我们说"温度测量物体中运动分子的平均能量"时，意思是"每自由度
的平均能量是二分之一乘以温度乘以玻尔兹曼常数"。
2. 真实的物理学史要比基本概念的光鲜亮丽更杂乱许多。玻尔兹曼提出了" $S = k \lg W$ "的想法，但
他那时候用的不是这些符号。这个方程是由马克斯 · 普朗克写成这个形式的，也是普朗克建议将
这个方程刻在玻尔兹曼的墓碑上；第一个引入我们现在叫作"玻尔兹曼常数"的人，也是普朗克。
还可以更乱一点：墓碑上这个方程并不是通常所称的"玻尔兹曼方程"——后者是玻尔兹曼发现
的另一个方程，决定着大量粒子的分布如何在状态空间中演化。

对数在这儿挺管用，玻尔兹曼的公式也就得出了我们觉得叫作"熵"的东西应当有的那种特性——具体而言，就是将两个系统合并时，总的熵正是一开始两个系统熵的总和。这个貌似简单的方程使微观原子世界和我们观察到的宏观世界之间产生了定量联系[1]。

气体盒子又回来了

作为例子，我们可以计算一下图 42 所示的隔板上有个孔的气体盒子的熵。宏观上可观测的只有左侧或右侧的分子总数。（我们不知道具体都是哪些分子，也不知道这些分子精确的坐标和动量。）这个例子中的数量 W 就是在不改变左侧和右侧分子数的情况下我们可以有多少种方式分配这一共 2 000 个分子。如果有 2 000 个粒子在左侧，那么 W 等于 1，$\lg W$ 等于 0。部分其他情况见表 1。

151

在图 43 中我们会看到，根据玻尔兹曼的定义，我们这个气体盒子中的熵会如何变化。我把比例调整了一下，让盒子可能的熵的最大值等于 1。盒子中的熵开始时相对较低，对应于图 42 中的第一部分，即有 1 600 个分子在左侧，400 个分子在右侧的情况。随着分子逐渐溜过中间隔板上的孔，熵倾向于增加。这是演化的一个特例，因为我们的"物理定律"（每个粒子每秒有 0.5% 的机会换边）涉及概率，每

---

1. 要让这个定义有意义，有一个条件就是我们实际上知道怎么数不同的微观态，这样我们才能量化各种各样的宏观态都包含多少微观态。如果微观态形成一个离散的集合（就像在盒子的这一半或另一半中的粒子分布），那上面的条件听起来还挺容易，但如果状态空间是连续的（就像有特定位置和动量的真实粒子，或者几乎任何其他真实情形都是），那就会变得挺棘手了。好在动力学的两大主要框架（经典力学和量子力学）之内都有完美定义的状态空间的"度量"，这就允许我们至少可以从原则上计算数量 W。在某些特例中，我们对状态空间的理解也许还有些不清不楚，这时候我们就得小心了。

个特例的细节会略有不同。但在绝大多数情况下熵都会增加，而系统会倾向于变成对应的微观重排数量更大的宏观布局。热力学第二定律在行动。

表 1　隔开的盒子中有 2 000 个粒子，一些粒子在左侧，另一些在右侧，对应的重排方式数量 W 及其对数

左 / 右侧粒子数		W	$\lg W$
2 000	0	1	0
1999	1	2 000	3.3
1998	2	1 999 000	6.3
1997	3	1 331 334 000	9.1
…		…	…
1000	1000	2×10^{600}	600.3
…		…	…
3	1997	1 331 334 000	9.1
2	1998	1 999 000	6.3
1	1999	2 000	3.3
0	2 000	1	0

　　根据玻尔兹曼和他的朋友们的说法，这就是时间之箭的缘起。我们开始时的这组微观物理定律是时间反演不变的：过去和未来之间没有区别。但我们要处理的系统有大量粒子，我们不会追踪所需的所有细节来完全指定系统所处的状态；相反，我们追踪的只是一些可观测的宏观特征。熵代表的是宏观上不可区分的微观态的数目（这里的意思是"与该数字的对数成正比"）。合理的假设是系统会倾向于向对应的可能状态更多的宏观布局演化，在这个假设下熵自然会随着时间

增加。特别是如果熵自发降低，那就相当令人惊讶了。出现时间之箭 [152]
是因为随着时间流逝，系统（或宇宙）自然而然就会从少见的布局演
变为更常见的布局。

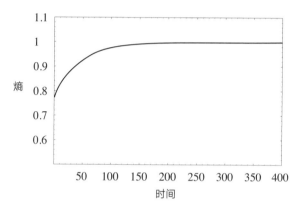

图 43　隔开的气体盒子中熵的演变。一开始大部分气体分子都在左侧，但正如
我们在图 42 中已经看到的，随着时间流逝，气体分子的分布逐渐变得平均。熵也相
应增加了，因为分子平均分布的方式比大部分都分布在某一侧更多。为方便起见，此
图是根据熵的最大值来绘制的，因此这张图上熵能达到的最大值就是 1

　　所有这些表面看起来都貌似合理，事实证明也基本都是对的。但
在这个过程中我们有一些"合理的"逻辑跳跃，值得仔细研究。本章
剩下的部分我们会揭露玻尔兹曼对熵的思考中那些各种各样的假设，
并尝试厘清这些假设有多合理。

有用的能量和没用的能量

　　这个气体盒子的例子有个特征很有趣，就是时间之箭只是暂时的。
在气体找到机会让自己平均分布之后（图 43 中时间坐标值 150 左右
的地方），就不会再发生什么大事了。个别分子还是会在盒子的左右

两边弹来弹去，但这些变动总倾向于自己平均掉，系统绝大部分时间都会处于两侧的分子数大致相等的状态。这些布局对应的就是个别分子的重排数量最大的情况，相应地也就有系统可能拥有的最大的熵。

熵为最大值的系统处于平衡态。一旦达到平衡态，系统基本上就哪里都不会去了；系统所处的布局是它能找到的最自然的状态。这样的系统没有时间之箭，因为熵不会增加（也不会减少）。对宏观的观察者来说，处于平衡态的系统看起来是静止的，不会有任何变化。

理查德·费曼（Richard Feynman）在《物理定律的本性》中讲了一个故事来说明平衡态的概念[1]。假设你坐在沙滩上，突然遭遇了一场瓢泼大雨。你随身带了一条毛巾，但在你冲进躲雨的地方之前还是会弄湿。你找到了一个躲雨的地方，于是开始用这条毛巾把自己擦干。有那么一阵儿毛巾还管用，因为它比你还是要干燥一些的，但很快你就发现毛巾变得太湿了，拿它擦身子只会是一擦干马上又湿了。你和毛巾达到了"湿平衡态"，没办法让你变得更干。你的情形让水分子能在你和毛巾上面排列自己的方式达到了最大数值[2]。

你们一旦达到平衡态，毛巾就其本来的目的（让你变干）来说就不再有用了。请注意，你擦干自己的时候总的水量并没有变，这些水只是从你身上转移到了毛巾上面。与此类似，在一盒与外界隔绝的气

---

1. Feynman（1964），119—120。（本书中文版已由湖南科学技术出版社出版。——译者注）
2. 我知道你在想什么。"我不知道你怎么样，但是我擦干自己的时候，大部分水都去毛巾上面了；可不是一半一半。"这倒是真的，但之所以会这样，是因为毛茸茸的毛巾有纤维结构，跟你光滑的皮肤相比，能给水分子提供的地方要多得多。这也是为什么你的头发不那么好干以及为什么你没办法用纸很好地擦干自己。

体中，总能量也不会变。能量是守恒的，至少在我们可以忽略空间扩张的情况下如此。但能量可以被安排成更有用或更没用的形式。如果能量被安排在低熵布局下，就可以被利用做一些有用功，比如推动一辆汽车。但同样大小的能量如果是处于平衡态的布局，那就完全没用了，就好像跟你处于湿平衡状态的毛巾一样。熵衡量了能量布局有多有用 [1]。

再想一想我们那个隔断了的盒子。但这次的隔断不是中间一块固定的隔板，上面还带个孔，只能被动地让分子来来回回运动；这次的隔板可以运动，还在上面装了个柄，可以连到盒子外面。这样我们构造出来的就是一个活塞，在合适的条件下可以用来做功。

图 44 描述了我们这个活塞所处的两种不同情形。上面两幅图所显示的活塞处于气体的低熵布局 —— 所有分子都在隔板的同一侧；而底下那两幅图显示的是高熵布局 —— 两侧气体分子数量相等。假设这两种情形下的总分子数、总能量都相等，唯一的不同就是熵。但是很清楚，两种情形下会发生什么大相径庭。在上面两幅图中，所有气体都在活塞左侧，分子撞击活塞的力量会形成压力，将活塞推向右[154]侧，直到气体充满整个容器。活塞运动的柄就可以用来做有用功 —— 驱动飞轮或是类似的东西，至少能坚持一会儿。这个过程从气体中提取了能量，到结束时气体的温度会降低。（汽车发动机里的活塞就是这么工作的：点燃气化的汽油，产生炽热的蒸汽，再通过膨胀和冷却

---

1. 至少在某些特定情形下是如此，但并非总是如此。比方说我们有一盒气体，其中位于左侧的所有分子都是"黄的"，位于右侧的都是"绿的"，除此之外这些分子全都一样。这种排列的熵会很低，如果允许这两种颜色混合，熵会倾向于急剧增加。但我们无法从中得到任何有用功。

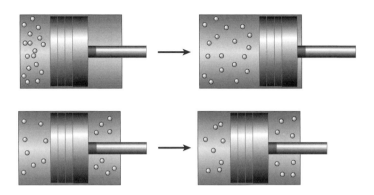

图 44　隔断的盒子中的气体，用于推动汽缸。上方气体处于低熵状态，可以将
活塞推向右侧做有用功。下方气体处于高熵状态，无法向任何方向推动活塞

来做有用功，推动汽车。）

　　同时在下面两幅图中，我们假设一开始气体中蕴含的能量是一样的，但初始状态的熵要高得多 —— 隔板两边的粒子数是一样的。高熵意味着平衡态，同样也意味着能量是没用的，我们也确实看到活塞哪儿都没去。来自隔板一侧的气体压力刚好被来自另一侧的压力抵消了。这个盒子里气体的总能量跟左上角盒子里的一样，但在左下角这种情况下，我们无法利用这些能量让活塞动起来，做点有用的事情。

　　这样有助于我们理解玻尔兹曼关于熵的观点和鲁道夫·克劳修斯关于熵的观点之间有什么关系，而最早系统阐述第二定律的就是克劳修斯。请记住，克劳修斯和那些先贤完全没有从原子论的角度考虑熵的问题，他们觉得熵是一种自主的物质，有其自身的运动机制。克劳
155　修斯版第二定律的原始版本甚至压根儿就没提到熵，只是简单陈述为："热量绝不会自发从低温物体流向高温物体。"如果把两个温度不

同的物体放在一起互相接触，两者就会趋向一个共同的中间温度；如果把两个温度一样的物体放在一起互相接触，两者就只会保持这个状态。（这两个物体处于热平衡。）

从原子论的角度来看，这些全都说得通。考虑两个温度不同的物体互相接触的经典例子：一杯温水中的冰块，上一章结尾的时候我们就讨论过。冰块和液体都是由完全一样的分子构成的，即 H_2O。唯一的区别是，冰块的温度要低得多。我们也讨论过，温度衡量运动中的物质分子的平均能量，因此液态水中的分子相对来说运动得很快，冰块中的分子则运动得很慢。

但这种情形——一组分子运动得很快，另一组运动得很慢——在概念上跟两组分子限制在盒子两侧的情形没有什么不同。两种情形对我们如何重排那些粒子都有一个粗略的限制。如果我们的杯子里只有水而且温度恒定，那么我们可以将杯子里某一部分的分子跟另外某部分的分子互换，从宏观上也看不出有任何差别。但如果杯子里有个冰块，就没法简简单单将冰块里的分子跟杯子里其他地方的水分子交换一下了——冰块会换地方，就算是从日常的宏观视角，我们也肯定会注意到这一点。将水分子分为"液体"和"冰"会对我们能重排的次数带来严格限制，因此这个布局的熵很低。随着冰块与杯子里别的水分子逐渐平衡，水分子的温度趋于均匀，熵也增加了。克劳修斯的法则说的是温度倾向于平均，而不是自发从低温流向高温，跟玻尔兹曼所定义的熵在封闭系统中绝对不会下降的陈述完全等价。

当然，这并不意味着不可能给物体降温。但在日常生活中，我们周围的东西几乎都处于类似的温度，要给物体降温就需要比升温更复杂的技巧。冰箱就比烤炉要来得复杂。（冰箱工作的基本原理跟图 44 中的活塞一样，通过气体扩张提取出能量，并让气体降温。）格兰特·阿卡兹（Grant Achatz）是芝加哥阿利尼亚餐厅的大厨，他希望能有一种装置，可以像平底锅快速加热食物一样把食物快速冷冻，就不得不跟烹饪技术专家菲利普·普雷斯顿（Philip Preston）合作自己造一个。结果就是微波炉大小的"反扒炉"，金属顶部可以达到零下 34 摄氏度。热糊糊和酱汁倒在反扒炉上面，底部就会快速冻结，而顶上还是软的。现在我们跟热力学基本原理已经是老相识了，但为了好好利用这些原理，我们还在不断发明新的方法。

莫为细节担忧

星期五晚上你跟几个朋友在外面一起打台球。这回我们说的是现实世界里的台球，不是那种能忽略摩擦和声音的"物理学家的台球"了[1]。你们当中有个哥们儿刚刚打了一杆漂亮的开球，那些球在整个桌面上四散开来。它们停了下来，你正在考虑你的下一杆怎么打，这时候有个陌生人走过来，惊叹道："哇！没法相信啊！"

你有点儿懵圈，于是问她这里面到底有什么是没法相信的。"看看这些球，刚好处于桌子上的那些位置！你能把所有这些球都很精确地打到这些点上的机会有多大？给你一百万年，你也不可能重复

---

1. 当然了，现实世界中摩擦和声音无处不在是因为第二定律。两个台球相撞时，每个球的所有分子都能精确响应，使得互相弹开时不会以任何方式影响外界的排列方式；而这些分子能消停停地与周围的空气相互作用，从而产生两球相撞的响声的方式就要多得多了。我们日常生活中所有形式的耗散——摩擦、空气阻力、声音，等等——都是熵增加趋势的表现。

得出来！"

这位神秘陌生人真有点儿疯癫——可能是在统计力学的基础上读了太多哲学小册子，被搞得有点儿癫狂。但她确实说对了一点。桌面上有几个球时，这些球的任意特定布局都极不可能。这个问题可以这么想：如果你把母球打进一堆随机放置的花球，然后这些花球乒乒乓乓到处游走，到停下来的时候刚好完美地排列成好像刚刚用三角框排起来的样子，你肯定会大吃一惊。但这种特定排列（所有球正好排在起始位置上）跟其他任何精确排列相比，不寻常的程度既不会更多也不会更少[1]。我们有什么权力单拎出台球的某些布局，就说这些布局"太惊人了"或"不大可能"，而别的似乎就"平淡无奇"或是"随机"？

这个例子指出了玻尔兹曼熵的定义中的核心问题，及对热力学第二定律的相关理解：谁来决定系统的两个特定微观态什么时候从宏观视角看起来一样？

玻尔兹曼熵的公式有赖于数量 W 的概念，我们将其定义为"我们能重排系统微观组分而不改变其宏观表现的方式有多少种"。上一章我们将物理系统的"状态"定义为该系统在时间中唯一演化所需全部信息的完整描述，在经典力学中，就是所有单个组分粒子的位置和动量。现在我们考虑的是统计力学，用微观态这个词来指称系统的精

---

1. 还是换一个方式来思考：强力球彩票要从 1 到 59 之间选 5 个数字，并希望这些数字看起来是随机抓取的。下回你想买彩票的时候，就选数字"1、2、3、4、5"。这个序列跟其他任何"貌似随机"的序列中奖概率都完全一样。（当然要是你真中了，全国范围的抗议声浪是免不了的，因为人们会怀疑肯定有人暗箱操作。所以就算你真的走了狗屎运，也最好千万别去兑奖。）

[157] 确状态很有用，相对的就是宏观态这个词，用来表示仅从宏观上可以观测到的那些特征。那么，W 的定义简略表达就是"对应于特定宏观态的微观态的数量"。

对于用隔板一分为二的盒子来说，任一时刻的微观态就是盒子里所有单个分子的位置和动量。但我们在追踪的全部信息只是有多少分子在左侧，有多少在右侧。毫无疑问，将分子分为一定数量在左侧一定数量在右侧的每种分法，就定义了盒子的一个个"宏观态"。而我们对 W 的计算就只是数一下每个宏观态有多少微观态[1]。

选择只追踪盒子每一半当中有多少分子，这时来看似乎太幼稚了。不过我们也可以假设追踪更多信息。实际上，如果我们要面对的是真实房间里的空气，我们要跟踪的信息就比有多少分子在房间的哪一侧要多得多。比如说，我们可能得追踪空气中每一点（或至少是数量有限的一些位置）的温度、密度和压力。如果空气中有不止一种气体，我们可能还得分别追踪每种气体的密度等信息。当然，这跟房间里所有分子的位置和动量比起来，信息还是少多了，但选择哪些信息作为宏观可观测量来"记录"，而哪些信息又是可以"忘掉"的无关信息，似乎并没有特别明确的定义。

将某特定物理系统（盒子中的气体，一杯水，宇宙）的微观态空

---

1. 严格来讲，由于每个粒子可能的位置都有无穷多个，可能的动量也有无穷多个，因此每个宏观态对应的微观态的数量也是无穷的。但是对左侧粒子来说可能的位置和动量可以跟右侧粒子可能的位置和动量——对应，尽管两者都是无穷大，但也是"同样的无穷大"。所以，每个粒子在盒子中每一侧的可能状态数相等，这样说是完全合理的。我们真正在做的是计算与特定宏观态对应的"状态空间的体积"。

间分组并标记为"宏观上不可区分"的过程，叫作粗粒化。这个过程有点儿像是黑魔法，在我们对熵的思考中有至关重要的作用。在图45中我们描述了粗粒化是怎么起作用的，就是系统所有状态的空间分成多个区域（宏观态），同一区域之内的微观态从宏观视角来看都无法区分。区域中的每一点都对应不同的微观态，而给定微观态的熵与其所属宏观态区域的面积（其实是体积，因为这是维数非常高的空间）的对数成正比。有了这样的图像，为什么熵倾向于增加就非常清楚了：低熵状态对应的只是状态空间中非常小的一块区域，从低熵状态出发，只能预期一个普通系统会向位于大体积、高熵区域的状态演化。

图45未按比例绘制。真实的例子中，跟高熵宏观态相比，低熵宏观态要小得多。我们在隔断盒子的例子中已经看到，对应于高熵宏

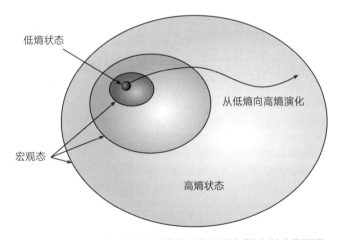

图45　粗粒化过程就是将所有可能的微观态的空间划分成从宏观上来看不可区分的区域，也就是宏观态。每个宏观态都有相应的熵，与该状态在状态空间所占体积的对数成正比。为清晰起见，低熵区域的尺寸被放大了。现实中的低熵区域跟高熵区域相比，有如一粟之于沧海

158 观态的微观态的数量，跟低熵宏观态的相关数字比起来就是天文数字。从低熵状态出发，一点儿都不用奇怪系统会步入状态空间中更宽敞的高熵区域；但如果一开始就是高熵状态，典型系统会在高熵区域闲庭信步好久，碰都不会碰一下低熵区域。平衡态就是这样，并不是微观态真的是静态的，而是微观态绝不会离开它所处的高熵宏观态。

　　整个过程应该会让你觉得有点儿好玩。两个微观态如果在宏观上无法区分，就属于同一个宏观态。但这只不过是"如果我们无法在宏观视角上看出两者之间的区别"的高级说法。这个陈述中应该是"我们"的出现让你觉得不对劲儿。不管以什么方式，为什么得涉及我们的观察能力？我们宁愿将熵看成是这个世界的特征，而不是我们感知世界的能力的特征。两杯水如果整杯都温度相同，就算水分子位置和
159 动量的确切分布不一样，那也处于同一个宏观态，因为我们没法直接测量所有这些信息。但是如果我们碰到一群观察力超级敏锐的外星人，能盯着一杯液体看出所有分子的位置和动量，那又怎样呢？这群外星人会觉得压根儿就没有熵这么个东西吗？

　　这些问题有几个不同的答案，但没有哪一个得到了统计力学领域所有人的广泛认可。(如果有一个得到广泛认可的，我们也就只需要这一个答案了。)我们来看看其中两个。

　　第一个答案是，真的没关系。也就是说，如果是为了你面前的特定物理情形，怎样将微观态捆绑为宏观态可能是有很大关系的，但如果我们只想辩论一番像是第二定律之类的有效性，那么最后怎么捆绑并不重要。从图 45 可以很清楚地看到，为什么第二定律应该成立：

跟高熵状态对应的空间比低熵状态的要大得多，因此如果我们从后者出发，很自然地就会向前者靠拢。但无论我们实际上是怎么粗粒化的，上述结论都始终成立。第二定律坚如磐石，尽管依赖于熵的定义（状态空间中区域体积的对数），但并不依赖于我们选择哪部分体积的确切方式。然而，在实践中我们确实做了某些选择而没有选择别的，因此这次尝试尽管很明显是想避免这个问题，但并不能完全令人满意。

第二个答案是，选择如何粗粒化并非完全武断，而是由广大人民群众构想出来的，即使有些人的选择确实关系很大。事实上，我们粗粒化的方式从物理上看起来很自然，而不仅仅靠心血来潮。比如说，我们追踪一杯水中的温度和压力时，真正要做的是去除所有只能通过查看微观态才能测量到的信息。我们观察的是空间中相对较小的区域的平均特征，因为我们的感官也就能做到这样子。我们选择这样做的时候，就会得到一组定义得相当完善的宏观观测数据。

在空间中较小区域内的平均，不是我们随机进行的过程，也不是我们人类的感官因为跟假想的外星人的感官截然不同而产生的独特之处。考虑到物理定律是怎么起作用的，这个过程非常自然[1]。当我去看一杯咖啡，并打算区分一勺牛奶刚刚加进去和这勺牛奶已经充分混合这两种情形时，我不会变戏法一样随随便便就掏出一种将咖啡状

---

1. 我们来稍微扩展一下，不过可能会变得极为抽象：上面我们是在空间中的小块区域做平均，现在我们换个方式，在动量空间的小块区域内做平均。也就是说，我们可以讨论具有特定动量的粒子的平均位置，而不是反过来看在特定位置的粒子的平均动量。但这样干有点儿不可理喻，这些信息可没法通过宏观层面的观察得到。这是因为现实世界中的粒子在空间中相邻时会相互作用（彼此撞在一起），但如果两个相距遥远的粒子动量相同，就不会发生什么特别的事情。位置靠得很近的两个粒子，无论相对速度如何都会相互作用，但反过来说就不成立了。（相距好几光年的两个粒子，无论两者的动量是多大，都不会有显著的相互作用。）因此，物理定律选出了"在空间的小块区域中测量平均特征"，诚为明智之举。

态粗粒化的方法；咖啡在我看来是什么样子，这是我直接看到的现象。因此，尽管原则上我们选择如何将微观态粗粒化为宏观态似乎完全是随心所欲，但在实践中自然界给了我们一种非常明智的方法。

熵反向运行

玻尔兹曼对熵做出的统计定义带来了一个意想不到的结果：第二定律并非绝对成立 —— 定律所描述的只是有极大可能的行为。如果我们从中等熵的宏观态出发，那么该宏观态的几乎所有微观态都会在未来朝着熵更高的状态演化，但实际上也会有极小一部分微观态向低熵演化。

很容易构造一个清晰的例子。考虑一盒子气体，其中所有的气体分子刚好全都聚在盒子中央，处于低熵布局。如果我们放手让它演化，分子就会四下运动，彼此互相碰撞或与盒子内壁碰撞，最终（以极大概率）变成一个熵高得多的布局。

现在考虑上面这盒气体在变成高熵状态之后某时刻的特定微观态。从这个状态出发构建一个新状态，让所有分子都待在完全相同的位置，但精确地反转所有分子的速度。新状态的熵仍然非常高 —— 跟原来那个状态属于同一个宏观态。（如果有人突然让你周围所有空气分子的运动速度全都反向，你绝对注意不到；平均而言所有方向上的运动分子数量都一样。）从这个新状态出发，分子的运动就会是刚好原路返回先前的低熵状态。对外部观察者来说，就好像是熵自发降低了（图 46）。具备这一特性的那一小部分高熵状态占的比例微不足

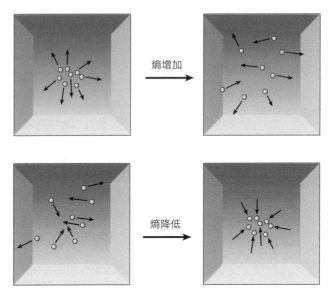

图 46 上面两幅图所示为盒子中的分子从低熵初始状态向高熵最终状态的一般
演化。在下面两幅图中,我们仔细反转了所有粒子在上面两幅图的最终状态的动量,
从而得到时间反转的演化,熵在这个演化过程中降低了

道,但肯定是存在的。

如果相信基本定律是可逆的,我们甚至可以假想整个宇宙都是这
个样子。看看我们今天的宇宙:由一些特定的我们并不知道的微观态
描述,但我们知道这些微观态所属宏观态的一些特征。现在我们让全
宇宙所有粒子的动量都反向,此外如果还需要做什么额外的转换(例
如将粒子都换成反粒子)才能让时间反演不变严格成立,那也就统统
做了。然后放手不管。我们将看到的就会是朝向宇宙坍缩的"未来",
恒星和行星消散,熵普遍降低。只是我们这个真实宇宙的历史在时间
上倒着放而已。

然而，整个宇宙的时间之箭都是反的，这样的思想实验跟只是宇宙的某些子系统有反向的时间之箭比起来要无趣得多。原因很简单：没有人会注意到前者。

第 1 章我们问过，如果时间流逝变快了或变慢了，那会是什么样子。关键问题在于：快慢是跟什么相比？"时间对世界上所有人来说突然都变快了"的想法没有实际意义。我们用同步重复来测量时间，只要所有时钟（包括生物钟和由亚原子过程定义的时钟）正确保持同步，你就没有办法说"时间的速度"有任何不同。只有说如果某特定时钟跟其他时钟相比速度加快或者减慢了，这个概念才有点儿意义。

"时间反向运行"的想法也有完全一样的问题。我们在想象时间倒着走的时候，大概会想着宇宙有些部分也在倒着走，就比如一杯冷水里自动出现了冰块。但如果整个宇宙都倒着走，就会跟现在看到的样子完全相同，不会跟整个宇宙在时间中正着走有什么区别，只不过选取的时间坐标在反方向上运行，这一点比较奇怪罢了。

时间之箭并不是"熵在未来会增加"这一事实的结果，而是"熵在时间的两个方向上非常不同"的结果。如果这个宇宙还有另外一部分，跟我们这部分完全没有相互作用，熵在其中朝我们称之为未来的方向是减少的，那么生活在那个时间反向世界中的人们也不会注意到有什么反常的事情。他们也会有正常的时间之箭，并宣称熵在他们的过去（就是他们有记忆的那部分时间）更低，并在未来增长。区别在于他们所谓的"未来"，意思就是我们所谓的"过去"，反过来也一样。宇宙中时间坐标的方向约定俗成，完全是武断的，没有任何额外的含义。碰巧我们喜欢的习惯是让"时间"在熵增加的方向上增加。重要之处在于对可观测宇宙内的所有人来说，熵是在同一个时间方向上增加，因此我们能在时间之箭的方向上达成共识。

当然，如果有两个人（或是物理世界的其他子集）能相互交流、相互影响，但并不能就时间之箭的方向达成一致，那就什么都变了。我的时间之箭跟你的时间之箭有可能指向不同的方向吗？

解构本杰明·巴顿

在第 2 章开头我们讲了几个文学作品中时间之箭的例子，都是跟现实矛盾的 —— 这些故事中的人或事似乎在倒着经历时间。《时间之箭》的小小叙述者记得未来，但不记得过去；白王后在扎伤手指之前就经历了伤痛；司各特·菲茨杰拉德《本杰明·巴顿奇事》的主人公在时间流逝中身体变得越来越年轻，尽管他的记忆和经验还是在按正常方式积累。现在我们有办法解释为什么这些情形哪一个都不可能在现实世界发生了。

只要物理学基本定律是完全可逆的，给定整个宇宙（或任意封闭系统）在任一时刻的精确状态，我们就能用这些定律确定系统在未来任意时刻的状态，或是过去任何时刻是什么样子。我们通常将给定时刻叫作"初始"时刻，但原则上我们选择任何时刻都可以 —— 眼下我们是在考虑时间之箭指向不同方向的问题，就没有哪个时刻是所有事物的初始时刻。因此我们想要问的是：为什么很难 / 不可能选定宇宙的一个有如下特征的状态：当我们在时间中向前演化时，有些部分的熵在增加，而有些部分的熵在减少？

163　　　乍一看似乎好简单。取两盒气体分子，使其一处于某种低熵状态，
如图 46 左上角所示；一旦系统启动，系统的熵就会一如预期开始上
升。另一个盒子则让它处于刚刚从低熵状态演化而来的高熵状态，并
让所有的速度都反向，也就是图 46 左下角的样子。第二个盒子是精
心构造的，所以熵会随着时间减少。因此，让这两个盒子从这个初始
条件出发，就会看到熵朝着相反的方向演化。

　　　但我们想要的可不止这些。两个完全分离的系统时间之箭方向相
反，好像也没多大意思。我们还想让有相互作用的系统 —— 一个系
统能以某种方式跟另一个系统互通有无 —— 也这样。

　　　这就把一切都毁了 [1]。假设我们从这样两个盒子开始，其一的熵准
备上升，另一个的熵准备下降。但接下来我们引入极小的相互作用连
接起两个盒子 —— 比如说在盒子之间来回移动的一些光子，在一个
盒子里跟分子相撞之后就会折回另一个盒子。本杰明·巴顿的身体跟
外界的相互作用肯定比这要强烈得多。（白王后或马丁·埃米斯《时
间之箭》中的叙述者也同样如此。）

　　　额外的小交互会稍微改变一下受到交互作用影响的分子的速度。
（动量是守恒的，所以别无选择。）那个从低熵开始的盒子没有任何问
题，因为要让熵上升并不需要一个精心设置的状态。但交互完全毁掉

---

1. 数学家诺伯特·维纳（Norbert Wiener）在《控制论》中也有相关讨论，见 Cybernetics（1961），34。

了我们在另一个盒子里尝试设立的能让熵下降的条件。速度上极微小的变化都会很快在气体中传开，一个受到影响的分子撞到另一个，这两个再去撞另外两个，以此类推。所有速度都必须非常精确地校准才能让气体在微观上由分子间的共同作用使熵降低，而我们可能引入的任何相互作用都会破坏所需要的共同作用。第一个盒子的熵会合情合理地上升，同时另一个盒子会留在高熵状态；这个子系统基本上会停留在平衡态。无法在宇宙中有相互作用的子系统之间得到矛盾的时间之箭[1]。

作为无序的熵

我们经常说，熵衡量无序程度。这是将一个非常特殊的概念简单转述为不大严谨的语言 —— 作为快速注解完全够了，但有些情况下这样解释偶尔会出错。现在我们了解了玻尔兹曼给出的熵的真正定义，我们就能理解这个非正式的概念跟真相究竟有多接近。

问题在于，这里的"有序"是什么意思？这个概念很难有像熵那 [164]
么严格的定义。在我们看来，可以将"有序"跟有意安排的条件关联起来，也是随机状态的反面。这样肯定跟我们讨论熵的方式有相似之处。还没打破的鸡蛋似乎比打开搅拌成均匀一团的鸡蛋要更有序。

---

1. 这儿有个空子。我们不去从精心设置的能让熵降低的初始条件出发，并让这个系统与外界相互作用；我们可以问这样的问题："假定这个系统会跟外界有相互作用，那么现在需要什么样的初始状态才能使系统的熵在未来减少？"这种未来边界条件并非不可思议，但还是跟我们现在脑子里想的略有不同。在这种情况下，我们有的不是什么带有自然反演的时间之箭的自主系统，而是宇宙中所有粒子的共同作用来允许某个子系统的熵降低。这个子系统看起来不会是宇宙中哪个普通物体的时间反演，而是整个外界都在合谋将它捣鼓进一个低熵状态。

熵似乎天然就跟无序有关联，因为通常处于无序状态的方式都比有序的要多。熵增加有个经典例子就是你桌子上纸张的分布。你可以把那些纸张整整齐齐叠成一堆——有序，低熵。但随着时间流逝，这堆纸张会倾向于在桌面上散乱得到处都是——无序，高熵。桌面不是封闭系统，但这样想的基本思路总是对的。

但如果我们把这种关联推到极致，就不是那么站得住脚了。考虑你现在所在的房间里的空气分子——大概是以高熵布局均匀分布在整个房间里的。现在想象这些分子被集中到房间中央的一小块区域内，直径只有几厘米，呈现出自由女神像的微型复制品的形状。并不意外，这个状态的熵要低得多——我们也会一致同意这个状态似乎更有序。但接下来我们想象房间里所有气体分子都被集中到极小的区域，直径只有 1 毫米，但形状不规则。由于由这团气体覆盖的空间区域又小多了，这个布局的熵又比自由女神像的例子要小一些。（将分子在中等大小的雕像内重排的方式比在非常小的气团中重排的方式要多。）但是很难讲清楚不规则气团是否比著名雕像的复制品更"有序"，尽管这个气团真的很小。因此这种情况下有序和低熵之间的关联似乎就不成立了，我们得倍加小心。

这个例子似乎有点儿做作，实际上我们并不需要那么拼命就能看到熵和无序的关系失效。我们还是继续在大家都喜闻乐见的厨房里找例子吧，比如说油和醋。如果把油和醋摇在一起后淋到沙拉上，你也许会注意到只要把配好的混合物放在一边不管，混合物就会倾向于自己分开。这种现象不是闹鬼，也并没有违反热力学第二定律。醋的主要成分是水，水分子倾向于黏附在油分子上——而由于水和油的化学性质，这种黏附的布局是很特殊的。因此，如果油和水（或醋）充分混合，水分子会以特定的排列依附在油分子上，对应的就是一个相对低熵的状态。然而当两种物质大体上分离开来，个体分子就可以在同类分子中间自由移动。在室温下，事实证明油和水分开比混合在一起的熵要高[1]。有序自发出现在宏观层面，但在微观层面最终是无序的。

对真正大型的系统，情况也比较微妙。这回不说房间里的气体了，我们来考虑天文尺寸的气体和尘埃的云团——比如说星际星云。这团星云似乎相当无序，熵也很高。但如果星云足够大，就会在自身重力下收缩，并最终形成恒星，可能还会有行星环绕着恒星运转。因为这个过程遵循第二定律，我们可以肯定熵在这个过程中会增加（只要我们小心追踪坍缩期间释放出的所有辐射，等等）。但有几个行星围着自己打转的恒星，至少非正式地说，似乎比分散的气态星际云团更有序。熵增加了，但显然有序程度也增加了。

这里的罪魁祸首是重力。关于重力如何给我们日常生活中熵的概念制造混乱我们会有很多东西可以说道，但这会儿这样说似乎就够了：重力与其他作用力的相互作用似乎能在创造秩序的同时仍然让熵上升——无论如何，至少暂时如此。这是一条根本线索，事关宇宙如何运转的重要信息。但是很悲催，我们都还没办法确定这条线索在告诉我们什么。

---

1. 请注意，这里有条注意事项是"在室温下"。在足够高的温度下，单个分子的速度足够高，水分子不再黏附在油分子上，因此充分混合的布局又一次有了最高的熵。（这个温度下的混合物是蒸汽。）现实世界一团乱麻，统计力学太复杂，还是留给专业人士好了。——作者原注

就眼下来说，我们认识到熵与无序之间的关联并不完美就好了。这也不是坏事 —— 引用凌乱的桌面来非正式地解释熵也过得去。但熵真正告诉我们的是，有多少微观态从宏观上无法区分。有时候这与无序有简单关系，有时候没有。

无差别原则

关于第二定律的玻尔兹曼解读方式还有另外一些问题困扰着我们，需要一一撇清，或至少摊到桌面上来。我们有这么大一堆微观态，将其分成不同的宏观态，并声称熵是每个宏观态对应微观态数量的对数。这就要求我们囫囵吞枣接受另一命题：认为一个宏观态中的所有微观态都"同样可能"。

在玻尔兹曼带领下，我们想证明熵之所以会倾向于增加，原因是处于高熵状态的方式比处于低熵状态的方式要多，不信数一下微观态好了。但如果一个典型系统处于相对少量的低熵微观态的时间要远远多于大量的高熵微观态，那么微观态数量的多寡就没那么要紧了。想象一下，如果微观物理定律的特征是，几乎所有高熵微观态都倾向于自然朝着少量低熵状态演变，那么有更多高熵状态的事实也不会带来什么差别；等得够久的话，我们仍然会预计这个系统会被发现处于低熵微观态。

要想象出奇形怪状的物理定律完全按这种方式行事并不难。再次考虑一下台球，就像完全正常的台球一样滚来滚去，只有一个关键区别：每当有球撞到某条特定的台边，就会粘在那里，马上变成静止。(我们想的不是有人在台边涂了胶水或是任何能最终在微观层面上追溯到可逆行为的事情，而是构想了一种全新的物理学基本定律。)请注意，这些台球的状态空间跟正常规则下的一模一样：一旦我们指定每个球的位置和动量，我们就能精确预测系统的未来演变。只不过，未来演化会以极大概率结束于所有的球都粘在那条台边上。这个布局的熵非常低，没有多少微观态是这个样子的。这样的世界里，就算是台球桌这样的封闭系统，熵也会自发降低。

这个生造的例子中有什么问题应该是很清楚的：新的物理定律不可逆。就像上一章里的棋盘 D，灰色方格的斜线撞到一条特定的竖直列之后就终止了。在这个不走寻常路的台球桌上，知道所有球的位置和动量足以预测未来，但并不够用来重构过去。如果球粘在台边上，我们没法知道它粘在那儿有多久了。

真实的物理定律在基本层面上似乎是可逆的。如果我们稍微想一想，这些物理定律足以保证高熵状态不会优先朝着低熵状态演化。请记住，可逆性建立在信息守恒的基础上：要确定某时刻的状态所需的信息，在系统随着时间演化时保留下来了。这就意味着现在的两个不同状态总是会演变为未来某给定时间的两个不同状态；如果这两个状态演变为同一个，我们就没法重构这个状态的过去了。因此高熵状态就是不可能全都优先演变成低熵状态，因为没有足够的低熵状态允许上述情形发生。这个技术结论名为刘维尔定理，是以法国数学家约瑟夫·刘维尔（Joseph Liouville）的名字命名的。

这差不多就是我们想要的了，但还不完全。而且我们想要的并不

167 是我们真正能得到的（生活中往往如此）。假设我们有个系统，也知道这个系统处于什么宏观态，然后我们想知道接下来会发生什么。这个系统可以是一杯水里漂着冰块。刘维尔定理告诉我们，该宏观态的大部分微观态的熵都必须增加或保持不变，这跟第二定律是一个意思 —— 冰块很可能化掉。但这个系统处于某特定微观态，即便我们不知道到底是哪个。我们怎么肯定这个微观态不是那些极少数的熵随时都会剧减的微观态之一？我们怎么保证冰块并不是实际上会长大一点点，同时周围的水在升温？

　　答案就是，我们做不到。必定有某种特定微观态，在我们考虑的"冰块与水"的宏观态中非常罕见，但实际上会朝着熵更低的微观态演化。统计力学，即以原子论为基础的热力学，实际上是概率论 —— 我们并不能确切知道会发生什么，我们只能证明特定结果极为可能。至少，这是我们希望自己能证明的。我们能实打实证明的是大多数中等熵的状态会演变成高熵而不是低熵状态。但是你也会注意到，"该宏观态的大部分微观态演变为高熵"和"该宏观态的微观态更可能演变为高熵"之间的细微差别。前一陈述只是在计算有不同特性（"冰块融化"与"冰块长大"）的微观态的相对数字，而第二个陈述是关于现实世界中发生某些事情的可能性的声明。两者并不完全是一回事。这个世界上中国人比立陶宛人多，但并不是说如果你刚好在维尔纽斯（立陶宛首都）的大街上溜达，你碰见中国人的机会就比碰见立陶宛人的概率要大。

　　换句话说，传统的统计力学有个关键假设：鉴于我们知道自己处于某特定宏观态，我们也了解与该宏观态对应的全部微观态的集

合，我们可以假设所有这些微观态的概率都完全相等。在这个过程中
我们无法避免援引一些假设，否则没办法从数状态跳到确定概率这一
步。等概率假设有个名字，听起来像是那些喜欢一分耕耘一分收获的
人的约会策略——"无差别原则"。早在统计力学出现之前很久，该
原则就有我们的老朋友彼埃尔·西蒙·拉普拉斯的概率论背景作为支
持。拉普拉斯是决定论的死忠粉，但是跟别人一样了解我们通常都无
法获知全部可能的事实，也想要知道在信息不完备的条件下能说出什
么道道来。

　　无差别原则基本上就是我们最拿得出手的了。如果已知的全部 168
信息只是系统处于某特定宏观态，我们就假设该宏观态的所有微观
态可能性都相等。（只有一个影响深远的例外——过去假说——本
章结束时我们会好好讨论。）如果我们能证明这个假设为真那诚然很
好，人们也确实在试着证明。比如说，如果一个系统演化时要在一段
合理的时间内遍历所有可能的微观态（或者至少遍历的微观态集合非
常接近所有可能的微观态），我们也并不知道系统演化到哪儿了，那
么就将所有微观态当作可能性相等来看待也还算有几分道理。在整个
状态空间中游走且能覆盖所有可能性（或几乎所有可能性）的系统叫
作"各态历经"。问题是，就算系统是各态历经的（并非所有系统都是
如此），真正要在演化中遍历所有可能状态那也永远没有尽头。或者
就算有个尽头，要花的时间至少也是长得可怕。宏观系统的状态太多，
无法在比宇宙年龄短的时间内全都枚举出来。

　　我们征用无差别原则的真正原因是我们不知道有谁更好。当然也
还因为，这个原则似乎管用。

其他的熵，其他的箭

关于"熵"和"时间之箭"是什么意思，我们已经非常明确了。熵计量宏观上不可区分的状态的数量，时间之箭的出现则是因为熵在整个可观测宇宙中均匀增加。现实世界就是这个样子，但也有别人经常用这两个词表示稍微有些不同的含义。

我们一直在用的熵的定义 —— 刻在玻尔兹曼墓碑上的那个 —— 将一定量的熵与单个微观态关联起来。定义中关键的一步是，我们要先确定什么才算是状态的"宏观可测量"特征，然后用这些特征将整个状态空间粗粒化为宏观态的集合。要计算微观态的熵，我们就数一下宏观上与该微观态不可区分的状态总数，然后取对数就好。

但是注意一下这里挺有意思：随着状态从低熵演变为高熵，如果我们只留下系统属于哪个宏观态的信息而忘记其他，最终关于我们实际上在想的究竟是哪个状态，我们知道的就会越来越少。换句话说，如果被告知某系统属于某特定宏观态，那么系统处于该宏观态下任一微观态的概率就会随着熵的增加而降低，因为可能的微观态越来越多。169 我们关于此状态的信息 —— 如何精确指出系统在哪个微观态 —— 随着熵的上升而减少了。

这首先会让我们想到一种有所不同的定义熵的方式，这种方式与乔赛亚·威拉德·吉布斯关系最为密切。（玻尔兹曼其实也研究过类似的定义，但对我们来说将这种方法与吉布斯联系起来还是很方便，因为玻尔兹曼已经有功可居了。）这种定义不是把熵看成是个别状态

的某种特征 —— 也就是其他在宏观上看起来类似的状态的数量 ——
而是认为熵代表了关于状态我们知道什么。在玻尔兹曼对熵的思考
中，我们处于哪个宏观态的信息，随着熵增加能告诉我们的微观态
信息越来越少。吉布斯方法颠覆了这个视角，根据我们知道多少来
定义熵。这种方法一开始也不是对状态空间粗粒化，而是从概率分
布出发：对每个可能的微观态，系统当前正处于该微观态的百分比
概率。随后吉布斯给出了一个公式，跟玻尔兹曼的公式类似，用于
计算与这个概率分布相关的熵[1]。整个过程中粗粒化都完全没有找到
戏份。

玻尔兹曼公式和吉布斯公式都不是"正确"的公式。两者都是你
可以选择去定义、操纵，并用来帮助理解世界的；每一种都有自己的
优缺点。吉布斯公式经常用于应用软件，原因十分切合实际 —— 很
容易计算。因为没有粗粒化，当系统从一个宏观态转到另一个宏观态
时，熵不会有不连续的跃变，在解方程的时候好处相当大。

但吉布斯方法也有两个显而易见的缺点。其一与认知有关：这种
方法将"熵"的概念与我们关于系统的知识联系起来，而不是与系统
本身产生联系。这个缺点给那些试图认真思考熵的真正含义的人带
来了各种各样的麻烦。唇枪舌剑你来我往，但我在本书采取的这种
方法，把熵看成是状态的特征而非我们认知的特征，这样似乎避免
了大部分麻烦。

---

1. 公式在此：对每个可能的微观态 x，令 p_x 等于系统处于该微观态的概率，那么熵就是对所有可
能的微观态 x 的 $-kp_x \lg p_x$ 之和，其中 k 为玻尔兹曼常数。

另一个缺点更加引人注目：如果你了解物理定律，并用来研究吉布斯的熵如何在时间中演化，就会发现这个熵永远没有变化。稍微回想一下就能确信，这一点必然成立。吉布斯的熵描述了我们对系统的状态有多少了解，但在可逆定律的影响下，这个数量不会改变——信息没有产生也没有被破坏。随着熵上升，我们对未来状态的了解肯定会比对当前的更少，但我们总是能让演化反向进行，看看这个状态从哪儿来的，因此不会发生这样的情况。要从吉布斯方法得出像是第二定律这样的结论，就得"忘记"某些演化信息。你如果这样做，就会跟我们在玻尔兹曼方法中不得不采取的粗粒化过程在哲学上是一码事。我们只不过把"忘记"这一步放在了运动方程里，而不是在状态空间中进行。

但毫无疑问，吉布斯熵的公式在特定应用中非常好用，人们也会继续利用。这事儿也并非到此为止，关于熵还有一些别的思考方式，也不断有文章推陈出新。这样子也没什么毛病，毕竟玻尔兹曼和吉布斯提出的定义是想取代克劳修斯对熵的完美定义，但后者今天也仍然顶着"热力学"熵的头衔大派用场。量子力学出现之后，约翰·冯·诺依曼提出了一个熵的公式，特别适用于量子环境。下一章我们将讨论。克劳德·香农（Claude Shannon）也提出了一个熵的定义，与吉布斯的定义实质上非常相似，但该定义是在信息论而非物理学的框架下提出的。重点不是找到熵的唯一准确的定义，而是提出能在适当情景下大派用场的概念。不要让别人糊弄你说，熵的这个定义或者那个定义才是唯一正确的定义。

就像熵有各种各样的定义一样，也有很多不同的"时间之箭"，这也是另一个容易让人糊弄的地方。我们已经跟热力学的时间之箭打过交道，这是用熵和第二定律定义的。还有宇宙学的时间之箭（宇宙在膨胀）、心理学的时间之箭（我们能记住的是过去而非未来）、辐射的时间之箭（电磁波从运动电荷周围散发而不是汇聚），等等。这些不同的时间之箭也分属不同的类别。有的像是宇宙学之箭，反映了宇宙演化的事实，但仍然是完全可逆的。很可能最后事实会证明，热力学之箭的终极解释同样也能解释宇宙学之箭（实际上看起来非常合理），但宇宙膨胀并没有像熵增加那样带来物理学微观定律层面的难解之谜。同时，那些反映了真正不可逆性质的时间之箭 —— 心理学之箭、辐射之箭，乃至稍后我们将研究的由量子力学定义的时间之箭 —— 似乎也都反映了事物以熵的演化为特征的相同的基本状态。弄清所有这些时间之箭如何相关的细节毫无疑问重要而且有趣，不过我还是会接着说由熵的增加定义的"那个"时间之箭。 [171]

证明第二定律

玻尔兹曼一旦理解了熵是符合给定宏观态的微观态有多少的量度，他的下一个目标就是从这个视角出发推导出热力学第二定律。我已经告诉过你们为什么第二定律有效的基本原因 —— 比起低熵，实现高熵有更多方式，而且不同起始状态会演变为不同的最终状态，因此在大部分情况下（真正压倒性的概率）我们都预期熵会上升。但玻尔兹曼是个优秀的科学家，他想更上一层楼，从他的表述出发证明第二定律成立。

我们很难设身处地从 19 世纪末热力学家的角度考虑问题。那些人认为，封闭系统中熵不可能下降不只是个很好的想法，还应该是一条定律。熵 "可能" 增加的想法并不比能量 "可能" 守恒的提议更令人满意。事实上，无论以什么目的和意图来看，数字都巨大无比，统计力学的概率论证可能也绝对成立，但玻尔兹曼想证明出比这更明确的结论。

1872 年，玻尔兹曼（时年 28 岁）发表了一篇文章，声称能用动力学理论证明熵总是会增加或保持不变 —— 这个结论叫作 "H 理论"，从那时候起就一直争议不断。就算今天，既有人认为 H 理论解释了第二定律为什么在现实世界中成立，同时也有人觉得这只是思想史上的遗迹，不值一哂。实际上，H 理论是统计力学一个很有意思的结论，但缺少对第二定律的 "证明"。

玻尔兹曼论证如下。在宏观物体中，例如充满气体的房间或是一杯咖啡加牛奶，分子的数目非常大 —— 超过 10^{24}。他考虑的是空气相对稀薄的特殊情形，因此两个粒子会相撞，但三个或更多粒子同时撞在一起的情形极为罕见，可以忽略。（这个假设真的很难有异议。）我们需要用某种方式来表示所有这些粒子的宏观态。因此，我们追踪的不是所有分子的位置和动量（也就是完整的微观态），而是处于任一特定位置和动量的粒子的平均数量。对于某特定温度下处于平衡态的一盒气体来说，盒中所有位置粒子的平均数量都相等，也会有一个特定的动量分布，使得每个粒子的平均能量能代表正确的温度。只给定这些信息，你可以算出气体的熵。接下来（如果你是玻尔兹曼）你可以证明不在平衡态的气体的熵会随着时间流逝而增加，直到熵达到最大值为止，然后就停留在最大值的状态。显然第二定律得证[1]。

但显然有些事情好像有点不对劲。我们一开始的微观物理学定律完全是时间反演不变的 —— 在时间中向前或向后运行都同样有效。玻尔兹曼宣布从这样的定律出发推导出的结论却明显不是时间反演不变的 —— 这个结果显示出清晰的时间之箭，宣称熵会在未来增加。怎么可能从可逆假设中得到不可逆结果呢？

1876 年，约瑟夫·洛施密特（Josef Loschmidt）提出强烈异议，而在他之前也已经有威廉·汤姆森（开尔文勋爵）和詹姆斯·克拉克·麦克斯韦关注过类似问题。洛施密特跟玻尔兹曼非常亲近，19 世纪 60 年代在维也纳还曾担任过这位年轻物理学家的导师。他对原子论并没有异议，实际上还是洛施密特最早精确估算了分子的物理尺寸。但他没法理解，玻尔兹曼并没有在自己的假设中夹带时间不对称，如何推导出了这样的结果。

现在叫作"洛施密特可逆性异议"的论题，背后的论据很简单。考虑对应于一个低熵宏观态的某特定微观态会以极大概率向高熵状态演化。但时间反演不变保证了对每一个这样的演化过程，还有另一个演化也是允许的 —— 原过程的时间反演 —— 始于高熵状态，向低

---

1. 玻尔兹曼计算的实际上是数量 *H*，代表熵的最大值与真实值之差，这个定理也因此而得名。但 H 定理这个名字是后来才加上的，实际上玻尔兹曼自己甚至都没用过 H 字母，他管这个数量叫 *E*，更加让人觉得扑朔迷离。玻尔兹曼关于 H 理论最早的文章发表于 1872 年，更新版考虑了洛施密特等人的一些批评，发表于 1877 年。我们不打算准确再现这些思想引人入胜的历史发展；欲了解更多观点，可参看 *Von Baeyer*（1998），*Lindley*（2001）及 *Cercignani*（1998），更加技术层面的内容则可参看 *Ufflink*（2004）及 *Brush*（2003）。特别是，任何耶鲁学生都可能会为吉布斯的贡献有些受到冷落而惋惜，那么可参看 *Rukeyser*（1942）补一下。

熵状态演化。在时间长河里能发生的所有事情的集合中，会有跟熵从低到高演化刚好同样多的例子，是熵从高到低的演化。图 45 显示了分成各个宏观态的状态空间，我们画了一条从熵非常低的宏观态出发的轨迹，但轨迹不会凭空出现。这条轨迹的历史必须有个出处，而这个出处必须得有更高的熵——这就是在路径上熵会降低的明确例子。如果你相信时间反演不变的动力学（确实都是这样），就显然不可能证明熵总是增加[1]。

但玻尔兹曼还是证明了一点什么——他的证明中没有数学或逻辑错误，至少没有人看得出来。看来他必定夹带了一些时间不对称的假设，即便没有明说。

他也确实夹带了。在玻尔兹曼的论证中，有个关键步骤是分子混沌假设——也就是匈牙利语中的 Stosszahlansatz，字面意思是"碰撞数假设"。这相当于假设在气体单个分子的运动中，没有隐秘的共同作用。但隐秘的共同作用正是熵降低所需要的！因此玻尔兹曼是通过在一开始就不考虑其他可能性，而有效证明了熵会增加。特别是，他还假设每对粒子的动量在相互碰撞之前不相关。但这个"之前"明明就是时间不对称的一步，即使粒子在碰撞前确实不相关，那一般碰撞后也有关联了。不可逆假设就是这样偷偷溜进证明里的。

173

---

1. 请注意，洛施密特并没有说从同一个初始条件出发，熵增加的演变和熵降低的演变数量相等。我们考察时间反演时，会将初始条件跟最终条件交换；洛施密特指出的只是，如果我们考虑所有可能的初始条件，那么总体来看，熵增加的演变和熵降低的演变数量相等。如果我们将自己局限在低熵初始条件中，当然可以成功证明熵通常都会增加；但要注意到我们是将低熵用于初始条件而不是最终条件，这就掺进来了时间不对称。

如果我们从一个低熵状态的系统出发，并允许该系统向高熵状态演化（例如允许冰块融化），那么在尘埃落定之后，系统中的分子之间肯定有大量相关性。也就是说，如果我们令所有动量都反向，将会有足够的相关性保证系统会演变回低熵初始状态。玻尔兹曼的分析没有考虑这种可能性，他证明了如果我们忽略熵会减少的情况，那么熵绝对不会降低。

物理用时方恨少

到最后，至少在我们的可观测宇宙中，这些争议必须如何解决已经非常清楚了。洛施密特答对了一点，即所有可能演化的集合中熵降低的演化跟熵增加的一样多。但玻尔兹曼也是对的，即统计力学解释了为什么低熵条件会以极大概率演变为高熵条件。结论应该一目了然：除了物理定律决定的动力学之外，我们还需要假设宇宙始于低熵状态。这是边界条件，一个额外假设，不属于物理定律本身。（至少在我们开始讨论大爆炸之前发生了什么以前都是如此，但 19 世纪 70 年代的人不可能对大爆炸评头论足。）不幸的是，这个结论对那个年代的人来说似乎还不够，后来的岁月则见证了关于 H 定理重要性的困惑不合理地剧增。

1876 年，玻尔兹曼针对洛施密特的可逆性异议做出回应，但并没有真正廓清那些情形。玻尔兹曼当然知道洛施密特有可取之处，也承认关于第二定律肯定有些可能性毋庸置疑：如果动力学理论成立，第二定律就不可能是绝对的。在文章开头，他明确指出：

174

　　随着系统反向经历这个序列，熵会减少，因此我们看到，在我们自己的世界中所有物理过程的熵都会增加这一事实不能仅凭粒子间相互作用力的性质就推断出来，而必定是初始条件的结果。

　　我们不可能期待更斩钉截铁的陈述了："我们自己世界中熵增加的事实……必定是初始条件的结果。"但接下来，他仍然想不借助初始条件就证明点什么出来，于是马上说道：

　　然而，如果我们愿意接受统计学观点的话，我们并不需要假定一个特殊的初始条件就能对第二定律做出力学证明。

　　"接受统计学观点"也许意味着他承认我们只能证明熵增加极为可能，而不是总在发生。但现在他说"我们并不需要假定一个特殊的初始条件"是什么意思？下一句话证实了我们的担心：

　　尽管任一非均匀状态（对应于低熵）与任一均匀状态（对应于高熵）都有同样的可能性，但均匀状态的数量比非均匀状态要多得多。因此，如果随机选择初始状态，那就基本可以肯定系统会演化为均匀状态，熵也基本肯定会增加。

　　头一句话是对的，但第二句肯定错了。如果随机选择初始状态，那就不会是"基本可以肯定会演化为均匀状态"，而是基本可以肯定系统会处于均匀（高熵）状态。数量很少的低熵状态几乎全都会向熵

更高的状态演化。相比之下，只有极小一部分高熵状态会向低熵状态
演化。不过，有极大量的高熵状态可以作为初始条件。洛施密特提出，
会向高熵状态演化的低熵状态的总数与会向低熵状态演化的高熵状
态的总数相等。

读过玻尔兹曼论文的人会有一种强烈印象，就是他比其他任何人
都要领先好几步 —— 他比任何与自己对话的人都更清楚所有论争的
来龙去脉。但在经历这些细节之后，他并非总能停在正确的地方。此
外，他出了名的前后矛盾，因为他每篇文章的有效假设都总在调整。[175]
不过我们还是应该放他一马，因为我们是站在 140 年之后，而我们仍
然无法就什么是讨论熵和第二定律的最好方法达成一致。

过去假说

在我们的可观测宇宙中，熵的持续增长与相应的时间之箭无法单
从可逆的物理学基本定律推导出来，而是需要一开始就有一个边界条
件。要理解为什么我们现实世界中第二定律会有效，只将统计学的论
证应用于物理学基本定律是不够的，我们还必须假设可观测宇宙始于
熵非常低的状态。大卫·艾伯特（David Albert）帮助我们给这个假设
起了个很简单的名字 —— 过去假说[1]。

过去假说是我们前面提到过的无差别原则的一个影响深远的例
外。无差别原则会让我们觉得，一旦我们知道了系统处于某特定宏观

---

1. *Albert*（2000）；亦可参见 *Price*（2004）。尽管我已经指出对过去假说的需求可以说是一目了
然，但其重要性也并非毫无争议。部分争议可参看 *Callender*（2004）或 *Earman*（2006）。

态，我们就应该认为该宏观态中所有可能的微观态都有相同的可能性。事实证明，这个假设在以统计力学为基础预测未来时可以大展拳脚。但如果我们真的认真考虑，那在重构过去时这个假设就会大搞破坏。

关于熵为什么会增加，玻尔兹曼跟我们讲了一个很令人信服的故事：跟低熵比起来，有更多方式实现高熵状态，因此低熵宏观态的大部分微观态都会向高熵宏观态演化。但这番论证没有提到时间的方向。按照这个逻辑，某宏观态的大部分微观态的熵在未来都会增加，但这些微观态在过去也都是从熵更高的状态演化而来。

考虑某中等熵的宏观态的全部微观态。这些状态中占压倒性的大多数先前都处于高熵状态。必须如此，因为没有那么多低熵状态可以作为全部这些状态的来历。因此，典型的中等熵微观态大概率会显得像是来自熵更高的过去的"统计波动"。这个理由跟熵应该在未来增加的理由一模一样，只是时间方向反过来了而已。

作为例子，我们还是来考察隔开的气体盒子中的那 2 000 个粒子。一开始是低熵条件（80% 的粒子在同一侧），熵倾向于上升，如图 43 所示。但图 47 显示了熵向未来和向过去两个方向都是怎么演化的。因为基本的动力学规则（"每个粒子每秒有 0.5% 的机会换边"）并没有区分时间的方向，所以熵在过去比这个特殊时刻更高，就像在未来也会更高一样，一点儿都不奇怪。

你可能会想着系统始于平衡态然后俯冲下来变成低熵状态是极不可能的事情，因此并不赞同。这当然是真的，平衡态的系统保持平衡态或就在平衡态附近的可能性要大得多。但鉴于我们坚持确实存在低熵状态，那就有极大可能这个状态代表着熵曲线上的一个极小值，其过去和未来的熵都要更高。

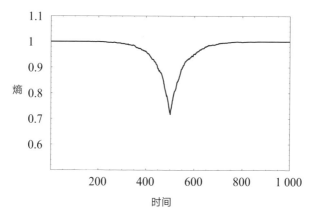

图 47　隔开的气体盒子的熵。"边界"条件设定于 $t = 500$，其时 80% 的粒子都在盒子一侧，20% 在另一侧（低熵宏观态）。熵在这个时刻的过去和未来都是增加的

　　至少，如果我们只能凭无差别原则做出判断，那么这种情况就极为可能。问题是这世界上没有人会觉得真实宇宙的熵表现得像图47那样。所有人都会同意，明天的熵会比今天的更高，但没有人会认为昨天的熵会比今天的高。大家有充分理由一致同意，下一章我们会详细讨论——如果眼下我们生活在熵曲线的极小值上，那么我们对过去的全部记忆都会完全靠不住，也没有办法让宇宙有任何意义。

　　因此，如果我们关心世界上真正在发生什么，我们就必须给无差别原则打上一个过去假说的补丁。当需要为我们的宏观态拣选微观态时，我们并没有给每个微观态分配相等的概率：我们只选了那些在过 177

去熵要低得多的微观态（非常小的一部分），并让选出来的这些微观
态概率都相等[1]。

　　但这个策略留给我们一个问题：为什么过去假说是真的？在玻尔
兹曼的时代，我们对广义相对论、对大爆炸都一无所知，更不用说量
子力学和量子引力了。但这个问题仍然勾留不去，只是形式更加具体
了：为什么宇宙在大爆炸附近的熵很低？

---

1. 学过一些统计力学的读者大概会想，为什么他们不记得真的这样做过。答案很简单：只要我们
是在试着预测未来，那就无关紧要。如果我们用统计力学预测系统的未来行为，那么我们基于无
差别原则加上过去假说得出的预测就会跟单凭无差别原则得到的预测没什么两样。只要没有哪个
假设需要特殊的未来边界条件，就都还好。

第9章
信息与生命

你应该管这个叫熵，有两个原因：首先，你的不确定性函数已经以这个名称用于统计力学了，也就是说它已经有一个名字了；其次，更重要的是，没有人知道熵究竟是什么，这样子一旦辩论起来你总是会占上风。

——约翰·冯·诺依曼，《致克劳德·香农》[1]

《去斯万家那边》有一节很有名，马赛尔·普鲁斯特（Marcel Proust）的叙述者觉得很冷，也有点儿抑郁。他妈妈让他喝茶，他不大情愿地接了过来。然后，因为法国传统茶点玛德莱娜蛋糕的味道，他开始不由自主地回忆起自己的童年：

> 然而，回忆却突然出现了：那点心的滋味就是我在贡布雷时某一个星期天早晨吃到过的"小玛德莱娜"的滋味……我到莱奥妮姨妈的房内去请安，她把一块"小玛德

---

1. 引自 *Tribus and McIrvine*（1971）。——作者原注（两人在此讨论的是在信息论中引入熵的概念来作为不确定性的量度。克劳修斯最早在热力学中引入 entropy 这个概念时，希腊语源意为"内向"，亦即"一个系统不受外部干扰时往往内部最稳定状态发展的特性"，并定义热量变化值除以温度等于熵变化值，也就是说是一个商数。1923 年，德国科学家普朗克来中国讲学用到 entropy 这个词，胡刚复教授翻译时灵机一动，用"商"字加火旁来意译"entropy"，创造了"熵"字。——译者注）

茱娜"放到不知是茶叶泡的还是椴花泡的茶水中去浸过之后送给我吃……但是我一旦品出那点心的滋味同我的姨妈给我吃过的点心滋味一样，她住过的那幢面临大街的灰楼便像舞台布景一样呈现在我的眼前，并且同另一幢面对花园的小楼贴在一起，那小楼是专为我的父母盖的，位于灰楼的后面……随着灰楼而来的是城里的景象，从早到晚每时每刻的情状，午饭前他们让我去玩的那个广场，我奔走过的街巷以及晴天我们散步经过的地方[1]。

《去斯万家那边》是七卷长编 *À la recherche du temps perdu*（法文）的第一卷，书名翻译成中文就是《追忆似水年华》。不过该书最早的英译者斯科特·蒙克里夫（C.K.Scott Moncrieff）借用了莎士比亚第 30 首十四行诗中的一句，把普鲁斯特的书名翻译成了《对前尘往事的回忆》。

当然，人们自然而然会有对过去的记忆。要不然的话，我们该记住什么呢？肯定不是未来。在时间之箭刷存在感的所有方式中，记忆——尤其是记忆只适用于过去而不适用于未来这一事实——是最显而易见的，在我们的生活中也是最重要的。也许我们某一时刻的阅历与下一时刻的阅历之间，最重要的区别就是记忆的积累，它推动我们在时间中前进。

到目前为止我的态度一直都是，过去与未来有所区分的所有重要

---

1. *Proust*（2004），47。——作者原注（此处译文参考译林出版社许均、李恒基等人译本。——译者注）

方式都可以归结到一个基本原则，即热力学第二定律。这就意味着我们记住过去而非未来的能力最终必定得从熵的角度做出解释，特别是还需要求助于过去假说，也就是早期宇宙的熵非常低的假设。研究一下这是怎样起作用的会让我们走上熵、信息和生命之间关系的探索之路。

图像与记忆

谈论"记忆"时的问题之一是，关于人的大脑究竟如何工作，还有太多我们不知道的事情，更不用说意识现象了[1]。不过对我们眼下的目的来说，这不是什么重大障碍。我们谈论对过去的记忆时，并不是要特别关注人类的记忆体验，而是对从世界当前状态出发重构过去事件的一般概念感兴趣。考虑已有透彻理解的机械记录设备，乃至像是照片、历史书这样简单的人工制品不会让我们有任何损失。（我们隐含的假设是人类是自然界的一部分，特别是原则上我们的思想可以从我们大脑的角度去理解，而大脑遵循物理定律。）

那么我们假设，你的百宝箱里有些东西你觉得是关于过去的可靠记录，比如说你 10 岁生日派对时拍的一张照片。你可能会自言自语："我敢肯定我在那天的生日派对上穿了件红衬衫，因为这张生日派对的照片上我就是这么穿着的。"就算你有点儿担心照片是不是被篡改过或是以别的什么方式发生过变化，也可以先把这种担心放在一边。问题在于，我们有什么权力从当前有这么一张照片就推断出过去的事情？

---

1. 不过我们对大脑的了解也越来越多了。神经科学最新进展的综述可参阅 *Schacter, Addis and Buckner*（2007），该书揭示了真实的大脑重构记忆的方式与想象未来的方式惊人相似。

特别是，假设我们没有接受这个过去假说。我们手头的全部信息不过是当前宇宙的宏观态的一些信息，包括我们有这么一张特别的照片这一事实，还有一些特定的记忆，等等。我们当然不知道现在的微观态——我们不知道世界上所有粒子的位置和动量——但我们可以援引无差别原则，给与这个宏观态相符的所有微观态都赋予相等的概率。当然，我们也知道物理定律——可能不是完整的万有理论，但足以让我们好好把握日常生活中的世界。那么，包括照片在内的当前宏观态，加上无差别原则，再加上物理定律——这些足以让我满怀信心地下结论说我 10 岁生日派对的时候确实穿了一件红衬衫吗？

差远了。我们希望这些够了，在度过这一生时也并没有真正担心过细节。粗略地讲，我们知道这样一张照片是其组成分子的高度特异化排列。（我们大脑中对同一事件的记忆也是如此。）不会是这些分子刚好把自己随机组装成了这张特定照片的形式——这个可能性太小了。但是，如果过去真的有跟照片中的景象相应的事件，也有人是带着相机去的，那么有这么一张照片就变得相当有可能了。因此，我们得出结论说确实有个像照片里那样的生日派对也非常合情合理。

所有这些陈述都是合理的，但问题在于要用这些来证明最终结论还远远不够。原因很简单，也跟我们上一章结束时对气体盒子的讨论十分相似。对，这张照片是分子十分特异化也极为不可能的排列。但是，我们用来"解释"这张照片的说法——对过去的精心重构，涉及的生日派对、相机和基本上未受干扰地留存到今天的照片——甚至比照片本身的可能性更小。至少，如果"可能性"是通过假设与当前

180

宏观态相符的所有可能微观态的概率都相等来判断的话 —— 而我们正是这样假设的。

这样来想这个问题：为了解释当前存在的某样人工制品，你绝对不会想到要诉诸未来某个精心设计的说法。如果问起我们生日派对照片的未来，我们可能会有些计划，要把这张照片框起来或诸如此类，但我们也必须承认有大量的不确定性 —— 这张照片可能会被我们弄丢，可能会掉到水坑里烂掉，也可能会被烧掉。这些都是对当前状态在未来发展的完全合理的推断，即使有这张照片在当前提供的特定锚点。所以，为什么我们对照片所暗示的过去那么有信心？ [181]

答案当然是过去假说。我们并没有对世界当前宏观态真的应用无差别原则 —— 我们只考虑了那些跟熵非常低的过去相符的微观态。在推断照片或记忆或别的什么形式的记录有什么含义时，这样做就完全不同了。如果我们问："在宇宙间所有可能出现的演化的状态空间中，要得到这样一张照片，最可能的方式是什么？"答案是，最可能的情形是从熵更高的过去而来的像随机涨落那样的演化 —— 就跟让我们确信未来很可能演变为高熵状态的论证一模一样。但如果我们换个问法："在始于低熵的宇宙的完整演化空间中，要得到这样一张照片，最可能的方式是什么？"我们自然会发现，最可能的情形就是去经历真实的生日派对、红衬衫、相机等所有的中间步骤。图 48 描述了一般原则 —— 通过要求我们的历史从低熵起点延伸至此处，我们极大限制了所允许轨迹的空间，只留下我们的记录（大体上）可靠反映的那些过去。

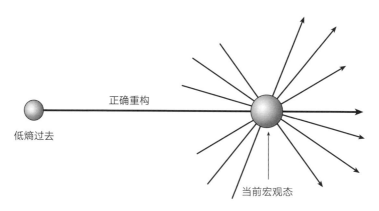

图 48　穿过（部分）状态空间的轨迹，与我们当前的宏观态一致。在我们当前宏观态的信息之外，只有再引入过去假说，我们才能精确重构过去

认知不稳定

　　经验告诉我不是人人都会信服这番论证。我们始于对当前宏观态的认知，包括一些关于照片或是历史书或是潜藏在我们头脑中的记忆之类的小细节，这个主张很关键，也是个绊脚石。尽管这个假设看起来人畜无害，我们还是有一种直觉，就是我们知道的不只是关于当下，我们还知道关于过去的一些事情，因为我们看到了过去，但无法同样看到未来。宇宙学是个好例子，因为光速是个重要角色，我们对"查看过去的一件事"也有明显感觉。当我们试图重构宇宙历史的时候，很容易就会想到查看（比如说）宇宙微波背景，然后说道："我能看到将近 140 亿年前的宇宙是什么样子；我可不需要求助于什么花里胡哨的过去假说来给我下结论的方式找理由。"

　　那样想并不对。我们查看宇宙微波背景（或是来自任何遥远光源的光，或任何据称是过去事件的照片）时，我们看到的不是过去。我们观察到的是特定光子此时此地有什么行为。我们用射电望远镜在天空中扫描，观测到约为 2.7 开尔文的辐射普照，在所有方向上都十分接近均匀分布。这样我们就了解了经过我们当前位置的辐射的一些情况，然后我们得反向推断，推断过去的一些事情。可以想象这种均匀辐射来自过去一种实际上高度不均匀的情形，但从这种情形出发，由于温度、多普勒频移和引力效应之间精心设计的共同作用，产生了看起来非常平稳的一组光子，在今天抵达我们身边。你大概会说这太不可能了，但如果我们取一个当前宏观态的典型微观态，并令其向大挤压演化，那么我们能期待的将正是上面那种情形的时间反演。真实情况是，我们对过去的直接经验并不比对未来的更多，除非我们允许过去假说成立。

实际上，过去假说可不只是"允许"成立，如果关于宇宙我们希望能有一个讲得通的说法，那么过去假说就完全是必备条件。假设我们就是拒绝援引这样的想法，仅仅根据当前宏观态提供给我们的数据，包括我们大脑的状态以及照片，还有历史书；那么我们会预测，过去和未来都极有可能是熵更高的状态，而当前条件下的所有低熵特征都来自随机涨落。听起来够糟了吧，但现实还要更糟。这种情况下，在随机涨落中出现的事物中间，有我们传统上用来证明我们对物理定律的理解的全部信息，就此而言也有我们传统上用来证明数学、逻辑和科学方法的所有精神状态（或书面论证）。换句话说，这样的假设让我们完全没有任何理由去相信我们证明了什么，就连这些假设本身都[183]没被证明。

大卫·艾伯特将这样的难题称为认知不稳定 —— 当一组假设破坏了我们也许能用于证明这些假设的理由时，我们需要面对的就是这种状况[1]。这是一种无助，除非能超越当前时刻，否则无法克服。没有过去假说，我们关于这个世界就没法有任何明白如话的说法；所以我们好像是困在这里了，或者说困在试图找到一个能真正解释这一切的理论上。

因和果

在我们这个如何运用记忆和记录的故事中，有巨大的时间不对称：我们引入了过去假说，不关未来的事儿。在预测时，我们没有因为跟任何特定的未来边界条件不符就抛开某些跟我们当前宏观态一致的微观态。如果抛开了又会怎样呢？在第 15 章我们会研究黄金宇宙学，其中宇宙最终停止膨胀开始重新坍缩，同时时间之箭倒转方向，熵开始降低，而我们一路向着大挤压而去。这种情况下，在坍缩阶段和我们发现自己今天所处的膨胀阶段之间，不会有总体上的差别 ——（至少在统计学意义上）两个过程是一样的。生活在坍缩阶段的观察者不会觉得他们的宇宙中有什么跟我们的比起来更古怪，他们倒是会觉得是我们在时间中反向演化。

考虑对进入我们很切近的未来允许的轨迹做出小小限制的后果会更有启发意义。如果我们对将来的事件有可靠的预言，那么我们基本上就得面临这种情形。当哈利·波特了解到不是他杀死伏地魔就是

---

1. *Albert*（2000）。

伏地魔杀死他时，就给允许的状态空间施加了非常严格的限制[1]。

克雷格·卡伦德（Craig Callender）用一个生动的故事展现了未来边界条件会是什么样子。假设有一条无往而不利的神谕（比哈利·波特里边的特里劳妮教授强多了）摆在你面前，告诉你世界上所有的皇家法贝热彩蛋最终都会出现在你的衣服抽屉里，到那时候你的日子也就到头了。这个前景不是那么可信，真的——你甚至对俄罗斯古董都没有什么特别的兴趣，现在你也知道了最好不要让任何一个彩蛋进入你的卧室。但不知怎么的，通过一系列无法预测、极不可能的意外事件，这些彩蛋一个个总是能找到办法钻进你的抽屉里面。你把抽屉锁上，结果锁舌自己弹开了；你告诉那些彩蛋的主人看好自己的财宝，但是江洋大盗和随机事件的共同作用还是逐渐将这些彩蛋都 [184] 收集到了你的房间里。你收到一个送错了地址的包裹——本来应该是送去博物馆的——一打开，就看到有个彩蛋在里面。大惊失色之下，你把这个彩蛋从窗子里扔了出去，但是彩蛋以绝妙的角度砸到路灯又弹了回来，以迅雷不及掩耳之势冲回你的房间，刚好落在你的衣服抽屉里。见此情景，你心脏病发，一命呜呼[2]。

这一连串事件中，没有哪里违反了物理定律。每一步发生的事件都并非不可能，只是可能性极低。从结果来看，我们关于因果关系的传统观念就被颠覆了。日常生活中有一个根深蒂固的信念，就是原因先于结果："有一个打破的鸡蛋在地板上，因为我刚把它掉地上了。"

---

1. *Rowling*（2005）。
2. *Callender*（2004）。在卡伦德的版本中，结局不是你一命呜呼，而是宇宙终结，但是我不希望这个结局跟大挤压场景混为一谈。不过说真的，多看看以"你坠入爱河"或"你中了彩票"为未来边界条件的思想实验也挺好。

而不是"我刚把那个鸡蛋掉地上了,因为地上将会出现一个打破的鸡蛋"。在社会科学中,社会领域的不同特征之间的因果关系很难厘清,这种直觉就上升到了原则的地位。如果两个特性彼此高度相关,那么谁是因谁是果,甚至两者是否都由另一个不同的起因同时引起,通常都不是显而易见的。如果发现婚姻幸福的人往往吃掉的冰淇淋也更多,那么是因为冰淇淋提升了婚姻中的幸福感,还是因为幸福感导致吃掉了更多冰淇淋?但有一种情况你会很确定:当特性之一在时间上先于另一个特性时。你爷爷奶奶的受教育水平可能会影响你成年后的收入,但你的收入不会改变你爷爷奶奶的受教育程度[1]。

未来边界条件通过坚持某些特定的在其他情况下极不可能的事件必须发生推翻了对因果关系的这种理解,对自由意志的观念也同样适用。最终,我们"选择"在未来如何行事的能力反映了我们对宇宙特定微观态的无知;如果拉普拉斯妖在附近,他会完全知道我们将如何行事。未来边界条件就是一种宿命论。

所有这些也许看起来有点儿学术,也不值得深思,基本原因是我们不认为有任何形式的未来边界条件限制了我们当前的微观态,因此我们也相信原因先于结果。但是我们相信过去条件限制了我们当前微观态的时候也没有任何问题。物理学的微观定律在过去和未来之间没有给出任何区别,某起事件"引起"另一起事件,或我们能以某种方式在未来而不能以同样方式在过去"选择"不同行动,这些思想在微观定律中遍寻不见。要让我们周围的世界讲得通,过去假说必不可少,

---

1. *Davis* (1985, 11) 写道:"我会提出四条规则,但每一条都只是伟大的因果顺序原则的特殊应用:在后的不能影响在前的 …… 没有什么办法能改变过去 …… 时间中流淌着单向箭头。"

但是这个假说也有好多问题要面对。　　　　　　185

麦克斯韦妖

我们来稍微调整一下，回到 19 世纪动力学理论的思想实验游乐场。这样调整最终会引导我们走向熵与信息之间的关联，并绕回来阐明记忆的问题。

在整个热力学领域最著名的思想实验也许就是麦克斯韦妖。詹姆斯·克拉克·麦克斯韦是在 1867 年提出的这个小妖精 —— 比拉普拉斯妖出名得多，也跟拉普拉斯妖一样吓人。那时候，原子假说才刚刚开始应用于热力学问题。玻尔兹曼关于这个主题的第一部作品要到 19 世纪 70 年代才会面世，因此麦克斯韦没办法求助于热学理论背景下对熵的定义。不过他确实知道克劳修斯对第二定律的阐述：当两个系统互相接触时，热量倾向于从高温系统流向低温系统，使两者的温度都向平衡态靠拢。麦克斯韦对原子论也有足够了解，知道"温度"衡量的是原子的平均动能。但有了他的小妖精，他似乎想出了一个办法，可以不注入任何能量同时增大两个系统的温差 —— 明显违反了第二定律。

设定很简单：同样还是那个一分为二的气体盒子，到现在我们已经很熟悉了。但这回隔板上不是一个让分子随机来回换边的小口，而是一个带了一扇很小的门的小口子 —— 这扇门的开合都不需要施加会引起注意的能量。门那里坐着个小妖精，监测着盒子两侧所有的分子。如果有个速度很快的分子从右边冲着门飞过来，小妖精就打开门让这个分子去盒子左边；如果有个速度很慢的分子从左边冲着门飞过来，小妖精就让这个分子穿过门去盒子右边。但如果是速度很慢的分子从右边过来，或者速度很快的分子从左边过来，小妖精就关上门，让这样的分子都留在原来那边。

很明显会出现什么情况：渐渐地，在没有施加任何能量的情况下，高能量的分子将在左侧集聚，低能量的分子则都会跑到右边。如果盒子两侧的温度一开始是相等的，就会逐渐分化 —— 左边会变得更热，右边则变得更冷。但这直接违反了克劳修斯对第二定律的阐述（图49）。怎么回事？

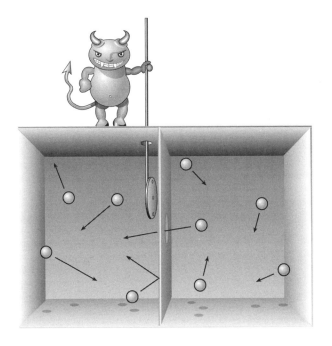

图49　通过让高能量分子从盒子右侧移到左侧，低能量分子从左侧移到右侧，麦克斯韦妖让热量从低温系统流向高温系统，明显违反了第二定律

如果我们始于高熵状态，气体在整个盒子里的温度都相等，并且能屡试不爽地（任何起始状态都可以，而不是只有某些精心设置的状态）演变为低熵状态，那我们就碰见了大量初始状态全都演变为少量 186 最终状态的情况。但如果热力学定律是可逆的且信息守恒的话，这种情况肯定不会发生。没有空间让所有这些初始状态都挤到少量最终状态里边。因此如果气体的熵减少了，肯定在哪儿得有补偿性的熵增加。然而熵只有一个地方可以去，就是去找这个小妖精。

问题就是，这是怎么搞出来的？这个小妖精看起来可不像熵增加了的样子：实验开始的时候它心平气和地坐在那儿，等着合适的粒子过来，实验结束的时候它还是坐在那儿，跟之前一样心平气和。尴尬之处在于，科学家花了很长时间——超过一个世纪——才真正弄清楚考虑这个问题的正确方法。匈牙利裔美国物理学家利奥·西拉德（Leó Szilárd）与法国物理学家莱昂·布里渊（Léon Brillouin）——两人都是将量子力学这门新科学应用于实际问题的先驱——帮助确定了小妖精收集的信息和它的熵之间的重要关系。但一直到两位在国际商业机器股份有限公司（IBM）工作的物理学家、计算机科学家的贡献出现，人们才终于弄清楚究竟为什么小妖精的熵必定始终按照第二定律增加。这两位科学家就是罗尔夫·兰道尔（Rolf Landauer，1961年）和查尔斯·本尼特（Charles Bennett，1982年）[1]。

187

---

1. 有很多参考资料对麦克斯韦妖的故事给出的内容比我们这里更加详细。*Leff and Rex*（2003）收集了大量原始论文，*von Baeyer*（1998）以这个小妖精为主题追溯了热力学发展史，*Seife*（2006）对信息论及其在解开这个难题中发挥的作用作了精彩介绍。本尼特和兰道尔也在《科学美国人》上撰文介绍了自己的工作（*Bennett and Landauer*，1985；*Bennett*，1987）。

记录和擦除

理解麦克斯韦妖的诸多尝试都集中在这个小妖精测量在它周围飞来飞去的分子速度的方法上。兰道尔和本尼特在概念上的重大飞跃是转而关注小妖精记录这些信息的方法。不管怎么说，小妖精必须得记住 —— 就算只是千分之一秒 —— 让哪些分子过去，哪些分子留在原来那边。实际上，如果小妖精一开始就知道每个分子都是什么速度，那它就什么测量都不用做了，因此问题的关键肯定不在测量过程。

所以我们得武装一下这个小妖精，让它有办法记录所有分子的速度 —— 说不准它带了个小本子，为方便起见我们就假设这个小本子刚好够记下所有相关信息好了。（我们假设小本子更大一点或更小一点都不会改变什么，只要本子不是无限大。）这就意味着在我们计算气体 / 小妖精联合系统的熵的时候，小本子的状态也得包括在内。尤其是，这个小本子一开始必须是空白的，以便记录分子速度。

但空白本子当然就相当于低熵过去的边界条件。这只不过是麦克斯韦妖版本的过去假说，以别的伪装溜了进来。如果是这种情况，气体 / 小妖精联合系统的熵明显不会是应有的那么高。小妖精没有降低联合系统的熵，只是将熵从气体的状态中转移到了小本子的状态中。

你可能对这样证明还是不大服气。你大概会想，不管怎么说，那个小妖精难道就不能在一切尘埃落定之后把小本子擦干净吗？这样不就让小本子回到了初始状态，同时气体的熵也降低了？

兰道尔和本尼特的关键见解就在这里：不行，你不能把小本子擦干净就完了。至少，如果你是封闭系统的一部分，在可逆的热力学定律下运行，那你就不能擦除信息。这样表达的话，结论就相当可信了：如果你能完全擦除信息，你又如何能让演化反演到先前的状态呢？如果有可能擦除，那就要么基本定律不可逆——这种情况下小妖精能降低熵一点儿都不奇怪——要么你并非真的是在封闭系统中，擦除信息这个行为必定将熵转移到了外界。（在现实世界的情形中，擦掉真实的铅笔字迹，熵主要以热量、尘埃和橡皮碎屑的形式出现。）

因此，你有两个选择：要么小妖精一开始有个空白、低熵的小本子，[188]也就是过去假说的麦克斯韦妖版本，并将熵从气体转移到小本子中；要么小妖精需要将信息从本子上擦除，这样的话熵就被转移到了外界。无论哪种情况，第二定律都是安全的。但在这个过程中，我们打开了信息和熵之间迷人关系的大门。

信息即物理

虽说我们在讨论热力学定律的时候已经翻来覆去说到信息这个词好多遍了——可逆的定律能保存信息——但跟能量、热量还有熵的混乱世界相比，这个概念还是有点儿抽象。麦克斯韦妖给我们的教训之一就是，这是一种幻象：信息即物理。具体而言，拥有信息让我们能从系统中提取有用功，没有这些信息的时候则不可能那样提取。

利奥·西拉德用麦克斯韦妖的简化模型清晰展示了这一点。假设我们的气体盒子里只有一个分子，那么"温度"就只是这个气体分子的能量。如果我们只知道这些，就没办法用这个分子做任何有用功。这个分子只会在盒子里乱撞，就像易拉罐里装的一颗小石子儿一样。但现在假设我们还知道一比特信息：分子在盒子的左侧还是右侧。有了这个，再加上一些构思精巧的思想实验，我们就可以用这个分子来干活儿了。我们要做的只是往另一半盒子里迅速插入一个活塞。分子会撞上活塞，推着活塞往外走，我们就能用这点额外运动来做点儿有用的事情了，比如转动飞轮 [1]。

注意一下西拉德的设置中信息起到的关键作用。如果我们不知道分子在盒子的哪一侧，我们就不知道该从哪儿把活塞插进去。如果我们随机插入，就会有一半的概率被推出来，一半的概率被吸进去；平均来看，我们什么有用功也得不到。我们拥有的信息让我们可以从熵似乎处于最大值的系统中抽取能量。

声明一下：归根结底，所有这些思想实验都没有让我们违反第二定律。这些实验倒是提供了我们也许会显得违反了第二定律的操作方式，如果我们没有正确理解信息起到的关键作用的话。小妖精收集、存留的信息必须在一个关于熵的前后一致的说法中得到解释。

熵和信息之间的具体关系是 20 世纪 40 年代由克劳德·香农发

---

1. 这种情况还可以进一步详细说明。假设这个盒子浸在某个温度 T 下的热气体中，盒壁可以传热，因此盒子里的分子可以跟外面的气体保持热平衡。如果我们能持续更新这个分子在盒子哪一边的信息，我们就总是能明智地将活塞插进合适的一侧，一直从盒子里提取能量。等到分子将能量传给活塞之后，又能从热气体中重新获得能量。这样就构造了一部永动机，仅仅靠着我们假设的无限提供的信息就能驱动。（这样一来，"信息永远不会免费提供"的事实就很清楚了。）西拉德甚至精确化了从一比特信息中能提取出多少能量：$kT\lg 2$，其中 k 是玻尔兹曼常数。

展出来的, 这是一位在贝尔实验室工作的工程师兼数学家[1]。香农对找
到在嘈杂信道上发送信号的有效且可靠的方法很感兴趣。他有一个想 189
法, 认为某些消息携带的有效信息比别的消息多, 因为这些消息更加
"令人吃惊"或出乎意料。如果我告诉你明天早上太阳会从东边升起,
我实际上并没有传达多少信息, 因为你已经在期待事情会这样发生。
但是, 如果我告诉你明天的最高温度会刚好在 25 摄氏度, 这条消息
就包含更多信息, 因为如果没有这条消息, 你就不会确切知道该期待
多高的气温。

香农想通了如何将这个关于消息的有效信息含量的直观想法正
规化。假设我们考虑的是我们能收到的某种类型的所有可能消息的集
合。(这应该能让你想起我们讨论物理系统而非消息的时候考虑过
的"状态空间"。)例如, 如果我们将被告知抛硬币的结果, 只有两
种可能的消息: 是"字儿"还是"花儿"。在我们收到消息之前, 两
种结果都同样可能; 收到消息之后, 我们就准确了解了刚好一比特
的信息。

另一方面, 如果我们将被告知明天的最高气温会是多少, 就
会有大量可能的消息。也就是说, 将温度表示为摄氏度的话, 可以
是 −273 和正无穷大之间的任意整数。(零下 273 摄氏度就是绝对零
度。)但并非所有数字都同样可能。如果是洛杉矶的夏天, 27 或 28 摄
氏度的气温就会很常见, 而零下 13 摄氏度或 43 摄氏度就会相当罕见。

---

1. 19 世纪初, 在热力学领域有大量的开创性工作是由那些对建造更好的蒸汽机感兴趣也有切实可
行的想法的人做出的; 有趣的是, 20 世纪在信息论领域, 也有同样多的开创性工作是由那些对建
造更好的通信系统和计算机感兴趣也有切实可行想法的人做出的。

得知明天的气温会是这些极不可能的数字之一，确实会传达相当多的信息（很可能跟什么全球灾难有关）。

粗略地讲，给定消息以某种形式出现的概率越低，该形式消息的信息含量就越高。但是香农想比这个样子更精确一点。特别是，他希望是这样的情形：如果我们收到两条彼此完全独立的消息，我们得到的总的信息含量等于每条消息单独的信息含量之和。（回想一下，玻尔兹曼首创他那个熵的公式的时候，他想要再现的特征之一就是，联合系统的熵是各个系统的熵之和。）反复琢磨了一阵子之后，香农想明白了，正确的做法是将收到给定消息的概率取对数。他的最后结果是：消息中包含的"自有信息"等于消息将以该特定形式出现的概率取对数后的相反数。

如果这些话听起来似曾相识，那并非纯属巧合。玻尔兹曼将熵与特定宏观态中微观态数量的对数联系在一起。但根据无差别原则，某宏观态中微观态的数量显然与在整个状态空间中随机抽取到该宏观态的概率成正比。低熵状态就像是个出人意料、信息量满满的消息，而知道自己处于某高熵状态并没有告诉你多少信息。总而言之，如果我们将"消息"看成是系统处于哪个宏观态的具体说明，那么熵与信息之间的关系就非常简单了：信息就是熵可能取的最大值与宏观态实际的熵之间的差值[1]。

---

1. 我们还可以更进一步。就像吉布斯提出的熵的定义，涉及系统处于各式不同状态的概率，我们也可以根据消息采取各种形式的概率来定义一个可能消息空间的"信息熵"。吉布斯熵的公式和信息熵的公式结果证明是一样的，尽管公式中的符号意义略有不同。

生命合乎情理吗？

当我们开始考虑热力学与生命之间的关系时，将熵和信息关联起来的这些思想会起到很大作用，这不足为奇。并不是说这种关系非常简单明了；尽管确实有紧密联系，但科学家甚至都还未能就"生命"究竟是什么意思达成一致，更不用说理解生命的全部运作机制了。这是个日新月异的研究领域，近期获得了极大关注，将来自生物学、物理学、化学、数学、计算机科学以及复杂性研究的深刻见解荟萃一堂[1]。

尚未解决"生命"该如何定义的问题之前，我们也可以问问听起来像是随之而来的一个问题：生命从热力学来讲合乎情理吗？你先别太激动，答案是肯定的。但是其反面也有人主张——这些人不是什么正派的科学家，而是想诋毁达尔文自然选择学说的创造论者，认为自然选择学说不是地球上生命演化的正确解释。他们的论据之一依赖于对第二定律的误解。他们将第二定律解读为"熵总是增加"，随后将其理解为所有自然进程都会衰退、失序的普遍趋势。无论生命是什么，生命复杂而有序是很清楚的——那么，生命跟自然的失序倾向如何相安无事？

当然，没有任何矛盾。创造论者的论据同样也会推出冰箱不可能存在的结论，所以肯定是不对的。第二定律并没有说熵总是增加，它说的是封闭系统（与外界没有明显相互作用的系统）的熵总是增加

---

1. 近期概述可参阅 *Morange*（2008）或 *Regis*（2009）。

（或保持不变）。很明显生命不是这样的，生物体与外界有非常强烈的相互作用，这是开放系统的典型范例。这个问题也就这样了，我们可以放在一边，继续我们的生活。

191   但是创造论者的论点还有一个更复杂的版本，倒是没有前面那个那么愚蠢（虽说也没对到哪里去）。看看这种说法到底怎么失败的也很有启发。这个更复杂的版本跟数量有关：诚然生命是开放系统，所以原则上生命可以使熵降低，只要熵在别的什么地方在增加就行。但你怎么知道外界增加的熵足以解释生命中的低熵呢？

我在第 2 章提到过，地球及其生物圈是远离热平衡态的系统。平衡态系统中温度处处相同，然而我们要是抬头，就会看到炽热的太阳高悬在除此之外都冷冰冰的天空中。熵有极大的增长空间，正在发生的也正是如此。但我们来算算数总是有好处的[1]。

将地球作为单一系统考虑，则其能量收支非常简单。我们以辐射形式从太阳那里得到能量，也通过辐射向太空中丧失同样大小的能量。（并非完全一样。诸如核衰变之类的过程也会使地球升温，并向太空
192 渗漏能量，而能量辐射的速度也并非严格恒定。不过，这仍然是非常好的近似。）尽管能量大小相同，我们得到的和给出的能量性质却有很大的区别。还记得吧，玻尔兹曼以前的时代，熵被理解为一定量能量有用程度的度量；低熵形式的能量可以用来做有用功，比如驱动发动机或是磨面；但高熵形式的能量就一无是处了。

1. 下面的论证来自 Bunn（2009），其灵感则来自 Styer（2008）。细节和更多论证亦可参阅 Lineweaver and Egan（2008）。

我们从太阳那里得到的能量是低熵、有用的,而地球辐射回太空的能量熵要高得多。太阳的温度约为地球平均温度的 20 倍。对辐射来说,温度就是辐射出来的光子的平均能量,因此地球每接收一个高能量(短波,可见光)光子,就需要辐射 20 个低能量(长波,红外)光子(图 50)。稍微算一下就可以证明,20 倍的光子直接转化成了 20 倍的熵。地球散发出去的能量跟它接收到的一样多,但熵变成了 20 倍。

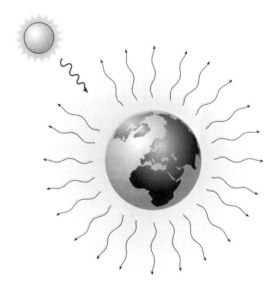

图 50 地球以高密度、低熵的形式从太阳那里接收能量,并以低密度、高熵的形式将能量辐射回宇宙中。地球每接收 1 个高能量光子,地球就会辐射 20 个左右的低能量光子

难点在于弄清楚,我们说地球上的生命形式“熵很低”的时候,究竟是什么意思?确切地讲我们是怎么粗粒化的?对这个问题还是有可能给出合情合理的答案的,但真的挺复杂。好在有一条超级捷径可以走。考虑地球上整个的生物量——在所有形式的生命中能找到的

所有分子。很容易就能算出这个分子的集合如果处于热平衡态，那么能拥有的最高熵是多少。代入数字（生物量约为 10^{15} 千克，地球温度取 255 开尔文），就能求出熵的最大值为 10^{44}。还可以将这个数字跟生物量的熵可能拥有的最小值比较一下 —— 如果生物量正好处于一个独一无二的状态，熵就应该正好是零。

所以能想到的熵的最大变化，就是将我们生物量这个数量的完全无序的分子集合转换为绝对有序的某个布局 —— 包括我们现在这个生态系统的状态 —— 是 10^{44}。如果生命演化与第二定律一致，那就必须是地球在生命演化过程中通过将高能量光子变成低能量光子产生的熵，比因为创造生命而减少的熵要多。10^{44} 这个数肯定是估得太大手大脚了 —— 我们不用产生那么多熵，但如果能产生那么多，第二定律就会安然无恙。

要通过将有用的太阳能转变为无用的辐射热量，多久才能产生这么多熵？答案又一次用到了太阳温度等数据，结论则是：一年左右。也就是说如果我们真的很有效率，那每年都能将跟整个生物圈一样大的质量排列成我们能想到的熵最小的布局。实际上生命已经演化了几十亿年，而"太阳 + 地球（包括生命）+ 逃逸辐射"系统总的熵只是增加了一点点。因此，第二定律与我们知道的生命完全吻合 —— 不是你曾经怀疑的那种情况。

生命在于运动

知道生命没有违反第二定律挺让人高兴。但是如果能充分理解

"生命"究竟是什么意思也会让人很愉悦。科学家到现在仍然没有一致同意的定义，但是有许多特征通常与生物体有关：复杂性、组织、新陈代谢、信息处理、繁殖、响应刺激、衰老等。很难拟定一套标准，将生物（藻类、蚯蚓、家猫）与复杂的无生命物体（森林大火、星系、个人电脑）明确区分开。同时，就算没有对生命特征在生命和非生命环境下的表现做出明确区分，我们也能够分析生命的一些主要特征。

从物理学家的视角理解生命的概念，有一次著名的尝试，就是《生命是什么》，作者不是别人，正是埃尔温·薛定谔。薛定谔是量子力学的创立者之一，在我们从经典力学移师到量子力学时，是他的方程取代了牛顿的运动定律，成为世界的动力学描述。他还发明了思想实验"薛定谔的猫"，突出了我们对世界的直接认识与量子理论的正规结构之间的差异。

纳粹上台之后，薛定谔离开了德国。但尽管在 1933 年获得了诺贝尔奖，他还是很难在别的地方找到一个永久职位，主要原因是他的私生活太桃色了。[他妻子安妮玛丽（Annemarie）知道他有过相好，同时她自己也有情夫；当时薛定谔正跟自己助手的妻子希尔德·马奇（Hilde March）有染，后来她给他生了个孩子。] 他最后在爱尔兰安定下来，在那里帮助建立了都柏林高等研究院。

在爱尔兰，薛定谔做了一系列公开讲座，后来结集为《生命是什么》出版。他喜欢从物理学家的视角，尤其是量子力学和统计力学专家的视角审视生命现象。也许全书最引人注目的地方是薛定谔的一个推论，即认为遗传信息在时间中的稳定性能由假设存在某种"非周 [194]

期性晶体"得到最佳解释，这种晶体将信息储存在自身的化学结构中。这种见解启发了弗朗西斯·克里克（Francis Crick）从物理学转向分子生物学，并最终引导他与詹姆斯·沃森（James Watson）一起发现了 DNA 的双螺旋结构[1]。

但薛定谔也在思考如何定义"生命"。他在这个方向提了一个具体建议，给人的印象是有点儿漫不经心，也许并没有以应有的认真态度那样对待：

> 生命的特征是什么？什么时候一团物质可以称其为活着？就是它在"做什么事情"的时候，与周围环境交换材料，等等，时长也要比我们预期无生命物质在类似情况下"继续"做这件事情的时间要长得多[2]。

诚然，这个定义有点儿模糊。"继续"究竟是什么意思，我们该"预期"这个事情发生多长时间，而什么才算是"类似情况"？此外，这个定义也完全没有提到组织、复杂性、信息处理等任何特征。

尽管如此，薛定谔的想法确实抓住了生命与非生命的区别中的一些重点。在他思想深处，他肯定想到了第二定律的克劳修斯版：热接触的物体会向共同温度演化（热平衡）。如果把冰块放到一杯温水里，冰块很快就会化掉。就算两个物体是用非常不同的物质做成的——比如说，把塑料"冰块"放进一杯水里——两者还是会变成同样的温

---

1. *Crick*（1990）。
2. *Schrödinger*（1944），69。

度。更一般地，无生命的物理实体往往会逐渐停下来，变成静止。山崩的时候一块石头会滚下山坡，但要不了多久就会滚到底，通过产生噪声和热量来消耗能量，最后完全停下来。

薛定谔的观点就这么简单。对生物体来说，这个停下来的过程花的时间会长很多，甚至可以无限推迟。假设我们放进水里的不是冰块而是一条金鱼，那么跟冰块不一样（不管是水的还是塑料的），金鱼不会简单地跟水达成平衡态——至少不会是在几分钟乃至几小时之内。这条金鱼会一直活着，做点什么事情，游来游去，跟周围的环境交换材料。如果是被放进了能找到食物的湖里或鱼缸里，这条鱼会"继续"相当长时间。

薛定谔指出，这就是生命的本质：推迟与周围环境达成平衡态的自然倾向。乍一看，我们通常跟生命联系在一起的那些特征在这个定义里大部分都看不到。但如果我们开始思考，为什么生物体在无生命的事物逐渐消停之后很久都还能继续做着什么事情——为什么冰块化掉很久之后，金鱼还在游来游去——我们马上就会被导向生物体的复杂性，及生物体处理信息的能力。生命的外在标志是生物体继续很长时间的能力，但这项能力背后的机制是层次结构的多个层级之间巧妙的相互作用。[195]

我们也许会希望更具体一点。"生物体就是继续的时间比我们预期非生物体能继续的时间更长的事物，而生物体能够继续的原因是它们很复杂"，这样说是挺不错，但肯定还有更多可以说道的。不幸的是，这不是个简单的故事，科学家也还没有理解透彻。熵在生命的本质中肯定有重要作用，但也有些重要方面没有体现出来。熵描述了单个时点的单个状态，但生命的主要特征涉及在时间中会发生演变的过程。就其本身而言，熵的概念对时间中的演化只有很粗略的暗示：熵往往会上升，或保持不变，但不会下降。第二定律没有讲过熵会增加得多快，或是以哪种特定方式增加——这条定律只关乎存在，不关乎演化[1]。

然而，尽管没想回答关于"生命"的意义所有可能的问题，还是有一个概念无疑扮演了重要角色——自由能。薛定谔在《生命是什么》的第一版对这个想法一带而过，但后来他加了个注释，对未曾更重视这个想法表示后悔。自由能的想法有助于将熵、第二定律、麦克斯韦妖以及生物体比非生物体继续更长时间的能力都结合在一起。

能量随便用，不是啤酒随便喝

近些年，生物物理学领域的人气急剧增加。这当然是件好事——生物学很重要，物理学也很重要，这两个领域的结合点也有大量有意思的问题。但同样也并不奇怪，这个领域相对荒芜了那么久。如果你挑一本物理学的入门教材，并拿来跟生物物理学教材相比较，你会注意到词汇上的明显转变[2]。传统的物理学入门图书充斥着像是作用力、动量、守恒等词语，生物物理学书籍里的特征词汇则是熵、信

1.《从存在到演化》(From Being to Becoming) 是比利时诺贝尔奖获得者普里戈金（Ilya Prigogine）的一部畅销书（1980 年出版），开拓了统计力学中"耗散结构"和自组织系统的研究。另见 Prigogine（1955），Kauffman（1993）和 Avery（2003）。
2. 近期有一部佳作是 Nelson（2007）。

息和耗散之类。

术语的不同反映了哲学上的根本不同。自打伽利略头一个鼓励我 [196]
们在考虑物体如何在重力场中下落时忽略空气阻力开始，物理学就形
成了不遗余力地将摩擦力、耗散、噪声以及任何有碍于直接展现简单
的微观运动定律的障碍都最小化的传统。但在生物物理学中我们不能
这么干，你要是开始忽略摩擦力，你就忽略了生命本身。实际上，这
是个值得思考的替代定义：生命就是有组织的摩擦力。

但是你也会想，这听起来一点儿都不对啊。生命整个都跟结构与
组织的维持有关，而摩擦力产生熵和无序。实际上，两种视角都捕捉
到了一些潜在的事实。生命所做的就是在某个地方产生熵，用来维持
另外某个地方的结构和组织。这也是麦克斯韦妖的经验。

我们来研究研究这个说法大概是什么意思。回到第 2 章我们第
一次讨论第二定律的地方，我们介绍了"有用的"能量和"没用的"
能量之间的区别：有用的能量可以转化为某种形式的功，没用的能
量就是没用。约西亚·威拉德·吉布斯的贡献之一是通过引入"自由
能"这一概念，将上述概念正规化了。薛定谔在自己的讲座中没有采
用这个术语，因为他担心其中的含义会让人困惑：自由能"自由"倒
也罢了，但并不会真的"免费"，不是说你什么代价都不需要就能得
到这种能量；说它"自由"，意思是可以用于某些目的 [1]。[是"自由演
讲"的 free，不是"免费啤酒"的 free，免费软件大师理查德·斯托

1. 如果放到现在，薛定谔会更加担心。用谷歌搜索"自由能"，会得到大量关于永动机方案和清洁
能源的一些资源的链接。

曼（Richard Stallman）就喜欢这么说。]吉布斯认识到他可以用熵的概念将总能量明确划分为有用的部分（他称之为"自由能"）和没用的部分[1]：

$$总能量 = 自由能 + 无用（高熵）能$$

在总能量固定的系统中，如果有物理过程产生了熵，那么这个过程就在消耗自由能；一旦自由能全部用尽，我们就达到了平衡态。

这是思考生物体在做什么的一种方式：生物体利用自由能在自身的局部环境中（包括它们自己的身体中）保持有序，并使自由能退化为无用能量。如果我们将一条金鱼放进别无他物的水中，它能维持自己的结构（远离与自己的环境平衡的状态）很长时间，远远比冰块要长，但最终它还是会饿死。如果我们给这条金鱼喂食，那它就能坚持比这还要长很多的时间。从物理学的观点来看，食物就是自由能的供应，生物体可以用食物驱动自己的新陈代谢。

197　　从这个视角来看，麦克斯韦妖（和他的气体盒子）可以看成是生命如何运转的有启发性的范例。考虑麦克斯韦妖的故事稍微复杂点的版本。我们把这个隔断了的气体盒子浸到某个"环境"中，这个环境可模拟为恒温下无限大的物质集合——物理学家称之为"热浴"。（重点在于环境足够大，环境自身的温度不会因为与我们感兴趣的小

---

1. 随便说说的话，"有用"能量和"无用"能量的概念肯定要早于吉布斯。他的贡献是给这些思想附上了具体公式，后来由德国物理学家赫尔曼·冯·赫姆霍兹（Hermann von Helmholtz）进一步完善。具体而言，我们叫作"无用"能量的（在赫姆霍兹的阐释中）只是物体的温度乘以熵，于是自由能等于物体的总内能减去上述数值。

系统的相互作用而变化，在这里就是气体盒子。）尽管气体分子保持
在盒子内部，热能还是可以内外传递；因此，尽管这个小妖精想要把
气体有效分离为一半凉的一半热的，温度还是会立即通过与周围环境
的相互作用而开始走向平均。

　　我们假设这个小妖精真的很想让自己这个特殊的盒子远离平衡
态——他想全力以赴保持盒子左侧高温右侧低温（图 51）。（请注意，
我们现在把这个小妖精变成了盖世英雄，不再是大魔王了。）因此，
他必须根据分子的速度对分子进行传统的分拣，不过现在要永远分拣
下去，否则的话每一侧都会跟环境平衡。根据我们前面的讨论，小妖
精只要做分拣就必定会影响外界；擦除记录的过程不可避免会产生熵。
因此，小妖精需要的是自由能的持续供应。他摄入自由能（"食物"），
并利用这些自由能擦除记录，在这个过程中产生熵，并使能量退化为

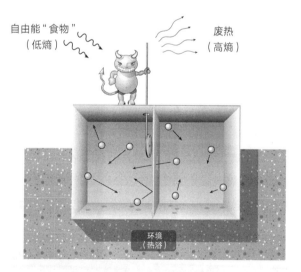

图 51　作为生命范例的麦克斯韦妖。小妖精在盒子里维持秩序——温度的分离，
通过将自由能转化为高熵热量的信息处理过程来对抗环境的影响

198 无用能量；这些无用能量就作为热量（或别的什么形式）被抛弃。小
妖精有了刚刚擦干净的小本子，做好了准备保持这盒气体珍爱生命远
离平衡态，至少直到小本子再次写满之前都能做到，如此循环往复。

这段迷人的花絮显然无法将我们对"生命"这个概念的一切理解
都囊括进去，但也成功捕捉到了大图景里的一些重要内容。生命面对
第二定律的要求勉力维持着有序，无论是生物体实际的躯体，还是其
精神世界，或是拉美西斯二世的杰作。而且生命是以一种特别的方式
做到的：通过让自由能在外界退化来让自身保持远离热平衡。我们已
经看到，这个操作与信息处理的思想有紧密关联。小妖精通过将自由
能转化为盒子中关于分子的信息，再利用这些信息避免盒子里的温度
变得平均来执行自己的任务。在非常基本的层面上，生命的目的可以
压缩为生存——生物体想保持自身复杂结构的平稳运行[1]。自由能和
信息是使之运行的关键。

从自然选择的观点来看，复杂的、持续存在的结构可能更适合受
到青睐有很多原因：比如眼睛作为复杂结构，明显有助于生物体适应
环境。但越来越复杂的结构要求我们将越来越多的自由能转化为热量，
这样才能保持这些结构完好无损、功能健全。因此，通过熵和信息相
互作用的情景可以预测：生物体变得越复杂，将能量用于"做功"目
的就越低效——像是跑和跳之类的简单机械动作，就跟保持机器处
于良好工作状态的"保养"目的截然不同。这个预测也确实是真的，

---

1. 20 世纪 50 年代，克劳德·香农以马文·闵斯基（Marvin Minsky）的想法为基础，建了个"终极
机器"。在静止状态下，这个机器看着就像一面带一个开关的盒子。如果按动这个开关，盒子就
会嗡嗡作响，然后盖子会打开，伸出一只手来将开关按回原来的位置，再退回盒子里，又一次恢
复安静。这个机器可能的寓意是，持久性本身就很好。

对真实的生物来说，越复杂的有机体在运用能量时相应地就越低效[1]。

复杂性与时间

在熵、信息、生命和时间之箭的交叉区域有大量引人入胜的话题我们还没有机会进行讨论：衰老、演化、死亡、思考、意识、社会结构，等等，以至无穷。——面对所有这些话题会让本书变得极为不同，我们的主要目标也就歧路亡羊了。但在回到传统的统计力学这个相对实在的领域之前，我们可以用带着几分猜想的思考来结束本章，这类思考很有希望在不久的将来得到最新研究的启发。

随着宇宙演化，熵增加了。这个关系非常简单：早期接近大爆炸 [199] 的时候，熵非常低，从那时候起熵就一直在增加，未来也还会一直增长下去。但除开熵，我们也可以用宇宙的复杂度（至少是粗略地）来描述宇宙在任意时刻的状态，或者说用复杂度的反面，即其简单程度。但复杂度随着时间的演化并不是那么简单明了。

我们可以想出很多不同的方法来量化一种物理情形的复杂程度，不过有一种测度已经应用得很广泛了，就是柯氏复杂性，也叫算法复杂度[2]。我们会觉得简单情形容易描述，复杂情形很难描述，这种测度方法将我们的这种直觉正规化了。我们描述一种情形时，可以用一个

---

1. 具体而言就是质量更大的生物 —— 通常有更多活动部分，也相应地更复杂 —— 每单位质量消耗自由能的速率比质量较小的生物要高。可参见 *Chaisson*（2001）。
2. 这种测量方式及其他量化测量与安德雷·柯尔莫哥洛夫（Andrey Kolmogorov）、雷·索罗门诺夫（Ray Solomonoff）以及格里戈里·蔡廷（Gregory Chaitin）的工作有关。相关讨论可参阅 *Gell-Mann*（1994）。

计算机程序（在某种给定的编程语言下）来产生对该情形的描述，而这个程序可能的最短长度可以用来量化描述这种情形的困难程度。柯氏复杂度就是这个可能的最短长度。

考虑两串数字，每一串都有一百万个数。第一串的每一位都是 8，此外再没有别的数字；而另一串数字为某种特殊序列，从序列中看不出任何规律：

88888888888888888888 …

6046291123396078395 …

第一串数字很简单 —— 柯氏复杂性很低，因为这串数字可以由这样的程序生成："列印数字 8 一百万次。" 但第二串很复杂。列印这串数字的任何程序，最少都得有一百万个字符，因为能描述它的唯一方式就是把每一位都原样写下来。这种定义到我们考虑像是 π、2 的平方根等数字的时候会变得很有帮助 —— 数字看起来超级复杂，但每种情况实际上都有很短的程序就能将该数字计算到任意需要的精度，因此柯氏复杂性很低。

早期宇宙的复杂度很低，因为非常容易描述。这是一种炎热、致密的粒子状态，大尺度上十分均匀，以一定的速率膨胀，密度在不同地方有极微小的变化（要具体说明也相当简单）。从粗粒化的角度来看，这就是早期宇宙的完整描述了，不需要再说什么别的。而遥远的未来，宇宙的复杂度也会非常低：未来宇宙只是真空的空间，是越来越稀薄的一团单个粒子。但在过去和未来之间 —— 就像现在 —— 似乎极为复杂。就算粗粒化之后,也没有简单的办法来表达由气体、尘埃、恒星、星系和星团描述的层次结构,更不用说在小得多的尺度上 200 发生的那些有意思的事情,比如我们地球上的生态系统。

因此随着时间流逝,宇宙的熵直接从低到高增加着,而复杂度的变化更有趣:从很低的复杂度开始,到相对较高,之后又回到很低的位置。问题就是:为什么?或者也可以是:这种演化方式的后果会是什么?可以想到一连串的问题要问。在什么样的一般条件下复杂度会倾向于升上去然后再降下来?这种行为是不可避免地伴随着熵从低到高的演化,还是实际上是基础动力学所需的其他特征?出现复杂度(或"生命")是在有熵增加的情况下演化的一般特征吗?我们的早期宇宙既简单、熵又低有什么重要意义?随着宇宙松弛为简单、高熵的未来,生命还能存活多久?[1]

科学在于回答难题,但也在于提出恰当的问题。一旦需要理解生命,我们甚至都还没法肯定什么是恰当的问题。我们有一大堆有趣的概念,也相当确定这些概念在某种终极理解中会起到一些作用 —— 熵、自由能、复杂度、信息。但我们还不能把这些概念拼在一起,成为一个统一的图景。没关系,科学是一段旅程,毫无疑问,旅程本身就已经乐趣良多。 201

---

1. 对这个问题的一些思考,可参阅 *Dyson*(1979)或 *Adams and Laughlin*(1999)。

第 10 章
梦魇重现

大自然就是一连串无法想象的飞来横祸。

—— 斯拉沃热·齐泽克（Slavoj Žižek）

在写于 1882 年的《快乐的科学》第四卷中，弗里德里希·尼采
（Friedrich Nietzsche）提出了一个思想实验。他让我们想象这样一种
场景：宇宙中发生的所有事情，包括我们的生活，一直到最微不足道
的细节，最终都会在永无止境的循环中一再重复。

如果某一天或是某个夜晚，有个幽灵偷偷潜入你最
深的孤寂，对你悄声耳语："到现在为止你所过的生活，
你必将从头再过一遍，再过一遍，永无止境地重复下
去；每一次重复中都不会有任何新事，只是你生命中所
有的痛苦，所有的欢愉，所有的思绪和叹息，所有小到
或大到无法言说的事物都必将轮回，一幕接一幕以相同
的顺序复现——就连这只蜘蛛，林间的这道月光，就连
此刻，连我在内，都会一再回来。永恒的沙漏一遍遍翻

转，你在其中，只是一粒微尘！"[1]

尼采讲到这样一种永远重复下去的宇宙，主要是出于伦理方面的考虑。他想问的是：如果知道你的生命会无限次重复，你会是什么感受？你是会对这种可怕的情景咬牙切齿、感到错愕万分，还是会喜出望外？尼采认为，成功的人生就是你会乐于一遍又一遍无止境重复下去的人生。[2]

循环宇宙的想法，或者叫作"永恒回归"，绝对不是尼采的原创。这种理念时不时地就会在古老的宗教中出现——希腊神话、印度教、佛教、美国土著文化，等等。生命的转轮飞速旋转，历史重复着自身。[202]

但是在尼采想出自己这个幽灵之后不久，物理学中就出现了永恒复现的想法。1890 年，亨利·庞加莱证明了一个非常奇特的数学定理，就是如果等的时间够长，某物理系统肯定会无数次回到任何特定布局。有位名叫恩斯特·策梅洛（Ernst Zermelo）的年轻数学家对此极为关注，他宣称这个结论与据说是玻尔兹曼从原子运动基本的可逆原则出

---

1. *Nietzsche*（2001），194。所有这些大魔王聚在一起，到底会是个什么景象？身处帕斯卡的恶魔、麦克斯韦的妖以及尼采的幽灵之间，本书在这里开始变得更像但丁的《地狱》而不是科普书了。在《快乐的科学》中更靠前一点的地方（189 页），尼采明确提及物理学，尽管语境稍有不同："无论如何，我们还是想成为我们自己——全新的、独一无二的、无与伦比的人类，自己给自己制订规则，自己创造自己。要达到这个目标，我们必须成为世界上所有合法的、必要的事情的最好的学生和发现者；在这个意义上，要成为创造者就必须成为物理学家——然而现在为止所有的评估和理想都建立在对物理学一无所知或与物理学相矛盾的基础上。那么，物理学万岁！更重要的是，迫使我们转向物理学的——我们的正直——万岁！"——作者原注（Pascal's demon 未见相关记载，此处疑指 Pascal's wager，即"帕斯卡的赌注"，见《思想录》233 节。帕斯卡假设所有人类对上帝是否存在下注，并认为理性的人应该相信上帝存在，因为下错注的损失相对有限。——译者注）
2. 请注意，如果所有循环都完全是前一轮的完美复制版本，你会完全不记得自己经历过前面的任何循环。（因为此前你没有这种记忆，而这个复制版本是完全一样的。）这样无限循环的场景跟循环仅发生一次究竟有什么不同，还没有人说得清楚。

发得出的热力学第二定律的推论不符。

　　19 世纪 70 年代，玻尔兹曼努力解决了洛施密特的"可逆性悖论"。相比之下，80 年代在统计力学的发展上则显得波澜不惊——麦克斯韦已于 1879 年离世，而玻尔兹曼专注于他发明的形式主义的技术应用，同时也在学术的通天大道上节节走高。但到了 19 世纪 90 年代争议卷土重来，并且这一次是以策梅洛的"回归悖论"的面目出现的。物理学家到今天都还没有完全消化这些辩论产生的影响，玻尔兹曼和他同时代的人曾争论不休的很多问题现在都还常有人论及。在现代宇宙学背景下，回归悖论所提出的问题对我们来说仍然与我们息息相关。

庞加莱的混沌

　　瑞典和挪威的国王奥斯卡二世（Oscar II）出生于 1829 年 1 月 21 日。1887 年，瑞典数学家哥斯塔·米塔-列夫勒（Gösta Mittag-Leffler）提出，国王应当以一种非同寻常的方式来纪念自己即将到来的六十大寿：赞助数学竞赛。有四个不同的问题被提了出来，任何人只要对其中任何一个提出最新颖、最具创造性的解答，都可以得到奖金。

　　问题之一就是"三体问题"——三个质量巨大的物体在各自引力作用下将如何运动。（两个物体很简单，牛顿已经给出了答案：行星以椭圆轨道运动。）亨利·庞加莱准备攻克这个问题，他虽然才三十岁出头，但已经被认为是当时世界上最顶尖的数学家了（图 52）。他最终没能解决这个问题，但提交了一篇论文，似乎证明了一个关键特征：行星轨道是稳定的。就算不知道准确的解，我们也能够确信，行星的运动至少是可以预测的。庞加莱的解法十分新颖独特，因此得到了奖金，他那篇论文也准备在米塔-列夫勒的新刊《数学学报》上发表[1]。

图 52　亨利·庞加莱，拓扑学、相对论和混沌理论的先驱，后来还担任了法国经度局局长[2]

但是有个小问题：庞加莱犯了个错。《数学学报》的编辑爱德华·福瑞格曼（Edvard Phragmén）对这篇论文有些疑问，在解答这些疑问的过程中，庞加莱认识到自己在构思证明过程时有一种重要情况

---

1. 这个故事的更多细节可参见 Galison（2003）。庞加莱的论文为 Poincaré（1890）。
2. 庞加莱于 1893 年加入法国经度局，但并没有他担任局长的记载；1887 年，时年 32 岁的庞加莱入选法国科学院，并于 1906 年起出任科学院院长。此处疑为作者笔误。——译者注

没有考虑到。在纷繁复杂的数学写作中这样的毫厘之差屡见不鲜，庞加莱于是着手改正自己的证明。但是随着他把这根松散的线越抽越紧，整个证明变得完全解不开了。最终庞加莱所证明的，正好跟他一开始所宣布的相反——三体轨道完全不稳定。轨道不只是非周期性的，甚至跟任何常规运动都三不沾。今天我们有计算机做模拟，这种运动不再那么出人意料了，但在当时这样的结论不啻为石破天惊。庞加莱在尝试证明行星轨道的稳定性，最终却干了一件大相径庭的事情——他发明了混沌理论。

但故事到这里并没有完全结束。米塔－列夫勒相信庞加莱会把他获奖论文里的毛病都改好，因此提前就印出来了。等到他从庞加莱那里知道论文里的问题无法改正时，期刊已经邮寄给整个欧洲最顶尖的那些数学家。米塔－列夫勒随即给柏林、巴黎拍发电报，力图销毁所有已经发出去的期刊。他基本上算是成功了，但在欧洲大陆上的精英数学家圈子里还是闹了个不大不小的笑话。

在修改论证过程时，庞加莱得到了看似简单而有力的结论，现在叫作庞加莱回归定理。假设某个系统中所有组分都被限制在有限的空间区域内，比如环绕太阳运动的行星；回归定理认为，如果系统始于某个特定布局，并让这个系统在牛顿力学原理下演化，那么我们这个系统就肯定会回到初始布局——一次一次，永无止境。

这个结论似乎相当简单，好像也没什么了不起。如果我们从一开始就假定我们这个系统的所有组分（环绕太阳运动的行星，或是在盒子里弹跳不止的气体分子）都局限在有限区域内，但允许时间无限延伸，那系统将一次又一次不断回到同一个状态的说法就说得通了。要不然我们这个系统还能去哪儿呢？

情况比这还要稍微复杂一点。最根本的原因在于，就算物体本身并没有真正奔向无穷远处，其状态也还是可以有无限种可能[1]。圆形轨道就是个有限区域，但沿着轨道有无数个位置；一盒大小有限的气体中同样也有无穷多个位置。如果是这样的情形，系统通常不会刚好回到初始状态。但庞加莱认识到，这种情形下"差不多"就已经够好了。庞加莱证明，如果事先规定两个状态得有多接近我们才无法区分两者，那么系统就会无数次回到至少跟初始状态那么接近的状态。

考虑内太阳系的三颗行星：水星、金星和地球。金星每 0.615 20 年（约 225 天）环绕太阳一圈，而水星每 0.240 85 年（约 88 天）环绕太阳一圈。如图 53 所示，假设我们一开始的布局是三颗行星成一条直线，88 天后，水星会回到起点，但金星和地球会在各自轨道上的其他位置。但如果我们等的时间足够长，这三颗行星还会再次排成一条直线，或是非常接近一条线。比如说 40 年后，这三颗行星就会差不多变成开始时的样子。

庞加莱证明了所有受限的机械系统都是如此，就连运动部分非常多的系统也一样。但需要注意，随着系统组分增加，在系统回到跟初始非常接近的状态之前我们需要等待的时间也会变长。如果我们想等

---

1. 另一个复杂之处是，尽管系统肯定会回到初始状态，但并非所有的可能状态都会达到。足够复杂的系统会经历所有可能的状态，就等于说系统是各态历经的，我们在第 8 章证明玻尔兹曼的统计力学方法时讨论过这个问题。确实有些系统是各态历经的，但并非所有系统都是这样，甚至并非我们感兴趣的所有系统都如此。

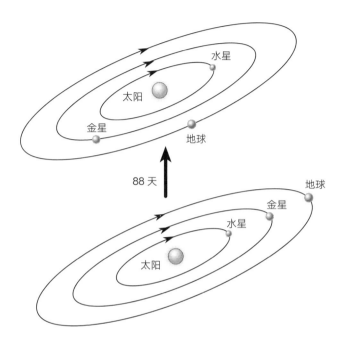

图 53　水星、金星和地球全部对齐的内太阳系（下图），及 88 天后的情形（上图），水星回到了初始位置，但金星和地球在各自轨道上的其他位置

到所有九大行星都排成一条直线 [1]，要等的时间可比 40 年长得多。部分原因是行星越是靠外就运动得越慢，但主要原因还是在于，更多对象要以恰当方式共同作用从而重现任何特定起始布局，本来就需要更多时间。

　　值得强调一下，我们考虑的粒子越来越多，系统回到接近初始状态所需要的时间（叫作回归时间，这名儿起得妙吧）很快就会变得无

---

1. 我写的书我做主，所以冥王星还是算行星。

比巨大[1]。想想我们在第 8 章打过交道的那个一分为二的气体盒子，其中的单个粒子每秒有很小的概率从盒子一侧跳到另一侧。很明显，如果只有两三个粒子，系统不用花多长时间就能回归到初始状态。但如果我们考虑的是一共有 60 个粒子的盒子，就会发现回归时间变得跟 [205] 可观测宇宙目前的年龄一样长。

真实世界里的物品包含的粒子数通常远远超过 60 个。对典型的宏观物体来说，回归时间将至少为 $10^{1\,000\,000\,000\,000\,000\,000\,000\,000\,000}$ 秒。这个时间挺长的。对可观测宇宙中的所有粒子来讲，回归时间还要更长——但是谁会在意这个啊？对任何我们关心的较大物品来说，回归时间都比跟我们的经验有关系的任何时间要长得多。可观测宇宙的年龄约为 10^{18} 秒。哪个实验物理学家要是在经费申请里提出，他会把一勺牛奶倒进咖啡里然后就坐等回归时间过后牛奶自己从咖啡里解析出来，那他恐怕很难申请到经费。

但要是等的时间够长，这事儿确实会发生。尼采的幽灵并没有错，它想的只不过是长期结果罢了。
[206]

策梅洛对阵玻尔兹曼

庞加莱用来证明回归定理的那篇原始论文主要是在讲牛顿力学

---

1. 回归时间粗略来讲由系统熵最大值的指数决定，单位是系统从一个状态演化到另一个状态所需的典型时间。（我们假定，对于两个状态怎样才算有足够差别可以相互区分开来的定义是不变的。）请记住，熵是状态数量的对数，而指数是对数的逆运算，也就是说，回归时间刚好与系统可能状态的总数成正比。如果系统处于任一允许状态的时间都大致一样，这个结论就完全说得通了。——作者原注

的清晰、可预测的世界。不过他对统计力学也了如指掌，很快他就认识到，永恒回归的想法乍一看与热力学第二定律的推导并不相容。不管怎么说，第二定律说的是熵永远只会往一个方向变化——增加。但从回归定理似乎可以推断出，如果一个低熵状态演变为高熵状态，我们只需要坐等足够长的时间，系统就会回到低熵的起点。也就是说，在演变过程中，必须有个地方熵在减少。

1893 年，庞加莱写了篇短文，更细致地讨论了这一明显矛盾。他指出，回归定理可以推断出宇宙的熵最终会开始降低：

> 我不知道有没有人说过，英国人的动力学理论能从这个矛盾中全身而退。根据那些理论，这个世界一开始会倾向于变成一个很长时间都不会再有明显变化的状态；这个结论跟日常经验也是一致的；但如果依循上述定理，世界不会永远保持那个样子；它只是会在非常长的时间里都保持这个状态，分子数越多，这个时间就会越长。这个状态不是宇宙最后的死寂，而是一种沉睡；在多少万亿个世纪之后，宇宙会从这种沉睡中醒来。按照这个理论，想看到热量从低温物体传给高温物体的话，你不需要像麦克斯韦妖那样明察秋毫、智力超群又身手敏捷，而只需要有点儿耐性就够了[1]。

庞加莱所谓的“英国人的动力学理论”很可能是指麦克斯韦、汤

---

1. *Poincaré*（1893）。

姆森及其他人的工作 —— 并没有提到玻尔兹曼（还有吉布斯）。不知道是因为没被提及，还是因为没见过这篇论文，玻尔兹曼没有对庞加莱做出任何直接回应。

　　但这个想法可没那么容易被忽略掉。1896 年，策梅洛提出了与庞加莱类似的异议（他参照的是庞加莱 1890 年提出回归定理的那篇长文，而不是 1893 年的短文），现在叫作"策梅洛回归异议"[1]。尽管玻尔兹曼声望卓著，原子论和统计力学在 19 世纪的德语世界里却没有像在英语世界里那样得到广泛认可。跟很多德国科学家一样，策梅洛认为第二定律是自然界的绝对真理；封闭系统的熵总是会增加或保持不变，而不仅仅是多数时候。但回归定理清楚表明，如果熵一开始增加了，总有一天还会随着系统回到初始布局而减少。策梅洛得出的结论是统计力学体系根本就是错的，热和熵的表现不会因为分子运动遵循牛顿定理而降低。

　　策梅洛后来因在数学中创造了集合论而名满天下，但在当时他只是个马克斯·普朗克门下的无名小卒，玻尔兹曼也没有把这个初生牛犊的异议很当回事。他确实拨冗回应了，但话里话外可没显出多少耐心：

> 　　策梅洛的论文表明拙作被误解了；但无论如何，这似乎是拙作在德语世界第一次有人关注，令我深感欣慰。策梅洛在论文开头阐释的庞加莱的定理显然是对的，但将其应用于热学理论就不对了[2]。

---

1. *Zermelo*（1896a）。
2. *Boltzmann*（1896）。

哎哟喂。策梅洛又写了一篇文章回应玻尔兹曼，然后玻尔兹曼又回应了一篇[1]。但两人实在是鸡同鸭讲，似乎也从未达成令人满意的结论。

对于第二定律只是自然界的统计规律而非绝对真理的想法，这时的玻尔兹曼完全没觉得有什么不妥。他对策梅洛的回应主要是指出应区分理论和实际。理论上，整个宇宙可以始于低熵状态并向热平衡态演化，最终还会再次演化回低熵状态；这是庞加莱定理的推论，玻尔兹曼也承认这个结论。但需要等待的真实时间极为漫长，比我们现在知道的"宇宙年龄"都还要长得多，当然也比 19 世纪的科学家能构想出来的任何时间尺度都要长得多。玻尔兹曼论证道，我们应该将回归理论的推论作为数学上刨根究底的趣味游戏接受下来，但它确实跟我们的真实世界没有任何关系。

永恒宇宙的麻烦

在第 8 章我们讨论了洛施密特对玻尔兹曼 H 定理的可逆性异议：从可逆的物理定律出发不可能推导出不可逆的结果。换句话说，熵会降低高熵状态的数量就跟熵会增加低熵状态的数量一样多，因为前者的轨迹只不过是后者的时间反演。（不过这两个数量都远远赶不上会保持高熵的状态的数量。）至少在我们的可观测宇宙中，对这项异议的恰当回应是承认我们需要一个过去假说。这是对早期宇宙的熵极低这一状况附加的一个假设，凌驾于自然界的力学定律之上。

---

1. *Zermelo*（1896 b）；*Boltzmann*（1897）。

实际上，玻尔兹曼在跟策梅洛唇枪舌剑时，自己就已经意识到了这个现实。他把过去假说叫作"A假设"，并说了这样一番话：

> 第二定律将通过A假设（说是假设，当然是无法证明的）得到机械解释。这个假设是说，将宇宙——或至少是我们周围的很大一部分宇宙——考虑为机械系统，那么这个系统会从一个极不可能的状态出发，现在也仍处于一个极不可能的状态[1]。

这段简短的摘录让玻尔兹曼听起来比他真实的自己更斩钉截铁。在这篇论文中，他提出了多种不同说法来解释为何我们会看到周围的熵在增加，而这只是其中之一。但是注意一下，他可真够小心的——不只是事先就承认该假设无法证明，甚至还将考虑限制在"我们周围的很大一部分宇宙"，而不是整个宇宙。

但是这个策略还不够。策梅洛回归异议跟洛施密特可逆性异议密切相关，但其间仍有重要区别。可逆性异议只是提出熵会降低的演化跟熵会增加的演化一样多；回归异议则指出，熵降低的过程在未来某个时候一定会发生。这不只是说系统的熵可以降低——而是说如果我们等的时间够长，系统的熵肯定会降低。这个陈述更加有力，也需要更有力的反驳。

我们无法靠过去假说来解决回归定理带来的问题。就假设说我

---

1. *Boltzmann*（1897）。

们承认，在相对比较晚近的过去某个时刻 —— 比如数百万年前，反正比回归时间要晚近得多 —— 我们发现宇宙处于熵极低的状态。根据玻尔兹曼的教诲，这个时刻之后熵会增加，而熵增加所需的时间将远远小于回归时间。但如果宇宙真的是恒久远，也就没什么关系了。最终熵会再次开始往下走，甭管我们能不能躬逢其盛，亲自见证。那么问题来了：为什么我们会发现自己生活在这段特别的宇宙史中间，身处相对晚近的低熵状态之后？为什么我们不是身处宇宙史上某个更"自然"的时期？

最后这个问题，尤其是"自然"这个词，把葫芦里的妖魔鬼怪全放出来了。根本问题是，根据牛顿物理学，宇宙没有"起点"也没有"终点"。从我们 21 世纪后爱因斯坦的视角来看，宇宙始于大爆炸的思想耳熟能详。但玻尔兹曼和策梅洛以及他们那个时代的其他人并不知道广义相对论和宇宙膨胀。在他们看来，时间和空间都是绝对的，宇宙也会恒久存在。把这个让人恼火的问题扫到大爆炸的筐里盖起来，不是他们够得到的选项。

这是个问题。如果宇宙真的恒久远，既没有起点也没有终点，那么过去假说还有什么意义？过去肯定有什么时候的熵很低。但是在那之前呢？熵是一直就很低吗 —— 在无限长的时间内 —— 直到出现某个转变，使得熵开始增长？还是说在那个熵很低的时刻之前熵其实也很高，如果是这样，那为什么在宇宙史的中间会出现这么个熵很低的特殊时刻？我们好像进退维谷：如果宇宙恒久远，而回归定理的基础假设也成立，那么熵就不可能永远增加，只能是增加一段时间之后又开始下降，并无穷无尽地循环下去。

　　至少有三种方法跳出了这个困境，玻尔兹曼对这三种方法也都想到了[1]。(他相信自己是正确的，但至于究竟是什么理由，一直不确定。)

　　第一种方法说的是，宇宙可能确实有个起点，这个起点也可能涉及低熵边界条件。玻尔兹曼在我们前面讨论过的"A假设"当中肯定暗含了这种想法，尽管他没有明明白白地说出来。但在那个时代，宣称时间有个起点不啻为石破天惊，因为这种想法对牛顿建立起来的物理学基本规则来说就是离经叛道。现在我们有了广义相对论和大爆炸这样"欺师灭祖"的理论，但这些想法在19世纪90年代可不会摆在桌面上任人取用。就我所知，那个时代没有人足够认真地对待宇宙早期熵很低的问题，也就没有人明确提出时间一定有个起点，及类似大爆炸这样的事情肯定发生过。

　　第二种是，庞加莱回归定理背后的假定在现实世界中可能压根儿就不成立。特别是，庞加莱必须假设状态空间不管怎么样都得是有界的，粒子也不能远走高飞到无限远处。这听起来像是技术假定，但在技术假定的外衣下也许隐藏着更深层的真相。玻尔兹曼同样提出这可能是个漏洞： [210]

　　　如果首先将分子数设为无穷，并允许运动时间变得非常长，那么在绝大多数情况下，你会得到一条逐渐接近横坐标轴的曲线(因为熵是时间的函数)。很容易看出来，庞

---

1. "至少"三种方法，因为人类的脑洞还是很大的。但其实没有那么多选择。另一种方法是，基本的物理定律本身就是不可逆的。

　　加莱定理在这种情形下并不适用 [1]。

　　但他并没有真把这个选项当回事儿。实际上他也不应该当回事儿，因为这种说法回避了回归定理的严格含义而非基本思想。如果空间中粒子的平均浓度不等于零，所有不太可能发生的波动你还是会看得到，其中有些会变成低熵状态；只不过这些波动通常每次都会由不同的粒子集合组成，因此"回归"并没有严格发生。但这个场景也要面对真正回归系统的所有问题。

　　第三种跳出回归异议的方法完全说不上是脱身之计 —— 只是举手投降而已。承认宇宙是永恒的，也承认回归会发生，因此宇宙见证了熵增加的时刻，也会见证熵减少的时刻。然后说：这就是我们身在其中的宇宙呀。

　　我们把这三种可能性都放在现代思想的背景中检验一下。很多当代宇宙学家（通常是含蓄地）赞同跟第一个选择类似的理论 —— 将我们的低熵初始条件之谜与大爆炸之谜融为一体。这个可能性确实存在，但似乎并不能令人满意，也要求我们毫不含糊地将宇宙的早期状态置于物理学定律之上。第二个选择是说宇宙中的事物无穷无尽，回归定理就是不适用；这个说法能帮助我们摆脱回归定理的技术要求，但对于为什么宇宙看起来这么特别，并没有给我们多少指引。我们也可以考虑这种方法的稍微有点变化的形式，其中粒子数量有限，但可供粒子演化的空间是无限的。这样一来，回归肯定不会出现，熵在遥

---

1. *Boltzmann*（1896）。

远的过去和未来都会无止境地增长。这有点儿让人想起多重宇宙的情形，稍后我将对此大书特书。但就我所知，无论是玻尔兹曼还是任何与他同时代的人，都没有提出过这样的情景。[211]

我们将看到，第三个选择 —— 回归确实在发生，这就是我们身在其中的宇宙 —— 不可能正确。但从这一说法何以无法自圆其说中，我们还是能学到一些重要经验。

围绕平衡态波动

回忆一下我们在第 8 章中考虑过的一分为二的气体盒子。盒子的中间有块隔板，能让分子时不时地穿过去换边。我们假设所有分子都有很小的固定概率从盒子一边运动到另一边，由此创立了描述所有粒子未知微观态演化的理论模型。我们可以用玻尔兹曼关于熵的公式来表示熵如何随着时间演化；至少在我们将系统初始状态手动设置为低熵状态，多数分子都在盒子一侧时，熵极度倾向于增加。自然倾向是趋于平均，达到平衡态，每侧的分子数量大致相等；这时熵达到最大值，在图中的纵轴上可以标记为"1"。

那如果系统一开始并不是低熵状态呢？如果系统一开始就是平衡态会出现什么情况？如果第二定律绝对成立，熵永远不会减少，那么系统一旦达到平衡态，就必定会严格保持这个状态。但在玻尔兹曼的盖然性世界里，这并非百分之百正确。处于平衡态的系统极有可能会停留在平衡态或非常接近平衡的状态。但只要我们等的时间够长，也必定会有偏离平衡态的随机波动。如果等得非常非常久，我们还能看到一些相当大的波动。

　　图 54 所示为一分为二的气体盒子中有 2 000 个粒子时熵的演化
情况，但这次跟第 8 章不一样，是从更晚近的时候，也就是盒子里达
到平衡态之后才开始。请注意，这里是对熵的变化的近距离特写；第
8 章的图表示的熵的变化是从 0.75 左右上升到 1，而这里表示的熵的
变化范围是在 0.997 到 1 之间。

　　我们看到的是偏离平衡态的小幅波动，其中平衡态的熵最大，分
子也对等地两下分开。对我们设定的情况来说，这种情形完全合情合
理；多数时候盒子左侧和右侧的粒子数相等，但偶尔会有略微过量的
粒子出现在某一边，并对应于稍微低一点的熵。这跟抛硬币是完全一
样的思路 —— 平均来看，抛很多次硬币的结果会分成一半字儿一半
花儿，但如果我们等得够久，我们会多次看到同样的序列。

212　　这里看到的波动都很小，但我们也没等多久不是？如果我们将图
上的时间延长很多 —— 跟这儿我们说的可真的是长得多的时间 ——
熵就会终于一个猛子扎回初始值，对应 80% 的粒子在盒子一侧，
20% 的粒子在另一侧的状态。请记住这张图所表示的只是 2 000 个
粒子的情况；现实世界中任何宏观物体的粒子数都要大得多，熵的波
动相对就要小得多也罕见得多。但波动确实存在，这是熵的盖然性本
质的必然结果。

　　这就是玻尔兹曼最终得出的惊世骇俗的结论：宇宙说不定就是这
个样子。兴许时间就是恒久远，物理学基本定律就是牛顿式的，也是

可逆的；回归定理背后的假设也说不定就是对的¹。因此，也有可能图54 所示熵关于时间的图像就是真实宇宙中熵如何演化的情形。

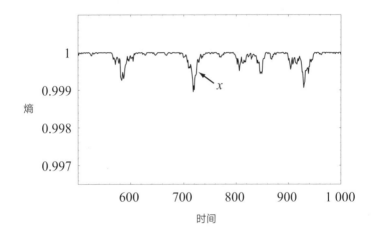

图 54　一分为二的气体盒子中熵的演变，始于平衡态。系统绝大部分时间都处于熵最大的状态附近，但偶尔也会波动为低熵状态。请注意我们放大了纵轴，来了个特写；通常波动都会很小。x 点标记了一次相对较大的波动向平衡态的回归

人存原理

但是你会说，这怎么可能是对的！这张图上面的熵一半时间上升，还有一半的时间下降。这一点儿都不像真实世界，就我们目力所及，真实世界中的熵只会上升。

213

---

1. 我们是假设回归定理的思想是成立的，而不是一字一句都毫厘不爽。证明回归定理要求粒子运动受到限制 —— 也许是因为这是行星在很近的轨道上环绕太阳运动，也可能是因为粒子是限制在气体盒子中的分子。但没有哪种情况适用于真实宇宙，也没有任何人说过可能适用。如果宇宙由在无限空间中运动的有限数量的粒子组成，我们会觉得有些粒子就是会一去不复返，回归也就不可能发生。但如果无限空间中的粒子数也是无限的，我们就可以得到一个有限的平均密度 —— 每立方方光年（比如说）中的粒子数，是个定值。这种情况下，此处展示的波动形式一定会发生，在这个世界上看起来就像是庞加莱的回归。

玻尔兹曼回答说，嘿嘿，你得把眼光放长远点。我们在图 54 中表示出来的只是相对很短的一段时间里熵的微小波动。如果我们讨论的是宇宙，很明显我们就要想象十分罕见的熵的巨大波动，这个波动需要很长时间才能展现出来。宇宙的熵的整体图景跟图 54 看起来有点儿像，但我们本地可观测部分的宇宙的熵只对应于这幅图的极小片段 —— 靠近 x 点标记的位置，那里发生了波动，正处于向平衡态回弹的过程中。如果已知宇宙的全部历史都满足这个区间，那我们确实会看到第二定律在我们的有生之年都是成立的，尽管从极长的时间尺度来看，熵只是在最大值附近波动而已。

但是 —— 你又说了，没打算就这么放弃 —— 为什么我们得生活在曲线的这段特殊区间，身处熵的巨大波动的余波中？我们已经承认这样的波动极为罕见。难道我们不应该发现自己身在更典型的宇宙史区间，其中的事物看着基本上都是处于平衡态？

当然玻尔兹曼早就看穿了你会这么反驳。这回他采取的行动摩登得令人大跌眼镜 —— 他引用了人存原理。人存原理基本上是这么个思路：对我们周围的宇宙，任何合理解释都必须考虑到人类存在这一事实。这个原理有多种表现形式，从声若蚊蝇的弱鸡版 ——"生命存在这一事实告诉我们，物理学定律必须与生命的存在能够兼容"，到雷霆万钧的加强版 ——"物理学定律只能是现在这样的形式，因为生命的存在某种程度上算是必要特征"。关于人存原理应处于什么地位的争论 —— 有用吗？科学吗？ —— 越来越白热化，但很少带来极大启发。

好在我们（还有玻尔兹曼）只需要一个审慎的、中等强度版本的人存原理。也就是说，假设真实的宇宙比我们能直接观测的这部分宇宙（在空间上，或时间上，或兼而有之）要大得多。然后进一步假设，这个更大的宇宙的不同部分存在非常不同的条件。也许是物质密度不同，也甚至可以剧烈到连局部物理学定律都不一样。我们可以将每个不同区域都标记为"宇宙"，整个集合就叫作"多重宇宙"。多重宇宙中的不同宇宙也许互相接触也许不接触；就眼下我们的目标来说，这都无关紧要。最后再假设这些不同区域中有一些对生命来说是宜居的，而有些不是。（这部分有点儿马马虎虎，这也没办法，因为我们对"生命"在更广阔背景下应如何理解实在是所知甚少。）那么——这部分可以说是无懈可击——我们总是会发现自己身在允许生命存在的宇宙之一里，而不是在其他的宇宙中。这听起来毫无意义，但事实并非如此。这个陈述代表了一种选择效应，会歪曲我们对宇宙整体的看法——我们没有看到全局；我们只看到了一部分，而这部分也许并没有代表性。 [214]

玻尔兹曼所引用的正是这个逻辑。他让我们想象，宇宙就是一些粒子集合在绝对牛顿空间中运动，并将永恒存在。接下来会怎么样呢？玻尔兹曼写道：

> 那么在这个总体上处于热平衡态的宇宙中，也就是死寂的宇宙中，这里或那里必定有些相对很小的区域，跟我们银河系的大小差不多（我们称之为世界），在相对较短的像是亘古那么长的时间中，会显著偏离热平衡态。在这些世界中，状态可能性［熵］增加的情况和减少的情况一样

常见。对整个宇宙来说，时间的这两个方向无法区分，就好像身在太空的话你也分不出上下一样。但是，也还是跟如果你身在地球表面特定位置时能说出"向下"就是指向地心一样，身在这种世界里某特定时期的生物也会发现自己能定义一个时间的方向，即从状态可能性较低指向状态可能性较高（前者可以是"过去"，后者可以是"未来"），而借助这一定义，该生物也会发现这个跟宇宙其他部分都老死不相往来的小区域"起初"总是会处于极不可能的状态[1]。

这段话相当出彩，即便在现代宇宙学的语境中也还是对到家了，只需要换掉几个词汇而已。玻尔兹曼假设这个宇宙（你乐意的话也可以说是多重宇宙）基本上就是无限大的气体盒子。大部分时间气体都在空间中均匀分布着，保持着恒温——热平衡态。问题是我们没法在热平衡态中生存——他直截了当地说，是一片"死寂"。时不时地会有随机波动，最终有一次波动会创造出我们所见的这么个宇宙。（他说的是"我们银河系"，在当时就是"可观测宇宙"的同义词。）只有在随机波动远离平衡态的环境中我们才有可能存活，因此我们发现自己身在其中也算不上什么意外。

当然，就算是在波动期间，熵也只在一半时间里增加——另一半时间中熵在减少，从平衡态一直减少到暂时会达到的极小值。但这

---

1. *Boltzmann*（1897）。他在稍早的另一篇论文（1895）中提出了极为相似的观点，并在其中将其归功于他的"老助手"许茨（Schuetz）博士。我们也不知道他这么把功劳拱手相让该解读为大将风度，还是该解读为处心积虑地埋下责任担当。

个意义上的"增加"或"减少"是相对于某个任意选定的时间坐标来
描述的熵的演变，就像我们在上一章曾讨论过的那样，完全无法观测。[215]
玻尔兹曼正确指出，重要的是目前的宇宙正在从低熵状态向热平衡态
转变。在这样的转变中，任何偶然出现的生物都会将低熵的方向标记
为"过去"，将高熵的方向标记为"未来"。

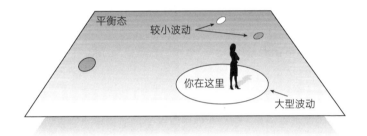

图 55 玻尔兹曼的"多重宇宙"。空间主要是处于平衡态的粒子集合，但偶尔会
有局部波动为低熵状态。（完全没有按比例。）我们生活在一次极大波动的余波中

玻尔兹曼的这幅宇宙图景会引发争议（图 55）。就大尺度而言，
物质几乎总是处于某温度的气体的稀薄集合。但在数十亿年的时间长
河里，总是会有一系列随机事件共同作用，创造出熵极低的区域，随
后又没事人一般回到平衡态。你我以及我们能看到的所有忙忙叨叨的
活动，都是在熵的波动中，随着熵从随机偏离到的极不可能状态向平
衡态回归而来的伴生现象[1]。

那么熵典型的下行波动会是什么样子的？答案当然是，看起来完

---

1. 请注意，玻尔兹曼的推理实际上超过了回归定理的直接推论。现在的关键之处并不是任何特定
的低熵态起点未来都会无限次重复 —— 虽说这也是对的 —— 而是所有熵异常低的状态最终都会
作为随机波动出现。

全就是从低熵状态回到高熵状态的典型演化的时间反演。整个宇宙不会突然之间在几分钟之内就从稀薄的粒子气体剧变为致密的类似大爆炸的状态；多数时候这个宇宙都会在数十亿年的时间长河里经历一系列不可能事件，每一起都会让熵降低一点点。恒星和星系会解体，鸡蛋饼会变回鸡蛋，平衡态的物体会自发出现显著的温度梯度。所有这些各自都是完全独立的，每一个单独看都是不可能事件，所有事件合在一起更是极不可能。但如果你真的可以等到海枯石烂，那么就连最不可能的事情最后都会发生。

出门左拐是上古

如果我们允许自己有点儿诗情画意，那么实际上玻尔兹曼并不是最早想到这些的人。就跟玻尔兹曼想要用原子来理解这个世界一样，他的古希腊和古罗马前辈也都是这么做的。德谟克利特（约公元前 400 年）是最著名的原子论者，但他的老师留基伯（Leucippus）很可能才是最早提出这一想法的人。他们是唯物主义者，希望将世界解释为遵循运动定律的物体，而不是受到什么基本"目的"驱遣。尤其是他们对巴门尼德提出的挑战很有兴趣应战，他认为变化不过是假象。不会变化的粒子在虚空中运动，这一理论意在解释运动的可能性，但不借助有什么东西会无中生有的假设。

古代的原子论者面临的挑战之一是，如何解释他们周遭乱纷纷的世界。他们相信，原子的基本倾向是沿直线竖直下落；这样子的宇宙好像没什么意思。这个问题留给了古希腊思想家伊壁鸠鲁（Epicurus，约公元前 300 年），由他来以名为"转弯"（偏斜）的说法对这个难题

提出解答 ¹。伊壁鸠鲁实际上是在说，原子除了有沿直线运动的基本倾向外，其运动中还有个随机成分，时不时地会将原子从一边踢到另一边。这种说法让人隐约想起现代的量子理论，尽管我们不应该被带跑偏。（伊壁鸠鲁对黑体辐射、原子光谱、光电效应，或是其他任何促成量子力学诞生的实验结果都一无所知。）伊壁鸠鲁引入转弯的部分原因是要给自由意志留下空间 —— 基本上就是要逃离拉普拉斯妖的魔爪，尽管还要过很长时间这只恶魔才会探出它那有碍观瞻的脑袋。但还有一个动机是解释个别原子为何能聚到一起形成宏观物体，而不是仅仅竖直向地球下落。

古罗马诗人、哲学家卢克莱修（Lucretius，约公元前 50 年）热衷于原子论，也是伊壁鸠鲁的追随者；维吉尔（Virgil）的诗歌就有很多灵感来自于他。他的诗作《物性论》是非凡的杰作，阐释了伊壁鸠鲁的哲学，并将其应用于从宇宙学到日常生活的一切事物。他尤其热衷于消除迷信思想，你可以就当他是用拉丁语六音步诗行写作的卡尔·萨根。《物性论》中有一节很有名，是在奉劝人们不要害怕死亡，他认为，死亡只是原子无穷无尽的表演中的一次转场而已。 ²¹⁷

卢克莱修将原子论尤其是"转弯"的思想用于解释宇宙起源的问题，在他的想象中，事情是这样发生的：

说真的，事物的始基

---

1. 伊壁鸠鲁跟伊壁鸠鲁主义有关，这是功利主义在哲学上的老祖宗。在大众看来，"伊壁鸠鲁主义"令人脑海中浮现出享乐主义和感官享受的印象，尤其是跟饮食有关的；但伊壁鸠鲁自己将享乐看成是终极的善，他对"享乐"的理解更近于"雪夜闭门读禁书"，而不是"春从春游夜专夜"或"斗酒十千恣欢谑"。

并不是由预谋而安置自己，

不是由于什么心灵的聪明作为

而各各落在自己的适当的地位上；

它们也不是订立契约规定各应如何运动；

而是因为有极多始基以许多不同的方式

移动在宇宙中，它们到处被驱迫着，

自远古以来就遭受持续的冲撞打击，

这样，在试过所有各种运动和结合之后，

它们终于达到了那些伟大的排列方式，

这个事物世界就以这些方式建立起来。[1]

　　开头那句应该以半含讥讽的语气读出来。卢克莱修是在嘲笑是原子以某种方式谋划出了这个宇宙的想法；但实际上，这些原子只是乱糟糟地到处蹦跶。但在这些随机运动中，如果我们等得够久，就会看到我们这个宇宙的诞生。

　　上述场景与玻尔兹曼的想象极为相似。当然我们还是得小心从事，千万别把现代对科学的理解归功于古代哲学家；他们的视角极为不同，他们思考问题时的预设也跟今天的我们大异其趣。但卢克莱修和玻尔兹曼对创世的想象如此异曲同工，这可不是纯属巧合就能解释得了的。他们俩的任务都是要解释我们周围能看到的复杂表象，但又不能援引总体设计的思想，而只能考虑原子基本的随机运动。因此并不奇怪，他们会抵达相似的结论：我们的可观测宇宙是永恒宇宙的随机波

---

1. *Lucretius*（1995），53。——作者原注（此处译文参考商务印书馆 1981 年方书春译本，其中"始基"一词即指原子。——译者注）

动。如果把这种宇宙起源说叫作"玻尔兹曼－卢克莱修情景",那可再合适不过了。

现实世界有可能是这个样子吗?我们有没有可能是生活在永恒宇宙中,这个宇宙大部分时间都处于平衡态,我们看到的周遭世界只是对平衡态的偶然偏离?在这里我们要依赖的是玻尔兹曼和他的小伙伴发明的数学形式,而无须求助于卢克莱修。

无缝的蛋

"玻尔兹曼－卢克莱修情景"的问题并不是你没法用这种方式制造出宇宙——在牛顿时空的背景下,原子永远都在互相撞来撞去,时不时地就会给熵来一个向下的随机波动,所以如果等得够久,绝对[218]会发生创造了跟我们宇宙的大小和形状都一样的区域这样的事情。

问题在于光有数字是不够的。你当然可以波动为跟我们的宇宙有几分相似的什么东西——但是你同样也可能波动为大量别的东西,而别的东西会以极大优势胜出。

大量粒子集合波动为我们周遭能看到的宇宙(或者只是银河系)这样的想法实在是想想就头大,所以我们还是换个思路想简单一点,继续考虑我们最喜欢说的熵在起作用的例子——一枚鸡蛋。无缝的蛋非常有序,熵也非常低;如果把鸡蛋打破,熵就会增加,如果把蛋黄蛋清都搅在一起,熵还会变得更大。熵最大的状态就是那些分子搅成的一锅汤,布局的细节会跟温度、引力场等有关,但我们眼下不需要关心这些。重点在于，平衡态看起来一点儿都不像无缝的蛋。

假设我们把这么一枚鸡蛋密封在一个绝对不会渗漏的盒子里，这个盒子也真的会永久存在，不会受到宇宙其余部分的干扰。为方便起见，我们把这个"鸡蛋-盒子共同体"放在外太空，远离任何引力或其他作用力，并假设它会完全不受干扰地永远漂浮在那里。那么盒子里会发生什么呢？

就算我们一开始放进盒子里的是无缝的蛋，最终这枚鸡蛋还是会仅仅因为其中分子的随机运动就破掉。这枚鸡蛋会有一段时间保持静止、完好的状态，可以区分出蛋黄、蛋清和蛋壳。但如果我们等得够久，进一步的随机运动就会渐渐导致蛋黄、蛋清乃至蛋壳混为一体，最终变成所有分子都无法区分开来的真正高熵的状态。这就是平衡态，这个状态也会持续非常非常长的时间。

但如果我们接着瞧，同样的随机运动（一开始让鸡蛋裂开来的随机运动）就会搅动这些分子，变成低熵布局。比如说，所有分子说不定会全都出现在盒子的某一侧。再过非常长的一段时间，随机运动会重新创造出看起来像是破了的蛋（蛋壳、蛋黄和蛋清）的东西，甚至一枚完好的蛋！这听起来像是天方夜谭，但这也是庞加莱回归定理的直接推论，或者你真把在极长时间尺度下的随机波动当回事的话，也会得到这样的结果。

大部分时候，鸡蛋分子的随机波动形成一枚鸡蛋的过程看起来就像是无缝的蛋腐烂成熵很高的黏糊糊一团的过程的时间反演。也就是说，首先我们会波动成打破了的蛋的形式，接下来破成的各部分会 ²¹⁹ 偶然自己组织成一枚完好的蛋。这只是时间反演对称性的结果；从高熵到低熵的最常见的演化，看起来就像是从低熵到高熵的最常见演化，只不过是反向进行罢了。

难就难在这儿。我们假设有这么一枚密封在无法渗漏的盒子里的鸡蛋（图 56），在盒子里自生自灭不知道多少年（比回归时间要长得多）之后，我们现在往盒子里看一眼。我们极有可能会看到非常像平衡态的状态：鸡蛋分子的均匀混合。不过如果我们真的是走了狗屎运，看到的就会像是打破了的蛋 —— 中等程度的熵，有些蛋壳的碎片和蛋黄跑到了蛋清里。也就是说，就像刚刚有一枚新崭崭的蛋不知怎么的打破了，我们会期待看到这样的景象。

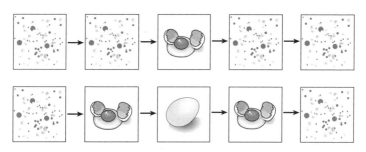

图 56　一枚永远禁锢在不可渗漏的盒子里的鸡蛋。多数时候盒子里的鸡蛋分子会处于高熵平衡态，偶尔也会波动为破了的蛋的中等熵状态，如图中上一行所示。更偶尔的时候还会一直波动为完好的蛋这样的低熵状态，然后再变回来，如图中下一行所示

根据这枚破了的蛋，我们能下结论说盒子里刚才肯定有一枚没破的蛋吗？完全不能。还记得我们在第 8 章结尾处的讨论吧。给定一个中等熵的布局，但没有更进一步的信息或假设，比如过去假说（这个

假说对从远古以来就密封着的盒子来说显然并不适用），那么这个布局极有可能是从过去的高熵状态演化而来，就跟这个状态极有可能在未来演化为高熵状态一样。反过来说，给定一枚破了的蛋，那么这枚蛋是从完好的蛋演化而来的可能性并不比破了的蛋演化为完好的蛋的可能性高。我们说的也就是，可能性并不是非常高。

玻尔兹曼大脑

"鸡蛋–盒子共同体"的例子揭示了玻尔兹曼–卢克莱修情景的根本问题：我们不可能求助于主张过去的低熵状态存在的过去假说，因为宇宙（或鸡蛋）只是在以可预测的频率循环历经所有可能的布局。在恒久远的宇宙中，不存在所谓的"初始条件"。

宇宙大部分时间都处于热平衡态，但我们可以诉诸人存原理来解释为何我们的局部环境并非处于平衡态，这样的思路带来了一个强有力的预测，然而在数据上得不到证明。这个预测就是，鉴于（在"我们"的某个恰当定义下）要允许我们存在，我们理应尽可能接近平衡态。波动在所难免，但大型波动（比如生出一枚完好的鸡蛋）比小一些的波动（比如形成一枚破了的蛋）少见得多。回到图 54 我们会清楚地看到这一点，图中的曲线显示了很多小波动，但较大的波动屈指可数。而我们能看到的周围的宇宙确实是一次大型波动[1]。

---

1. 不同种类的波动的概率最近才得到严谨的量化理解，即所谓的"波动定律"（*Evans and Searles*, 2002）。但其中的基本思想我们很久以前就已经了解了。系统的熵会随机下降的可能性与熵变化值的指数成正比。这里说的还是小波动比较常见，大波动极为罕见，但说法比较别致罢了。

如果宇宙是围绕平衡态波动的永恒系统，那么关于宇宙看起来会是什么样子，我们可以说得更具体一点。玻尔兹曼援引了人存原理（尽管他没叫这个名字）来解释为什么我们不会发现自己身处最常见的平衡态期间：平衡态下生命不可能存在。很明显，我们要做的是在这样一个宇宙中找到生命宜居的最常见条件。如果我们还想更严谨一点，还可以说我们要找的或许应该是不仅对生命宜居，对特殊的智慧生命、有自我意识的生命（我们总喜欢以此自居）也宜居的条件。

说不定这就是脱身之计？我们也许会想，说不定为了让像我们这样先进的科学文明出现，我们需要一个"支撑系统"，以整个宇宙满布恒星和星系的面目出现，起源则是某种熵极低的早期条件。说不定这能解释为什么我们会发现这个宇宙那么大手大脚。

不不不，这个游戏我们得这么玩：你说出你认为宇宙中基于人存原理必须存在的特定事物，比如说太阳系、行星、特定生态系统、一种复杂生命、你眼下身在其中的房间，等等，随便什么都行。然后我们来问："在这些条件下，除了我们要求的这些特定事物之外，宇宙剩余部分在玻尔兹曼－卢克莱修情景下最可能的状态是什么？" [221]

答案永远是：剩下的宇宙最可能的状态就是平衡态。如果我们问："一个无限大的处于平衡态的气体盒子要波动为含有一个南瓜饼的状态的话，最可能的方式是什么？"答案就是："波动为有个南瓜饼自个儿凭空漂浮着，此外整个盒子里都还是均质气体的状态。"往这个情景里加进别的任何条件，甭管是时间的还是空间的——烤箱、面点师、早先有块南瓜糊——都只会让这个情景变得更加不可能，因为要让这些出现，熵都必须降得更低。到目前为止，在这个背景下要得到一块南瓜饼，最简单的方式就是让它自个儿在周遭的一片混沌中通过波动渐渐成形[1]。

亚瑟·爱丁顿爵士在 1931 年的一次演讲中，提出了一个极为合理的人存标准：

> 【在这些假设下】包含数学物理学家的宇宙在任何指定时间都将处于与这类人的存在没有矛盾的无组织程度最高的状态[2]。

爱丁顿认为，要形成一个合适的宇宙，只需要有个数学物理学家就够了。但遗憾的是，如果宇宙是永恒波动的分子集合，那么最经常出现的数学物理学家就会孑然一身，周围一切都是随机现象。

这个逻辑我们可以一直推到终极结论。如果我们想要的只是一颗行星，那我们肯定不需要上千亿的星系，每个星系都有上千亿的恒星。而如果我们想要的只是一个人，那我们肯定不需要一整颗行星。但如

---

1. 要让毫无特征的处于平衡态的气体分子集合波动为南瓜饼，这很容易想象出来，但真的是极为不可能；但要想象一个有面点师等等事物的世界，创造一块南瓜饼就没那么难了。完全正确。但是，要宇宙波动出一块南瓜饼已非易事，要波动出一个面点师加一块南瓜糊更是难上加难。大部分出现在这些假定之下——在平衡态附近波动的永恒宇宙——的南瓜饼都会自个儿在宇宙中孤独终老。我们熟悉的这个世界似乎并不是这么回事，这一事实证明了这些假定仿佛有哪里不对。
2. Eddington（1931）。请注意，这里真正重要的问题不是整个宇宙的熵显著下降的可能性有多大，而是条件问句："已知宇宙某子集的熵突然下降，那么我们觉得宇宙其余部分应该会怎样？" 只要问题中的子集与其他所有事物都没什么关联，那么答案将正如你所料，也正如爱丁顿所说明的：宇宙其余部分的熵可能会能有多高就有多高。经典统计力学方面（数学水准很高）的讨论，可参看 Dembo and Zeitouni（1998）或 Ellis（2005）等书籍。量子力学方面的相关问题可参看 Linden 等（2008）。

果实际上我们想要的是一个有能力思考人生的智慧生命，我们甚至都不需要一个完整的人——我们只需要有这个人的大脑就行了。

因此用归谬法否定上述场景的过程就是，多重宇宙中绝大多数智慧生命都应该是形单影只、没有形体的大脑，从周围的一团混沌中渐渐波动出来，后来又渐渐消解回到混沌之中。这么悲情的生灵，被安德烈亚斯·阿尔布雷克特（Andreas Albrecht）和洛伦佐·索尔博（Lorenzo Sorbo）戏称为"玻尔兹曼大脑"[1]。你我皆非玻尔兹曼大脑——我们可以被称为"普通观测者"，完全不会从周围的平衡态中凭空波动出来，而是会从较早的熵极低的状态逐渐演化而来。因此，我们的宇宙是从永恒时空的平衡态中随机波动而成的假说似乎站不住脚。

如果只涉及一个鸡蛋，你可能会很乐意按这个逻辑推演下去，但[222]如果我们开始比较没有形体的大脑和普通观测者的数量，你恐怕就会裹足不前了。但如果（这是个大大的"如果"）我们考虑的是充满了随机波动微粒的永恒宇宙，那么两者的逻辑就完全相同。我们知道在这样的宇宙中会有什么样的波动，以什么样的频率发生；熵的变化越大，波动发生的可能性就越小。无论现在的宇宙中存在多少普通观测者，跟要出现的玻尔兹曼大脑的总量比起来都会相形见绌。任意给定观测者都是处于某种特殊状态的粒子集合，这种状态会出现无数次，而且这种状态在高熵混沌中出现的次数会远远大于作为"普通"宇宙的一部分出现的次数。

---

1. *Albrecht and Sorbo*（2004）。

　　但我们还可以再严谨一点 —— 你果真确定你自己不是个玻尔兹曼大脑？你也许会回答，你能感觉到你的身体，你能看到周围的其他物体，而且你还能记得熵比较低的过去：如果说你是刚刚才从周围的分子中波动出来的没有形体的大脑，那么所有这一切就无法自圆其说了。问题在于，关于外部世界的所谓陈述实际上不过是你的大脑做出的陈述罢了。我们当然可以想象，有这么一个大脑从周围的混沌中波动出来，带着所有这些感觉。而且我们也论证过，这么个大脑自个儿波动出来的可能性要比作为宏大宇宙的一部分波动出来的可能性大得多。玻尔兹曼－卢克莱修情景中我们未曾求助于过去假说，因此极有可能我们的记忆全都是假象。

　　尽管如此，但只要认真想想我们究竟在说什么，就还是会有充分理由抛弃这种可能性。如果只是说"我知道我不是玻尔兹曼大脑，因此宇宙显然也不是随机波动"，那就错了。正确说法是："如果我是玻尔兹曼大脑，就会有足够理由推论出，宇宙中所有其他事物都应该处于平衡态，但并非如此。因此，宇宙并非随机波动。"如果我们仍然固执己见强烈怀疑，那可能会想是否不仅我们眼下的心理状态，还有我们明显正在积累的所有额外的感官数据代表的只是随机波动而不是我们周围环境的准确重构。严格来讲这种情形确有可能，但在我们上一章所讨论的意义上，并非稳定认知。就算是这种情形，也没有合乎情理的生活、思考和表现方式，因此没有必要相信。最好还是就以宇宙（多数情况下）显现出来的面目来认识我们周围的宇宙。

　　理查德·费曼在其久负盛名的《物理学讲义》中清晰阐明了这一点：

如果从世界是个波动的假说出发，那么所有预测都会是，如果我们去观察此前从未观察过的一个世界，就会发现这个世界混为一团，跟我们已经见过的世界一点儿都不像。如果我们这个世界的秩序来自波动，那么除了我们已经注意到的这个世界，别的任何地方都不要指望能看到秩序……

因此我们可以得出结论：宇宙并非波动，而秩序就是对事物开始时的条件的记忆。这并不是说我们已经懂得其中的逻辑了。出于某种原因，宇宙某时刻就其能量总量而言熵非常低，并从那时候起开始增加。这就是走向未来的道路。所有的不可逆，还有增长和衰落的过程都是由此而来，也因此我们只记得住过去而记不住未来，记得住宇宙史上有序程度比现在更高的那些时刻的事物，却无法记住无序程度比现在高，也就是我们称之为未来的那些事物[1]。

多重宇宙中我们是什么角色？

在我们完全关上玻尔兹曼–卢克莱修情景的大门之前，最后还有一个漏洞必须填上。假设我们认可传统统计力学的推定，即熵的小型波动比大型波动要频繁得多，而围绕平衡态永恒波动的宇宙中的智能观测者绝大部分都会发现自己孑然一身，周围只有高熵环境，而不是从早先熵极低的布局自然而然演化而来。

你大概会问：那又如何？大部分观测者（随便你怎么定义"观测

---

1. *Feynman, Leighton, and Sands*（1970）。

者 ") 都会发现自己是高熵背景下形单影只的极端波动, 但凭什么我得为此徒增烦恼呢? 我关心的顶多就是我是谁, 而不是大部分观测者是什么样子。只要我四下一望, 在永恒生命的更宏大的世界中确实有那么个宇宙 (也确实是会有那么个宇宙), 那我不就只需要宣称这幅景象跟数据是一致的吗?

也就是说, 玻尔兹曼大脑的论证中有个隐含假设: 我们反正算是宇宙中的 " 典型观测者 ", 因此我们应该通过询问大部分观测者会看到什么来进行预测[1]。这样听上去人畜无害, 甚至还有几分谦逊。但仔细审视之后, 会发现这个假设会导出比我们真正能证明的似乎更武断的结论。

假设我们关于宇宙有两种理论, 在所有方面都一模一样, 只除了其中一种预言环绕天仓五[2]有一颗类地行星, 是 10 万亿身为蜥蜴的智慧生命的家园, 而另一种认为在天仓五星系中没有任何智慧生命。我们大多数人会认为, 目前没有足够信息来判断这两种理论的对错。但如果我们真的是宇宙中的典型观测者, 那么前一个理论强有力的推测是, 我们更可能是环绕天仓五行星上的蜥蜴, 而不是此处地球上的人, 因为蜥蜴的数量比人多得多。但这个推测并没说对, 因此, 我们很显然完全不用收集任何关于天仓五星系情况究竟如何的数据就可以排除那部分数量巨大的观测者的存在。

---

1. 上述讨论来自 *Hartle and Srednicki*(2007)。亦可参见 *Olum*(2002), *Neal*(2006), *Page*(2008), *Garriga and Vilenkin*(2008), 及 *Bousso, Freivogel, and Yang*(2008)。
2. 天仓五, 即鲸鱼座 τ 星, 质量和恒星分类都与太阳相似, 与太阳系的距离也小于 12 光年, 是搜寻地外文明计划 (SETI) 目标名单上的热门, 也常出现在科幻作品中。2012 年 12 月侦测到天仓五周围可能有 5 颗行星, 其中可能有一颗位于天仓五的宜居带。——译者注

假设我们是典型观测者，对我们来讲好像是有点儿自我谦抑的举动，但对整个宇宙其余部分的情形实际上相当于一个斩钉截铁的断言。不但"我们是典型观测者"，而且"典型观测者要像我们这样"。这样一说，似乎就变成了我们没有资格做出的武断假设。（文献中人们管这叫"放肆哲学家问题"。）因此，可能我们根本就不应该去比较宇宙中不同种类观测者的数量，而只需要问问给定理论是否能预测会有像我们这样的观测者出现在某处；如果确实如此，我们就应该认为，该理论与数据一致。如果要这么思考才是正确的，我们恐怕就没有什么理由拒绝考虑玻尔兹曼－卢克莱修情景了。尽管宇宙中大部分观测者都将茕茕孑立，但总还是有些会发现自己身处像我们这样的区域中，因此可以判定该理论与我们的经验相符[1]。

这种极简主义方法的困难在于，要理解宇宙中可能发生什么这个问题，这种方法提供的着力点不是太多而是太少。统计力学依赖于无差别原则——假设与我们当前宏观态吻合的所有微观态的可能性完全等同，至少在要预测未来时完全等同。这实际上是关于典型性的假设：我们的微观态很可能是我们宏观态的典型之一。如果不允许这样假设，那所有的统计推论就都分崩离析了。我们没法说冰块很可能会融化在一杯热水里，因为在永恒宇宙中总会有些时候发生的是相反的情形。似乎我们考虑典型性考虑得有点儿过头了。

---

1. 如果我们在非常大的宇宙中比较不同种类的观测者，就会有一些密切相关的问题出现。其一为"模拟异议"（*Bostrom*，2003），是说先进文明要是想制造一台超级强大的计算机来模拟大量智慧生命可是轻而易举，因此我们极有可能是生活在计算机模拟中。另一个是"世界末日异议"（*Leslie*，1990；*Gott*，1993），是说人类不太可能生存很长时间，因为如果能长久生存，那么（现在的）我们就是身处人类文明的早期阶段，因此是非常不典型的观测者。这些争议都颇为刺激，是否能令人信服当取决于读者诸君的判断。

因此，我们应该采取明智的中间态度。要求我们在宇宙的所有观测者中是典型的，这有点儿过头，因为这对我们从未观测过的那部分宇宙来说是个武断的结论。但至少我们可以说，在跟我们一模一样的观测者中我们是典型的 —— 也就是跟我们有同样的基本生理功能，也有同样记忆的观测者，关于宇宙的粗粒化经验也是一样的[1]。关于其他智慧生命有没有可能存在于宇宙中别的什么地方，这一假设不允许我们做出任何毫无根据的结论。但要排除玻尔兹曼－卢克莱修情景已经完全够了。如果宇宙永远在热平衡状态附近波动，那么不仅大部分观测者都将自己从一片混沌中浮现，对拥有像你我这样的特征的观测者子集来说也是一样的 —— 拥有所谓的对过去的记忆。这样的记忆一般来讲都是错的，要波动出这样的记忆也极不可能，但可能性还是比波动出整个宇宙要高得多。要进行统计推理，这么小的必要条件 —— 我们应当自视为从跟我们一模一样的观察者子集中随机选择出来的 —— 就已经足够让玻尔兹曼－卢克莱修情景一边儿凉快去了。

我们观测的宇宙不是波动 —— 更严谨一点，至少不是大部分时间都处于平衡态的永恒宇宙的统计波动。这就是宇宙不是什么；但宇宙究竟是什么，我们还得继续探索。

---

1. 参见 Neal（2006），他称这种方法为"完全非直证条件"。"条件"意味着我们是在特定条件（比如说，我们是具备某些特征的观测者）成立时通过要求宇宙其他部分应该是什么样子来做出预测的；"完全"意味着我们不只是以粗糙的像是"我们是观测者"这样的特征为条件，而是以我们拥有的所有数据为条件；"非直证"表示我们完全考虑到了所有满足条件的情形，而不只是标记为"我们"的特殊情形。

结局

1906 年 9 月 5 日，路德维希·玻尔兹曼和家人在意大利度假，住在一家酒店里。这天晚上，他找来一根绳子，拴在酒店房间的窗帘杆上，上吊了。他女儿艾玛（Emma）这天晚上回到房间时发现了他的尸体。玻尔兹曼这年 62 岁。

玻尔兹曼自杀的原因至今成谜。有些人说，他是因为自己关于原子论的思想没有得到广泛认可而感到沮丧。但是，尽管当时很多说德语的科学家对原子论仍然持怀疑态度，但动力学理论已经成为几乎全世界的标准，玻尔兹曼在奥地利和德国都毫无疑问是其中泰斗级的科学家。玻尔兹曼长期抱恙，很容易抑郁；他尝试自杀已经不是头一回了。

不过他的抑郁症是间歇性的。在他自杀前数月，他还就前一年去美国加州大学伯克利分校讲学的旅程写了一篇引人入胜、热情洋溢的文章，并在朋友圈中广泛传阅。他称加州为"黄金国"，但觉得美国的水没法喝，只能喝酒。这可是个大问题，因为当时美国的戒酒运动正如火如荼，伯克利更是一滴酒也找不到。玻尔兹曼的文章中一再出现的主题是，尝试将酒偷运到不同的禁地[1]。我们可能永远也无法知道，健康问题、抑郁症和科学上的争议是如何混成一体，促成了他的最后一步。 [226]

---

1. 玻尔兹曼的游记已重印于 *Cercignani*（1998），231。如欲了解其更多生平，请参阅该书及 *Lindley*（2001）。

关于原子是否存在的问题以及原子在理解宏观物体特征方面的效用，玻尔兹曼究竟有没有说对？所有这些挥之不去的疑问，在玻尔兹曼身后都烟消云散了。阿尔伯特·爱因斯坦在"奇迹年"（1905 年）发表的文章中有一篇将布朗运动（空气中很微小的粒子看似随机的运动）解释为粒子与单个原子的碰撞，物理学家中对原子论残存的怀疑论调很快一扫而空。

当然，关于熵和第二定律的本质的问题仍然挥之不去。需要解释早期宇宙的低熵状态时，我们没法说"玻尔兹曼是对的"，因为他提出了很多不同的可能性，但并没有特别关注其中某一个。但辩论的主题是他定的，一百多年前困扰过他的问题，而今我们仍在争论不休。

第 11 章
量子时间

> 甜只是人云亦云，苦是人云亦云，热是人云亦云，冷是人云亦云，颜色也是人云亦云。实际上，这些全都只是原子和虚空。
>
> ——德谟克利特[1]

很多在高中或大学听过物理学入门课程的人，恐怕都不会同意"牛顿力学对我们来说直觉上就是对的"这样的说法。他们记得牛顿力学就是令人眼花缭乱的走马灯，什么滑轮啊、向量啊、斜面啊，因此他们会觉得，跟牛顿力学最不沾边的就是"直觉"。

但是，尽管用牛顿力学的框架来真正计算什么东西——无论是写家庭作业，还是送宇航员上月球——的时候，计算过程可以复杂得很，但基本概念还是非常简单。世界是由我们能够观测、认识的有形事物组成的：台球、行星、滑轮，等等。这些事物会产生作用力，或是互相碰撞，其运动也因为这些作用而改变。如果拉普拉斯妖知道宇宙中所有粒子的位置和动量，它就可以非常准确地预测未来，反推过去。我们知道这对我们来说鞭长莫及，但我们可以想象，如果已知无

---

1. 转引自 *Baeyer*（2003），12—13。

摩擦桌面上一些台球的位置和动量，那么至少原则上我们可以进行这样的数学计算。有了这些，要将整个宇宙都包罗其中，就只是外推和胆量的问题了。

物理学家往往称牛顿力学为"经典"力学，他们想强调的是，牛顿力学可不只是一组牛顿制订的特殊定律而已。经典力学是思考世界深层结构的方式。不同类型的事物 —— 棒球、气体分子、电磁波 —— 会各自遵循不同的特殊定律，但这些定律都会有相同的模式。这一模式的实质就是，所有事物都有某种"位置"也有某种"动量"，而这些信息可以用来预测接下来会发生什么。

这个结构在不同背景下一再重复：牛顿自己的万有引力理论，麦克斯韦 19 世纪的电磁学理论，还有爱因斯坦的广义相对论，全都符合经典框架。经典力学不是一种特殊理论，而是一种范式，一种可以将物理理论变成概念的方式，也证明了以经验为依据在极大范围内都是成功的。1687 年牛顿出版了他的杰作《自然哲学的数学原理》之后，就几乎想不到还能有其他任何方式来研究物理了。世界由事物组成，事物以位置和动量为特征，并在特定作用力的集合下四处运动；物理学的任务就是将事物分门别类，找出都有哪些作用力，然后就万事大吉。

但现在我们知道的更多了：经典力学并不对。20 世纪早期的二三十年间，有些物理学家试图弄懂微观尺度下的物质行为，渐渐地，他们不得不得出结论，必须推翻经典力学的定律，并以别的什么定律来取而代之。这就是量子力学，可以说是整个历史上人类智慧和想象力的最重要结晶。量子力学所展现的关于这个世界的图景跟经典力学展现的完全不同，但凡实验数据还能有其他解释，科学家都绝对不会认真考虑世界还能是这个样子。今天的量子力学享有经典力学在 20 世纪初所享有的地位：经过大量实证检验，大部分研究人员都确信，物理学的终极定律非量子力学莫属。

但尽管大获成功，量子力学还是有几分神秘。物理学家对于如何运用量子力学十分有把握 —— 可以用来创建理论，做出预测，用实验进行验证，等等，在这些过程中也不会有任何含混不清之处。然而，我们并非完全确定，我们真的知道量子力学究竟是什么。有一个名叫"量子力学诠释"的相当需要脑细胞的领域，让大量颇有天分的科学家和哲学家都投入了大量心血。

一个世纪之前可没有这么个叫作"经典力学诠释"的领域 —— 经典力学阐述起来相当直接。但我们仍然无法肯定，思考和讨论量子力学的最佳方式是什么。

这种关于如何诠释的焦虑源于量子力学和经典力学之间唯一的基本区别，这个区别非常简单，但隐含的结论堪称石破天惊：

> 根据量子力学，关于这个世界我们能观测的事物只是真正存在的事物的非常小的一部分。 229

尝试解释这个原则通常都会把它搞得面目全非。"就好像你有个笑起来非常灿烂的朋友，但要是你想给他拍个照，笑容就总是倏忽而逝。"量子力学要比这深奥多了。在经典力学的世界里，要对某个数量进行精确测量可能会有困难：我们得小心翼翼，不能扰动我们正在观测的系统。在经典物理学中，好歹没有任何东西会妨碍我们小心翼翼。然而在量子力学中，要对物理系统进行完整、无扰动的观测有无法回避的障碍，一般来说根本做不到。试图观测某物时究竟发生了什么，怎样才真正算是一次"测量"——这些就是最紧要的神秘之处。我们称之为"测量问题"，就好像有辆汽车滚落山崖，在万丈深渊中摔得粉碎可以叫作"汽车问题"一样。功德圆满的物理学理论可不应该有这样模棱两可的地方，对于这些理论，我们首先要求的就是定义清晰。量子力学尽管已经有无可否认的成功之处，但在这一点上还没做到位。

所有这一切都不应当理解为礼崩乐坏天下大乱，或是量子力学的神秘莫测提供了随意相信任何事情的借口。尤其是，量子力学并不意味着你光靠想就能改变现实，或是现代物理学重新发现了古老的佛家智慧[1]。规则还是有的，我们也知道这些规则在我们的日常生活领域如何起作用。但我们也想知道，这些规则对所有能想到的情形会如何起作用。

大部分现代物理学家面对诠释量子力学这一难题时，采取的都是

---

1. 这并不是说古代佛家并不智慧，而是说他们的智慧并非基于原子尺度上经典决定论的失败，也没有以任何有意义的方式预见现代物理学，只是在谈论宏大的宇宙概念时于遣词造句方面不可避免地偶尔会有相似之处。（我曾听过一个讲座，声称宇宙中原始核合成的基本思想在《摩西五经》中就有预示了；但如果将你的定义极尽夸大之能事，那随便什么地方都能找到奇形怪状的相似之处。）如果对古代哲学家和现代物理学家的目标和方法之间的真正区别视而不见，从粗浅的相似之处出发试图制造出有鼻子有眼的关联，那么无论对古代哲学家来说还是对现代物理学家来说，都说不上是尊重。

古老的"否认"策略。对于自己感兴趣的情形，他们知道规则如何起作用；对于特定情况，他们可以让量子力学发挥效力，与实验达成惊人的一致；但他们并不愿意费神去想那些讨人厌的问题：所有这些都是什么意思？理论的定义完美无缺吗？就本书目标而言，这个策略通常也堪称上策。在发明量子力学之前，玻尔兹曼及其同时代的人就已经有了时间之箭的问题；不涉及量子力学细节，光是熵和宇宙学就够我们高谈阔论好多天了。

但总有个时候我们得算算总账。时间之箭毕竟是个根本问题，量子力学对解决这个问题可能会起到至关重要的作用。还有一件事情关系更加直接：量子力学诠释中的所有夹缠不清之处都在测量过程中，[230]而这个过程有个显著特征就是不可逆。在所有已被完全接受的物理学定律中，单是一个量子测量过程就能定义时间之箭：一旦量过，就没法撤销。神秘之处就在这里。

这种神秘的不可逆与热力学中同样神秘的不可逆很有可能是完全一样的特征。热力学中的不可逆是在第二定律中成文的：这是进行近似、忽略掉一些信息的后果，尽管深层的基本过程一个个看全都是可逆的。本章我将主张这个观点。但在专家学者中间，这个话题仍然存在争议。唯一确定的事情是，只要我们对时间之箭感兴趣，我们就必须正视测量问题。

量子猫

拜埃尔温·薛定谔设计的思想实验所赐，讨论量子力学时拿猫举例子已经成了标配[1]。薛定谔的猫被提出是为了展现测量问题中的困难，但在一头扎进那些细微之处之前，我们还是准备先从理论的基本特征开始。我们的思想实验中也没有哪只动物会受到伤害。

假设你家的猫，我们暂且称之为猫小姐，在你家里有两个最喜欢待的地方：沙发上和饭桌下。现实世界的空间中有无数个位置可以用来确定像是猫这样的对象的所在；同样，就算你家猫小姐动起来总是慢吞吞的，也会有无数个动量可以描述她的运动。为了直击量子力学核心，我们打算极度简化。因此，假设我们能完全确定猫小姐的状态 —— 就像在经典力学中的描述一样 —— 就说她要么在沙发上面要么在桌子下面。关于她的速度我们一概不管，更别提她到底在沙发上哪个位置这样的信息，也不考虑沙发和桌子以外还有没有其他可能。从经典的视角来看，我们将猫小姐简化成了仅有两个状态的双态系统。（现实世界中确实存在双态系统，例如电子或光子的自旋，要么朝上要么朝下。双态系统的量子态可以用"量子比特"来描述。）

量子力学和经典力学的第一个主要区别是，量子力学中没有"猫的位置"这回事。经典力学中，确实也有可能我们并不知道猫小姐在哪儿，所以我们也有可能会说类似于"我觉得猫小姐有 75% 的概率在桌子下面"这样的话。但这样的陈述只关乎我们的无知，而不是关于世界本身；无论我们知不知道，猫究竟在哪里这样的信息终归是存在的。

量子力学中，就没有猫小姐（或随便别的什么东西）在哪里这样的事实存在。量子力学的状态空间根本就不是以这种方式呈现的。与经典力学不一样，量子力学的状态可以用所谓的波函数来说明。波函数并不会说"猫在沙发上面"或"猫在桌子下面"这样的话，而是会说："如果我们准备看一眼，那么会有 75％ 的概率发现猫在桌子下面，有 25％ 的概率发现猫在沙发上面。"

"信息不完备"和"量子固有的不确定性"之间的区别值得好好探究一番。如果波函数告诉我们会有 75％ 的概率观测到猫在桌子下面，有 25％ 的概率观测到猫在沙发上面，那么这并不意味着猫有 75％ 的概率在桌子下面，有 25％ 的概率在沙发上面。没有"猫在哪里"这回事。猫的量子态要用两种可能性的叠加来表示，而这两种可能性在经典力学中完全不同。甚至都不是说"两者同时都是对的"，而是猫并没有一个"真正的"所在。对于猫的实际情况，波函数是我们能做出的最贴切描述。

很清楚为什么一眼看上去很难接受。坦率地说，世界看起来一点儿都不像这个样子。我们只要去看，就能看到猫啊行星啊甚至电子啊都各在其位，而不是处于由波函数描述的不同可能性的叠加状态。然而这就是量子力学真正的魔法：我们看到的东西并非真的在那里。波函数确实存在，但我们观测不到波函数；我们看到的只是就好像处于某种常见的经典布局的事物。

尽管如此，经典物理学要处理打篮球、把卫星送入轨道等事情还是绰绰有余。量子力学以"经典极限"为特征，物体在其中的表现就跟牛顿力学完全正确是一样的，这个限制也包括了我们所有的日常经验。对于像你们家猫这样的宏观物体来说，我们从来不会发现它们处于以"75%在此，25%在彼"的形式叠加起来的状态，而通常都是"99.999 999 9%（或更高）在此，0.000 000 1%（或更低）在彼"。经典力学是对宏观世界如何运行的近似，但近似得非常到位。现实世界由量子力学的定律统治，但我们用经典力学来过好这一生已经绰绰有余。只是到我们开始考虑原子和基本粒子的时候，才完全无法忽略量子力学的所有影响。

232

波函数如何一统天下

你大概想知道，我们怎么才能确定真的是这么回事。说到底，"有75%的概率观测到猫在桌子下面"和"猫有75%的概率在桌子下面"之间究竟有什么区别啊？似乎很难构想出一个能区分这些概率的实验——毕竟如果我们想知道猫在哪儿，唯一的办法就是去看看。但是有一个极为重要的现象让其间区别昭然若揭，这就是量子干涉。想弄懂这是什么意思的话，我们就得硬着头皮来深入研究，好搞清楚波函数究竟是怎么一统天下的。

经典力学中粒子的状态是其位置和动量的明确陈述，我们可以将这样的状态看成是由数字集合来说明的。在通常的三维空间中的粒子，有六个数字说明其状态：三个方向上的位置，及三个方向上的动量。量子力学中状态则由波函数具体说明，而波函数同样可以看成是数字的集合。这些数字的任务是，对任何我们能想到的观测或测量来说，告诉我们会得到某特定结果的概率是多少。所以你可能自然而然会想到，我们需要的数字只是概率本身：会观测到猫小姐在沙发上的概率，或是观测到她在桌子下面的概率，等等。

但事实证明，现实世界不是这样运作的。波函数真的像波：典型的波函数会在时间和空间中振荡，就像是池塘水面上的水波一样。对我们这个简单到只有两个可能的观测结果（"沙发上面"或"桌子下面"）的例子来说，波函数并不那么显而易见，但如果我们考虑可能有连续的观测结果的例子，比如真实房间里真实的猫的位置，就会变得清晰多了。波函数就像池塘上的水波，只不过这是某次观测的所有可能结果在空间中的波——比如说，房间中所有的可能位置。

如果我们在水面上看到波纹，那么水的高度并非比没有扰动时的水面都要高，而是有的高有的低。如果想用数学方法来描述水波，那么对水面上的每一点我们都需要赋予它一个相位，也就是水的位移，而这个相位有时候是正的，有时候是负的。量子力学中的波函数也一样，对某次观测的每一个可能结果，波函数都会分配一个数字，也就相当于相位，也是可正可负，不过在波函数中我们称之为概率幅或量子幅[1]。完整的波函数对每一个可能的观测结果都有一个特定的概率幅，[233]这些数字说明了量子力学中的状态，就好像位置和动量说明了经典力学中的状态一样。猫小姐在桌子下面有一个概率幅，在沙发上面也有一个概率幅。

这样设定只有一个问题：我们关心的是概率，而某事件发生的概

---

1. Amplitude 一词在英文中可表达多个意思，译名也有所不同。该词一般译为振幅，代表振动中一点可能的最大位移，为标量，不可能为负。早期文献中有时也用 amplitude 一词表示相位，即一点的瞬时位移，可正可负，此处前文写为水波即用此意。而在后文的波函数中，该词一般译为概率幅或量子幅，是复数。——译者注

率绝对不会是负数。因此，某观测结果所分配到的概率幅不可能等于得到该结果的概率 —— 倒是必须有一种计算方法，让我们在已知概率幅时能算出概率来。好在计算非常简单，要得到概率，我们就把概率幅拿过来平方一下就好了。

$$观测到 X 的概率 = (分配给 X 的概率幅)^2$$

因此，如果对于观测到猫小姐在沙发上的可能性，其波函数分配的概率幅是 0.5，那么我们会看到猫小姐在沙发上的概率就是 $0.5^2 = 0.25$，或 25%。但关键之处在于，概率幅也可以是 −0.5，由此我们也会得到完全相同的结果：$(−0.5)^2 = 0.25$。这样子似乎完全是多此一举 —— 两个不同的概率幅对应同一种物理情形 —— 但到我们考察量子力学中状态如何演化时，这个特性就会发挥关键作用了[1]。

干涉

既然我们已经知道波函数会给观测的可能结果分配负的概率幅，那么我们就可以回到为何我们一开始就需要谈到波函数和叠加，而不是直接给不同观测结果分配个概率就好了的问题。原因在于干涉，而在理解干涉如何出现时，那些负数至关重要 —— 我们可以将两个

---

1. 我们还是隐去了一个技术细节 —— 不管你信不信，实际上只需要比我们这里描述的复杂程度再多一步，不过就我们眼下的目标来说并不需要这么复杂。量子的概率幅实际上是复数，也就是说由两个数字联合组成：一个实数加上一个虚数。（如果对一个负实数取平方根，就会得到虚数；因此 "虚数 2" 就是 −4 的平方根，以此类推。）复数可以表示为 $a + bi$，其中 a 和 b 为实数，i 为 −1 的平方根。如果对应于某特定位置的概率幅为 $a + bi$，那么该处的概率就是 $a^2 + b^2$，肯定大于等于 0。你得相信我，额外来这一套对量子力学的运转极为重要 —— 要么信我，要么你就自己开始学点儿量子理论的数学细节好了。（实话说吧，让你的时间花得更不值当的方式我都有的是。）

（非零）概率幅加在一起得到 0，但要是概率幅绝对不能为负我们就做不到了。

要了解这是怎么回事，我们就得把我们的猫科力学模型再稍微弄复杂一点点。假设我们看到猫小姐离开了楼上的卧室。根据我们先前对她在房子里四处游荡的观察，我们对这只量子猫咪如何行事已有诸多了解。我们知道，只要她在楼下安顿下来，她就肯定要么在沙发上要么在桌子下，二者必居其一。（也就是说，她的最终状态是一个描述了"在沙发上面"和"在桌子下面"的叠加的波函数。）但是，如果我们假设说我们还知道，她从楼上的卧室去楼下随便哪个她选定的休 234 息区都有两条可能路径，要么是路过猫食盘顺便吃点东西，要么是路过猫抓板顺便磨磨爪子。现实世界中所有这些可能性都已经由经典力学做出了充分阐述，但在我们理想化的思想实验世界中，我们假设量子效应的作用极为重要。

现在我们来看看究竟会观测到什么。这个实验我们用两种不同的方法来做。第一种是，看到猫小姐从楼上出发时，我们就悄没声儿地跟在她后面，看她究竟走哪条路，是路过猫食盘还是猫抓板。猫小姐实际上有个描述了两种可能性叠加的波函数，但当我们进行观测时，总会得到明确结果。我们要多安静有多安静，所以不会惊扰到猫小姐；你要是愿意，甚至都可以假设我们是装了摄像头或激光感应器。用来查明她究竟是路过了猫食盘还是猫抓板的技术手段完全无关紧要，要紧的是我们做了观测。

我们发现，观测到猫小姐路过猫食盘的次数刚好是一半，路过猫抓板的次数刚好也是一半。(假定猫小姐只路过其一, 绝对不会两个都路过, 这样可以让情形尽可能简化。) 当然, 随便哪次观测都不能揭示出波函数, 只能告诉我们这一次我们看到她停在猫抓板那儿了或是停在猫食盘那儿了。但是可以假设我们把这个实验做了无数次, 因此对于概率分布可以得出很可靠的概念。

但我们没有就此止步。接下来我们让猫小姐继续下楼, 要么去沙发上面要么去桌子下面, 等到她终于安顿下来的时候再来看看她最后是到了哪儿。同样, 我们也做了无数遍实验, 足够看出概率来了。现在我们的发现是, 甭管她是路过了猫食盘还是猫抓板, 两种情形下我们都可以观测到她最终有一半时候到了沙发上, 有一半时候去了桌子下面, 跟她一开始路过的是猫食盘还是猫抓板完全无关。猫小姐下楼路上的中间步骤显然并没有多么重要, 无论我们在路上观测到的是哪种选项, 最后波函数分配给沙发和桌子的概率都还是相等。

接下来就好玩了。这回我们选择不去观测猫小姐旅途上的中间步骤, 不去追踪她路过的是猫抓板还是猫食盘。我们就等着她在沙发上或桌子下安顿下来, 然后再看她究竟在哪儿, 重构出波函数分配的最终概率。我们能期待有什么发现呢?

在经典力学统治的世界, 我们知道会看到什么。我们监视猫小姐的时候十分小心, 因此我们的观测应该不会影响到猫小姐的行动; 无论她走的哪条路, 结果都是有一半的时间我们发现她在沙发上面, 还有一半的时间在桌子下面。很明显, 就算我们不去观察她一路上都干了啥, 也应该没有影响 —— 随便哪种情形下我们的最后一步得到的都是相等的概率，因此就算不去观测中间阶段，我们理应还是得到相等的概率。

但结果并非如此。在这个理想化的思想实验世界中，我们这只猫完全是个量子对象，我们看到的并不是这样的景象。如果我们不去观测她到底是路过了猫食盘还是猫抓板，那么我们看到的就会是，她最后100%都在沙发上！我们永远不会有逮到她在桌子下面的机会——最后的波函数给这个可能的观测结果分配的概率幅是零。如果要相信所有这一切，那么很显然，我们那些摄像头的出现以某种方式极大地改变了猫小姐的波函数。下表概括了所有的概率。

表 2

我们看到猫小姐取道何处	最终概率
猫抓板	50% 沙发, 50% 桌子
猫食盘	50% 沙发, 50% 桌子
我们不看	100% 沙发, 0% 桌子

这并非只是个思想实验，已经有人做过这样的实验了。不过不是真的用猫做的，猫毫无疑问是宏观对象，可以用经典极限来完美描述；实验用的是单个光子，而这个实验叫作"双缝实验"。有两条缝可以让光子穿过，如果我们不去看这个光子究竟走的哪条缝，我们会得到一种最终波函数；但如果我们去看它走哪条缝，那我们的测量无论有多低调，最终得到的波函数都会完全不同。

要解释清楚怎么回事，我们得这么看。假设我们确实观测了猫小姐到底在哪儿逗留，结果我们看到她在猫抓板那儿停了一下。之后她演变为在沙发上和在桌子下的叠加状态，并且两者概率相等。具体而言，由于猫小姐的初始状态和量子猫科力学的某些细节特征，最终波函数分配给在沙发上和在桌子下这两种可能性相等的正概率幅。现在我们来考虑一下中间那步的另一种情况，就是我们看到她在猫食盘那儿停了下来。这时，最终波函数分配给桌子一个负的概率幅，而给沙发的是一个正的概率幅 —— 数值相等，但正负号相反，因此两个位置的概率最后还是一模一样[1]（图 57）。

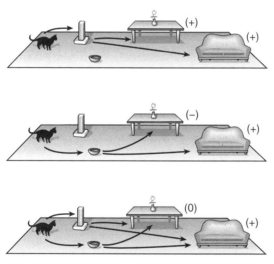

图 57　猫小姐波函数的可选演变。上图：我们观测到她在猫抓板停下来，随后会前往桌子或沙发，两者的概率幅均为正。中图：观测到她去了猫食盘，随后也是会前往桌子或沙发，但这回桌子的概率幅为负（概率仍然为正）。下图：未观测猫小姐的中间路线，因此要将两种可能的概率幅加起来。最终我们得到的桌子处的概率幅为零（因为正负刚好抵消），而沙发处的概率幅为正

1. 某种特定事件序列为两种最终可能性分配或正或负的概率幅，这是我们出于思想实验的目的做出的假设，并非量子力学定律的深层特征。现实世界的任一案例中，概率幅都由所考虑系统的细节决定，但眼下我们没必要把手伸得那么远。同样也请注意，本例中概率幅的数值是 ±0.7071，将其平方后就会得到 0.5 的概率。

但如果我们没有在猫抓板 / 猫食盘这个节骨眼上观测猫小姐，那么（从思想实验的角度来看）她在中间这步的时候就处于两种可能性的叠加态。这样一来，量子力学的定律就会教导我们，要将两种可能的贡献 [236] 都加到最终波函数里 —— 其一来自猫小姐路过猫抓板的路径，其一来自猫食盘。两种情况下对于最后待在沙发上面的概率幅都是正数，因此会变得更强；但对于最后待在桌子下面的概率幅是一正一负，因此一旦加在一块儿，就会刚好抵消。分别来看，猫小姐两种可能的中间路径对最后待在桌子下面的情形都会带来非零的概率，但如果两条路径都允许（因为我们没去观测她究竟走了哪条路），两个概率幅就会发生干涉。

这就是为什么波函数得有负数，及我们是怎么知道波函数是"真的"，而并非只是用来追踪概率的记账本。个别概率都是正的，但两种中间步骤贡献给最终波函数的概率幅结果互相抵消，这样的例子我们有。

来，深吸一口气，从我们习惯的狭隘经典视角出发，好好地了解 [237] 一下这到底有多深奥。对实验的任一具体实例，我们都会忍不住要问：猫小姐在猫食盘或者猫抓板那里逗留过吗？唯一能接受的答案是：没有。她哪儿都没逗留。她处于两种可能性的叠加态，我们能知道这一点是因为两种可能性最后都对最终结果的概率幅有至关重要的贡献。

真正的猫是复杂的宏观对象，由大量分子组成，因此它们的波函数往往集中于跟我们的"空间中某位置"的经典概念很类似的某处周围，且集中度非常高。但在微观层面，关于波函数、叠加、干涉等的所有这些说法就都变得一目了然了。量子力学让我们大跌眼镜，但自然界本来就是这样子。

波函数坍缩

这些讨论中有个事情往往会（有充分理由）误导人们，就是观测在其中扮演的关键角色。如果我们观测猫在猫抓板 / 猫食盘这个位置干了啥，对最终状态我们会有一个结果；但如果我们不进行这样的观测，我们得到的最终结果会大异其趣。物理学不应该是这么运行的；这个世界理应按照自然界的规律来演变，无论我们是否进行观测。再说了，怎么才算一次"观测"呢？如果我们在路上放一个摄像头，但是从来不去检查录到了什么，这样算不算观测？（算。）我们观测的时候，究竟发生了什么？

这组问题非常重要，我们也还没完全弄清楚答案。在物理学界，关于量子力学中怎样才真正算是一次观测（或"测量"），或是观测时究竟发生了什么，都还没形成共识。这就是"测量问题"，也是那些时时刻刻都在想着量子力学诠释的人关心的首要问题。坊间流传着很多种诠释，这里我们打算讨论两种：其一为差不多算是标准答案的，叫作"哥本哈根诠释"，另一种是（在我看来）似乎更值得探讨，也更有可能符合现实的，名称则令人望而生畏，叫作"多世界诠释"。我们先来看看哥本哈根诠释[1]。

---

1. 1997 年，在一个由量子力学专家学者参与的研讨会上，马克斯 · 泰格马克（Max Tegmark）在与会者中做了一次非常不科学的问卷调查，看大家最心仪的量子力学诠释都是什么（Tegmark，1998）。哥本哈根诠释拔得头筹，计 13 票；多世界诠释屈居第二，计 8 票。另有 9 人的投票分散在其他选项中。最有意思的是，有 18 票投给了"上述皆非 / 尚未决定"。这些人都是专家学者。

哥本哈根诠释之得名是因为尼尔斯·玻尔（Niels Bohr），他于 20 世纪 20 年代在哥本哈根自己的研究所里发展出这种诠释，从各方面看都算得上是量子力学的鼻祖。这种观点的真实历史十分复杂，也肯定有维尔纳·海森伯投入的大量心血，他是量子力学的又一先驱。但跟已经写进教科书被奉为圭臬的地位相比，哥本哈根诠释的历史对我们眼下要说的事儿来说没有那么重要。所有物理学家一开始学的都是这个，然后才开始冥思苦想别的替代方案（或是选择不去想替代方案，视情况而定）。238

量子力学的哥本哈根诠释说出来轻而易举，要消化却是难上加难：量子系统如果成为观测对象，其波函数就会坍缩。也就是说，波函数本来描述的是各种各样的可能观测结果的叠加态，在观测下瞬间就会变成另一种完全不同的波函数，将 100% 的可能性都分配给实际测量到的结果，而其他任何结果的可能性都统统为零。这种波函数完全集中在一个可能的观测结果上就叫作"本征态"。一旦系统处于该本征态，你就可以一直进行同样的观测，也将总是得到同样的结果（除非有什么原因让系统从这个本征态又偏离到别的叠加态）。做出观测时，我们没法准确说出系统会落到哪个本征态中；这个过程生来就完全随机，我们最多只能在不同结果之间分配概率。

这个思路我们可以应用在猫小姐身上。根据哥本哈根诠释，只要我们选择进行观测，去看她到底是经过猫食盘还是猫抓板，那么无论我们的观测有多悄无声息，对她的波函数都会有巨大影响。如果我们没看，她就处于两种可能性的叠加态，概率幅相等；随后猫小姐走向沙发或桌子，这时我们将两种中间过程的贡献都加起来，就会发现有干涉。但如果我们选择沿路观察，就会令其波函数坍缩。如果我们看见她停在猫抓板那里，这个观测一旦做出，她就不再处于叠加态了，而是 100% 猫抓板，0% 猫食盘。同样地，如果我们看见她停在猫食盘那里，概率幅就会反过来。无论是哪种情况，都不再有什么东西能产生干涉，因此猫小姐的波函数就会演变为这样的状态，使她最后出现在沙发上或桌子下的概率相等 [1]。

这个说法有好消息也有坏消息。好消息是跟数据对得上。假设每次我们进行观测时波函数都会坍缩为本征态（无论我们的观测有多不显眼），为我们观测到的结果分配 100% 的概率，那么所有物理学家已知的各种量子现象就都能得到解释。

坏消息是这个说法几乎没法理解。怎么才算一次"观测"？猫小姐自己能做个观测吗，或是别的什么非生物可以吗？我们肯定不想说，意识现象在物理学基本定律中反正发挥了重要作用，对吧？（对啊，一点儿都不想。）而所谓坍缩真的是立即发生的吗，还是说有个过程，只是坍缩得太快了？

不可逆

本质上，量子力学的哥本哈根诠释让我们感到困惑的是，"观测"被视为完全不同的自然现象，需要用单独的自然规律来解释。经典力

---

1. 那如果我们装些摄像头，但并不去检查录到了什么，会出现什么情况？我们是否查看录像并不重要，摄像头仍然算是观测，因此仍有可能观测到猫小姐在桌子下面。在哥本哈根诠释中我们会说："摄像头是经典的测量设施，其影响会令波函数坍缩。"在多世界诠释中我们则会看到这样的解释："摄像头的波函数跟猫小姐的波函数彼此纠缠，因此历史分岔不再连贯了。"

学中发生的一切都可以用按照牛顿定律演变的系统来解释。但如果我们完全相信波函数会坍缩，那么由量子力学描述的系统就会按照两种完全不同的规律演化：

> 1. 如果我们没有看着这个系统，其波函数就会平稳演变，并且可以预测。牛顿定律在经典力学中扮演的角色被量子力学中的薛定谔方程取代，起作用的方式完全相似：给定系统在某时刻的状态，就可以用薛定谔方程可靠推算出系统在未来和过去的演变。演变中信息守恒，也完全可逆。
>
> 2. 如果我们观测这个系统，波函数就会坍缩。坍缩并不平稳，也不可预测，信息也并不守恒。分配给任一结果的概率幅（的平方）将告诉我们，波函数有多大可能坍缩为完全集中在该结果的状态。两个不同的波函数在观测后很容易坍缩为完全相同的状态，因此波函数坍缩不可逆。

疯了吧这是！但这么说还挺好使。哥本哈根诠释所采用的概念似乎只是对某些隐藏很深的真理很有用的近似——将真正的量子力学"系统"和本质上属于经典范畴的"观测者"区分开，并假设这样的分类在现实的基本架构中有着至关重要的作用。大多数物理学家，就连那些在自己的研究中成天都在用量子力学的人也一样，都能嘴上挂着哥本哈根诠释应付裕如，但从来不操心这种诠释带来的谜团。另外一些物理学家，尤其是那些在认真思考量子力学基础的人，都相信我们必须做得更好。但是很遗憾，到目前为止关于更好的理解可能是什么，[240]学界还没有达成强烈共识。

对很多人来说，这个世界本来完全可以预测，到了量子力学这儿却破灭了，这个特征让人如坐针毡。（爱因斯坦就是其中之一，他的抱怨"上帝可不会在宇宙中掷骰子"就是因此生发的。）如果哥本哈根诠释是对的，那么在量子世界里就不再有拉普拉斯妖什么事儿了；至少如果量子世界里有观测者，拉普拉斯妖也就再无用武之地。观测行为在世界的演变中引入了真正的随机因素。并非完全随机 —— 波函数可能会为观测到某物分配一个非常高的概率，而为观测到另一事物分配的概率则极低 —— 而是无法简化的随机，也就是没有任何缺失信息（即便我们能够掌握）能让我们预知确切结果 [1]。经典力学的荣光部分来自于其毫厘不爽的准确度 —— 就算拉普拉斯妖并非真的存在，我们也知道原则上是可以存在的。量子力学让这种希望破灭了。概率以某种最根本的方式进入物理学定律，人们花了很长时间才渐渐习惯这样的想法，而今也还有很多人仍然对这个概念感到不安。

统计力学描述的宏观系统是不可逆的，但物理学微观定律显然是可逆的；时间之箭的问题就是，怎样才能让两者不相冲突。但现在有了量子力学，似乎物理学的微观定律并非必然是可逆的。波函数的坍缩过程向物理学定律引入了内在的时间之箭：波函数只会轰然崩塌，不会重新拔地而起。如果我们观测猫小姐，看到她在沙发上，那么我们就知道她在我们测量之后处于一个本征态（100% 在沙发上）。但我们不知道在测量之前，她是什么状态。这个信息显然被破

---

1. 也有很多人想过改变量子力学的定律，就可以避免这种情况。他们提出了所谓的"隐变量理论"，超越了标准的量子力学框架。1964 年，理论物理学家约翰·贝尔（John Bell）证明了一个非同寻常的定理：隐变量的任何局部理论都不可能再现量子力学的预测。但这并没有阻挡人们研究非局部理论的脚步 —— 这样的理论认为，相距遥远的事件可以立即相互影响。但这些理论从未真正成为热门，绝大部分现代物理学家还是相信量子力学就是对的，只是我们现在还不知道该怎么诠释而已。

坏了。我们只知道波函数对于猫小姐在沙发上的概率幅必定不等于零——但我们不知道究竟是多大，任何其他可能性的概率幅是多少也无从说起。

因此，波函数坍缩——如果这确实是打开量子力学的正确方式——定义了内在的时间之箭。我们前面讨论过的那个时间之箭——第二定律中出现的热力学之箭，也是我们将过去和未来之间所有各式各样的宏观差异都归咎于此的时间之箭，能找到什么办法用量子力学的时间之箭来解释吗？

恐怕不行。尽管不可逆是时间之箭的关键特征，但并非所有不可逆都生而平等。很难看出，仅凭波函数坍缩这一事实本身怎么有可能解释过去假说。还记得吧，要理解熵为什么会增加并不难，难的是去理解为什么刚开始熵会那么低。波函数的坍缩似乎在这个问题上并没有什么直接帮助。

但另一方面，量子力学极有可能在终极解释中扮演某种角色，即使波函数坍缩内在的不可逆本身并不能直接解决这个问题。不管怎么说，我们相信物理学定律本质上是量子力学的。是量子力学设定了规则，告诉我们这个世界允许什么，不允许什么。我们自然而然就会期待，到我们终于开始理解我们宇宙为何在大爆炸附近的熵那么低的时候，这些量子力学的规则就会粉墨登场。这趟旅程会把我们带到哪里，我们并非一清二楚，但我们见多识广，能预料到某些工具在旅途中会大派用场。

不确定性

我们关于波函数的讨论掩盖了一个重要属性。我们说过，波函数给我们能想到的观测的任何可能结果都分配了概率幅。在我们的思想实验中，我们只做了一种观测——猫的位置——每次也只考虑两种可能结果。真正的猫，或基本粒子或鸡蛋或任何别的对象，可能的位置都有无数个，所有情形下相关的波函数也给每种可能结果都分配了概率幅。

然而更重要的是，除了位置，我们还可以观测别的。还记得我们在经典力学中的经验吧，我们也可以假设对猫的动量而非位置进行观测。这也完全可以做到，描述猫的状态的波函数也给我们能想到的所有可能测到的动量都分配了概率幅。我们进行这样的测量并得到一个结果时，波函数坍缩到某个"动量本征态"，这个新状态只给我们真正观测到的特定动量分配了非零的概率幅。

但如果真是这么回事儿，你大概会想，我们也可以让猫处于位置和动量都严格确定的状态，不就跟经典状态一样了吗？好像也没谁拦着我们这样干。也就是说，我们为什么不能随便给猫一个波函数，观测其位置使之坍缩为定值，再观测其动量也使之坍缩为定值？这样我们得到的就是完全确定的对象，完全没有不确定性作祟。

然而，没有哪个波函数能同时在位置和动量上都集中于某个定值。
242 实际上，对这样的状态抱以希望，结果就会失望到无以复加：如果波函数集中于位置的某个定值，不同动量的概率幅就会在所有的可能性之间分散得要多开有多开。反之亦然：如果波函数集中于某个动量，就会在所有可能位置上分散开来。因此，如果我们观测某对象的位置，就会失去关于其动量的所有信息，反之亦然[1]。（如果我们只是大致而非精确测量其位置，那么我们还可以保留动量的部分信息；现实世界的宏观测量就正是这种情形。）

这就是海森伯不确定性原理的真意。在量子力学中，"准确知道"某粒子的位置——更严格一点来讲，该粒子处于某位置的本征态，也就是有 100% 的概率在该位置找到该粒子——是有可能的。同样，"准确知道"粒子动量也是有可能的。但我们永远也不可能同时知道精确的位置和动量。因此，如果我们准备测量经典力学会赋予系统的特征——位置和动量——那我们永远也无法确切说出会是什么结果。这就是不确定性原理。

不确定性原理表明，要么在位置上要么在动量上，抑或（通常都）是兼而有之，波函数必定在不同的可能取值之间有所展开。无论我们要查看的是什么系统，当我们试图测量其特征时，都难免会有不可预知的量子效应。这两个可观测量可以互补：波函数集中于某位置时，就会在动量上展开，反之亦然。由量子力学的经典极限完美描述

---

1. 我们的陈述实际上还能更有力一点。经典力学中，状态由位置和速度指定，所以你可能会猜测，量子力学的波函数会为位置和速度的每一种可能组合都分配一个概率。但其实不是这么运作的。如果你为所有可能位置都指定了概率幅，那就可以袖手旁观了——你已经完全确定了整个量子态。那速度上是什么情况？结果表明，你也可以从为每一个可能的速度都分配一个概率幅的角度写下同一个波函数，在描述中完全不涉及位置。但这并非两个不同状态，而是同一个状态的两种不同写法。实际上，这两种写法之间如何转写有一套方法，我们这一行称之为"傅里叶变换"。给定所有可能位置的概率幅，可以通过傅里叶变换确定所有可能速度的概率幅，反之亦然。特别是，如果波函数处于本征态，集中于某个特定位置（或速度），那么其傅里叶变换就会在其所有可能速度（或位置）上完全展开。

的现实中的宏观系统会处于折中状态，位置和动量的不确定性都很小。对足够大的系统来说，不确定性相对较小，我们完全注意不到。

请记住，真的并没有"物体的位置"或"物体的动量"这么回事儿 —— 只有一个波函数，给可能的观测结果分配概率幅。然而，我们常常抵挡不住诱惑，陷入量子涨落的说法中 —— 我们会说，我们无法确定物体的位置，是因为不确定性原理使得该物体有些微涨落。我们无法抗拒这种表达，也不会那么紧张兮兮地说我们完全能忍住不那么说，但这种说法并没有准确反映真实情况。并不是说有个位置也有个动量，两者都一直在起起落落；而是说有个波函数，不能同时在位置和动量这两方面都准确定位。

243

后续章节我们会探索量子力学的更多应用，不再是单个粒子乃至单只猫，而是大得多的系统 —— 量子场论及量子引力。但无论是哪种情况，量子力学的基本框架都还是一样。量子场论是量子力学和狭义相对论的结合，将我们周围的粒子解释为形成这个世界的更深层的基本结构 —— 量子场 —— 的可观测特征。不确定性原理会让我们无法精确测定任何粒子的位置和动量，乃至粒子数目。这就是"虚粒子"的出处，就算在真空中也会时隐时现，最终还会让黑洞产生霍金辐射。

我们还没弄懂的是量子引力。我们能看到引力在这个世界上无处不在，而广义相对论对引力的描述极为成功。但广义相对论完全以经典力学为基础。引力就是时空的曲率，原则上我们可以测量时空曲率，想有多精确都行。几乎所有人都相信，广义相对论只是量子引力这个更完整理论的近似，而在量子引力中，描述时空本身的波函数会为不同曲率分配不同概率幅。甚至还有可能，整个宇宙都跟虚粒子一样在时隐时现。但是，构建量子引力的完整理论要面对技术和哲学上的巨大困难。为了克服这些困难，很多物理学家都投入了自己的全副身心。

宇宙的波函数

要解决跟波函数坍缩有关的概念问题，有一种相当直接的办法：只要否认有这回事就行了，并坚称波函数常见的平稳演化足以解释这个世界上我们所知道的一切现象。这种方法——简单粗暴，影响深远——以量子力学的"多世界诠释"之名行之于世，也是哥本哈根诠释最强劲的对手。要理解这种诠释，我们先得了解一番可能是量子力学世界中最深奥的特征——纠缠。

在介绍波函数的概念时，我们考虑的是一个极度简化的系统，只有一个对象（猫）。显然我们会希望能走得更远，可以考虑有多个部分的系统——比如说不止有只猫，还有只狗。经典力学中这样没啥问题，如果一个对象的状态是由其位置和动量来描述的，那么两个对象的状态也就由两者分别的位置和动量来描述就行了——两个位置，[244]两个动量。因此，世界上最自然不过的事情大概就是去猜想，量子力学对一只猫加一只狗的正确描述就是两个波函数，一个描述猫，一个描述狗。

但并不是这么回事。量子力学中，无论我们正在考虑的系统是由多少个独立部分组成，都只有一个波函数。就算我们考虑的是宇宙万物，也还是只有一个波函数，有时候人们会画蛇添足，称之为"宇宙的波函数"。人们通常不喜欢这么说，因为害怕听起来太华而不实，但基本上量子力学就是这么回事。（有的人就是喜欢华而不实。）

　　如果我们的系统有猫也有狗，一个猫小姐，一个狗先生，我们一起来看看这种解释是怎样自圆其说的。跟前面一样，假设我们只会在两个地方找到猫小姐：沙发上面和桌子下面。我们同样假设只有两个地方能观测到狗先生：在起居室里或在外面的院子里。根据最初（然而错误）的猜测，所有对象都会有自己的波函数，那么我们可以将猫小姐的位置描述为沙发上面和桌子下面的叠加态，再将狗先生的位置描述为起居室里或院子里的叠加态。

　　但与此相反，量子力学告诉我们，要考虑整个系统（猫加上狗）所有的可能选项，并为每一种可能性都分配一个概率幅。对这样一个联合系统，"我们观察猫和狗时会看到什么？"这个问题的答案有四种可能，概括如下：

　　（桌子，起居室）

　　（桌子，院子）

　　（沙发，起居室）

　　（沙发，院子）

　　此处每种可能中的第一项告诉我们能在哪里看到猫小姐，第二项则会告诉我们狗先生的行踪。根据量子力学，宇宙的波函数给这四种可能性各自分配了不同的概率幅，平方之后就能得出观测到这些结果的概率。

你可能会想，分别给猫和狗的位置分配概率幅，和给他俩的联合位置分配概率幅，两者之间究竟有何不同。答案就是纠缠——整体[245]的任一子集的属性会跟其他子集的属性紧密相关。

纠缠

我们假设猫／狗系统的波函数分配给（桌子，院子）的概率幅为零，给（沙发，起居室）的概率幅也为零。简单来讲就是说，系统状态必须是

$$（桌子，起居室）+（沙发，院子）$$

的形式。这意味着对于猫在桌子下面而狗在起居室的情况概率幅不等于零，对于猫在沙发上面而狗在院子里的情况也同样如此。这一特殊状态允许的只有这两种可能，我们假设两者概率幅相等。

现在我们问：如果我们只看猫小姐，应该会看到什么？观测令波函数坍缩为两种可能性之一，（桌子，起居室）和（沙发，院子）的概率都一样，都是 50%。如果我们对狗先生在干什么一点儿都不关心，那大概可以说观测到猫小姐在桌子下面和沙发上面的概率都相等。在这个意义上可以放心大胆地说，在观测之前我们对猫小姐会在哪里一

无所知。

　　现在假设我们反其道而行之，去观测狗先生。同样地，（桌子，起居室）和（沙发，院子）两种可能性的概率都是 50%，因此如果我们将猫小姐置之度外，也就可以放心大胆地说，在观测之前我们对狗先生会在哪里一无所知。

　　破局之处在此：就算在观测之前我们对狗先生会在哪里一无所知，但如果我们选择先去看看猫小姐，那么一旦观测完成，就算我们一眼也没看过狗先生，也会对他在哪里一清二楚。这就是纠缠的魔力。就假设我们看到猫小姐在沙发上面好了，这就意味着按照我们一开始给定的波函数形式，这个波函数必定已坍缩到（沙发，院子）这个可能性上。因此我们可以确切知道，如果我们去看狗先生，就会在院子里发现它（假设我们一开始的波函数是对的）。我们并没有观测狗先生，但也让他的波函数坍缩了。或者说得更准确一点，我们让宇宙的波函数坍缩了，而这起坍缩尽管并没有跟狗先生直接交涉，却对狗先生的下落有重要影响。

　　你可能会大惊失色，也可能已司空见惯。希望我们已经将波函数解释得足够清楚、有说服力了：波函数完全只跟看起来还算自然的纠缠现象有关。纠缠也理应如此：这是量子力学机器的零部件，有大量精巧的实验已经证明它在现实世界中真实可信。但是从表面上看，纠缠可能会导致似乎与相对论思想相悖的结果（可不只是跟相对论定律的字句没有严丝合缝）。我们在此声明：量子力学和狭义相对论之间没有真正的冲突。（广义相对论中引力粉墨登场，那就是另一个故事了。) 但两者之间还是有点儿剑拔弩张, 让人放心不下。特别是, 事件似乎发生得比光速还快。但如果你深入思考这些 " 事件 " 是什么, 及究竟何谓 " 发生 ", 就会发现没有哪里真的有问题 —— 没有什么东西真的能比光还快, 也没有谁能向自己的光锥之外传递任何真实信息。但这个想法还是很容易让人杞人忧天。

爱波罗（EPR）佯谬

回到我们的猫猫狗狗, 假设他俩正处于上文描述过的量子态, 即 (桌子, 起居室) 和 (沙发, 院子) 的叠加。但现在我们假设狗先生在外面院子里的时候没有老老实实坐在那儿, 而是跑开了。而且这只狗先生很有冒险精神, 生活在我们随随便便就能坐个火箭去火星殖民地的未来。不在起居室, 而是在院子里并由此起步的狗先生, 跑到太空港, 逃票上了一艘火箭, 飞到火星, 整个过程完全神不知鬼不觉。他有个老朋友比利, 高中毕业就参加了太空军, 被派往红色星球[1]执行任务。只有当他蹦跶出火箭, 跳进老朋友比利的怀里时, 他的状态才真正被观测到, 波函数也随之坍缩。

这里我们讨论的就是, 根据薛定谔方程, 描述猫 / 狗系统的波函数已经从

$$(桌子, 起居室) + (沙发, 院子)$$

1.《红色星球》(Red Planet) 是 2000 年由华纳兄弟出品的一部科幻电影, 其情节与火星的地球化有关。—— 译者注

平稳演变为

$$(桌子, 起居室) + (沙发, 火星)$$

的状态。这中间没有什么不可能，虽然也许令人难以置信。但只要在演变过程中没有人进行任何观测，最后我们都会得到处于这个叠加态的波函数。

247

但由此生发的推断有些让人惊讶。当比利出乎意料地看到狗先生从火星上的飞船中一跃而出时，他做了观测，波函数也坍缩了。如果比利知道一开始的波函数以猫和狗的纠缠态为特征，那么他马上就能知道猫小姐在沙发上，不在桌子下。波函数已坍缩为（沙发，火星）这个本征态。不只是说现在未加任何观测就已经知道了猫小姐的状态，而且似乎她的状态是瞬间就知道了的，尽管在火星和地球之间就算以光速运动至少也得花上好几分钟。

这种纠缠特征 —— 由量子波函数描述的宇宙状态，似乎在空间中"瞬间"变化，尽管狭义相对论似乎告诉过我们，我们没法给"瞬间"一个确切的定义 —— 这个特征惹得人火冒三丈。反正至少是让阿尔伯特·爱因斯坦很恼火，于是 1935 年他跟鲍里斯·波多尔斯基（Boris Podolsky）和内森·罗森（Nathan Rosen）一起写了篇文章，指出了这种古怪的可能性，现在叫作"爱波罗（EPR）佯谬"[1]。但这种可能性根本算不上是个"佯谬"，可能从直觉来看完全说不通，但从实

---

1. *Einstein, Podolsky and Rosen*（1935）。——作者原注

验或理论要求来看又确有其事。

　　跨越遥远距离的波函数明显在瞬间坍缩的重要特征是，无法将这种坍缩真正用于以超光速传递任何信息。困扰我们的问题是，在比利看到狗之前，我们这边地球上的猫小姐并不在任何确定的位置上 —— 我们有一半一半的概率观测到她在沙发上或者桌子下面。一旦比利看到狗先生，我们就有 100% 的机会看到猫小姐在沙发上。但是那又怎样呢？我们并不知道比利做了这样的观测 —— 我们知道的只是，如果我们去找狗先生，就会发现他在起居室。要让比利的发现给我们带来任何不同，他都得前来告诉我们，或是发个无线电消息 —— 不管是什么方法，他都得以传统的比光速慢的方式跟我们通信。

　　两个相距遥远的子系统之间的纠缠在我们看来神秘莫测，是因为这违背了我们关于"定域性"的直觉 —— 要相互影响的事物必须彼此邻近，而不能相隔十万八千里。波函数就不是这么回事儿，整个宇宙都由一个波函数一锤定音地描述出来，叙述也到此为止。同时，我们观测到的世界仍然遵循某种定域性 —— 就算波函数瞬间在整个空间中都坍缩了，我们也没法真的利用这个特征来以超光速发送信号。也就是说，那些真正闯进并影响你的生活的事物，仍然必须是在你身旁，而非隔着万水千山。

　　但是，我们也不必期待这个这么弱的定域性概念就能算是神圣[248]原则。下一章我们会稍微讨论一下量子引力，波函数将应用于时空本身的不同架构。到那个时候，像是"事物只有彼此靠近时才能相互影响"的概念就不再有任何绝对含义了。时空本身也不是绝对的，只是对不同布局有不同的概率幅 —— 因此"两个对象之间的距离"这样的概念就变得有点含混不清了。这些思想还有待完全理解，但万物的终极理论很可能在以某种非常引人注目的方式展现出非定域性。

很多个世界，很多种思想

量子力学的哥本哈根观点的竞争对手中，头一个就是所谓的多世界诠释。这个想法其实非常直截了当，但是这个名字有点儿吓人，而且会误导围观群众。这个想法就是：没有"波函数坍缩"这么回事儿。量子力学中的状态演化就跟经典力学中的一模一样，遵循决定论的法则 —— 薛定谔方程使我们可以毫厘不爽地预测任何特定状态的过去和未来。到此结束。

这种说法的问题是，显然我们随时随地都能看到波函数坍缩，或至少能观测到坍缩的影响。我们可以假设将猫小姐设置成在沙发上和桌子下发现她的概率幅相等的量子态，然后去找她，发现她在桌子下面。如果紧接着我们再看一次，那肯定百分之百会发现她还是在桌子下面；最初的观测（就按照我们通常说到的意思去理解）让波函数坍缩到了桌子的本征态。这种思考方式有经验结果，全都在真实的实验中成功检验过。

多世界诠释倡导者的回应是，你的想法压根儿就错啦。特别是，你把自己在宇宙的波函数中的角色弄错了。毕竟你也是物理世界的一部分，因此也是量子力学定律的对象。让你自己像经典力学中客观的观测仪器一样置身事外，这是不对的，得把你自己的状态也考虑进波函数中。

所以新的说法就是,我们不应当只是从将猫小姐描述为沙发和桌子的叠加态的波函数起步,而是应当将我们自身也包含到描述中去。特别是,你的描述要以你就猫小姐的位置观测到了什么为相关特征。你可能处于三种状态:可能看到她在沙发上,可能看到她在桌子下,也可能还没去看。刚开始,宇宙的波函数(或至少是我们在此描述的这一小部分)给了猫小姐在沙发上和桌子下相同的概率幅,而你只处于还没看的状态。我们可以简略表示如下:

(沙发,你还没看)+(桌子,你还没看)

现在你看到她在哪儿了。在哥本哈根诠释中我们会说,波函数坍缩了。但在多世界诠释中我们会说,你自己的状态跟猫小姐的状态纠缠在一起,而这个联合系统演变成了这样的叠加态:

(沙发,你看到她在沙发上)+(桌子,你看到她在桌子下)

没有坍缩。波函数平稳演化,"观测"过程也没有哪里特殊。更重要的是,整个过程都是可逆的——给定最终状态,我们可以用薛定谔方程还原到唯一的起始状态。在这种诠释中,并没有固有的量子力学时间之箭。从很多方面来看,这种诠释所展现的这个世界的面貌比哥本哈根诠释所提供的都更简洁、更称心。

同时,问题也可以说是显而易见:你所在的最终状态是两种不同结果的叠加态。当然，困难之处在于你永远感觉不到自己处在这样的叠加态。如果你真的对一个处于量子叠加态的系统做出观测，那么在观测之后你总是会相信自己观测到了某种特定结果。换句话说，多世界诠释的问题就是，似乎跟我们现实世界的经验并不相符。

不过我们先别那么着急。我们说的这个"你"是谁？多世界诠释说宇宙的波函数演变为上述叠加态，给看到猫在沙发上的你一个概率幅，也给了看到猫在桌子下的你另一个概率幅，千真万确。关键在于，这个做出观测、思考并信以为真的"你"并不是那个叠加态，而是在这些备选项中必居其一。也就是说，现在有两个不同的"你"，一个看到猫小姐在沙发上，另一个看到猫小姐在桌子下，而这两个"你"全都如假包换地存在于波函数中。他俩对过去有同样的记忆和经历——在观测猫的位置之前，俩人不管怎么看都是同一个人——但现在俩人分道扬镳，各自进入不同的"波函数分支"，此后再也不相闻问。

250　　这就是饱受质疑的"多世界"诠释，尽管我们应该清楚，这个标签颇有误导之嫌。有时人们对多世界诠释提出的反对意见是，这个说法太离谱了，没办法正经讨论——所有那些不同的"平行现实"，有如恒河沙数，只是为了让我们不必相信波函数坍缩，这也太傻了。在我们做出观测之前，宇宙由一个波函数描述，而这个波函数给所有可能的观测结果都分配了特定的概率幅；在观测之后，宇宙还是由一个波函数描述，而这个波函数也给所有可能的观测结果都分配了特定的概率幅。此前此后，宇宙的波函数都只是描述宇宙的状态空间中的特定点，这个状态空间也并未扩大或缩小分毫。没有真的创造出什么新

"世界"，波函数仍然含有同样数量的信息（毕竟这种诠释中的演化是可逆的）。其演化方式只是让波函数现在有了数量更多的不同子集，描述着像我们这样的有意识的生物个体。量子力学的多世界诠释可能是对的也可能是错的，但仅仅出于"哎呀，世界也太多啦"的理由就反对这种诠释，那就太执迷不悟了。

多世界诠释并非玻尔、海森伯、薛定谔或随便哪个量子力学早期巨擘的原创，而是 1957 年由休·埃弗雷特三世（Hugh Everett Ⅲ）提出来的。埃弗雷特那时候是个研究生，在普林斯顿跟约翰·惠勒共事[1]。当时（以及随后数十年）占统治地位的观点都是哥本哈根诠释，于是惠勒顺水推舟，将埃弗雷特派往哥本哈根，让他跟尼尔斯·玻尔等人切磋他的新奇观点。但这趟征程并未成功——玻尔完全没有信服，物理学界其他人对埃弗雷特的想法也漠不关心。埃弗雷特离开物理学界去了国防部工作，最后创立了自己的计算机公司。1970 年，理论物理学家布赖斯·德威特（Bryce DeWitt，他跟惠勒一起率先将量子力学应用于引力）扛起了多世界诠释的大旗，并帮助这个理论在物理学家中普及开来。埃弗雷特看到了物理学界对他的想法重新燃起兴趣，但他并没有回到研究工作中去。1982 年，他因心脏病猝然离世，享年51 岁。

退相干

量子力学的多世界诠释尽管有诸多优点，但还不能算是真正的成

---

1. *Everett*（1957）。不同视角的讨论可参阅 *Deutsch*（1997），*Albert*（1992），或 *Ouellette*（2007）。

品。还有很多尚待解答的问题，有深奥的概念层面的 —— 为什么要将有意识的观测者看成是波函数的离散分支，而不是叠加态？也有干巴巴的技术层面的 —— 在这种形式下我们如何证明"概率等于概率幅的平方"这一定律？这些问题很严肃，答案也没完全弄清楚，这也是多世界诠释没有得到普遍欢迎的原因（之一）。但最近一二十年，多世界诠释取得了很大进展，尤其是涉及叫作退相干的一种量子力学固有现象的部分。退相干很有希望 —— 尽管认同这一点的人不多 —— 帮助我们理解为何波函数看起来是坍缩了，尽管多世界诠释坚持说这样的坍缩只是表象。

当宇宙中很小的一块 —— 比如你的大脑 —— 的状态跟大环境中其余部分纠缠在一起，因此不再能成为干涉的对象时（正是干涉现象让事物变得"量子"），退相干就发生了。为了好好感受一下这是怎么回事，我们回到猫小姐和狗先生的纠缠状态这个例子。有两种可能两者概率幅相等：猫在桌子下，狗在起居室；或猫在沙发上，狗在院子里。

（桌子，起居室）+（沙发，院子）

如果有人去观测狗先生的状态，我们已经看到波函数（在哥本哈根诠释中）会怎样坍缩，猫小姐因此也处于确定状态。

不过现在我们的玩法有所不同：假设没有人去观测狗先生的状态，对他不闻不问。实际上我们抛开了猫小姐和狗先生之间纠缠态的所有信息，并且自问：只看猫小姐的话，她会是什么状态？

　　我们可能会觉得，答案就是（桌子）+（沙发）的叠加态形式，就跟我们把犬科复杂度加进这个例子之前一样。但这个答案不尽准确。问题在于，干涉——正是这种现象让我们从一开始就相信需要认真对待量子概率幅——不再出现了。

　　我们在一开始关于干涉的例子中，猫小姐身处桌子下面的概率幅来自两个贡献：其一是她路过猫食盘的选项；其二是她停在猫抓板的选项。但这一点至关重要：最终抵消了的这两个贡献面向的是同一个最终选项（"猫小姐在桌子下面"）。对最终波函数的两个贡献只有真的都涉及完完全全同一个选项时才会互相干涉；如果贡献对象是不同的选项，即便区别只涉及宇宙中的其他事物而跟猫小姐自身无关，也不可能发生干涉。

252

　　所以当猫小姐的状态与狗先生的状态纠缠在一起时，选项之间的干涉（本来可以在不改变狗先生的相应状态的情况下改变猫小姐的状态）就不再可能。对波函数的某些贡献无法与"猫小姐在桌子下面"的选项发生干涉，因为这个选项并不是能被观测到的完整的具体说明。这些贡献只能干涉"猫小姐在桌子下面，狗先生在起居室"的选项，这才是波函数真正代表的状态[1]。

　　因此，如果猫小姐是跟外部世界发生纠缠，但我们并不知道纠缠

1. 请注意在这个叙述中纠缠有多么重要。如果没有量子纠缠，外部世界还是会存在，但猫小姐的可选项就会与外部世界发生的一切完全无关。这时给猫小姐自己单独分配一个波函数完全没问题。谢天谢地，这是我们能将量子力学形式应用于单个原子以及其他的简单孤立系统的唯一原因。并不是任何事情都跟其他所有事情纠缠在一起，要不然对世界上任何特定子系统恐怕都会无话可说。——作者原注

的细节，那么认为她处于量子叠加态就是不对的。相反，我们应当把猫小姐的状态看成是不同选项常见的经典分布。只要我们忽略了她是跟谁纠缠这样的信息，就不能认为她处在真正的叠加态；就任何能想到的实验而言，她要么处于这个状态要么处于那个状态，就算我们不知道究竟是哪个状态，也不可能再产生干涉。

这就是退相干。经典力学中的所有对象都有个确定的位置，就算我们不知道是哪个位置，也只能给不同的选项分配不同的概率。量子力学神奇的地方在于，不再有"物体在哪里"这么回事；物体会处于真正的叠加态，是所有可能选项的同时叠加。实验证明干涉确实存在，也就证明了这种叠加态是千真万确的。但如果描述物体的量子态与外部世界产生了纠缠，干涉不再可能，我们就回到了考察事物的传统经典方式。在我们看来，考察对象处于某个或另一个状态，即便是我们最多也只能为不同选项分配不同的概率 —— 概率代表的是我们的无知，而非根本现实。如果宇宙的某特定子集的量子态代表了真正的叠加态，没有跟世界其余部分产生纠缠，我们就说这是"相干"；如果这个叠加态因为跟外部世界发生纠缠而被破坏了，我们就说这是"退相干"。（为什么在多世界诠释中，安装摄像头也算做出观测，这就是原因。猫的状态与摄像头的状态发生了纠缠。）

波函数坍缩与时间之箭

在多世界诠释中，退相干明显在波函数貌似坍缩的过程中扮演了至关重要的角色。关键并不在于"意识"或"观测者"除了都是复杂的宏观物体之外还有什么独特之处，而是在于任何复杂的宏观物体都不可避免地会跟外部世界相互作用（因此也就有了纠缠），要想追踪纠缠的精确形式也无异于天方夜谭。对极小的微观系统来说，比如单个电子，我们可以将其孤立，使之真正处于量子叠加态，与其他任何粒子的状态都没有纠缠；但对大型系统来说，比如一个人（就这个意义而言也可以是偷偷安装的摄像头），那就不可能做到这一点了。

这样一来，我们感觉到的状态与猫小姐的位置发生纠缠，对这种纠缠的简单描画就有点儿过于简单了。我们与外部世界的纠缠在这个叙述中举足轻重。我们假设猫小姐一开始处于真正的量子叠加态，与周围世界没有任何纠缠；但我们是复杂生物，与外部世界纠缠得难解难分，纠缠方式连我们自己都没办法说清楚。宇宙的波函数给猫小姐、我们和外部世界一起组成的联合系统的所有可能布局都分配了不同的概率幅。我们观测过猫小姐的位置后，波函数演变为类似下面这样的形式：

（沙发，你看到她在沙发上，世界1）+（桌子，你看到她在桌子下，世界2）

其中最后一部分描述了外部世界的（未知）布局，在这两种情形下肯定是不一样的。

因为对这个状态我们什么都不知道，所以我们忽略了与外部世界的纠缠，只保留了猫小姐的位置和我们自己的心理认识的信息。这些信息显然彼此相关：如果她在沙发上，我们就会相信自己看到她在沙发上，以此类推。但是在丢开外部世界的布局信息之后，我们就不再处于真正的量子叠加态了。确切来讲，有两种对所有意图和目标来说似乎都很经典的选项：猫小姐在沙发上且我们看到她在沙发上，或是猫小姐在桌子下且我们看到她在桌子下。

我们说到波函数花开两头分岔进入不同"世界"时，就是这个意思。宏观测量仪器能观测到有些真正处于量子叠加态的小型系统，但仪器与外部世界紧密纠缠；我们忽略了外部世界的状态，因此只剩下两个经典的备选世界。从随便哪个经典选项的角度来看，都可以说波函数"坍缩"了；但假设从更高的视角来看，我们保留了宇宙的波函数中的全部信息，状态就没有这样的突变，只有根据薛定谔方程进行
254 的平稳演变。

丢掉一些信息可能会让你有点儿寝食难安，但是应该也有点儿似曾相识的感觉。我们实际上是在粗粒化，就跟我们在（经典的）统计力学中定义跟不同微观态相对应的宏观态时一样。关于我们与混乱的外部环境之间如何纠缠的信息，就好比一盒气体中所有分子的位置和动量等信息——我们不需要这样的信息，实际上也无法追踪这些信息，因此我们发明了仅以宏观变量为基础的现象描述。

从这个意义上讲，波函数坍缩时不期而至的不可逆性似乎可以直接类比为普通热力学中的不可逆性。基本定律完全可逆，但在乱糟糟的现实世界中我们丢开了大量信息，结果在宏观尺度上我们发现了明显不可逆的表现。我们观测那只猫的位置时，我们自己的状态跟她的状态发生了纠缠；为了反演这个过程，我们就得知道我们同样与之纠缠不清的外部世界的精确状态，但这部分信息我们已经丢开了。这就

刚好类似于我们把一勺牛奶混进一杯咖啡时发生的事情：如果我们能追踪混合物中每个分子的位置和动量信息，原则上我们就能反演这个过程，但实际上我们只保留了宏观变量，因此可逆性消失了。

在关于退相干的讨论中，我们对系统（猫小姐，或是某基本粒子）进行观测的能力，及将系统从外部世界中分离出来使之真正处于量子叠加态的能力将起到至关重要的作用。但是很明显，这是一种非常特殊的状态，就好像在讨论热力学第二定律的起源时我们假定的初始低熵状态一样。最普通的状态会从一开始就在我们的小型系统和外部世界之间有种种纠缠。

这些讨论全都并非意在给人这样的印象：将退相干应用于多世界诠释就能使量子力学的所有诠释问题迎刃而解。但这似乎是在正确方向上迈出的一小步，并突出了我们在统计力学中就已经很熟悉的宏观时间之箭与波函数坍缩时表现出的宏观时间之箭之间的重要关系。也许最精彩的地方在于，这样的讨论有助于我们从描述自然世界的词汇表中移除定义欠佳的概念，比如"有意识的观测者"。

考虑到这一点，我们准备回头说说物理学基本定律在微观层面都完全可逆的情形。这个结论并非无懈可击，但其背后有很好的论据支撑——我们可以保持开放心态，同时继续探索这一特定视角的结果。[255] 当然，这个视角带着在大爆炸附近的特殊条件下解释宏观层面为何明显不可逆的任务，正好在我们的起点与我们分道扬镳。为了正视这个问题，是时候想想引力与宇宙的演化了。

[256]

4

从厨房到多重宇宙

第 12 章
黑洞：时间的终结

时间啊我的老姑娘，很快你就会黯淡无光。

—— 安妮·塞克斯顿（Anne Sexton），《死神站在敞开的门边》

史蒂芬·霍金算得上是地球上最一意孤行的人。1963 年，21 岁的霍金正在剑桥大学攻读博士学位，却被诊断出运动神经元疾病。预后并不乐观，霍金得知自己很可能不久于人世。深思熟虑之后，他决定继续前行，加倍投入自己的研究工作。结局我们都知道，现已年近七旬的霍金成了广义相对论领域自爱因斯坦以来最有影响力的科学家[1]，还因为在物理学科普方面的努力一举获得全世界认可（图 58）。

除了其他特点，霍金还是位不知疲倦的旅行家，他每年都会在加州度过一段时间。1998 年，我在加州大学圣巴巴拉分校理论物理研究所做博士后研究员，正值霍金再次到访加州，也准备来我们研究所。所长给了我一个很简单的任务："去机场接史蒂芬。"

你大概能想到，去机场接史蒂芬·霍金可跟去接别的随便什么人

---

1. 本书英文版出版于 2010 年。霍金已于 2018 年 3 月 14 日辞世，享年 76 岁。——译者注

图 58 史蒂芬·霍金。关于量子力学、引力和熵之间的关系，他提出了最重要的线索

有所不同。至少有一个区别：你不是真的去"接他"。他租了辆能装他的轮椅的面包车，开这车得有特殊驾照才行 —— 我肯定没有这样的驾照。实际开车的是他的研究生助理，我要做的只是去巴掌大的圣巴巴拉机场见他们，再带他们去面包车那里。我说"他们"，意思是霍金的随行人员：一名研究生助理（一般都是学物理的，也帮忙做后勤）、其他研究生、家属以及随行护士。但这事儿不是把他们带到面包车那儿就完了。尽管那位研究生助理是唯一能开那辆车的人，霍金还是坚决要求那辆车任何时候都得跟着他，同时还想在将助理送回公寓之前先去一家餐馆吃晚饭。这就意味着他们都去吃饭的时候我得开车跟着，好来回运送这位助理。只有霍金知道要去的餐馆在哪儿，但他通过语音合成器说话可真叫慢条斯理。我们好几次在车水马龙中间如临大敌

般停下来，等着霍金解说我们已经开过了，得调头回去。

　　史蒂芬·霍金在极端不便的条件下也能完成杰出的工作，原因很简单：他任何时候都拒绝让步。他可不肯仅仅因为被禁锢在轮椅上就简省自己的旅行安排，或是在别的馆子用餐，或是喝次一等的茶，或是收敛一下古灵精怪的幽默感，再或是不那么雄心勃勃地去思考宇宙的内部运作机制。这种性格力量助他度过一生，也推动他在科学上向前。

　　1973 年，有人把霍金惹毛了。普林斯顿的青年研究生雅各布·贝肯斯坦（Jacob Bekenstein）写了篇论文，提出的观点令人抓狂：黑洞的熵非常高[1]。这时候霍金已经是黑洞方面的世界级专家，（用他自己的话说）他被贝肯斯坦激怒了，因为他认为贝肯斯坦滥用了他的一些早期成果[2]。因此他准备着手证明，贝肯斯坦的想法究竟有多异想天开——至少有一点，如果黑洞有熵，就能证明黑洞必须散发出辐射，但地球人都知道，黑洞是黑的！

　　当然，霍金最后让所有人（连他自己在内）都大跌眼镜。黑洞确实有熵，只要我们将量子力学难以察觉的影响也考虑进来，就会发现黑洞也确实会发出辐射。无论你的个性有多冥顽不灵，自然法则都不会在你的意志面前俯首称臣。霍金很聪明，接受了他的发现中的重大意义。最后他带给物理学家的，是关于量子力学和引力的相互作用最

---

1. *Bekenstein*（1973）。
2. *Hawking*（1988），104。也可参看丹尼斯·奥弗比（*Dennis Overbye*，1991，107）的陈述："贝肯斯坦的突破在剑桥大学遭到大肆嘲弄，霍金已经出离愤怒，他知道这都是一派胡言。"

重要的线索，关于熵的本质也给我们好好上了一课。   260

黑洞是真的

　　我们有充分理由相信，这个世界上真的有黑洞。当然我们没法直接看到黑洞——就算霍金证明了黑洞并非一片漆黑，那也还是黑得可以。但我们能看到黑洞周围的物体会发生什么，而且黑洞周围的环境非常独特，我们经常都能因此确信又找到黑洞了。有的黑洞形成于质量巨大的恒星坍缩，这样的黑洞通常都有伴星环绕。伴星上的气体会落向黑洞，在黑洞周围形成一个堆积盘面，而且会被加热到极高的温度，散发出大量 X 光辐射。卫星上的观测站已经发现了很多 X 射线源，能显示出对黑洞这样的对象你能期待的所有性质，尤其是来自太空中极小区域的大量高密度辐射。除了黑洞，天文物理学家对此没有更好的解释。

　　也有信得过的证据证明，在星系中心有质量超大的黑洞——超过一百万个太阳质量。（对整个星系的总质量来说仍然不过是九牛一毛，因为星系通常都有上千亿个太阳质量。）在星系形成早期，这些巨无霸黑洞在狂暴的漩涡中扫荡了周围的物质，我们可以看到这个过程，并称之为类星体。一旦星系稍微稳定下来，事物就变得安定些了，类星体也就"熄灭"了。在我们自己的银河系中，我们仍然非常确定潜藏着一个约有四百万个太阳质量的黑洞。尽管没有类星体的炽热辐射，对银河系中心恒星的观测还是揭示出，这些恒星在环绕一个看不见的物体，以很小的椭圆轨道运动。如果广义相对论在此打算发表意见，那么我们可以推断，这些恒星肯定是被什么东西的引力场俘获了，这个东西质量巨大又如此致密，因此只可能是黑洞[1]。

黑洞无毛

但是，尽管在宇宙中搜寻真实的黑洞已经够有意思了，但坐下来想一想黑洞是怎么回事儿更有意思[2]。任何人只要对引力感兴趣，黑洞就是终极的思想实验室。而让黑洞如此特别的，是它的纯粹。

观测尽管能证明黑洞确实存在，但并没有给我们带来多少关于黑洞特性的细节。我们可没办法去一个黑洞旁边对它指指点点。因此我们对黑洞的这个那个特征言之凿凿时，通常都是在某个理论框架内做出推断。但是，科学家还没完全弄懂量子引力，据说这是广义相对论和量子力学原理的终极调和。因此，我们没有一个正确的理论来一次性回答我们所有这些问题。

实际上，我们经常都在下述三种不同的理论框架之一中研究这些问题：

　　1. 经典的广义相对论，如爱因斯坦所述。我们现有的引力理论中，这是最完备的，也跟所有已知的实验数据都完美契合。我们对这个理论极为了解，任何正确提出的问题都能找到明确答案（即便要算出答案可能会超出我们的

---

1. 对恒星质量的黑洞进行的观测，相关讨论可参看 *Casares*（2007）；对于其他星系中的超大质量黑洞，可参看 *Kormendy and Richstone*（1995）。我们银河系中心的黑洞与被称为"人马座 A*"的无线电波源紧密相关，可参看 *Reid*（2008）。
2. 好吧，反正对有的人来说看起来更有意思。

演算能力）。但很不幸，这个理论并不正确，因为它完全来自于经典视角，而非量子力学。

2. 弯曲时空中的量子力学。这个框架有点儿分裂。时空是宇宙中物体运动的背景，按照广义相对论的规则，我们将时空看成是经典的。但我们将"事物"看成是量子力学的，由波函数描述。要尝试理解许多现实问题，这样子折中一下非常有用。

3. 量子引力。我们不知道量子引力的正确理论是什么，尽管像是弦论这样的方法看起来大有前途。我们也不是毫无头绪——关于相对论怎么起作用，我们有所了解；对量子力学如何运作，我们也有所了解。即使没有完全成熟的理论，这些了解通常也足以让我们对量子引力的最终版本中事物如何表现做出合理猜测。

其中经典的广义相对论我们已经充分理解，而量子引力是目前最不能解释的。但量子引力也是最接近真实世界的理论。弯曲时空的量子力学明智地占据了中间位置，这也是霍金用来研究黑洞辐射的方法。但我们应当先在广义相对论相对安全的框架内去理解黑洞是怎么回事，再去涉足更高级也更具推测性的想法。

在经典的广义相对论中，黑洞只是你能想到的最纯粹的引力场。在可以信马由缰的思想实验室里，我们可以想象有无数种方式创造一个黑洞：从一盒气体，就像常见的恒星那样；或是从一颗巨大的由纯金形成的行星；或是从一个巨大的冰淇淋球。但是，一旦引力场变得过于强大，没有任何东西能逃出生天，这些事物就会坍缩，正式变成黑洞——一旦这样，关于是什么东西形成了黑洞的种种迹象就会完全消失。一个太阳质量的一盒气体变成的黑洞，跟一个太阳质量的冰淇淋球变成的黑洞完全无法区分。按照广义相对论的说法，黑洞并非只是将我们起初造黑洞的物质紧密包裹起来的版本。黑洞是纯粹的引力场——一开始的"物质"已经消失在奇点，剩下的只是时空剧烈弯曲的区域。

在考虑地球引力场时，我们一开始可能会将这颗行星理想化为完美球体，具有确定的质量和大小。但是这样显然只是近似。如果想要更精确一点，就得考虑到地球也在自转，因此靠近赤道的地方会比靠近两极的地方尺寸更大一点。如果我们锱铢必较，那就还得考虑到地球真正的引力场处处都在以复杂方式变化：会随着地表的海拔而变，也会随着陆地和海洋之间或是不同种类的岩石之间密度的差异而变，并导致地球引力发生细微但可以测量的变动。地球引力场的所有局部特征实际上都包含了一些信息。

但黑洞就不是这样。一旦形成，原型物质中所有的起伏、蜿蜒等信息就全都消失了。在刚刚形成时可能会有段短暂的时间，这时候黑洞还没有真正稳定下来，但很快就会变得均匀，不再有任何特征。一旦黑洞稳定下来，有三个量我们就可以观测：总质量、旋转速度和带电量。（天体物理中真正的黑洞通常带电量都近乎为零，但一般都会旋转得特别快。）也就到此为止了。质量、带电量和旋转速度都相同的两个物质集合，从经典广义相对论的角度来看，一旦都变成黑洞，就会完全无法区分。这个广义相对论的预言很有意思，约翰·惠勒用一句俏皮话精妙总结道："黑洞无毛。"给黑洞起名的也是他。

这个无毛理论应该能让你警觉起来。如果我们刚刚说的全都是真的，那么形成黑洞的过程显然有个极为严重的后果：信息丢失了。我们可以从两种非常不同的初始条件出发（一个太阳质量的炽热气体，或一个太阳质量的冰淇淋），都演化为完全一样的最终状态（一个太阳质量的黑洞）。但到现在我们都一直在说，物理学的微观定律——爱因斯坦的广义相对论方程大概算一个——都有信息守恒的性质。[263]换个说法就是，形成黑洞似乎是个不可逆过程，尽管爱因斯坦的方程似乎是完全可逆的。

你确实该担这份心！这是个时间之谜。在经典的广义相对论中有一条脱身之计：我们可以说信息并非真的丢失了；只是对你来说丢失了，因为这些信息现在藏在黑洞的事件视界后面。是这样就能满意了，还是听起来像在逃避，你可以自己决定。无论如何，我们不能就此止步，因为霍金最后会告诉我们，一旦将量子力学考虑进来，黑洞就会蒸发。这样我们就有了一个很严肃的问题，这个问题已经催生了上千篇理论物理学论文[1]。

黑洞力学定律

你可能会觉得，因为没有什么能从黑洞中逃出来，所以黑洞的总质量不可能减少。但罗杰·彭罗斯提出了一个极富想象力的观点，并由此证明上述看法并非那么准确。彭罗斯知道，黑洞除了质量也还会有自转和带电量，因此他提了一个合情合理的问题：我们可以利用自

---

1. 实际上还要多得多。截至 2009 年 1 月，霍金的原始论文（1975）已经被三千多篇科学论文引用。

转和电量来做有用功吗？也就是说，我们能通过降低黑洞的自转速度和带电量来从黑洞中提取能量吗？（我们将黑洞看成是静止的单一对象时，"质量"和"能量"这两个词可以互换使用，因为我们脑子里已经有了 $E = mc^2$。）

答案是可以，至少就我们这个思想实验的角度来说是可以的。彭罗斯想出了一种办法，我们可以把东西扔到旋转黑洞边上再取回来，让这些东西出来的时候比进去的时候能量更多。在减少黑洞质量的过程中，其旋转速度也降低了。实际上，我们可以将黑洞的自转转化为有用功。如果有个超级先进的文明，能接近一个巨大的旋转黑洞，那么就会有简直是取之不尽的能源用于任何他们想实施的公共工程。但并非真的取之不尽——用这种方式我们能提取到的能量有个上限，因为黑洞最终会完全停止旋转。（在最理想的情形下，从一开始在飞速旋转的黑洞中我们最多能提取大约 29% 的总能量。）

因此，彭罗斯证明了我们能从黑洞系统中提取有用功，至少可以提取到某个比例的能量。一旦黑洞停止旋转，我们就耗尽了所有可供提取的能量，黑洞就安坐如山了。这些词句听起来应该跟我们前面讨论热力学时说的有些微相似之处。

264　　史蒂芬·霍金在彭罗斯的成果上更进一步，证明了不但有可能减少旋转黑洞的质量 / 能量，而且有个数量总是会要么增加要么保持不变，这就是事件视界的面积，基本上可以看成是黑洞的大小。视界面积由质量、自转速度和带电量的特定组合决定，霍金发现无论我们怎么操作，这个特定组合都永远不会下降。比如说，假设我们有两个黑洞，那么它俩可以撞在一起合二为一，剧烈动荡并释放出引力辐射[1]。但新的事件视界的面积总是比一开始两个视界加起来的面积要大——而且从霍金的结论马上可以推出，大黑洞永远不可能分裂成两个小黑洞，因为那样一来总面积就会下降[2]。给定总质量，我们能得到的面积最大的视界就是一个不带电也不旋转的黑洞。

因此，尽管我们可以从黑洞中提取有用功直到某个比例，但还是有些数值（就是事件视界的面积）会在此过程中不断上升，到所有有用功都提取完毕时达到最大值。这听起来跟热力学真的太像了。

这么遮遮掩掩地也说得够多了，我们还是打开天窗说亮话吧[3]。霍金证明了黑洞的事件视界的面积绝对不会减少；要么增加，要么保持不变。这跟熵在热力学第二定律中的表现非常像。热力学第一定律通常被简化为"能量守恒"，但实际上是在告诉我们总能量是由多么千差万别的能量形式联合而成的。很明显，对黑洞也有这么一条类似的规则：总质量是由一个公式给出的，公式中含有自转速度和带电量的贡献。

---

1. 截至目前，我们还从未直接探测到引力波，尽管引力波存在的间接证据（从两个中子星组成的系统，即所谓"脉冲双星"的能量损失可以推断出来）都够让约瑟夫·泰勒（Joseph Taylor）和拉塞尔·赫尔斯（Russell Hulse）于 1993 年斩获诺贝尔奖了。现在有几个引力波观测站正致力于直接发现这样的波，很可能会来自于两个黑洞的合并。——作者原注（1974 年，泰勒和赫尔斯共同发现了第一个脉冲双星 PSR1913+16，并因此于 1993 年荣获诺贝尔物理学奖。2016 年 2 月 11 日，激光干涉引力波天文台（LIGO）科学团队与处女座干涉仪团队共同宣布，人类于 2015 年 9 月 14 日首次直接探测到源于两个黑洞合并的引力波。之后又陆续多次探测到引力波事件，特别是于 2017 年 8 月 17 日首次探测到源自于双中子星合并的引力波事件 GW170817。2017 年，莱纳·魏斯（Rainer "Rai" Weiss）、巴里·巴利许（Barry Clark Barish）与基普·索恩因成功探测到引力波而获得诺贝尔物理学奖。——译者注）

2. 视界面积与黑洞质量的平方成正比。实际上，如果面积为 A，质量为 M，则有 $A = 16\pi G^2 M^2/c^4$。其中 G 是牛顿的万有引力常数，c 为光速。

3. 黑洞力学和热力学之间的类比，在 Bardeen, Carter and Hawking（1973）中有详细说明。

　　热力学还有个第三定律：温度有个最小值，即绝对零度，在该温度下熵也会最小。那么类比到黑洞中，要扮演"温度"这个角色的应该是什么呢？答案就是黑洞的表面引力 —— 接近事件视界的地方，在远处的观测者看来黑洞的牵引力有多强。你可能会觉得表面引力会无穷大 —— 黑洞不就是这么来的嘛。但结果表明，表面引力其实是事件视界附近的时空弯曲得有多厉害的量度，随着黑洞质量变得越来越大，表面引力实际上会变得越来越弱[1]。黑洞的表面引力也有一个最小值，就是零，当黑洞的所有能量都来自于带电量和自转，没有任何能量来自"质量本身"时，就会达到这个表面引力。

　　最后，热力学还有个第零定律：如果有两个系统都跟第三个系
265 统处于热平衡态，那么这两个系统彼此也处于热平衡态。对黑洞来说类似的陈述就是："静止黑洞在事件视界处的表面引力值处处相等。"—— 也确实如此。

　　因此，热力学定律和"黑洞力学定律"之间可以完美类比，前者在 19 世纪产生，后者则出现于 20 世纪 70 年代。类比中的不同元素如下表所示。

表 3

热力学	黑洞
能量	质量
温度	表面引力
熵	面积

---

1. 要想弄明白为什么表面引力并非无穷大，有个办法是认真考虑"在远处的观测者看来"这条注意事项。正好挨着事件视界的地方引力很大，但如果从无穷远处观测，这个作用力会经历引力红移，就跟逃逸的光子一样。作用力是无穷大，但在远处的观测者看来也有无限红移，合并考虑就得到了表面引力有限的结果。

但现在我们面临一个重要问题，这类问题在科学中往往带来重大突破：我们应该怎么看待这个类比？这究竟只是令人莞尔的巧合呢，还是反映了一些深刻的真相？

这个问题合情合理，并不是为了一个可以预知的答案而随意设计的问题。巧合时有发生。当科学家跌跌撞撞地穿过两个看似风马牛不相及的主题（比如热力学与黑洞）之间引人入胜的关联时，这种巧合有可能是重要发现的线索，也有可能只是偶然。不同的人对这样的深层联系是否尚待发掘有不同的直觉。最终我们应该能科学地解决这个问题并得出结论，但答案并不会提前揭晓。

贝肯斯坦对熵的猜想

将热力学和黑洞力学之间的类比看得最认真的人是雅各布·贝肯斯坦，那时候他还是个跟约翰·惠勒共事的青年研究生（图 59）。惠勒不是在忙着造一些言简意赅的新词儿，就是在豪情万丈地推动量子引力领域（总之也是广义相对论）的发展。而当时物理学界其他人更感兴趣的是粒子物理学——那是 20 世纪六七十年代的英雄时代，也是标准模型横空出世的年代。惠勒的影响不只是通过他的思想得到体现（是他和布赖斯·德威特最早将量子力学的薛定谔方程推广到引力理论中），也在他的弟子身上显露无疑。不只是贝肯斯坦，惠勒带过的很多博士生而今都在引力研究领域引领潮流，叱咤风云，其中就有基普·索恩、查尔斯·米斯纳（Charles Misner）、罗伯特·沃尔德 [266]（Robert Wald）以及威廉·昂鲁（William Unruh）——更不用说休·埃弗雷特以及惠勒的第一个学生，一个叫理查德·费曼的人。

图 59　雅各布·贝肯斯坦，率先提出黑洞有熵的人

因此，20 世纪 70 年代早期的普林斯顿对思考黑洞来说是个桃李春风的环境，贝肯斯坦沐浴其中，不能自拔。在博士论文中，他提出了一个很简单但也很引人注目的看法：黑洞力学和热力学之间的关系不只是类比，更是特性。特别是，贝肯斯坦用信息论的思想来证明黑洞事件视界的面积不只是跟熵很像；这个面积就是黑洞的熵 [1]。

表面看来，这个说法有点儿难以消化。玻尔兹曼告诉过我们熵是什么：熵表示一个系统在宏观上不可区分时相应微观态的数量。"黑洞无毛"似乎表明，巨大的黑洞没有几种状态；也确实，对任一规定的质量、带电量和自转速度，黑洞理应是唯一的。但偏偏冒出来个贝肯斯坦，声称天体尺寸的黑洞的熵大得惊人。

事件视界的面积得用个什么单位来度量才行 —— 英亩、公顷、平方厘米，随便你有啥用啥。贝肯斯坦宣称，黑洞的熵大致等于其事

---

1. 严格来讲，贝肯斯坦提出的是熵与事件视界的面积成正比。霍金最终弄清了这个比例常数。

件视界以普朗克面积为单位的面积。普朗克长度为 10^{-33} 厘米，这个长度非常小，在这个尺度上，量子引力应该变得极为重要；普朗克面积就是普朗克长度的平方。对一个质量与太阳相当的黑洞来说，事件视界的面积约为 10^{77} 普朗克面积。这个数字大得很，10^{77} 的熵比整个银河系中所有恒星、气体、尘埃通常的熵都还要大。

从粗浅的角度看，要调和无毛理论与贝肯斯坦关于熵的想法之间表面上的矛盾有个非常直接的路子：经典的广义相对论不对，要弄明白由黑洞熵的数量表示的那么多的状态，我们要用量子引力才行。或者我们手下留情一点，就说经典的广义相对论有点儿像热力学，而要揭示引力举足轻重的情形下对熵的微观"统计力学"的理解需要用到量子引力好了。贝肯斯坦的提法似乎意味着，时空真的有数以巨万的不同方式在微观量子层面安排自身，来形成一个宏观上经典的黑洞。[267]我们需要做的只是弄清楚这都是些什么方式。然而说来容易做来难，35 年过去了，我们还是没能好好领会这些由黑洞熵的公式表示的微观态的本质。我们觉得黑洞就像是一盒子气体，但并不知道"原子"是什么——虽说也有一些线索引人遐想。

但也不是说这事儿就搞砸了。请记住，真正的第二定律是由卡诺和克劳修斯创立的，那时候玻尔兹曼还没现身。也许现在我们处于量子引力研究进展的类似阶段。也许经典广义相对论中质量、带电量和自转速度的特征只是宏观可观测量，并不能说明整个微观态，就像温度和压力在普通热力学中的角色一样。

在贝肯斯坦看来，黑洞并没有那么奇怪，也并非跟物理世界其余部分都要划清界限；黑洞也是热力学系统，就跟一盒盒气体一样。他提出了"广义第二定律"，基本上就是普通的第二定律，但把黑洞的熵也包括进来了。我们可以取一盒熵值一定的气体投进黑洞中，并计算在此前后熵的总量会发生什么变化。答案是：如果我们接受贝肯斯坦的说法，承认黑洞的熵与事件视界的面积成正比，那么熵就在增加。这样的情景显然对熵和时空之间的关系有深刻影响，值得好好探究一番。

霍金辐射

20 世纪 70 年代早期，与普林斯顿的惠勒团队一样，在广义相对论领域做出最杰出贡献的，还有大不列颠的团队。具体来讲，史蒂芬·霍金和罗杰·彭罗斯发明了新的数学工具，并用于研究弯曲时空。这些研究带来了著名的奇点定理——当引力变得足够强大，比如在黑洞中或大爆炸附近，广义相对论必然会预测有奇点存在——以及霍金的结论：黑洞事件视界的面积永远不会减小。

因此，霍金对贝肯斯坦的工作极为关注，但他并不觉得有多高兴。至少有一点，如果你打算重视面积和熵之间的类比，那你也得同样重视热力学和黑洞力学类比的其他部分。特别是，黑洞的表面引力（旋转和电量可以忽略不计的小黑洞，表面引力很大；大黑洞，或者旋转相当快，或电量非常大的黑洞，表面引力较小）应当与其温度成正比。但这样的论断从表面看来似乎挺荒唐。如果把什么东西加热到高温，这样东西就会发光，就像熔融的金属或燃烧的火焰那样。但黑洞可不会发光，它是黑的。所以你看，隔着个大西洋我们也能想见霍金的想法。

作为一个本性难移的旅行家，霍金于 1973 年访问了苏联，去探讨黑洞。在雅可夫·泽尔多维奇（Yakov Zel ' dovich）的领导下，莫斯科在相对论和宇宙学领域的专家团队堪与普林斯顿或剑桥匹敌。泽尔多维奇和他同事阿列克谢·斯塔罗宾斯基（Alexei Starobinsky）告诉霍金，他们从量子力学角度出发，为了弄明白彭罗斯过程（从旋转黑洞中提取能量的过程）做了些工作。根据莫斯科团队的说法，量子力学表明旋转黑洞会自动自发地发出辐射，并损失能量；并不需要有个超级先进的文明扔东西进去。

霍金大感兴趣，但并没有买泽尔多维奇和斯塔罗宾斯基的账[1]。所以他开始自己着手去弄懂量子力学在黑洞背景下的结果。这个问题可不简单。"量子力学"是个非常笼统的概念：状态空间由波函数而非位置和动量组成，但是你没法准确观测到波函数，一观测它就会发生剧变。在这个框架内，我们可以想到不同类型的量子系统，从单个的粒子到超弦的集合。量子力学的创立者十分明智，考虑的都是相对简单的系统，由一些相对速度很小的少量原子组成。大多数物理系学生刚开始接触量子力学时，仍然会学到这些。

但如果粒子的能量很高，速度也接近光速，我们就再也没法忽略相对论的影响了。比如说，两个粒子撞在一起，能量可能会变得非常高，以至于能借由 $E = mc^2$ 的魔法产生一些新粒子。经过理论物理学界数十年的努力，终于产生了能调和量子力学和狭义相对论的恰当形式，这就是"量子场论"。

---

1. *Hawking*（1988），104 — 105。

量子场论的基本思路很简单：世界是由场组成的，当我们观测这些场的波函数时，就会看到粒子。跟存在于某个定点的粒子不一样，场在空间中无处不在；电场、磁场、引力场都是我们熟悉的例子。在空间中的每一点，所有场都有个特定的值（虽说这个值也有可能是零）。根据量子场论，一切都是场 —— 有电场，不同种类的夸克场，269 等等。但当我们查看这些场时，我们看到的是粒子。比如说，如果我们查看电磁场，就会看到光子，也就是电磁粒子。振动微弱的电磁场会表现为少量光子，而振动剧烈的电磁场会表现为大量光子[1]（图 60）。

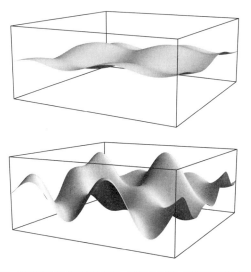

图 60　场在空间中所有点都有数值。观测量子场时，我们看不到场本身，只能看到粒子集合。上图中振动柔和的场对应少量粒子，下图中振动剧烈的场对应大量粒子

1. 你可能会想，为什么我们自然而然就想到了电磁场和引力场，而不是电子场或夸克场。这是由于费米子和玻色子之间的区别。费米子，比如电子和夸克，是物质粒子，特点是不能堆积在一起；玻色子，比如光子和引力子，是作用力粒子，可以随意堆积。我们观测一个宏观的、貌似经典的场时，得到的就是大量玻色子的集合。像电子和夸克这样的费米子无法同样堆积，因此这些场的振动只能表现为单个的粒子。

量子场论将量子力学和狭义相对论结合了起来。这与"量子引力"极为不同，后者是量子力学与广义相对论的结合，是关于引力和时空弯曲的理论。量子场论中我们假设时空本身无论是否弯曲都完全是经典的，场则是遵从量子力学定律的对象，时空只是作为固定背景出现。相比之下，在完备的量子引力中，我们可以想象就连时空都有波函数，也完全是量子力学的。霍金的工作是在固定的弯曲时空背景下的量子场论中进行的。

霍金不是场论的专家。尽管场论和广义相对论一样，都算是"现代物理学听起来很高大上，但外行看起来神秘莫测的理论"，但这两 [270] 个领域极为不同，专家也很可能只知其一不知其二。因此他开始学习。马丁·里斯（Martin Rees）爵士，现在已经成为世界上最顶尖的理论天体物理学家，也是英国的皇家天文学家，但那个时候还是剑桥的青年科学家。和霍金一样，他几年前才刚刚拿到博士学位，导师是丹尼斯·夏玛（Dennis Sciama）。这时候霍金已经被自己的病情严重拖垮。他要了一本量子场论的书，里斯则把这本书在他面前支起来。霍金会盯着书页一看几小时，一言不发，而里斯则在思索，这对他身体的伤害是不是太大了[1]。

远远不是。实际上，霍金在将量子场论的形式应用于黑洞辐射问题。他希望能导出一个公式，能重新算出泽尔多维奇和斯塔罗宾斯基对旋转黑洞的结果。但事与愿违，他总是会发现有些事情难以置信：量子场论似乎表明，就算是没有旋转的黑洞也会发出辐射。确切说来，

---

1. *Overbye*（1991），109。

这样的黑洞也要跟在一定温度下处于热平衡的系统完全一样发出辐射，而在黑洞和热力学的类比中，温度与表面引力成正比。

霍金证明了贝肯斯坦是对的，就连他自己都大吃一惊。黑洞确实会表现得像普通的热力学对象一样。这就意味着除了其他特征，黑洞的熵其实与其事件视界的面积成正比，这一联系可不只是令人莞尔的巧合而已。实际上，霍金的计算（不像贝肯斯坦的证明）让他能够精确指出这个比例常数为 1/4。也就是说，如果 L_P 是普朗克长度，那么 L_P^2 就是普朗克面积，黑洞的熵就是以普朗克面积为单位的黑洞视界面积的 1/4：

$$S_{\mathrm{BH}} = A / (4 L_P^2)$$

你可以认为 BH 这个缩写是代表黑洞（Black Hole），也可以认为 BH 是代表"贝肯斯坦 - 霍金"，随你喜欢。关于引力和量子力学的结合，这个公式是最重要的线索 [1]。如果我们想要了解为何在大爆炸附近熵那么低，我们就得先搞清楚熵和引力的一些情况，这个起点合乎逻辑。

蒸发

要真正理解霍金是如何得到黑洞辐射这个惊人结果的，需要对量子场在弯曲空间中的表现进行一番巧妙的数学分析。但是也有一个最

271

---

1. 为参考起见，普朗克长度等于（$G \hbar / c^3$）1/2，其中 G 为牛顿的万有引力常数，$\hbar$ 是量子力学中的普朗克常数，c 是光速。（我们已将玻尔兹曼常数设为 1。）因此，熵可以表示为 $S = (c^3 / 4 \hbar G) A$。事件视界的面积与黑洞质量 M 的关系是 $A = 8 \pi G^2 M^2$。将这些放在一起，熵与质量的关系就是 $S = (4 \pi G c^3 / \hbar) M^2$。

流行的大而化之的解释足够传达出基本事实。全世界所有人，包括霍金在内都在依赖这个解释。我们干嘛要例外呢？

基本思路是，量子场论意味着除了我们的老交情真实粒子之外，还有"虚粒子"存在。在第3章我们曾与这个思路短暂相遇，那时候我们是在讨论真空能量。对量子场，我们可能会觉得，能量最低的状态就是场绝对恒定时 —— 就在那儿待着，在任何时候、任何地方都不会发生变化。如果我们说的是经典的场，那这个说法就是对的。但是就跟我们在量子力学中没法明确指出粒子在哪个特定位置一样，我们在量子场论中也没法明确指出场在哪个特定布局。量子场的数值总是会有点儿内在的不确定性和模糊性。我们可以把量子场中这些小小的不稳定看成是粒子在倏忽隐现，每次一个粒子一个反粒子，隐现得太快，所以我们观测不到。我们永远无法直接探测到这些虚粒子。只要我们看到一个粒子，就会知道这是真实粒子，而不是虚粒子。但虚粒子可以和真实（非虚）粒子相互作用，稍微改变真实粒子的性质，这样的影响已经观测到很多，其中大量细节也已经得到研究。虚粒子确实存在。

霍金搞明白的是黑洞的引力场能将虚粒子转变为真实粒子。一般来说，虚粒子都是成对出现的，有一个粒子就有一个反粒子[1]。两个粒子同时出现，存在时间极短，随后又湮灭了，没有人能看见。但是因为有事件视界存在，黑洞改变了局面。当虚"粒子 / 反粒子"对在非

---

1. 粒子和反粒子都是"粒子"，如果这么讲也讲得通的话。有时候粒子这个词会被用来跟反粒子相对而言，但更多的时候只是用来表示任何点状的基本对象。没有人会反对这样的表述："正电子是粒子，电子是反粒子。"

常靠近视界的地方闪现时，其中一个可能会坠入黑洞，显然也就别无选择，只能义无反顾地奔赴奇点。这个时候，另一个粒子就可以逃出生天了。事件视界帮助拆散了虚粒子对，吞噬了其中一个粒子。逃出来的那个粒子就是霍金辐射的一部分（图 61）。

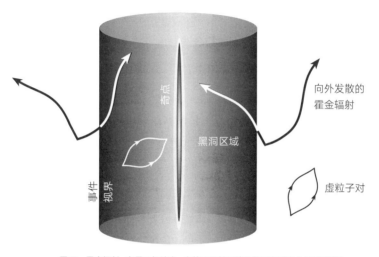

图 61　霍金辐射。在量子场论中，虚粒子及其反粒子总是在真空中闪现又消失。
但在黑洞附近，有个粒子会坠入事件视界，另一个则逃往外部世界，成为霍金辐射

　　这时候，虚粒子有个关键特征开始大显神威：虚粒子的能量可以是任意值。虚粒子 / 反粒子对的总能量肯定刚好是零，因为这对粒子必须能在真空中出现，又归于真空。对真实粒子来说，如果处于静止状态，那么其能量就等于质量乘以光速的平方；如果运动起来，能量还会增加。因此，真实粒子的能量永远不可能是负值。这样一来，如果逃离黑洞的真实粒子能量为正，而起初虚粒子对的总能量又是零，那就意味着掉进黑洞的那个粒子能量必须为负。当这个粒子掉进黑洞时，黑洞的总质量就下降了。

最终，要是没有外部能量从别的地方进入黑洞，黑洞就会整个蒸 272
发殆尽。原来，黑洞并不是时间彻底终结的地方，而是会存在一段时
间并最终消失的对象。霍金辐射以某种方式把黑洞拉下神坛，不再像
经典的广义相对论中看起来那么神秘莫测了。

霍金辐射有个特点很有意思，就是越小的黑洞越热。温度与表面
引力成正比，而质量越小的黑洞表面引力越大。我们一直在讨论的
天体物理学的这种黑洞，质量都与太阳质量相当或更大，霍金温度极
低；现在这个宇宙中，这些黑洞完全不会蒸发，因为它们从周围物质
中攫取的能量远远大于因为霍金辐射而损失的能量。就算外部能量
来源只有宇宙微波背景（温度约为 3 开尔文），上述结论都仍然是正
确的。要让黑洞的温度比现在的微波背景更高，这个黑洞就得比大
概 10^{14} 千克还要小，也就是跟珠穆朗玛峰的质量差不多，也要比任何
已知的黑洞都要小得多 [1]。当然，微波背景还在随着宇宙的膨胀而降温，
因此如果我们等得够久，黑洞就会比周围的宇宙更热，于是开始损失
质量。一边损失质量，一边黑洞的温度还会升高，于是质量损失得更
快；这个过程一泻千里，一旦黑洞的尺寸变得非常小，结局就会很快
以剧烈爆炸的方式到来。
273

很遗憾，因为数值太小，史蒂芬·霍金很难因为预测了黑洞辐射
而斩获诺贝尔奖。就我们已知的那些黑洞而言，辐射太微弱了，没办
法被天文台观测到。我们也许会非常幸运，有一天能探测到一个极小

---

1. "已知"这个限定非常重要。宇宙学家还设想过，在宇宙非常早的时候，有没有可能有那么一些
未知过程，也许创造了大量非常小的黑洞，甚至可能与暗物质也有关系。如果这些黑洞够小，就
不会有那么黑，而是会散发越来越多的霍金辐射，最后的爆炸甚至都有可能探测到。

的黑洞，散发出高能辐射，但希望非常渺茫[1] —— 你也许能凭借真正看到的东西获颁诺贝尔奖，但不能靠思路清奇就得奖。但清奇的思路也会有自己的奖赏。

信息丢失？

黑洞会蒸发殆尽这事儿带来了一个很深刻的问题：那些一开始用以形成黑洞的信息怎么了？在经典的广义相对论中黑洞无毛，我们也提到过这个令人费解的后果：无论会有什么进入黑洞，黑洞一旦形成，就只有质量、带电量和自转速度这几个特征了。我们前面的章节对物理学定律中信息守恒大书特书，在宇宙随着时间演化时，要明确说明其状态，就必须用到这些信息。乍一看，黑洞似乎会毁掉这些信息。

想象一下，因为现代物理学没法给时间之箭提供一个令人信服的解释，你沮丧万分，把这本书投入火海，意欲焚之而后快。过了一会儿你觉得自己恐怕有点儿太冲动了，于是又想把书拿回来。但太晚了，

---

1. 有一个很有意思的猜测是，我们可以用粒子加速器制造黑洞，然后观测这个黑洞通过霍金辐射衰变。在通常条件下，这个想法极为不切实际，因为引力太弱了，就连足以制造微型黑洞的粒子加速器我们永远无法造出来。但最近有人设想时空中有隐藏的维度，于是提出引力在短距离上会变得比通常情况要强得多（参见 Randall, 2005）。这样一来，制造并观察小型黑洞的前景就从"愚蠢透顶"升级为"胡思乱想，但并非完全愚蠢透顶"。我相信霍金正在为这事儿殚精竭虑。
不幸的是，微型黑洞的前景竟然被一群恐怖分子用于编造大型强子对撞机（LHC，位于日内瓦的欧洲核子研究实验室的最新粒子加速器）将毁灭世界的谣言。尽管概率非常小，但毁灭世界还是没法接受，所以我们该小心点对不对？但人们仔细检查了这样的可能性（Ellis et al, 2008），认为这样的情景在宇宙中别的地方出现过很多次了都从来没有发生过任何事情，LHC 身上也不会发生什么；如果要发生大灾难，我们应该早就在别的天文物理学对象身上看到过种种迹象了。当然，参与这些检查的所有人都不幸犯了某种数学错误也不是不可能。但有可能的事情也太多了。下回你打开一瓶辣椒酱的时候，说不定就放出了一种变异病原体，能一举荡平地球上的所有生命。也有可能我们正被一群超级智慧的外星人观察和评判，要是我们被无聊的诉讼吓到不敢开动 LHC 的话，他们就会觉得我们不可救药，于是毁灭地球。可能性如果像我们这里说的这么遥远，大概冒一下险让生活继续下去也没什么不好。

这本书已经化为灰烬。但物理学定律告诉我们，原则上本书包含的所有信息都还是能找到，无论实际上想要找回来会有多困难。烧掉的书演变为灰烬、光线和热量的极为特殊的布局，如果能精确捕捉到投入火海之后宇宙的整个微观态，理论上我们就可以让时光倒流，搞清楚投入火海的到底是这本书还是别的什么书，比如说《时间简史》。（拉普拉斯妖肯定知道到底是哪本书。）这完全是纸上谈兵，因为在这个过程中熵极大地增加了，但原则上还是有可能的。

如果我们不是把这本书投向火海，而是投入黑洞，那这个故事就不一样了。根据经典的广义相对论，我们无法再重构信息；这本书掉进了黑洞，我们可以测量接下来的质量、带电量和旋转速度，但也没别的了（图 62）。我们也许会自我安慰，说信息还是在什么地方，只是我们没法得到罢了。

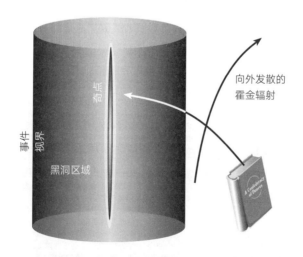

图 62　信息（例如书本）坠入黑洞，应该在霍金辐射中向外表达出来。但这些信息怎么可能同时在两个地方出现呢

将霍金辐射纳入考量之后，这个故事又变了。现在这个黑洞不会
274 永远存续下去，要是我们真有耐心，就会看到黑洞整个儿蒸发殆尽。
如果信息没有丢失，我们面对的情况就应该跟投入火海是一样的，也
就是说，原则上我们有可能从向外散发的辐射中重新得到这本书的
内容。

我们想想霍金辐射是怎么从黑洞事件视界附近的虚粒子来的，就
会发现这个设想也有问题。看看图 62，我们可以假设有本书掉下去
穿过视界，一直落到奇点（或者在量子引力的更优秀理论中别的能取
代奇点的随便什么地方），书页上包含的信息也随之而去。同时，据
说携带了同样信息的辐射也离开了黑洞。这些信息怎么能同时出现在
两个地方[1]？从霍金的计算来看，无论是什么造成了黑洞，向外散发
的辐射对所有黑洞来说都是一样的。表面上看，似乎信息就是被毁掉
了；就好像在我们之前的棋盘世界中，有那么一个斑点不管先前是什
么状态都会随机吐出灰色和白色方格。

这个难题叫作"黑洞信息丢失佯谬"。由于很难得到关于量子引
275 力的直接实验信息，过去几十年间，思考如何解决这个悖论成了理论
物理学家中间十分流行的消遣。在物理学界这个问题也真的是大有争
议，不同的人在大辩论中会站不同的边。粗略来讲，来自广义相对论
背景的物理学家（包括史蒂芬·霍金在内）会倾向于相信信息确实丢
失了，黑洞蒸发代表了量子力学传统定律的失败；同时，来自粒子物

---

1. 你可能很容易就会沿着这个思路往下走：说不定信息是被复制了，于是信息可以既在朝着奇点
落下去的书中，也在离开黑洞的辐射中。然而量子力学有个结论叫作"不可克隆定理"，否决了这
种可能性。信息不只是无法破坏，还无法复制。

理和量子场论背景的物理学家则会更愿意相信，更恰当的诠释会证明信息还是以某种方式保留下来了。

1997年，霍金和广义相对论同行基普·索恩跟加州理工大学的粒子物理理论学家约翰·普瑞斯基尔（John Preskill）打了个赌，赌约如下：

> 鉴于史蒂芬·霍金和基普·索恩坚信，被黑洞吞噬的信息就永远隐藏在黑洞里，就算黑洞蒸发并完全消失也不会再显露出来；
>
> 鉴于约翰·普瑞斯基尔坚信在量子引力的正确理论中一定会找到一种机制，使得信息能在黑洞蒸发时重新被释放出来；
>
> 因此普瑞斯基尔提议，霍金、索恩附议，特立赌约如下：
>
> 如果一开始有个纯量子态经过引力坍缩形成了黑洞，那么黑洞蒸发到最后的状态也会是纯量子态。
>
> 输家要给赢家一本赢家选定的百科全书，这部书中的信息可以随意复原。
>
> 史蒂芬·威廉·霍金
>
> 基普·史蒂芬·索恩
>
> 约翰·菲利普·普瑞斯基尔
>
> 加利福尼亚州帕萨迪纳，1997年2月6日

2004年，霍金承认自己输了，这事儿上了头版头条。他承认，黑

洞蒸发实际上确实能保留信息。有意思的是，索恩（截至本书写作期间）尚未承认自己已经落败；此外，普瑞斯基尔也只是勉为其难地接受了他的战利品（《棒球全书：棒球终极百科》，第八版），因为他相信尚未尘埃落定[1]。

霍金认为信息在黑洞中丢失了，是什么让他在坚持这个观点 30 年后又转而认为信息其实是守恒的？答案涉及跟时空和熵有关的一些深邃思想，我们先得打下些底子。

一个盒子能装下多少种状态？

我们在这部本来是关于时间之箭的书中深入研究这些关于黑洞的细节，原因很充分：时间之箭来自熵增加，熵增加最终要归因于大爆炸附近一开始熵非常低的状态，而大爆炸是宇宙史上引力极为重要的阶段。因此我们得知道存在引力时熵会怎么表现，但我们对量子引力的理解还不够完整，被拖了后腿。我们有一条线索，就是霍金关于黑洞熵的公式，所以我们可以跟着这条线索往下走，看看能走到哪里。理解黑洞熵和信息丢失佯谬的努力也确实对我们理解时空和量子引力的状态空间有巨大影响。

我们考虑一下这个问题：一个盒子能装下多少熵？叫玻尔兹曼和他那个年代的人来说的话，大概会觉得这个问题太蠢了 —— 我们想装多少就能装多少。如果有个装满了气体分子的盒子，那么无论是有多少

---

1. 普瑞斯基尔对黑洞对赌的看法可参看他自己的网页：http://www.theory.caltech.edu/people/ preskill/ bets.html。关于黑洞信息丢失佯谬的深入讨论，可参阅 Susskind（2008）。

个分子，都会有个熵最大的状态（平衡态布局）。恒温下气体会在整个盒子中均匀分布。但只要我们愿意，我们也肯定还能再挤进去更多的熵，只需要不断地加，让里面的分子越来越多就成了。如果担心因为分子会占据一定的空间，所以能塞进盒子里的分子肯定有个最大值，那么我们可以机智一点，考虑一个满是光子而非气体分子的盒子。光子可以无限制地堆叠在一起，所以我们应该想在盒子里放多少个光子就能放多少个。从这个角度来看，答案似乎是我们可以在任何给定的盒子里装进去无限大（或者至少也是随便多大）的熵。没有上限。

然而这个说法缺了一样关键因素——引力。我们放进盒子里的东西越来越多，盒子里的质量也会一直增加[1]。最后，我们放进盒子里的东西会面临跟耗尽了核燃料的巨星一样的命运：在自身引力作用下坍缩，形成黑洞。每当坍缩发生，熵都会增加——黑洞的熵比形成黑洞的物质的熵要多。（否则的话第二定律就会让黑洞没法形成了。）

跟装满原子的盒子不一样，我们没法做出尺寸一样质量却不一样的黑洞。黑洞大小是由"史瓦西半径"表示的，跟黑洞的质量刚好成正比[2]。如果知道质量，就能知道尺寸；反过来，如果有一个给定尺寸的盒子，你能装进去的黑洞就会有个最大质量。但是，如果黑洞的熵与

277

---

1. 你可能会觉得，我们还是可以援引光子来避开这个结局，因为光子质量为零。但光子有能量，波长越短，光子的能量就越大。由于我们面对的是尺寸确定的盒子，能装进去的所有光子都会有个最小能量值，否则就装不进去。所有这些光子的能量通过 $E = mc^2$ 变个魔术就都可以为盒子的质量做出贡献。（哪个光子都没有质量，但一盒子光子就有质量了，用光子总能量除以光速的平方就能得到。）

2. 球体面积等于 4π 乘以半径的平方。因此从逻辑上来讲，黑洞事件视界的面积等于 4π 乘以史瓦西半径的平方。实际上这就是史瓦西半径的定义，因为黑洞内部的时空高度弯曲，所以很难合理定义从奇点到视界的距离。（请记住——这个距离是类时的！）因此，事件视界的面积与黑洞质量的平方成正比。这只适用于没有任何旋转也不带电的黑洞。如果黑洞在旋转或带电，公式就会变得稍微复杂一点。

其事件视界的面积成正比，那么对一个给定尺寸的区域，你能装进去的熵就有个最大值，即该尺寸的黑洞具有的熵。

这个结论非常值得注意，代表了一旦引力变得重要，熵的表现会有什么重大差异。在没有引力的假想世界中，我们可以往给定区域中想塞多少熵就塞多少，但有了引力就没法这么干了。

当我们回头倾听玻尔兹曼对熵的理解，把熵当成是宏观上无法区分的微观态数量（的对数）时，这个认识的重要性就凸显出来了。如果我们在给定尺寸的区域中能装下的熵有个有限的最大值，那就意味着这个区域内可能状态的总数也是有限的。这是量子引力的深层特征，跟不考虑引力的理论表现极为不同。我们来看看按照这个线索推理下去会走向何方。

全息原理

要理解黑洞熵的理论有多激进，我们先得理解定域性原理。这个原理曾被奉为圭臬，而今却显然已被黑洞熵的理论推翻了。这个原理是说，宇宙中不同的地方大体上都是彼此独立的。在某个位置的物体可能会受到周围环境的影响，但远处的事物对它鞭长莫及。相距遥远的事物彼此可以通过传送一些信号来间接影响，比如引力场的扰动，或是电磁波（光）。但此处发生的一切并不会直接影响宇宙中别的区域发生的事情。

回想一下棋盘世界。在某个时刻发生的事情受到前一时刻发生的

事情的影响。但在"空间"（一行中所有方格的集合）中某个点发生的
事情跟同时在空间中其他任何点发生的事情都完全无关。沿着随便哪
一行，我们都可以随意设想要选什么白色和灰色方格的布局。没有什
么类似于"如果这里有个灰色方格，那么向右 20 个方格之外必须是
个白色方格"的规则。而随着时间流逝，就算方格之间确实会"相互
作用"，那也总是在相邻的方格之间。同样地，在现实世界中，事物和
事物会迎面撞见，并对邻近的其他事物产生影响，而不是天遥地远的
事物。这就是定域性。

278

  定域性对熵有重要影响。跟以前一样，我们来考虑一盒气体，计算
盒子中气体的熵。现在我们在脑子里把这个盒子一分为二，并计算每一
半中的熵。（不用去设想真的有物理分隔，只需要分别考虑盒子的左边
和右边就行。）这个盒子中熵的总量跟两个一半分别的熵有什么关系？

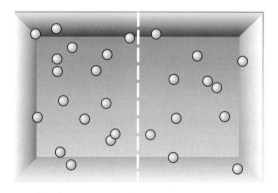

图 63 假设将一盒气体一分为二，盒子中熵的总量就是将每一半的熵加起来

  答案就是：要想得到整个盒子的熵，只需要将一半盒子的熵与另
一半的加起来（图 63）。这个答案似乎是玻尔兹曼关于熵的定义的

直接结果——实际上，这就是为什么定义中会出现对数的全部原因。在一半盒子中有数量一定的允许存在的微观态，另一半中也有一定数量的。微观态的总数计算如下：对左边每一种可能的微观态，我们都可以在右边任选一种可能的微观态。因此，将左边的微观态数目与右边的相乘就能得到微观态总数。但熵是这个数字的对数，而"X 乘以 Y"的对数等于"X 的对数"加上"Y 的对数"。

因此，整个盒子的熵就是两个半边的熵的加总。实际上，无论我们怎么分割这个盒子，也无论我们将盒子分成多少个部分，总的熵永远都是这些小盒子的熵的加总。这就意味着盒子中我们能有的熵的最大值总是会跟盒子的体积成正比——我们的空间越大，就能有越高的熵，熵的增加跟体积的增加正好是直接成比例的。

但是请注意，上述论证中隐藏了一个假设：我们可以数出一半盒子中的状态数，再乘上另一半的数目。也就是说，我们假定其中一半盒子里发生的事情跟另一半完全无关。这正好就是定域性假设。

一旦引力变得重要起来，这些就全都站不住脚了。引力给我们能塞进一个盒子的熵的数量设定了上限，由能放进这个盒子的最大的黑洞给出。但黑洞的熵并不是跟所包含的体积成正比——而是跟事件视界的面积成正比。面积和体积之间的区别可大了！如果我们有一个直径为 1 米的球，然后令其直径增加到 2 米，那么球体体积会变为原来的 8（2^3）倍，但球面面积只变为原来的 4（2^2）倍。

结果很简单：量子引力并不遵循定域性原理。在量子引力中，在这里发生的事情与那里发生的事情并非完全无关。可能发生的事物数量（某区域中可能的微观态数量）并不与该区域的体积成正比，而是与可以包围该区域的面积成正比。由量子引力描述的现实世界允许塞进一个区域的信息量，远远小于我们天真地不考虑引力时所设想的量。

这番见解被称为全息原理，最早由荷兰的诺贝尔奖获得者杰拉德·特·胡夫特（Gerard 't Hooft）和美国弦理论学家伦纳德·萨斯坎德（Leonard Susskind）提出，后来由德裔美国物理学家拉斐尔·布索（Raphael Bousso）正式确立，他以前也是史蒂芬·霍金的学生[1]。表面上看，全息原理也许听起来有点儿干巴巴的。好吧，"某区域中允许出现的状态数与该区域尺寸的平方而不是立方成正比"这样的台词在鸡尾酒会上可不会让陌生人眼前一亮。

全息原理为何那么重要，原因在这里：全息原理意味着时空并不是最根本的。通常我们在考虑宇宙中发生了什么的时候，我们不言而喻就会做出像是定域性这样的假设；我们描述此处发生了什么，彼处又发生了什么，对空间中所有可能的位置都分别给出具体说明。全息原理表明，原则上我们没法真正办到——不同位置发生的事物之间有微妙关联，限制了我们在空间中指定什么布局的自由。

普通的全息成像通过散射特殊二维平面的光来展现看起来是三维的图像。全息原理则是说，宇宙从根本上讲就像这样：你所认为的发生在三维空间中的一切都被编码为二维表面上的信息。我们在其间 280

---

1. *Susskind*（2008）中讨论了全息原理，技术细节可参看 *Bousso*（2002）。

生活、呼吸的三维空间（同样在原则上）可以用简洁得多的描述来重构。我们可能有也可能没有得到这种描述的简单方法——通常是没有，但下一节我们会讨论一个我们做了什么的明确例子。

也许没有什么值得大惊小怪。我们在上一章也讨论过，在涉及引力之前，量子力学中就已经有一种内在的非定域性。宇宙的状态一次性描述了所有粒子，而不是分别提及每个粒子。因此当引力进入角色，很自然就会去设想，宇宙的状态也会一次性包揽所有时空。但是，全息原理所含有的非定域性与量子力学自身所含有的非定域性很不一样。量子力学中我们可以设想特定的波函数，其中猫的状态与狗的状态纠缠在一起；但我们也可以同样轻而易举地设想两者没有纠缠的状态，或是有不同形式的纠缠。全息原理似乎是在告诉我们，有些事情就是不可能发生，编码这个世界所需要的信息可以急剧压缩。我们还在探索这个想法的更多含义，但毫无疑问，还会有更多惊喜即将到来。

霍金认输

全息原理是个很笼统的想法。无论最后出现的量子引力的正确理论是什么，都应当具有全息原理这个特征。但如果能有一个非常明确的例子，我们能借此看清全息原理如何发挥作用，那也挺好。例如，我们认为，在我们这个三维空间中黑洞的熵与其事件视界的二维面积成正比；因此，对应于该黑洞的所有可能的微观态，原则上都应该有可能用在这个二维表面上发生的不同事情来说清楚。很多致力于量子引力的理论物理学家都以此为目标，但是很遗憾，我们到现在还是不知道怎么才能办到。

1997 年，阿根廷裔美国理论物理学家胡安·马尔达西那（Juan Maldacena）找到了全息原理起作用的明确例子，令我们对量子引力的理解发生了天翻地覆的变化[1]。他考虑的是一个假想的宇宙，跟我们这个宇宙一点儿都不像 —— 其中有一点是，该宇宙中真空能量为负值，而我们这个宇宙中的真空能量似乎是正的。真空能量为正的空间叫作"德西特空间"，因此将真空能量为负的空间叫作"反德西特空间"也挺顺理成章。另外，马尔达西那考虑了五个维度，而不是我们通常的四个。最后，他考虑了引力和物质的一种非常特殊的理论，叫作"超引力"，是广义相对论的超对称版本。超对称性是在玻色子（作用力粒子）和费米子（物质粒子）之间假设的对称性，在现代粒子物理的很多理论中都至关重要。不过我们不用担心，这些细节对我们的讨论来说无关宏旨。

马尔达西那发现，五维反德西特空间中的超引力理论跟另一个完全不同的理论 —— 四维量子场论中一点儿都不涉及引力的一个理论完全等价（图 64）。全息原理在行动：在这个特殊的包含引力的五维理论中有可能发生的每一件事，都正好在少一个维度、没有引力的理论中有精确类比。我们说这两个理论彼此都是"一体两面"，对于表面看起来大异其趣但实际上内容相同的两样东西，这是个很时髦的说

---

1. *Maldacena*（1998）。马尔达西那的论文题目是《超共形场论与超引力的大 N 极限》，没法让人马上就能看出他的结果有多激动人心。1997 年胡安来圣巴巴拉开研讨会的时候，我留在办公室干活儿，他的标题没有引起我的特别兴趣。如果这场讲座打着"带引力的五维理论和不带引力的四维理论之间等价"的旗号，我很有可能会去听。事后人们在走廊里兴奋莫名、近乎狂乱地谈论，还在黑板上奋笔疾书，力图弄清楚这些新想法的含义 —— 从这些动静很容易看出，我错过了大事情。

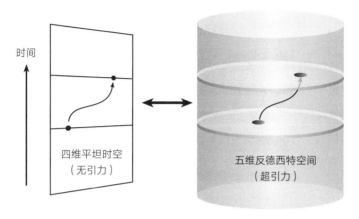

图 64　马尔达西那对应。五维反德西特空间中的引力理论跟四维平坦时空中不含引力的理论等价

法。就好像有两种不同然而等价的语言，马尔达西那发现了罗塞塔石碑，让这两种语言可以彼此转译。五维时空一个特殊引力理论中的状态和四维时空中不含引力的特定理论中的状态之间，有一一对应的关系。在其中一个理论中选取一个状态，就能将其转译为另一理论中某个状态，而且每个理论的运动方程都会将相应状态演化为新的按照同样转译方式也可以对应起来的状态（至少原则上如此；实践中我们能找到简单的例子，比较复杂的情形就会很难驾驭了）。显然，这个对应关系必须是非定域性的，你没法将四维空间中一个个点跟五维空间中的点一一对应，但是你能够设想将某个时刻定义的某个理论中的状态与另一个理论中的状态对应起来。

如果这都不能让你相信时空不是最根本的，那我真不知道还有什么能说服你了。我们有了明确的例子：同一个理论有完全不同的两个版本，而且这两个版本所描述的时空维度不一样！没有哪个理论是

"正确的",两者完全等价。

马尔达西那的发现促成了史蒂芬·霍金的愿赌服输,承认普瑞斯基尔赢了(尽管霍金在确信之前也在用自己的方式致力于此,这是他的一贯做法)。请记住,有疑问的地方在于黑洞蒸发过程是否跟按照通常的量子力学演化的过程不大一样,会破坏信息;或进入黑洞的信息是否被霍金辐射以某种方式带了出来。

如果马尔达西那是对的,我们就可以在五维反德西特空间中考虑这个问题了。这不是真实世界,但跟真实世界的区别似乎与信息丢失问题完全无关——特别是我们可以假设负的宇宙学常数非常小,基本可算是无关紧要。于是我们在反德西特空间中造一个黑洞,然后任其蒸发。信息丢失了吗?我们可以把这个问题转化成四维理论中的类似情形。但四维理论中没有引力,因此会遵循普通的量子力学定律。在四维无引力的理论中,没有哪里会造成信息丢失,而这个理论应当与五维有引力的理论完全等价。因此,只要我们没有漏掉什么关键细节,黑洞蒸发过程中信息就必定以某种方式保留下来了。

这就是霍金愿赌服输,而且现在还承认黑洞不会破坏信息的基本原因。但是你也能看到,这番论证虽说看起来很靠谱,却有那么点儿不够直接。特别是,关于信息是如何真正进入霍金辐射的,并没有给我们任何实实在在的诠释。很明显事情会这样进行,但具体机制还不清楚。这就是为什么索恩还没承认自己赌输了,而普瑞斯基尔也只是勉为其难收下自己赢到的百科全书。无论我们是否相信信息守恒,很明显,要理解黑洞蒸发时究竟发生了什么,还有很长的路要走。

弦论的惊喜

黑洞熵的故事中还有一部分跟时间之箭并非直接相关但十分撩人，我还是忍不住想讨论一番，很简短。这部分内容跟黑洞在弦论中的微观态有关。

玻尔兹曼熵理论的一大成功之处在于，他能用微观成分来解释可观测的宏观量 —— 熵。在他最关注的例子中，微观成分是组成一盒气体的原子，或是混在一起的两种液体的分子。但我们宁愿认为他的见解完全是普适的，$S = k \lg W$ 这个公式声称熵 S 与我们能重新安排微观态的方式数目 W 的对数成正比，应该能放之四海而皆准。因此我们只需要弄清楚微观态是什么，及能有多少种方式来重排这些微观态。也就是说，这个系统的"原子"是什么？

霍金关于黑洞熵的公式似乎在告诉我们，对应于任何特定的宏观黑洞，微观态的数目都非常大。这些微观态是什么？在经典的广义相对论中并非一目了然。无论如何，这些微观态都必须是量子引力的状态。这里有好消息也有坏消息。坏消息是我们在现实世界中并未充分理解量子引力，因此我们没法——列出对应于某宏观黑洞的所有不同微观态。好消息是我们可以拿霍金的公式当线索，来检验我们关于量子引力也许会如何起作用的想法。尽管物理学家确信肯定有什么办法能将引力和量子力学结合起来，但对这个问题我们还是很难得到直接的实验结果，因为引力这种作用力实在太弱了。因此，我们发现的任何线索都无比珍贵。

符合量子引力理论的最主要理论是弦论。这个思路很简单：假设物质的基本成分不是点状粒子，而是一维的"弦"。（不要问这样的弦是由什么组成的，没有比弦更基础的成分了。）也许你不认为我们能从这样的提议中捞到什么好处——好的呀，我们有弦而不是粒子，那又怎么样？

弦论的迷人之处在于，这是个非常有约束力的想法。从基本粒子的思路出发我们能想出很多种不同的理论，但结果表明鲜有能符合弦的量子力学理论的——眼下我们最乐观的猜测只有一个。而且这个 284 理论还必然夹带某些成分——空间的额外维度、超对称性、高维膜（跟弦有点儿像，但维度有两个或两个以上），等等。最重要的是，这个理论还会带来引力。弦论最早是用来研究核力的，但研究结果并不怎么好，原因非同寻常——这个理论总是会预告有一种类似于引力的作用力存在！于是理论物理学家决定将错就错，就把这种理论当作量子引力的理论来研究[1]。

如果弦论是量子引力的正确理论——目前我们还不知道是不是，但有些迹象很有希望——就应该能为贝肯斯坦-霍金的熵从哪里来提供一个微观解释。值得注意的是，弦论确实做到了，至少对某些非常特殊的黑洞能够成立。

---

1. 弦理论的优点是这个理论似乎独一无二，坏处是这个理论有非常多不同的相，而这些不同的相看起来多少有点像完全不同的理论。就好像水在不同环境中可以表现为固态、液态和气态，在弦论中时空本身可以表现为很多种不同的相，有不同种类的粒子，空间甚至也会有不同的可观测维度。我说"很多种"可不是在开玩笑——人们抛出了像是 10^{500} 这么大的数字说有这么多不同的相，甚至很有可能真的是个无穷大的数。因此弦理论的独一无二在理解我们这个特殊世界的粒子和相互作用上似乎并没有什么实际帮助。对弦论的评价可参看 Greene（2000）或 Musser（2008），关于多种不同的相的问题，Susskind（2006）中可以找到（乐观的）讨论。

突破发生在 1996 年，是由安德鲁·施特罗明格（Andrew Strominger）和卡姆朗·瓦法（Cumrun Vafa）以伦纳德·萨斯坎德和阿肖克·森（Ashoke Sen）的一些早期工作为基础做出的[1]。跟马尔达西那一样，他们考虑的也是五维时空，但他们没有让真空能为负，起初也不是为了关注全息原理，而是利用了弦理论的一个很有意思的性质："调节"引力强度的能力。在我们的日常世界中，引力的强度是由牛顿的万有引力常数决定的，这个常数用 G 表示。但到了弦论中，引力强度不再恒定，可以随时随地发生变化。或者说，在又灵活又划算的思想实验世界中，你可以选择查看引力"关闭"（将 G 设为零）时物质的特定布局，再查看引力"打开"（将 G 设为足够大的数值，使引力变得重要）时的同一布局。

于是施特罗明格和瓦法查看了五维时空中弦和膜的布局，他们细心选取的配置可以在有引力和没有引力的情况下分别进行分析。引力打开时，他们这个配置就像一个黑洞，他们也知道霍金公式中的熵应该是什么。但关闭引力时，他们得到的基本上是一盒气体在弦论中的等价物。这时他们就可以用相对传统的方式来计算熵了（尽管需要用到一些跟他们考虑的弦有关的高幂次的数学）。

他们的结论是：这两个熵是一致的。至少在这个特例中，黑洞可以平稳转变为相对普通的物质集合，我们知道微观态的空间看起来究竟是什么样子，而且玻尔兹曼公式中的熵和霍金公式中的熵，一直到数学因子都完美契合。

---

1. *Strominger and Vafa*（1996）。科普层面的评论可参看 *Susskind*（2008）。

对量子引力中的状态空间，我们还没有完全普适的解释，因此就 285
熵来说还有诸多未解之谜。但是在施特罗明格和瓦法研究过的特例
（以及随后研究的很多类似情形）中，弦论预测的微观态空间似乎与
霍金用弯曲时空中的量子场论算得的预期值完全吻合[1]。这为我们带来
了希望，或许沿着同一思路进一步研究下去，就能帮助我们理解量子
引力的其他很难弄明白的特征——包括大爆炸那会儿发生了什么。 286

---

1. 尽管施特罗明格和瓦法的成果告诉我们，弦论中黑洞的状态空间大小正好用来解释熵，但并没有真正告诉我们引力打开时这些状态会是什么样子。萨米尔·马瑟（Samir Mathur）及合作者曾提出，这些状态就是"毛球"——由振动的弦填满黑洞事件视界之内的全部体积（*Mathur*, 2005）。

第 13 章
宇宙的生命

> 时间是个好老师，不好的是会把所有学生都赶尽杀绝。
>
> ——埃克托·柏辽兹（Hector Berlioz）

宇宙看起来应该是什么样子？

这个问题可能有点儿无厘头。宇宙是个独一无二的实体，与我们通常能想到的那些东西都有所不同，而我们能想到的全都在宇宙以内。宇宙内的事物都各有其类，同一个类别中的事物会有共同的特征，通过观察这些特征，我们就能知道对这类事物应该作何预期。我们预计猫通常都有四条腿，冰淇淋通常都是甜的，也总是有超大质量的黑洞潜藏在旋涡旋星系的中心。这些预期没有一个是绝对的，我们说的是倾向，而非自然法则。但经验教导我们去预期，特定种类的事物通常都有特定性质，而对于那些我们的预期落空了的非同寻常的环境，我们可能自然而然地就会被推动着去寻求某种解释。看到一只三条腿的猫，我们就会想它还有一条腿怎么了。

可宇宙不一样。宇宙孑然一身，不是哪个更大的集合中的成员。（也许有别的宇宙存在，至少对"宇宙"的某些定义来说有这种可能；

但我们肯定从未观测到别的宇宙。) 因此, 我们没办法运用同样的归纳法, 或基于经验的推理 —— 观察事物的大量样例以找出共同特征 —— 来证明对宇宙应该是什么样子的预期是合理的 [1]。

然而, 总是有科学家宣布宇宙的某些特性是 "自然" 的。特别是, 我会提出早期宇宙的低熵条件是意料之外, 并证明很可能有潜在解释。当我们注意到完好的鸡蛋跟鸡蛋饼相比处于低熵布局时, 我们会归因于一种直截了当的解释: 鸡蛋并非封闭系统。鸡蛋来自老母鸡, 老母鸡是地球上生态系统的一部分, 地球则嵌在过去熵很低的宇宙中。但是宇宙, 至少第一眼看上去似乎是个封闭系统 —— 宇宙不是由哪只宇宙老母鸡孵出来的, 也没有别的类似的来头。真正封闭的物理系统熵却非常低, 这十分出人意料, 也表明有什么大事情在发生 [2]。

面对可观测宇宙的任何看似出人意料的特征, 比如早期的低熵条件或极低的真空能, 正确态度是将其视为通往更深层理解的潜在线索。像这样的观察只是一种提示, 远远不像实验结果与人们偏爱的理论直接就不一致那么明确。在内心深处我们想的是, 如果宇宙的布局是从所有可能布局中随机选出的, 那么宇宙应当处于熵非常高的状态。

---

1. 18 世纪, 戈特弗里德·莱布尼茨 (Gottfried Wilhelm Leibniz) 提出了最初的存在主义问题: "为什么是有, 而不是一无所有?" (你也许会说: "为什么不是?") 随后, 哲学家试图论证宇宙的存在对我们而言应该是个意外, 理由是 "一无所有" 比 "有" 更加简单 (如 Swinburne, 2004)。但这样的论证以对 "简单" 的某种模糊定义为前提条件, 同时也认为这种类型的简单是宇宙应有的 —— 这两个前提条件都不能由经验或逻辑得到证明。相关讨论可参阅 Grünbaum (2004)。

2. 有人或许会辩称, 上帝扮演了宇宙老母鸡的角色, 创造了特定状态的宇宙, 这样就能解释低熵初始条件了。这个解释框架似乎算不上经济, 因为熵为什么会那么低, 及为什么宇宙中会有数以万亿计的星系等问题都还是不清不楚。更重要的是, 我们作为科学家, 总想用尽可能少的原因来解释尽可能多的现象, 因此如果我们能想到用自然主义的理论来解释我们可观测宇宙的低熵条件, 而不必援引物理学定律之外的任何东西, 那就是一大胜利。历史上这个策略非常成功。相比之下, 指着自然主义对这个世界的诠释中的 "漏洞" 并坚称只有上帝才能补上这些漏洞, 这种策略的成绩记录则很令人沮丧。

因此，宇宙的状态并非随机选定。那究竟是怎么选出来的呢？是不是有个过程，有个动态的事件序列，必然带来我们宇宙中看似并非随机的布局？

炎热、均匀的早期宇宙

如果我们把宇宙当成是布局随机选定的物理系统，"宇宙看起来应该是什么样子"这个问题的答案就会是"应该处于高熵状态"。因此我们得了解，宇宙的高熵状态应该是什么样子的。

即便这样表述问题也并非完全正确。其实我们并不关心宇宙当前的特定状态；反正今天的状态跟昨天的不一样，跟明天的状态也会不一样。我们真正关心的是宇宙的历史，是宇宙在时间中的演变。但要了解是什么构成了自然史有个前提条件，就是对状态空间也得有所了解，包括高熵状态应该是什么样子。

宇宙学家在处理这个问题时往往马虎得很。这里面有好几个原因，其一是宇宙从炎热、致密的早期状态膨胀而来是个无法否认的基本事实，一旦你对这个思路耳熟能详，似乎就很难想象还会有别的可能了。你会把自己看成是理论宇宙学家，以解释我们的宇宙为何始于那个特定的炎热、致密的早期状态而非别的炎热、致密的早期状态为己任。这是最危险的时间沙文主义——不假思索就将"宇宙为什么以这种方式演化"的问题换成了"宇宙的初始状态为什么要以这种方式设定"。

研究宇宙的熵要想更有成效，还有个拦路虎就是绕不开的引力。说到"引力"，我们指的是跟广义相对论和弯曲空间有关的一切——不只是司空见惯的苹果落地、行星环绕恒星运行这些，还有黑洞和宇宙膨胀。上一章我们重点关注的例子中，我们认为自己知道黑洞这种引力场极强的对象的熵。当考虑整个宇宙时，这个例子似乎就不那么趁手了，因为宇宙并不是一个黑洞，反而跟白洞粗看起来有几分相似（因为宇宙在过去有个奇点）。但即便这样也还是于事无补，因为我们是在宇宙内部而不是外部。引力对宇宙来说当然很重要，尤其是宇宙早期空间正在急剧膨胀的时候。但理解引力的重要性无助于我们解决这个问题，因此多数人只是将这个问题束之高阁。

还有另一种策略，初看起来似乎无害，但其实隐藏了至关重要的错误。这就是将引力与其他所有事物分开，计算时空中物质和辐射的熵，同时忽略时空本身。当然，身为宇宙学家很难忽略空间在膨胀这一事实；不过我们可以把空间膨胀当成既定条件，并在这样的背景下考虑所有"事物"（普通物质的粒子、暗物质、辐射）的状态。膨胀宇宙起到了稀释物质和让辐射降温的作用，就好像粒子全都处于一个活塞中，活塞被慢慢拉出，好为这些粒子创造更多活动筋骨的空间。在这种特殊背景下要计算所有这些事物的熵是有可能的，就好像可以计算膨胀的活塞中分子集合的熵一样。

早期宇宙的任何一个时候，我们的宇宙都是一团粒子气体，温度和密度都近乎恒定，哪里都一样。也就是说，这时候的布局看起来非常像热平衡态。不过也并非完全是热平衡态，因为平衡态下不会有任何变化，而膨胀宇宙中的事物在降温、稀释。但是跟粒子互相撞击的速度相比，空间膨胀还是相对较慢，降温也很缓慢。如果对早期宇宙我们只考虑物质和辐射，而且除了总体的膨胀之外不再考虑引力的任何影响，那么我们会发现一系列非常接近热平衡态的布局，密度和温度都在慢慢降低 [1]。

但是，这个叙述当然远远说不上是完整的。热力学第二定律说的是"封闭系统的熵要么增加要么保持不变"，而不是"忽略引力时，封闭系统的熵要么增加要么保持不变"。物理学定律中可没有哪一条允许我们在引力很重要的情形下忽略引力，而宇宙学中引力的重要性首屈一指。

忽略了引力对熵的影响，只考虑物质和辐射，最后得出的结论就很荒唐。早期宇宙的物质和辐射十分接近热平衡态，也就是说（忽略重力的话）早期宇宙是处于熵最高的状态。但今天的晚期宇宙中，我们显然不在热平衡态（否则我们就会被恒温气体包围，此外别无他物了），因此我们肯定不在熵最高的布局中；但是熵也不会降低 —— 否则就违反第二定律了。到底怎么回事？

是这么回事：不能忽略引力。但是，要把引力包括进来可没那么容易，因为有引力的时候熵会怎么表现我们还有太多不了解的地方。但我们也会看到，我们所知道的已经足够让我们取得极大进展了。

---

1. 这个描述并非完全正确，尽管已经是非常好的近似了。如果某种粒子跟宇宙中其他物质和辐射的关联十分微弱，那么这种粒子可以基本上停止相互作用，跟周围的平衡态布局也脱离关系。这个过程叫作"冻析"，对宇宙学家来说至关重要 —— 比方说当他们想要计算暗物质粒子的丰度时，这些粒子很早的时候似乎就已经冻结析出了。实际上，宇宙晚期（现在）的物质和辐射也在很久以前就冻结析出了，就算不考虑重力，我们也不再处于平衡态。（宇宙微波背景的温度约为 3 K，因此如果我们是在平衡态，那我们周围的一切都应该是 3 K 的温度。）

"我们的宇宙"是什么意思

到目前为止，多数时候我所坚持的立场都有充足理由：要么是在核查，所有兢兢业业的物理学家都一致同意的事情是不是对的；要么是在解释那些肯定正确，所有兢兢业业的物理学家也都应当一致同意的事情是不是对的。也有少数例外确实有争议（比如量子力学诠释），我都力图清楚标记为悬而未决。但本书到了现在，我们要开始变得更加敢于猜测，也更加离经叛道——我有自己更偏爱的观点，但这些问题都还没有定论。我会继续努力区分绝对正确的事情和较为暂时的想法，但更重要的是在举例时尽可能谨慎。

首先，我们得准确说明"我们的宇宙"是什么意思。我们没有见过整个宇宙，光速是有限的，因此会有一道藩篱，我们看不到藩篱的另一边——原则上这道藩篱由大爆炸给出，实际上则是由宇宙变得透明的那一刻，也就是大爆炸之后约 38 万年的时候给出。在我们能看见的这部分之内，宇宙在大尺度上是均匀的，随便哪里看起来都一模一样。我们会极力倾向于将我们看到的境况大言不惭地外推到我们看不到的部分，并假设整个宇宙都是均匀的——无论这个宇宙的体积是有限的（如果宇宙是个"封闭"系统的话）还是无限的（如果宇宙是"开放"系统的话）。

但实际上，相信我们看不到的那部分宇宙跟我们看得到的这部分一模一样，理由并不充分。也许这个假设只是个出发点，但也仅此而已。在我们能看到的范围之外，说不定在什么地方宇宙就会变得跟我们这部分完全不同，对此我们应该保持开放心态（即使宇宙还是有可 ²⁹⁰

能在很大范围内看起来都很均匀，直到我们抵达不同的地方）。

那我们还是忽略宇宙剩下的部分好了，只关心我们能看见的这部分宇宙——我们曾管这部分叫作"可观测宇宙"（图 65）。这部分宇宙在我们周围延伸了大概 400 亿光年那么远[1]。但因为宇宙在膨胀，我们现在叫作可观测宇宙的这部分里面的事物过去肯定都包装在更小的区域内。现在，让我们在脑子里环绕我们当前可观测宇宙内的事物竖起一道围栏，并跟踪围栏以内的事物，也允许这道围栏跟着宇宙一起膨胀（过去这道围栏也会更小）。这就是我们在空间中的"共动区域"，每当说到"我们的可观测宇宙"时，我们脑子里想的就是这个范围。

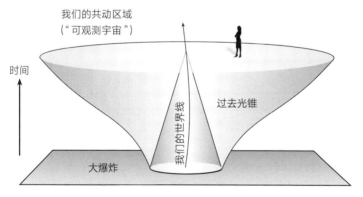

图 65　我们所谓的"可观测宇宙"是空间中"共动"的一块区域——随着宇宙一起膨胀。我们沿着自己的光锥追溯到大爆炸，从而定义出我们观测到的那部分宇宙，并允许这个区域在宇宙膨胀时一起增长

---

1. 光速除以哈勃常数就可以定义"哈勃长度"，对现在的宇宙结果约为 140 亿光年。在不那么疯狂的宇宙学中，这个数字跟宇宙年龄乘以光速的结果差不多，因此两者可以互换使用。因为宇宙在不同时间的膨胀速率并不相同，目前我们共动区域的大小实际上比哈勃长度还要大一些。

严格说来，我们在空间中的共动区域肯定不是封闭系统。如果有位观测者站在想象出的那道围栏上，就会注意到有各种各样的粒子在进进出出。但平均而言，进出粒子的种类和数量应该都是一样的，总体来看这些粒子基本上都无法区分。（宇宙微波背景十分均匀，因此我们确信，我们宇宙的均匀特性一直延伸到这个可观测区域之外，即使我们并不知道这个特性又向外延伸了多远。）因此无论出于什么实际目的，我们都可以认为我们的共动区域是个封闭系统。这个区域并非真的是封闭的，但其演化方式就跟真的封闭起来了一样 —— 外界对内部发生的任何事情都没有重要影响。

291

膨胀时空中的信息守恒

如果我们的共动区域定义了一个大致封闭的系统，那么下一步就是考虑这个系统的状态空间了。广义相对论告诉我们，作为粒子和物质运动和相互作用的舞台，空间本身也会随着时间演变。因此跟绝对时空的情形相比，状态空间的定义就变得更加难以言说了。大多数物理学家都认为在宇宙演化的过程中信息是守恒的，但在宇宙学背景下信息是怎么守恒的还在五里雾中。根本问题在于，随着宇宙膨胀，能装进宇宙里边的东西越来越多，因此 —— 反正表面看来 —— 好像状态空间也会越来越大。这就跟通常都可逆、信息守恒，而且状态空间一次性固定的物理学有了直接冲突。

要克服这个问题，从我们目前对物质基本性质的最佳理解入手最为合理，这就是量子场论。量子场以不同方式振动，我们则将这些振动视为粒子。因此如果我们问："特定的量子场论中状态空间是怎样的？"我们就得知道量子场振动的所有不同方式。

量子场的任何可能振动都可以看成是不同的特定波长的结合 —— 就好像任何声波都能分解为特定频率的不同音调的组合一样。一开始你可能会觉得任意波长都可以，但实际上有限制。普朗克长度 —— 10^{-33} 厘米这么小的距离，量子引力在这个尺度上变得重要起来 —— 给可能的波长设定了下限。在更小的尺度上，时空本身都失去了传统含义，波的能量（波长越短，能量越高）也会变得太高，只能坍缩为黑洞。

允许的波长同样也有一个上限，由我们这个共动区域的大小给出。并不是说波长更长的振动不存在，而是说那样的振动无关紧要。波长比我们这个区域的尺寸更长的波，实际上在整个可观测宇宙中都可以看成是常数。

因此，很容易认为"可观测宇宙的状态空间"由"所有各式各样的量子场中，波长大于普朗克长度、小于共动区域尺寸的振动"组成。问题在于，这个状态空间会随着宇宙膨胀而变化（图 66）。我们这个区域会随着时间变大，而普朗克长度保持不变。非常早的时候宇宙还很年轻，膨胀速度也非常快，我们这个区域相对较小。（究竟有多小取决于早期宇宙的演变细节，但我们对此并不了解。）那时候能塞进这个宇宙的振动并没有那么多。今天的哈勃长度则已经是天文数字，约为普朗克长度的 10^{60} 倍，因此允许的振动也非常多。这样想的话，就不会对早期宇宙的熵那么低感到奇怪了，因为那时候宇宙中熵允许达到的最大值就很小 —— 随着宇宙膨胀，这个允许的最大值也

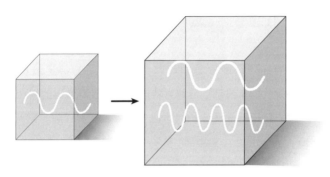

图 66　宇宙膨胀，能容纳的波也变得更多，也允许更多的事情发生，因此状态空间似乎在增长

在增加，同时状态空间也在变大。

但如果状态空间在随着时间变化，显然演化中信息不可能守恒，演化也不可能是可逆的。如果今天允许出现的状态比昨天要多，而两个不同的初始状态总是会演变为两个不同的最终状态，那么必定有些今天能出现的状态没有出处。一般来讲，这就意味着演化并不可逆。所有我们习惯面对的传统、可逆的物理学定律，都以状态空间一次性确定为特征，不会随着时间而变化。布局会在这个状态空间中演化，但状态空间本身永远不变。

我们似乎有点儿进退两难。按照弯曲时空量子场论的经验，乍一看似乎状态空间在随着宇宙膨胀而增大，但所有这些的基础理论——量子力学、广义相对论——可都是完全遵循信息守恒原则的。显然有哪头搞错了。

此情此景一定让你想起黑洞中的信息丢失之谜。在那里我们（或

293　者更准确地说，是史蒂芬·霍金）用弯曲时空中的量子场论导出了结论——黑洞蒸发为霍金辐射，似乎破坏了信息，或者至少也是把信息搅得一团糟。现在到了宇宙学中，膨胀宇宙中量子场论的规则似乎暗示着，宇宙的演化根本上是不可逆的。

　　我会假设有一天这个谜题解决的时候是站在信息守恒这一边的，就好像对黑洞的问题，霍金（尽管不是所有人）现在所相信的那样。早期宇宙和晚期宇宙只是同一个物理系统的不同布局，在完全相同的状态空间中按照可逆的基本定律而演化。当考虑系统的熵是大是小的时候，拿来跟熵有可能出现的最大值相比较才是正确的，而不是跟与系统在某个时候刚好有的性质相容的最大熵相比较。如果我们去查看一盒气体，结果发现所有气体分子都紧缩在角落里，我们不会说："如果我们将注意力放在紧缩在角落里这样一个布局上，那么这就是一个高熵状态。"我们会说："这个布局的熵非常低，恐怕得有个什么原因来解释这个布局。"

　　所有这些困惑之所以会出现，是因为对量子引力我们还没有一个完备的理论，同时又必须以我们自认为已经了解的理论为基础做出有根据的猜测。一旦这些猜测带来了什么奇奇怪怪的结果，就肯定得换个路子。我们已经证明，由振动的量子场所描述的状态总数随着宇宙膨胀会在时间中变化。如果总的状态空间是确定的，那么早期宇宙必定有很多可能状态的量子引力特征无法简化，也就无法用均匀背景下的量子场论来描述。也许更好的量子引力理论能帮助我们理解这些状态可能是什么，但就算还没有这样的理解，信息守恒的基本原则也令我们确信，这些状态必定存在，因此接受这一假定并试着解读为何早期宇宙的布局中熵如此之低，才是合乎逻辑的做法。

但并非所有人都认同这个态度 [1]。有个十分令人高山仰止的思想流派的说法是这样的："当然啦，信息也许在根本上是守恒的，整个宇宙的状态空间也有可能就是确定的。但是谁在乎这个啊？我们并不知道这个状态空间是什么，我们生存的这个宇宙一开始也很小，也相对均匀。最好的办法就是利用量子场论提出的法则，对极早期宇宙我们只允许很少的布局存在，对较晚近的宇宙允许存在的布局则多得多。"这也有可能是对的。在找到最终答案之前，我们最好是顺应自己的直觉，尝试提出可供检验的预测，并与数据相比较。至于说宇宙起源问题，我们还没到那一步呢，所以保持开放心态也是值得的。

294

疙疙瘩瘩

我们还没完全弄清楚量子引力，因此很难对宇宙的熵做出明确陈述。但我们确实有些基本工具可以随意使用 —— 熵自从大爆炸以来就一直在增加的事实、信息守恒原则、经典广义相对论的预测、黑洞熵的贝肯斯坦-霍金公式 —— 利用这些工具，我们可以得出一些可靠结论。

有个显而易见的问题是：当引力很重要时，高熵状态会是什么样子？如果引力无关紧要，高熵状态就是热平衡态 —— 物质倾向于在

---

1. 可参阅 *Kofman，Linde and Mukhanov*（2002）。Hollands 和 Wald 的一篇论文（2002）在膨胀宇宙的特定背景下提出了与我们在本章中探讨的有些类似的问题，Kofman 等的文章则是为回应该文而撰写。科普层面对类似观点的探讨，可参阅 *Chaisson*（2001）。

恒温下均匀分布。（不同系统中细节可能会有所不同，比如油和醋。）
有个普遍印象是高熵状态就是均匀细腻的状态，低熵状态则会是疙疙
瘩瘩的状态。显然这只是将不易察觉的现象简单化了，但很多情况下
这样去想都挺有用[1]。请注意，早期宇宙确实是均匀的，与我们刚刚讨
论过的 "忽略引力" 的哲学正相契合。

　　但到了晚期宇宙中，恒星、星系和星团开始形成，就不可能还是
对引力的影响视而不见了。之后我们发现的事情很有意思："高熵" 与
"均匀" 的偶然结合开始一败涂地，十分壮观。

　　多年以来，罗杰·彭罗斯爵士一直都在试图让人们相信，引力的
这一特征 —— 晚期宇宙中随着熵不断增加，事物会变得越来越疙疙
瘩瘩 —— 至关重要，也理应在宇宙学的讨论中发挥显要作用。彭罗
斯是个颇有建树的数学家和物理学家，1970 年前后，他跟霍金用广
义相对论解释了黑洞和奇点，也因此声名鹊起（图 67）。他还有点儿
像个孙猴子，十分喜欢在不同领域探索与传统智慧完全相悖的观点，
从量子力学到意识研究，无不如此。

　　彭罗斯喜欢对人们深信不疑的理论鸡蛋里挑骨头，其中一个领域
就是理论宇宙学。20 世纪 80 年代晚期我还在读研究生的时候，粒
子物理学家和宇宙学家几乎都理所当然地认为，某种类型的膨胀宇宙
（下一章将展开讨论）必定是真的；天文学家则往往更为谨慎。今天

295

---

1. 实际上，*Eric Schneider and Dorion Sagan*（2005）曾认为，"生命的目的" 就是通过平滑宇宙中
的梯度来增大熵产生的速度。像这样严密的提法挺难提出来，原因有很多，其中之一是尽管第二
定律说熵倾向于增加，但并没有哪条自然定律说熵倾向于尽可能快地增加。

图 67　罗杰·彭罗斯，他比任何人都更重视早期宇宙的低熵之谜

这个信念更加流行，因为宇宙微波背景中的证据已经证明，早期宇宙不同地点密度的些微变化与宇宙膨胀所预测的非常吻合。但彭罗斯对此仍然存疑，主要理由是膨胀理论未能解释早期宇宙的低熵状态。我还记得学生时代读到他的一篇论文，领会到他所说的非常重要，但还是觉得他搞错了重点。对熵的问题思考了 20 年之后我才确信，他其实几乎一直都是对的。

对量子引力中的微观状态空间我们未能全面了解，相应地我们也缺乏对熵的严格解释。但应对这一难题我们有个简单策略：只考虑宇宙中真正发生的事情。我们大部分人都相信，可观测宇宙的演化总是遵循第二定律，而自大爆炸以来熵也一直在增加，即使细节还是模糊不清。如果熵倾向于增加，并且宇宙中有那么一个过程总在发生却绝对不会出现该过程的时间反演，那么这个过程很可能就代表了熵增加。

这方面有个例子就是晚期宇宙中的"引力不稳定"。我们一直在讨论"引力很重要"和"引力不重要"的情形，但决定引力是否重要的标准是什么？一般来讲，给定一个粒子集合，粒子间的引力作用就总是会将这些粒子拉到一起 —— 粒子间的引力作用始终是引力。（相比之下，例如电磁力就既可以是引力也可以是斥力，取决于我们考察的是哪种电荷[1]。）但是还有其他作用力，通常可以合并归类到"压力"的名目下，可以阻止事物坍缩为黑洞。地球、太阳或是一枚鸡蛋都没有因自身引力而坍缩，就是因为都受到内部物质的压力支撑。大致来讲，"引力很重要"的意思是"粒子集合的引力超过了阻止物体坍缩的压力"。

宇宙极早期的温度很高，压力也非常大[2]。邻近的粒子相互之间的局部引力作用太微弱，不足以将粒子聚拢在一起，物质和辐射一开始的均匀状态也得以保留。但随着宇宙膨胀、冷却，压力下降了，引力开始接管局面。这就是"结构形成"时期，一开始均匀分布的物质逐渐凝结为恒星、星系和更大的星团。最初的分布并非毫无特征可言，不同的地方密度也略有不同。在密度更高的区域，引力会将粒子拉得更近，而密度较小的区域就会被附近的致密区域夺走粒子，变得更加空旷。在引力的持续作用下，原本高度均匀分布的物质变得越来越疙

---

1. "粒子"的重力作用同样也与能源密度的重力作用形成鲜明对比。这个漏洞来自暗能量，也涉及现实世界。暗能量并非粒子集合，而是弥漫整个宇宙的均匀的场；其重力作用是将事物分开而非聚拢在一起。可没人说过事情会很简单。
2. 其他细节也很重要。早期宇宙中的物质通常都处于离子化状态 —— 电子并不是附着在原子核上，而是在自由运动。离子化的等离子体中，压力一般比原子集合更大。

疙疙瘩瘩了。

彭罗斯的要点是：宇宙中形成结构的同时，熵也增加了。他是这么说的：

> 引力与熵的关系有点儿令人费解，这是因为引力始终是一种吸引力。我们习惯用常见的气体来考虑熵，气体如果浓缩在一小块区域中，就代表低熵状态……而热平衡的高熵状态下，气体均匀分布。但有了引力，就变成了另一种情况。有引力的系统中物体如果均匀分布，那就代表着相对低熵的状态（除非物体速度极快，且／或物体极小，且／或扩散得极开，引力的贡献从而变得微不足道），而高熵状态是在物体聚集成团时达到的[1]。

所有这些都完全正确，也代表了极为重要的见解。在特定条件下，例如跟今天大尺度的宇宙有关的那些条件下，尽管对包含引力的系统中的熵我们还没有成形的公式，我们也还是有信心说，随着结构形成，宇宙变得越来越疙疙瘩瘩，熵也在增加（图68）。

还有另一种办法可以得到类似结论，就是思想实验的魔法。仍然考虑宇宙现在的宏观态——星系、暗物质等的集合，以某种方式在空间中分布。但这回我们只改变一条：假设宇宙是在收缩而非膨胀。会发生什么呢？

---

1. Penrose（2005），706。早在 Penrose（1979）中也能读到这样一番论述。

　　应该很清楚，一定不会是宇宙真实历史的时间反演，从凝结成块的现状变成均匀的初始状态 —— 至少对我们目前宏观态中占绝大多数的微观态来说不会如此。（如果让宇宙现状的某特定微观态在时间中精确反演，那当然就会发生这种事情。）如果现在这个宇宙中的物质分布开始收缩在一起，各恒星和星系可不会开始消散开来，灰飞烟灭。相反，重物之间的引力作用会将重物拉到一起，即使宇宙在收缩，块状结构的总量也会增加。这些重物会形成黑洞，黑洞又会合并起来，变成更大的黑洞。最终会出现某种大挤压，但（正如彭罗斯所强调指出的）完全不会是我们这个宇宙一开始均匀的大爆炸那种样子。密度很高、形成了黑洞的地方会相对很快地撞在一起挤进一个未来奇点，而空空如也的地方会存续得更久一点。

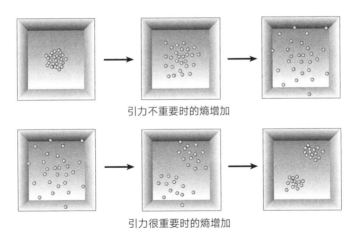

引力不重要时的熵增加

引力很重要时的熵增加

图 68　引力不重要时，熵增加倾向于让系统变得均匀；引力变得重要起来后，熵增加让物质倾向于凝结成块

　　上面的叙述跟这个想法严丝合缝；我们这个共动区域的状态空间是固定的，但在宇宙极早期，大部分状态都无法描述为在均匀空间中

振动的量子场。要想描述收缩宇宙中我们一般会期待看到的充满了黑洞的乱糟糟一团，这幅图景可完全不够格。但这么乱糟糟的布局同样也是宇宙可能存在的状态，就跟我们在宇宙学中惯常面对的相对均匀的背景一样。确实，这样的布局比均匀宇宙的熵要高（我们之所以知道这一点，是因为坍缩宇宙通常都会演变为一团乱麻），也就是说这[298]种形式的微观态要比一切事物都相对均匀的形式下的微观态要多得多。当然，我们这个宇宙为何如此特别，一直是最核心的难解之谜。

熵的演变

现在我们武装的背景知识已经够多了，可以追随彭罗斯试着量化一下我们宇宙的熵从早期到现在究竟发生了怎样的变化。我们这个共动区域是怎么演变的，有个大致说法——早期这个区域很小，充满了炎热、致密的气体，非常接近完全均匀的状态；晚期这个区域变大了、降温了，更稀疏，所包含的恒星和星系的分布从小尺度上看疙疙瘩瘩，不过在非常大的尺度上看基本还是均匀的。那么，这样一个系统的熵是什么呢？

早期均匀状态下，我们计算熵时可以简单忽略引力带来的影响。这样操作似乎跟我前边儿一直强烈支持的思想背道而驰，但我们不是说引力原则上无关——实际上早期宇宙的布局中粒子间的引力作用太弱了，在运动过程中起不到什么作用。基本上，这时候的宇宙就是一盒子炽热气体。一盒炽热气体的熵怎么算，我们早就一清二楚。

我们这个共动区域很年轻也很均匀的时候，熵为

$$S_{早期} \approx 10^{88}$$

"≈"这个符号的意思是"约等于"，因为我们想着重强调一下，这并非严密计算，只是大致估算。简单地将宇宙中所有事物都看成是处于热平衡状态的传统气体来处理，并代入 19 世纪热力学家捣鼓出来的公式，就能得出这个数字。额外还有一个特性：早期宇宙中大部分粒子都是光子和中微子，运动速度为光速或接近光速，因此相对论很重要。再加一些因数也不会让答案大变，相对论粒子的炽热气体的熵就等于这些粒子的总数。我们这个共动区域中约有 10^{88} 个粒子，所以早期宇宙的熵也就这么多。（这个熵一路走来还是会增加一点，但反正增量不大，因此在早期将熵大致看成是常数已经是很好的近似了。）

299　　今天引力已经变得很重要了。将宇宙中的物质看成是引力可以忽略的热平衡态气体并不准确，普通物质和暗物质已经凝结为星系和其他结构，熵也已大幅度增加。但是我们还没有可靠的方法来追踪星系形成中熵的变化。

　　对于引力最为重要的情形，也就是黑洞，我们倒是有一个公式。就我们所知，宇宙的总质量只有极小一部分是以黑洞形式存在[1]。在类似于银河系这样的星系中，会有大量恒星尺寸的黑洞（每一个的质量也许大致相当于十个太阳），但黑洞总质量大部分都以星系中心单个的超大质量黑洞的形式存在。尽管超大质量黑洞当然很大 —— 通常

---

1. 宇宙中大部分物质 —— 质量占比约为 80% ~ 90% —— 是以暗物质的形式存在，而非原子、分子等普通物质。我们不知道暗物质究竟是什么，但可以想象是以小型黑洞的形式存在的。但这个想法也有很多问题，其中之一是要在一开始造出这么多黑洞就太难了。因此多数宇宙学家倾向于认为，暗物质很有可能是某种（或多种）新的尚未发现的基本粒子。

都超过一百万太阳质量——但是跟整个星系比起来仍然不过是九牛一毛，因为整个星系的总质量也许能有一千亿太阳质量那么多。

但是，尽管宇宙质量只有极小一部分以黑洞的面目出现，但这部分的熵非常大。根据贝肯斯坦－霍金公式推算，一个一百万太阳质量的超大黑洞，熵值约为 10^{90}。这是可观测宇宙中所有物质和辐射在无引力条件下所有熵值的一百倍[1]。

尽管对引力物质的状态空间我们了解得不多，但还是可以肯定地说，今天这个宇宙的熵大部分都以超大质量黑洞的形式存在。宇宙中约有一千亿（ 10^{11} ）个星系，因此假设有一千亿个这样的黑洞来估算总的熵值也算顺理成章。（可能有的星系没有这样的黑洞，但别的星系的黑洞说不定更多，所以这么估算也差不多。）每个百万太阳质量的黑洞熵是 10^{90}，因此今天我们这个共动区域的熵一共就是

$$S_{\text{现在}} \approx 10^{101}$$

数学家爱德华·卡斯勒（Edward Kasner）造了"古戈尔（googol）"这么个词来代表 10^{100}，也用来表示无法想象的大数。今天宇宙中的熵大概就是 10 古戈尔。（谷歌公司的那些家伙从这个数得到灵感，以此命名了他们的搜索引擎。现在你要是提到古戈尔这个数，肯定会有人会错意。）

---

1. 黑洞质量增加时，黑洞的熵增加得非常快——熵与质量的平方成正比。（熵是跟着面积来的，而面积跟半径的平方成正比；史瓦西半径则跟质量成正比。）因此，1000 万太阳质量的黑洞，跟 100 万太阳质量的黑洞比起来，前者的熵是后者的 100 倍。

　　我们把现在这个共动区域的熵写作 10^{101}，乍一看跟早期宇宙的熵 10^{88} 比起来好像也没有大得特别多。这就是科学计数法的魔力所 300 在了。实际上，10^{101} 是 10^{88} 的十万亿（10^{13}）倍。从一切事物都混合均匀、毫无特征的早期到现在，宇宙的熵增加了非常非常多。

　　不过要跟熵能达到的高度相比还是不够大。可观测宇宙中熵能达到的最大值是多少？要肯定地说出正确答案，我们所知道的也还是不够多。但我们总可以说，熵的最大值至少肯定是个定数，就假设宇宙中所有物质都容纳在一个巨大的黑洞中好了。我们宇宙中这个共动区域所对应的物理系统允许这样的布局，因此熵肯定可以有那么大。运用我们所知道的宇宙中的总质量，再次代入黑洞的贝肯斯坦-霍金熵公式，我们就能发现可观测宇宙熵的最大值至少是

$$S_{\max} \approx 10^{120}$$

　　这个数字大到能让你下巴掉地上。一万亿亿个古戈尔！可观测宇宙熵的最大值至少有这么大。

　　这个数字大力渲染了现代宇宙学带给我们的熵的难题。如果玻尔兹曼是对的，熵代表着系统在宏观上不可区分时可能微观态的数目，那么很明显早期宇宙处于极为特殊的状态。请记住，熵是等价状态的数量的对数，因此熵为 S 的状态就有 10^S 个无法区分的微观态。因此，早期宇宙处于 $10^{10^{88}}$ 个不同状态之一，但实际上也可以是 $10^{10^{120}}$ 个宇宙能达到的可能状态之一。把这些数字这样子写下来，打眼一看会觉得表面上都挺像的，但实际上后者巨大无比，都无法想象比前

者究竟大了多少倍。如果早期宇宙的状态只是从所有可能状态中"随机选取"的,那么能恰好选到早期宇宙那个样子的概率真的何止是渺若微尘。

结论就很清楚了:早期宇宙的状态并非是从所有可能状态中随机选取的。这个世界上所有思考过这个问题的人都会对此表示赞同。他们不能达成一致的地方是,为什么早期宇宙这么特殊——是靠什么 301 办法让早期宇宙处于这个状态的?既然我们不能搞时间沙文主义,那么同样的办法为什么没有将晚期宇宙也置于类似的境地?在这里我们就是想把这个问题搞清楚。

熵最大化

我们已经证明,早期宇宙的状态极不寻常,我们也觉得这种情形需要有个解释。本章开头我们提出的那个问题如何?宇宙应该是什么样子?我们这个共动区域能达到的最高熵状态又是什么样子?

罗杰·彭罗斯觉得,答案是一个黑洞。

> 最高熵状态怎么样?对于气体,最高熵就是热平衡态,该状态下气体均匀分布在整个待考察区域中。但对于大型引力物体,最高熵是在所有质量都集中到一个地方的时候达到的——形式就是一种叫作黑洞的实体[1]。

---

1. *Penrose*(2005),707。

你也能看出来为什么这个答案很诱人。我们已经看到，如果有引力存在，事物聚集到一起时熵就会增加，而不是均匀分散开来。黑洞当然是事物有可能达到的最紧密压缩的状态。上一章我们曾讨论，黑洞代表了我们能往时空中大小固定的区域里塞进去的熵的最大值，这也是全息原理背后的灵感来源。最后的熵毫无疑问是个很大的数，我们在超大质量黑洞中已经见过这样的情形。

但归根结底，这不是思考这个问题的最佳方式 [1]。黑洞并没有让系统能拥有的熵总量最大化，只不过将能放进大小固定的区域的熵最大化了而已。就好像第二定律并没有说"在无引力情形下熵倾向于增加"，同样也没有说"每体积单位中的熵倾向于增加"。第二定律只说"熵倾向于增加"，如果这个说法需要空间中一大块区域，那就给一大块好了。广义相对论有个奇妙之处——同时也是广义相对论与牛顿力学绝对时空的关键区别——就是，大小永远不固定。尽管我们对熵还没有全然了解，我们还是可以追随彭罗斯的脚步，对答案多一些把握，并简单检验系统朝向高熵状态的自然演化。

考虑一种简单情形：一组物质集中在宇宙中某个区域内，其他区域都是空的，也没有真空能。也就是说，时空中几乎哪儿都是空的，只有特定地点有些物质粒子聚集。大部分空间都不含任何能量，宇宙不会膨胀也不会收缩，因此在物质所在的区域之外什么事情都不会发生。而该区域内的粒子会在自身引力作用下收缩到一起。

---

1. 此处的论证与我跟陈千颖（Jennifer Chen）合作撰写的一篇论文相参照（*Carroll and Chen*，2004）。

　　我们假设这些粒子一直坍缩成了黑洞。在此过程中，毫无疑问熵增加了。但是，黑洞并非形成之后就一直原样待在那儿，而是会发出霍金辐射，一边损失能量一边萎缩，最终完全蒸发（图 69）。

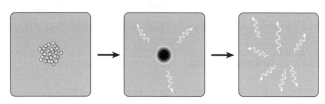

黑洞形成和蒸发中熵的增加

图 69　黑洞有大量的熵，但还是会蒸发为辐射，让熵变得更多

　　在除此之外别无他物的宇宙中，黑洞自然而然会蒸发殆尽，变成稀薄的气体粒子。这个过程是自发进行的，因此我们预计该过程中熵增加了——也确实增加了。我们可以准确比较黑洞的熵和黑洞蒸发成辐射后的熵，结果是辐射的熵更高，准确来讲要高 33% 左右[1]。

　　现在熵的密度显然变小了——黑洞那时候所有的熵都压缩在一个很小的体积内，而霍金辐射慢慢散发出来，在空间中极大区域内广为散布。但是请注意，我们关心的不是熵的密度，而是熵的总量。

真空

　　这个思想实验带给我们的经验是，"考虑引力时，熵更高的状态会更多地凝结成块而非均匀分散"的大致说法并非绝对定律，而只在

---

1. 可参阅 Zurek（1982）。

特定情形下才成立。黑洞是比一开始的粒子集合更紧凑一些，但最终散发出来的辐射完全没有聚集成团。实际上，随着辐射匆匆奔向宇宙尽头，我们得到的布局会变得越来越均匀，因为任何地方的密度都会趋近于零。

因此，"我们考虑引力时，宇宙的高熵状态会是什么样子"的答案并不是"诸多黑洞组成的混沌漩涡"，甚至也不是"一个巨大的黑洞"。高熵状态看起来就像是真空，这里那里最多就是会有几个粒子，而且还在渐渐稀释。

这个说法跟我们的直觉大相径庭，值得从不同角度好好探究一番[1]。所有物质全聚集在一起形成黑洞的情形还相对简单一点，实际上我们只需要代入数字，就能确认黑洞蒸发殆尽时熵确实增加了。但要证明这个结果（在真空中运动的越来越稀疏的粒子气体）就是熵最高的可能布局，这样论证还远远不够。我们应该也试着想想还有没有别的答案。指导原则是，我们想要的布局自身会永远存续，而别的布局都会自发演变为这个布局。

比如说，如果我们有好多好多黑洞呢？我们可以假设宇宙中充满了黑洞，因此从一个黑洞出来的辐射会落进别的黑洞，这样子谁都不会蒸发殆尽。但是广义相对论告诉我们，这种情形不会永久持续。将物体抛洒在整个宇宙中，我们就创造了一个空间要么膨胀要么收缩的

---

1. 这也远远算不上是物理学家都广为接受的认识。但并不是说"考虑引力时，熵最高的状态是什么样子"这个问题，除了"我们一无所知"之外再也没有其他可以接受的答案。但我希望你也能相信，"真空"是目前我们能想到的最佳答案。

情景。如果空间在膨胀，黑洞之间的距离就会持续增长，最后就都会蒸发殆尽。跟前面一样，这个宇宙的长远未来还是会像真空一样。

如果空间在收缩，情况就不一样了。整个宇宙都在收缩的话，未来很可能会终结于大挤压的奇点。这种情形独一无二。一方面，奇点不会真的永远存在下去（因为至少就我们所知，时间在奇点终结了），但也不会演变成别的什么东西。我们无法排除假想的宇宙在未来演化中终结于大挤压的可能，但我们缺少量子引力对奇点的解释，因此关于这种情形很难说出个子丑寅卯。（而且我们这个现实世界似乎也不会往这个方向走。）

一种想法是考虑一组正在坍缩的物质（黑洞或是别的什么），看起来就像是正在收缩的宇宙一样，但这组物质在空间中占据的区域有限，而不是充满了整个空间。如果宇宙其余部分都是空的，这个局部区域就会刚好像我们前面考虑过的情形一样，一组粒子坍缩形成了黑洞（图 70）。因此，从内部看起来像是宇宙坍缩为大挤压的情形，从外部看起来就像是巨大黑洞在形成。这种情况下，我们要知道遥远的 304 未来会发生什么，也许要花点时间，但最终这个黑洞还是会辐射出去，化为虚空。最终状态仍然是真空。

对此我们可以更加系统化一点。宇宙学家习惯认为，无论哪个宇宙，整个空间都会发生同样的事情，因为我们这个宇宙的可观测部分似乎就是这样子的。但我们不要当这是理所当然。我们要问问，一般情况下整个宇宙中会发生什么。

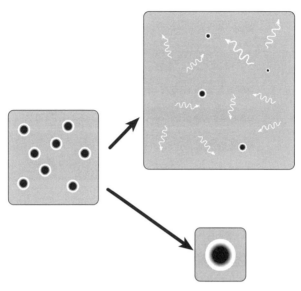

图 70　一系列黑洞无法保持稳定。空间要么会膨胀，从而允许黑洞蒸发殆尽，
达到真空状态（右上图），要么会坍缩形成大挤压或一个更大的黑洞（右下图）

　　空间在"膨胀"或是"收缩"的概念不必非得是整个宇宙的绝对特征。如果空间某个区域中的物质在四散开来变得稀疏，那么局部看来这个区域就像是个膨胀宇宙；如果物质在聚拢，同样也会看起来像收缩宇宙。因此，如果我们将粒子抛洒在无限大的空间中，那么多数时候我们都会发现有些区域在膨胀，越来越稀疏，还有些区域在收缩，越来越致密（图 71）。

　　如果真是这么回事儿，那就会发生一件不同寻常的事情：尽管"膨胀"和"收缩"似乎是对称的，但很快膨胀区域就会胜出。原因很简单：膨胀区域的体积在变大，而收缩区域的体积在变小。另外，收缩区域也不会一直保持收缩状态。极端情形下所有物质都一直坍缩

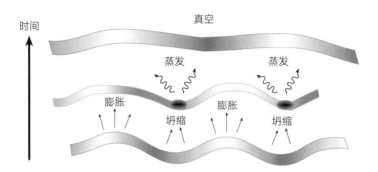

图 71 宇宙中的初始状态（底部），既有膨胀区域也有收缩区域。膨胀区域的尺寸变大，也变得越来越稀疏。收缩区域一开始会变得越来越致密，但从某个时间点开始就会蒸发到周围的真空中

为黑洞，但最终这些黑洞也会辐射出去。因此，如果初始状态既有膨胀区域也有收缩区域，那只要我们等得够久，最终就会得到真空——同时熵也增加了[1]。

　　所有这些例子中，关键的基本特征是在广义相对论中时空的动态性质。在固定的绝对时空中（就像玻尔兹曼所假设的那样），去想象到处都是热平衡态的宇宙——充满了温度和密度都处处均匀的气体——也算合情合理。这是个高熵状态，我们可能也会自然而然地猜测宇宙"应该"就是这个样子。在这样的宇宙中，玻尔兹曼指出我们的可观测宇宙可能就是个统计波动，也就毫不奇怪了。

---

1. 这有点儿提前剧透了，不过请注意，我们也可以在时间中反向玩这个游戏。也就是说，从宇宙中物质的某个布局，亦即某时刻时空的某个切片开始。有的地方我们会看到膨胀，越来越稀疏，另一些地方则会看到收缩、坍缩并最终蒸发。但我们也可以问，如果让这个"初始"状态按照同样的物理学可逆定律在时间上反向演化，那么会出现什么情形？答案当然是会看到同样的情形。往未来看会膨胀的区域往过去看实际上就是收缩的，反之亦然。但最终空间总是会变成真空，因为"膨胀"区域接管了大局。非常遥远的过去和非常遥远的未来看起来非常像：都是真空。

但广义相对论一来，就什么都变了。静止时空中密度均匀的气体不是爱因斯坦方程的解 —— 宇宙要么就得膨胀，要么就得收缩。爱因斯坦出现以前，从确定物质的平均密度或所考虑区域的总体积开始 306 的思想实验还能讲得通。但到了广义相对论中，我们就没办法让这些量保持固定了，而是会随着时间变化。考察方式之一是，认识到对任何特定布局，广义相对论总是会给你一种能让熵增加的办法：让宇宙变大，再让物质扩散一下来填充更大的体积。这个过程的最终结果，当然就是真空。只要我们开始考虑引力，这就能算作"高熵"的状态。

当然，这些论证没有哪一个堪称无懈可击。一旦充分考虑，就会觉得这些论证让人想起前后一致的讲得通的结果，但远远没有清晰证明任何事情。宇宙中某系统的熵在该系统的组成部分都分散到广大空间中时会增加，这种说法似乎很保险。但因此就下结论说真空是熵最高的状态，还是有点儿太武断了。引力有点儿难缠，关于引力我们也还有太多不了解的地方，因此对任何猜测性的场景，过于感情用事都不是什么好主意。

现实世界

我们把这些想法应用到现实世界看看。如果高熵状态就是看起来像真空的状态，那我们这个可观测宇宙就应该正朝着这个状态演化。（确实如此。）

我们曾漫不经心地假设，当物质在引力作用下坍缩时，结果会变成黑洞，最终蒸发殆尽。现实世界中这个假设远非显而易见，因为我们能看到很多东西因引力聚在一起，但离变成黑洞还远得很 —— 行星、恒星乃至星系。

但实际情况是，如果我们等得够久，所有这些最终都会"蒸发"。我们可以把星系看成是恒星的集合，在相互之间的引力作用下旋转；从这样的星系中我们可以很清楚地看到这一点。某个恒星经过其他恒星时，恒星之间的相互作用就像一盒子气体中分子之间的相互作用一样，只不过这里的作用力完全来自万有引力（除了极为罕见的撞在一起的情形）。这种相互作用可以在恒星之间传递能量[1]。这样作用的次数多了以后，有的恒星可能会得到过多能量，达到逃逸速度，从而完全飞离这个星系。星系剩下的部分损失了能量，结果就萎缩了，其中的恒星也会聚集得更紧凑一些。最后剩下的恒星会互相挤得太紧，于是全都掉进星系中心的黑洞中。这时候我们就进入了前面叙述的情形。

307

类似的推理适用于宇宙中任何对象，即便细节可能有所不同。基本要点是，给定岩石、恒星、行星或随便什么对象，作为特定物理系统都会想要处于构成系统的成分所能达到的熵最高的布局。这样说有点儿拟人化，无生命对象本来不该说想要怎样，但这个说法反映了系统自由演化时总是会自然而然地进入高熵布局这一事实。

---

1. 在我们周围，美国国家航空航天局（NASA）就经常利用类似效应 —— 引力弹弓 —— 来帮助探测器加速抵达太阳系远处。如果航天器以恰当方式经过质量巨大的行星，就能获得行星的部分动能。行星质量巨大，因此这个过程对行星不会有什么影响，但航天器就能以高得多的速度飞离行星。

　　你可能会觉得，演化实际上是有限制的：比如说一颗行星，如果全部质量都坍缩为黑洞可能熵会更高，但其内部压力能让它保持稳定。这就是量子力学大显神威的时候了。请记住，行星并非真的是经典粒子的集合，而是跟万事万物一样由波函数描述。我们有可能发现这颗行星的组分处于任何布局，而这个波函数为所有可能都分配了概率。其中必然有一种可能性，就是黑洞。也就是说，从观测者的角度来看，他会有极小的概率发现行星自发坍缩成了黑洞。这个过程叫作"量子隧穿"。

　　别一惊一乍的。对，千真万确，就跟宇宙间万事万物 —— 地球、太阳、你自己、你的猫，等等 —— 任何时候都有可能经过量子隧穿变成黑洞一样。但这个概率太小了。得经过宇宙年龄的多少多少倍的时间，这事儿才能有个像样的机会发生一次。但如果这个宇宙会永远存续下去，那么概率就会变得很大，总有一天会真的发生 —— 实际上是必然发生。没有哪个粒子集合能永远安安稳稳地在宇宙中存在下去。结论就是只要有熵更高的布局存在，物质就总会找到一种方式转化为这样的布局；可能是通过量子隧穿变成黑洞，或是别的什么更为普通的隧道。无论我们宇宙中的物质是以什么方式凝结成块，都会蒸发成稀薄的粒子气体，散布到真空中，同时熵也增加了。

真空能量

　　在第 3 章我们曾论及，宇宙中不只有物质和辐射 —— 还有使宇宙加速膨胀的暗能量。我们还不知道暗能量究竟是什么，但最可能的答案是"真空能量"，也叫宇宙学常数。真空能量是个常数能量值，空间中与生俱来又无处不在，在任何时间、任何地方都固定不变。

有了暗能量，我们对有引力存在时高熵状态的想法既变简单了，[308]
也变复杂了。我一直在讲物质的自然行为是分散到真空中，因此这也
是最高熵状态的最佳候选。在我们这样的宇宙中，真空能量很小，但
还是大于零，这个结论也就变得更加牢靠。真空能量为正，这就给宇
宙膨胀带来了永久的推力，也给物质和辐射的一般倾向搭了一把手，
帮助稀释开去。如果再过几年人类造出了完美的长寿机器或药物，那
么那些长生不老的宇宙学家就不得不满足于观测一个越来越空旷的
宇宙了。恒星会熄灭，黑洞会蒸发，一切都会在真空能量的加速效应
下天各一方。

尤其是，如果暗能量真的是个宇宙学常数（而不是最终会慢慢消
失），我们就可以肯定宇宙永远也不会重新坍缩为某种大挤压。毕竟
宇宙不只是在膨胀，还在加速膨胀，加速也会永远持续下去。这种情
景——别忘了，按照当代宇宙学家的观点，这种情景正是对真实世
界最广为接受的预测——真真切切地强调了我们低熵起点的古怪之
处。我们所考虑的宇宙过去的时间有限，但在未来是会永远存续下去
的。这个宇宙的前几百亿年炎热、忙碌、错综复杂，是有滋有味的一
团乱麻，之后却是向着寒冷、空虚、寂静无限延伸。（偶然的统计波
动除外；请参阅下一节。）在经历了我们宇宙过去那些喧腾的岁月之
后，要面对黑暗、寂寞无尽持续的前景，就算只是出于直觉也会觉得
好像太徒劳无功了。

宇宙学常数为正，实际上可以证明出一个有几分严格的结论，而
不是只能在一组思想实验里打转。宇宙学的无毛定理指出，在"合理
假设"的熟悉设定下，宇宙中真空能量为正，还填充了一些物质，如

果这个宇宙存续时间也够长,那么最后真空能量就会控制局面,最终
演变为除了真空能量之外别无他物的这么个宇宙。也就是说,宇宙学
常数总是会胜出[1]。

最后这个宇宙 —— 真空能量为正的一无所有的空间 —— 叫作
德西特空间,以荷兰物理学家威廉·德西特(Willem de Sitter)命名,
他是继爱因斯坦之后最早用广义相对论框架研究宇宙学的人之一。
我们在第 3 章曾提及,真空能量为零的空间叫作闵可夫斯基空间,而
真空能量为负的空间叫作反德西特空间。在德西特空间中,时空就
309　算空空如也,也仍然是弯曲的,因为有正的真空能量。我们知道,真
空能量对空间膨胀有永久的推动力。如果我们考虑两个一开始在德
西特空间中静止不动的粒子,那么这两个粒子会随着空间膨胀被逐
渐拉开。同样地,如果向过去追踪这两个粒子的运动,那么它俩就会
相向运动彼此靠近,但随着两者之间的空间越来越小,它俩的速度
也会越来越慢。反德西特空间则与此相反,粒子会被牵引着彼此靠
近(图 72)。

我们的一切论证最后都归结到这个结论:如果真空能量为正,那
么德西特空间就是宇宙演化的最终结果,因此也是引力存在时我们能
想到的熵最高的状态。这不是结案陈词 —— 我们现有的工具还不够
先进,不允许我们在这方面下最终结论 —— 但很有启发。

你可能会想,真空怎么能具备很高的熵 —— 熵理应用来计量我

---

1. *Wald*(1983)。

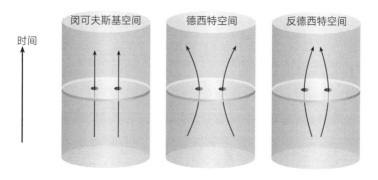

图 72 "真空"的三种不同情形，区别在于真空能量有所不同。真空能量消失时即为闵可夫斯基空间，真空能量为正时就是德西特空间，而真空能量为负时对应反德西特空间。在闵可夫斯基空间中，两个原本静止的粒子仍然会保持相对静止；在德西特空间中，这两个粒子会被推开，在反德西特空间中则会被拉拢。真空能量的绝对值越大，推力或拉力就越强

们能重置微观态的方式有多少种，但如果真空中空无一物，我们能重置什么呢？但对于黑洞我们也要面对完全一样的难题。答案必定是，即使空间中空无一物，也会有大量微观态在描述空间本身的量子状态。实际上，如果我们相信全息原理是真的，我们就能为德西特空间中任意可观测区域内所包含的熵设定一个明确的数值。答案是个巨大 [310]的数，真空能量越小，熵就会越大[1]。我们这个宇宙正朝着德西特空间演化，每一个可观测区域的熵都能达到 10^{120}。（如果我们让可观测宇宙中所有物质都坍缩为一个黑洞，得到的熵也会是这个数，但这个结果纯属巧合 —— 就跟目前宇宙中的物质密度和真空能量大致相等也是纯属巧合一样，尽管过去是以物质为主导，但将来真空能量会占上风。）

---

1. 具体来说，我们可以在德西特空间中所有可观测区域周围都定义一个"视界"，就好像我们对所有黑洞也能这么定义一样。这样一来，这个区域的熵公式就跟黑洞的熵公式一模一样了 —— 是视界以普朗克单位计量的面积再除以 4。

尽管德西特空间为高熵状态带来了合理的备选项，但我们在量子引力背景下试图理解熵时，真空能量的想法还是让情形更加错综复杂。根本问题是，实际的真空能量——对时空中任一特定事件，你会真正用真空中的能量来衡量的事物——当然可以发生变化，至少可以有短期变化。宇宙学家讨论的是"真正的真空"，其中真空能量取可能的最小值，但也会谈到有很多种可能存在的"假真空"，其中实际的真空能量要高一些。确实有可能，我们此身所处正是假真空。如果根据真空能量的不同取值，真空可以处于不同的形式，那么"高熵"意味着"真空"的想法就会变得复杂多了。

这是好事——我们不希望真空就是熵最高的可能状态，因为我们没法活在真空中。接下来两章，我们会一起来看看是否没法利用真空能量的不同可能取值，来找个什么办法解释这个宇宙。但首先我们自己得相信，如果在这方面没有什么预先了解，那么知道我们并非生活在除了我们之外别无他物的宇宙中，还真是件极为令人惊讶的事情。这就需要我们再去拜访一下玻尔兹曼和卢克莱修这两位巨人，站在他们的肩膀上我们才能说清这个问题。

为什么我们所在的不是真空？

本章开始时我们问道，这个宇宙应该是什么样子。这个问题该不该问可能都不那么显而易见，但如果可以这么问，那么合乎逻辑的答案也许是"应该看起来像是处于高熵状态"，因为高熵状态比低熵状态要多得多。然后我们证明了，真正的高熵状态看起来基本上就是真空；在真空能量为正的世界中，这就是德西特空间，宇宙中只有真空能量，别的什么都没有。

因此，现代宇宙学面对的主要问题是："为什么我们不是生活在德西特空间？"为什么我们所在的这个宇宙中充满了恒星和星系？为什么我们生活在物质和能量的大爆炸之后，而这个起点的熵如此之低？为什么宇宙中有这么多物质，而且在宇宙早期分布得那么均匀？[311]

可能有个答案是援引人存原理。对呀，我们没法活在真空中，因为那是真空。真空中没有任何东西能存活。这么说听着像是很有道理，但并没有真正回答这个问题。即便我们无法在空空如也的德西特空间里生活，也还是不能解释为什么我们的宇宙在早期远远不是真空状态。我们这个宇宙似乎比任何人存标准所要求的都更加远离真空状态。

你可能会觉得，这些想法令人想起在第 10 章我们讨论过的玻尔兹曼-卢克莱修情景。在第 10 章中我们假设宇宙是静态的，宇宙中有无数个原子，因此这些原子有个平均密度。这些原子在排列上的统计波动应当能产生暂时性的、类似于我们这个宇宙的低熵布局。但还是有个问题：该情景认为，我们（无论这个"我们"的定义是什么）应该处于允许我们存在的偏离热平衡态的最小可能波动。在最极端的情形中，我们应该就是没有实体的玻尔兹曼大脑，周围是温度恒定、密度均匀的气体。但我们并非如此，进一步的实验也一直在用更多证据证明宇宙其余部分远离平衡态，因此这种情景似乎已经被经验法则排除了。

玻尔兹曼直接想到的情景无疑会被广义相对论极大改变。新因素中最重要的是不可能有一个充满气体分子的静态宇宙。根据爱因斯坦的理论，充满物质的空间不会按兵不动，而是要么膨胀要么收缩。如果物质在宇宙中均匀分布，并且由普通粒子组成（没有负能量或负压），那么在事物变得越来越密集的时间方向上就必然会有个奇点 —— 如果宇宙在膨胀，就是过去有个大爆炸；如果宇宙在收缩，就是未来会有个大挤压。（也可能两者兼有，如果宇宙膨胀了一会儿之后又开始收缩。）没心没肺的牛顿式情景中分子永远处于开开心心的静止平衡态，然而一旦广义相对论登上舞台，这种情景就不合时宜了。

相反，我们应该将热平衡态的气体粒子替换为熵最高的状态，考虑德西特空间中的生命。如果你只知道经典物理学，德西特空间就是真正的真空。（真空能量是时空本身的特征，跟任何粒子都没关系。）但经典物理学并不是故事的全貌，这个世界是量子力学的。量子场论告诉我们，粒子可以在适当的弯曲时空背景下"无中生有"地创造出来，霍金辐射就是最明显的例子。

312

结果表明，按照跟霍金用来研究黑洞的非常相似的推理，按说应为真空的德西特空间其实生机无限，有粒子时时闪现。应该强调指出，这样的粒子并不多 —— 我们说的是极为微妙的效应。（真空中会有很多虚粒子，但真实的、可以探测到的粒子并不多见。）如果你身处德西特空间，随身带着一个极为灵敏的实验仪器，能探测到恰好经过你的任何粒子，那么你会发现你实际上是被恒温的粒子气体包围着，就跟你身在一个处于热平衡态的盒子中一样。尽管宇宙一直在膨胀，这个温度却不会消失 —— 这是德西特空间本身的特征，会永远存在下去[1]。

当然，你探测不到太多粒子，这个温度实在太低了。如果有人问你现在"宇宙的温度"是多少，你可以说是 2.7K，也就是宇宙微波背景辐射的温度。这个温度可冷得很，0K 是最低的可能温度，室温约为 300K，地球上实验室达到过的最低温度则约为 10^{-10} K。如果我们让宇宙一直膨胀到所有物质和宇宙微波背景辐射都消散于无形，只剩下量子效应在德西特空间中产生的粒子，那么温度会降到 10^{-29} K。任谁来看都会觉得真够冷的。

然而，温度毕竟还是温度，而任何大于零的温度都允许有涨落。如果我们在德西特空间中将量子效应纳入考量，宇宙就会表现得像是处于固定温度的一盒气体，这种状态也会永远持续下去。就算过去我们有过极为壮观的大爆炸，未来也会处于永远不会降到零的超级冷的温度。因此，我们应该预计未来有无穷无尽的热平衡波动 —— 包括玻尔兹曼大脑以及到了永恒的气体盒子中我们担心可能会出现的那些不太可能的热力学布局。

这些似乎都意味着，玻尔兹曼-卢克莱修情景的所有麻烦也都是现实世界的麻烦。如果等的时间够长，我们这个宇宙就会逐渐变成真空，比如温度极低的德西特空间，并永远保持那个状态。热辐射中会有随机波动，因此所有不太可能的事件都有可能出现 —— 包括自发形成星系、行星以及玻尔兹曼大脑。这些事情中随便哪件在随便什么时候发生，概

---

1. 如果 H 为德西特空间中的哈勃参数，那么温度为 $T = (\hbar / 2\pi k) H$，其中 $\hbar$ 是普朗克常数，k 是玻尔兹曼常数。这是由 *Gary Gibbons and Stephen Hawking*（1877）最早计算出来的。

率都小得很，但我们可以永远等下去，因此只要允许发生的事情就一定
313 会发生。在这个宇宙中 —— 就我们所知，也就是我们这个宇宙中 ——
绝大部分数学物理学家（或随便什么别的有意识的观测者）都是从一片
混沌中闪现，发现自己在太空中孑然一身[1]。

　　宇宙加速膨胀是 1998 年被发现的。理论学家花了点时间来消化这
个出人意料的结论，之后玻尔兹曼大脑的问题才逐渐浮出水面。首次提
出这个问题的是 2002 年的一篇论文，作者是丽莎·戴森（Lisa Dyson）、
马修·克莱班（Matthew Kleban）和莱纳德·萨斯坎德，文章标题不大
吉利，说的是《宇宙学常数令人不安的结果》。随后到了 2004 年，这个
问题又被安德烈亚斯·阿尔布雷克特和洛伦佐·索尔博的一篇文章放大
了[2]。问题的解答仍然遥遥无期。要避开这个问题，最简单的办法是假
设暗能量并非是永远存在的宇宙学常数，而只是暂时的能量源，会在
我们远未达到庞加莱回归时间之前就消失。但是，怎样才能讲得通也
并非一清二楚。事实证明，要构建能令人信服的暗能量衰减模型，也
是难上加难。

　　因此，玻尔兹曼大脑问题 ——"为什么我们发现自己身在从熵极

---

1. 你可能会觉得，这个预测依赖于并不确定的推断，还涉及我们并不真正理解的物理学领域，似
乎有点儿太异想天开了。不可否认，对永恒的德西特宇宙我们没有直接的实验证据，但我们勾勒
出的情景只依赖于几个相当有力的原则：德西特空间存在热辐射，及不同种类的随机波动的相对
频率。尤其是，我们会很想知道有没有什么特别的波动能产生大爆炸，而且这样的波动跟波动为
玻尔兹曼大脑比起来，可能性还更高。按照物理学的终极定律，也许情况果真如此 —— 实际上，
本书稍后我们会看到跟这里十分相似的提法 —— 但绝对不是我们在这里所做的假设会发生的。
至于永恒德西特空间中的热波动，好的一面是我们对热波动非常了解，可以精确计算出不同波动
会以什么频率发生。具体而言，熵变化较大的波动，跟熵变化较小的波动比起来，前者的可能性
要低得多。要波动为玻尔兹曼大脑，总是比波动为一个宇宙要简单得多，除非我们不知怎么地与
这种情景相去甚远。
2. *Dyson*，*Kleban and Susskind*（2002）；*Albrecht and Sorbo*（2004）。

低的状态逐渐演化而来的宇宙中，而不是从周围一片混沌中刚刚波动出来的孑然一身的造物？"还没有清楚明了的答案。值得指出，这个问题也让时间之箭的问题变得更为紧迫。在认识这个问题之前，我们还有一个稍微调整过的问题：为什么早期宇宙的熵如此之低？不过，至少没啥情况妨碍我们耸耸肩，说："行呗，说不定就是这样，也没什么更深奥的解释。"但现在这么说已经过不了关了。在德西特空间中，我们可以有把握地预测出，在宇宙的历史上（包括在无限的未来中）观测者会有多少次出现在寒冷刺骨、险象环生的虚空环境中，而与观测者发现自己身在舒适环境，周围充满了恒星和星系的次数相比较的话，前者的可能性会远远高于后者。这可不只是会让人不舒服的微调，而是理论与观测之间的直接矛盾，也表明我们必须更上一层楼。 ³¹⁴

第 14 章
暴胀与多重宇宙

谁要是认为哲学是最信马由缰、最异想天开的学科，那可就大错特错了。跟宇宙学相比，哲学乏善可陈，毫无想象力。

——史蒂芬·图尔明（Stephen Toulmin）[1]

1979 年 12 月，帕罗奥图（旧金山以南的一座小城）一个寒冷的早晨，艾伦·古思拼命踩着自行车冲向办公室。这里是斯坦福线性加速器中心（SLAC），古思是其中理论物理小组的一员。一到自己的办公桌，古思就打开笔记本翻到新的一页，写道：

> 惊人认识：这种超级冷却能够解释为什么今天的宇宙平坦得让人没法相信——因此也解决了罗伯特·迪克（Bob Dicke）在"爱因斯坦日"讲座中指出的微调佯谬。

他仔仔细细地在这段话周围画了个方框，接着又画了一遍[2]。

---

1. *Toulmin*（1988），393。
2. 参见 *Guth*（1997），及 *Overbye*（1991）。

你要是个科学家，那你这辈子都是为了有一天能得出一个惊艳的结果——理论上的洞见，或是实验上的大发现——惊艳到值得框起来。如果一个框不够，那就两个——这种级别的成就说不定会改变你的人生，也就此改变科学进程；据古思所说，他的笔记本上再也没有别的画了两个框的结果了。他这天在斯坦福用的这个笔记本如今展示在芝加哥阿德勒天文馆，正好打开在上面那一页。

古思想到的这种情景现在叫作暴胀——早期宇宙中充满了暂时 ³¹⁵ 形态的暗能量，密度极高，导致空间以难以置信的速率加速膨胀（就是上面说到的"超级冷却"）（图 73）。这个简单提议多多少少可以解释跟我们观测到的早期宇宙条件有关的所有问题，包括空间的几何结构，也包括在宇宙微波背景中发现的密度细微变化的规律。尽管还没有明确证据能证明暴胀确实发生过，也还是可以说暴胀是过去数十年宇宙学中影响最大的观点。

图 73　艾伦·古思，他的暴胀宇宙演化图像或许有助于解释为什么我们的可观测宇宙十分均匀、平坦

当然，这并不是说暴胀理论就一定是对的。如果早期宇宙真的暂时大规模被暗能量主导，那我们就能解释为何宇宙会刚好演变成早期所处的状态。但继续乞灵于这个问题就相当危险了 —— 为什么宇宙会以这种方式被暗能量主导？对于早期宇宙的熵为什么那么低的谜题，暴胀理论除了假定宇宙一开始的熵甚至更低，本身并没有提供任何形式的答案，似乎可以说有点儿像在作弊。

不过，暴胀的想法确实非常吸引人，跟我们早期宇宙的观测特征似乎也契合得很好。而且这个理论还带来了一些出人意料的影响，连古思自己一开始提出这一理论时都完全没想到 —— 我们会看到其中就有让"多重宇宙"的观点变得切实可行的方法。根据大多数兢兢业业的宇宙学家的判断，似乎某些形式的暴胀理论确实有可能是对的 —— 问题是，为什么会发生暴胀？

空间曲率

假设你拿了支铅笔，用笔尖立起来。显然这支铅笔的自然倾向是倒下来。但是你可以想象，如果你的桌面超级稳定，在保持平衡方面你也真是一把好手，那你也有可能让这支铅笔立住很久。比如说，比140 亿年还长。

宇宙就有点儿像这样，其中铅笔代表了空间曲率。这个概念可以比实际情况更令人晕头转向，因为宇宙学家有些时候会谈到"时空曲率"，另一些时候又会谈到"空间曲率"，两者并不相同；你得通过上下文搞清楚说的究竟是哪一个。就像时空能弯曲一样，空间本身也能

弯曲 —— 空间是否弯曲的问题与时空是否弯曲完全无关[1]。

讨论空间曲率本身有个潜在问题就是，在广义相对论中我们可以随意将时空切分为三维空间副本，在时间中以多种方式演化；"空间"[316]的定义并非独一无二。好在对我们的可观测宇宙而言，有个自然而然的办法来切分：我们定义好"时间"，让物质密度在空间的大尺度范围内大致为常数，但是会随着宇宙膨胀而降低。也就是说，物质的分布自然而然地定义了宇宙的静止参考系。这样一点儿也没违背相对论的原则，因为这是物质的特定布局的特征，而非物理学基本定律。

一般来讲，不同地方的空间想怎么弯曲就怎么弯曲，微分几何这门学科也被发明出来，好处理曲率的数学问题。但是在宇宙学中我们很幸运，因为空间在大尺度上很均匀，而且所有方向看起来都一样。这种情形下，你只需要说出一个数字，即"空间曲率"，我就能知道关于三维空间几何结构一切需要知道的信息。

空间曲率可以是正数或负数，也可以是零。如果曲率为零，我们通常就称其为"平坦"空间，拥有我们通常所理解的空间的全部几何特征。这些特征最早由欧几里得系统阐述，诸如"平行线永不相交""三角形内角和为180°"等都在其列。如果曲率为正，空间就会看起来像个球面 —— 只不过现在是三维的。平行线最终会相交，三

---

1. 即使时空是平坦的，空间也仍然能弯曲。如果膨胀空间的曲率为负，尺寸与时间成正比，那么对应的时空就是完全平坦的。反过来也一样，就算时空弯曲，空间也可以是平坦的。如果有个立体、平坦的宇宙在随着时间膨胀（或收缩），时空肯定会弯曲。（关键在于膨胀对时空的总曲率有贡献，空间曲率也与有荣焉。这就是为什么膨胀的负曲率空间能对应零曲率的时空：空间曲率的贡献为负，刚好可以跟膨胀带来的正向贡献抵消）宇宙学家说到"平坦宇宙"的时候，说的是空间平坦的宇宙。对正曲率或负曲率也同样如此。

角形内角和会大于 180°。如果曲率为负，空间就会像马鞍面，或者说像薯片的样子，平行线会渐行渐远，而三角形内角和 —— 嗯，我估计你已经猜到啦[1]（图 74）。

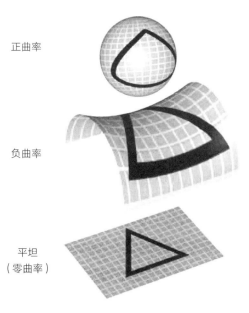

正曲率

负曲率

平坦
（零曲率）

图 74　空间中存在均匀曲率的几种情形。自上而下：正曲率，好比在球面上；负曲率，好比在马鞍面上；零曲率，好比在平面上

　　根据广义相对论的规则，如果宇宙一开始是平坦的，就会一直保持平坦。如果一开始是弯曲的，曲率会随着宇宙膨胀逐渐降低。但就我们所知，物质和辐射的密度也在逐渐降低。（现在我们先当作没听说过暗能量，因为暗能量会改变一切。）如果将这些量代入方程，就会发现物质或辐射的密度下降得比曲率要快。跟物质和辐射相比，随

1. 三角形内角和小于 180°。

着空间扩张，曲率跟宇宙演化的关系越来越紧密。

因此，如果早期宇宙中有任何较为明显的曲率，今天的宇宙都应该会有非常明显的弯曲。平坦宇宙就像刚好立在笔尖上的铅笔，就算只有一点点或左或右的偏差，都会很快倒向一边。同样，早期对完全平坦的宇宙如果有任何细微偏差，也都会随着时间推移而渐渐变得越来越明显。但是从观测事实来看，宇宙似乎非常平坦。就我们所知，今天的宇宙中完全没有测得出来的曲率 [1]。

317

这个情况叫作平坦问题。因为今天的宇宙如此平坦，过去的宇宙必定平坦到超乎想象。但是为什么会这样？

平坦问题跟我们在上一章讨论过的熵的问题有很多相似之处。两种情形都并非是说理论和观测之间有明显分歧 —— 我们要做的只是假设早期宇宙有某种特殊形式，一切也都顺顺当当地由这种特殊形式演变而来。问题在于这一"特定形式"似乎极不自然，也似乎经过细微调整，但又没有显而易见的原因。我们可以说早期宇宙的熵和空间曲率就是非常小，除此之外不加任何解释。但宇宙这些貌似很不自然的特征也许是某些重要情况的线索，因此我们理应严阵以待。

---

1. 有一种间接测量宇宙曲率的方法，利用了爱因斯坦方程。广义相对论意味着，宇宙的曲率、膨胀速率和能量之间有关联。很长时间以来，天文学家测量了宇宙的膨胀速率和物质总量（天文学家假定物质是能量最重要的组成部分），一直都会得到宇宙极为接近平坦的结果，但是宇宙应该有数值极小的负曲率。发现暗能量改变了这一切，暗能量所含有的能量值刚好能让宇宙完全平坦。随后，天文学家就能通过把宇宙微波背景中的温度波动规律当成一种巨大的三角形来直接测量曲率了（*Miller et al.*，1999；*de Bernardis et al.*，2000；*Spergel et al.*，2003）。这些方法强烈表明，宇宙空间确实是平坦的，与间接推理非常一致。

磁单极子

艾伦·古思想到暴胀理论的时候，并没有想着用来解决平坦问题。他想的是另一个极为不同的难题，叫作磁单极子问题。

就这么说吧，古思对宇宙学并没有什么特别的兴趣。1979 年是他做博士后研究员的第九年，也就是处于科研生涯中从研究生院毕了业，但还没找到教职之前的人生阶段。科学家在这个阶段可以心无旁骛地搞研究，不用操心教学任务或别的学术责任。（不过也没有任何工作带来的福利。大多数博士后没能成功找到教职，最后就离开了科学领域。）九年时间，能吃这碗饭的博士后通常都能在哪儿找到个助理教授的职位，但古思到这时候的论文发表记录并没有真正反映出别人在他身上看到的能力。他已经在失宠的夸克理论上埋头钻研了一段时间，这时候则致力于对新宠"大统一理论"的模糊预测，也就是对磁单极子的预测做出解释。

大统一理论简称 GUT，试图对除了万有引力之外的所有自然作用力提供一种统一解释。这种理论在 20 世纪 70 年代变得非常流行，不只是因为天生的简洁，也因为做出了引人入胜的预测：（和电子、中子一起）构成我们周围所有物质基础的坚实可靠的基本粒子 —— 质子，最终会衰变为更轻的粒子。人们建立了大型实验室来寻找质子衰变的证据，但到现在都还一无所获。这并不意味着大统一理论不对，现在这种理论仍然非常流行，但没能探测到质子衰变让物理学家感到茫然，不知道该怎么检验这种理论。

大统一理论同样预测有一种新粒子存在，这就是磁单极子。普通的带有电荷的粒子就是电单极子——也就是说，带电粒子要么带正电要么带负电，也只有这两种形式。但并没有人在自然界发现过任何单独的"磁荷"。我们知道的磁铁都是偶极子——同时带有南极和北极。将磁铁在两极之间一分为二，也会立即在切断的地方突然冒出来新的两极。对做实验的人来讲，寻找单独的磁极，也就是磁单极子，就好比寻找一根只有一头的弦。

但根据大统一理论，磁单极子理应能够存在。实际上，20世纪70年代末人们认识到，我们可以坐下来好好算算在大爆炸之后应当有多少磁单极子被创造出来。答案是非常非常多。根据这些人的计算，磁单极子的总质量应该远远超过普通的质子、中子和电子的总质量。磁单极子应该每时每刻都在穿过我们的身体。

当然，也有个很简单的办法避开这个难题：大统一理论也许是错的。而且这个答案仍然有可能是对的。但古思在想着这个问题的时候，想到的是另一个更有意思的答案：暴胀理论。 ³¹⁹

暴胀

暗能量——这种能量源的密度在时间和空间中大致（或是完全）为常数，不会随着宇宙膨胀而稀释——通过对膨胀施加永久的推力，使宇宙加速膨胀。我们相信，现在宇宙中的大部分能量，也就是总能量的 70%—75%，都以暗能量的形式存在。但在过去物质和辐射更加密集的时候，暗能量的密度大概还是和今天差不多，因此相对而言没有今天这么重要。

　　现在我们假设在宇宙历史上非常早的另外某个时候，暗能量的能量密度比现在大得多 —— 就叫"暗超能量"好了[1]。这种能量统治着宇宙，并让空间以可怕的速度加速膨胀。随后 —— 出于某些原因，我们待会儿再说 —— 这种暗超能量突然衰变为物质和辐射，形成炽热等离子体，组成了我们通常所设想的早期宇宙。暗超能量差不多是完全衰变了，但也不是那么彻底，而是留下了一丢丢暗能量，直到最近才对宇宙的动力学变得重要起来。

　　这就是暴胀演化图像。大致说来，暴胀将空间中极小的一块区域放大到了非常大的尺度（图 75）。你可能会想这有什么大不了的 —— 谁会关心暗超能量的这么个临时状态呢，如果接下来就衰变成物质或

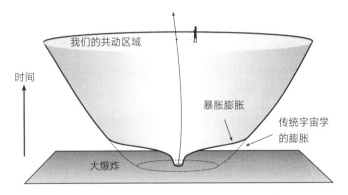

图 75　暴胀将空间中一小块区域极速放大到极大尺寸。本图完全未按比例绘制。暴胀发生在远远小于一秒钟的极短时间内，空间则在暴胀中放大了 10^{26} 倍以上

1. 没有别人这么叫。因为这种形式的暗能量是为驱动暴胀而出现的，所以通常都假设这种能量来自一种假想中被称为"暴胀"的场。如果暴胀场也能起到别的作用，或是能与粒子物理更完善的理论紧密贴合，那诚然很好；但现在我们所知道的还不够多，还不能那么说。

辐射了呢？暴胀之所以如此受欢迎，是因为它就像忏悔——一举抹掉了之前的所有罪愆。

　　现在来考虑一下磁单极子问题。如果大统一理论是对的，那么磁单极子会在宇宙极早期大量产生。因此我们假设暴胀发生得非常早，但还是比磁单极子的产生要晚一点。这样一来，只要暴胀持续的时间够长，空间膨胀的倍数够大，那么所有磁单极子都会稀释为等同于无物。只要暗超能量衰变为物质和辐射的过程不再产生更多磁单极子（如果能量没那么高，也确实不会产生），你看——磁单极子问题没有啦。

　　对空间曲率问题也同样如此。这个问题是说空间曲率消失的速度比物质和辐射要慢，因此如果早期有点儿什么曲率，今天都应该会变得非常明显。但是，暗能量消失的速度比曲率还要慢得多——实际上，暗能量基本上就完全没被稀释。因此同样地，如果暴胀持续得够久，那么在物质和辐射在暗超能量的衰变中重新被创造出来之前，曲率可能早已消失于无形。平坦问题也没有啦。

　　你也能看出来，古思为什么对暴胀的想法兴奋莫名。他想的是磁单极子问题，但他是从另一面去想的——不是要解决这个问题，而是想把这个问题当作大统一理论的反证。在他跟康奈尔大学物理学家戴自海（Sze-Hoi Henry Tye）合作的与此有关的原始工作中，他们忽略了暗能量可能起到的作用，并证明了磁单极子问题极难解决。但是，当古思坐下来好好思考暗能量在早期能有什么作用时，磁单极子问题的解从天而降——这已经值得框起来至少一回了。

当古思认识到他的想法也能解决他甚至都没想过的平坦问题的时候，这个想法就值得框两回了。机缘巧合，古思早前曾跑去听了普林斯顿物理学家罗伯特·迪克的一个讲座，他是最早研究宇宙微波背景的人之一。迪克的讲座是在康奈尔大学一个叫作"爱因斯坦日"的活动中进行的，他在讲座中指出了传统宇宙学模型中一些悬而未决的问题，其中之一就是平坦问题。这个问题一下子迷住了古思，尽管那时候他的研究跟宇宙学关系并不密切。

因此，当古思认识到暴胀理论不只是解决了磁单极子问题，同样也解决了平坦问题的时候，他就知道自己要出人头地了。也确实如此。几乎一夜之间，他从十年寒窗无人问的老博士后摇身一变，成了一举成名天下知的热门教职人选。后来他选择回到麻省理工，也就是他读研究生的地方，现在也还在那里工作。

视界问题

在厘清暴胀理论的影响时，古思认识到这种情景也为另一个宇宙学微调问题提供了答案，这就是视界问题。实际上，视界问题可以说是宇宙学标准大爆炸模型中最没完没了，也最令人困惑的问题。

问题出自这样一个简单事实：早期宇宙在离得非常远的地方看起来大致一样。上一章我们曾注意到，就算我们坚持认为早期宇宙应该密度极高而且在极速膨胀，其"典型"状态也往往是剧烈波动且极不均匀的——就好比坍缩宇宙的时间反演。因此，宇宙实际上如此均匀的特征似乎需要有个解释。实际上可以说，视界问题跟我们提出的熵的问题就如同镜像，尽管通常是以不同方式提出的。

我们想到的视界是在黑洞背景下——过了视界这个地方，我们就再也无法回到外部世界了。说得更准确点，我们必须跑得比光还快才能离开视界。但在标准的大爆炸模型中，有个完全独立的"视界"概念，源于从大爆炸发生到现在的时间是有限的这一事实。这就是"宇宙学视界"，而不是黑洞周围的"事件视界"。如果从我们在时空中的当前位置出发向过去画一个光锥，就会跟宇宙的起点相交。现在如果考虑在我们的光锥之外的大爆炸时出现的一个粒子的世界线，那么这根世界线上就不会有任何信号能抵达我们的当前事件（除非跑得比光还快）。这样我们就说这个粒子在我们的宇宙学视界之外，如图76 所示。

这些都没问题，但如果我们认识到，宇宙学视界跟静态黑洞的事件视界不一样，随着我们在自己的世界线上年齿渐增，宇宙学视界也会渐渐增长，这就开始有意思了。我们年纪越大，过去光锥覆盖的时空就越多，之前在我们宇宙学视界之外的其他世界线现在就能在视界里面了。（世界线并没有移动，是我们的视界变大了，于是也能包含这些世界线了。）

因此，在很遥远的过去发生的事件，其宇宙学视界也相对较小；这些事件在时间上与大爆炸更为接近，因此其过去光锥中的事件也较少。现在我们来看宇宙微波背景，考虑在天空不同方向上不同的点，如图77 所示。微波背景向我们展示的是宇宙变成透明的那一刻的一幅景象，这时温度已急剧下降，从而电子和质子能结合起来形成原 322

子 —— 也就是大爆炸发生后约 38 万年的时候。根据在这些点上的局部条件 —— 密度、膨胀速度等 —— 在我们今天看来这些点可以显得非常不同，但实际情况并非如此。从我们的视角来看，微波背景中所有的点温度都非常相似，不同地方的变化大概只有十万分之一。因此，所有这些点的物理条件必定也曾非常相似。

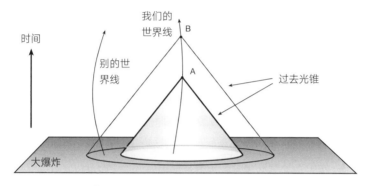

图 76　我们的过去光锥与大爆炸相交的地方定义了宇宙学视界。我们在时间中前行，我们的宇宙学视界也在增长。A 时刻在我们视界之外的世界线，在我们抵达 B 时刻时就来到了视界之内

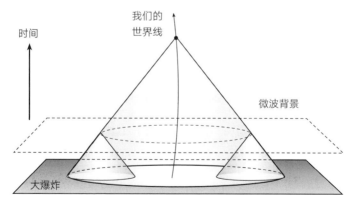

图 77　视界问题。考察宇宙微波背景上远远分开的两点，我们会看到这两点处于几乎相同的温度。但这两个点彼此远离对方的视界，没有任何信号能在两者之间传递。这两个点是怎么知道要处于相同温度的

视界问题就是：这些远远分开的点是怎么知道要处于几乎相同的条件的？尽管这些点都处在我们的宇宙学视界之内，但它们自身的宇宙学视界要小得多，因为它们离大爆炸要近得多。如今，根据标准大爆炸模型的假设来计算这些点的宇宙学视界的大小，已经成了宇宙学研究生的标准练习。答案就是，这些点在天空中的距离只要超过一度，其视界就完全不可能重叠。也就是说，时空中没有哪个事件处于所有这些点的过去，也没有任何方法能让信号在这些点之间传递[1]。然而，这些点的物理条件还是近乎完全相同。它们是怎么知道的？

这就好比你去问了好几千个各式各样的人，让他们每人在1到100万之间随便选个数，结果所有人选出来的数都在 836 820 和 836 830 之间。你会相当确信这不是偶然——这些人肯定在以某种方式私下串通。但他们是怎么做到的？这就是视界问题。你也能看出来，这个问题跟熵的问题密切相关。让早期宇宙整个都处于非常相似的条件下，这是个低熵布局，因为形成这种布局的方式数量有限。

暴胀理论似乎给视界问题提供了一个漂亮的答案。在暴胀期间，空间以极大倍率膨胀；刚开始紧靠在一起的点被飞快地推开，彼此远离。具体说来，在微波背景形成时相距遥远的点，在暴胀开始前都还是紧挨着的——这样就回答了"这些点怎么知道要处于类似条件"这个问题。更重要的是，暴胀期间宇宙由暗超能量主导，而暗超能量跟所有暗能量一样，实际上在任何地方都是同样的密度。也许在暴胀

---

1. 你可能会觉得，因为大爆炸本身就是个点，宇宙中任何事件的过去光锥肯定会在大爆炸相交。但这是一种误解。原因之一是，大爆炸不是空间中的一个点，而是时间中的一个时刻。更重要的是，经典广义相对论中的大爆炸是个奇点，不应当包含在时空中；我们只能讨论大爆炸之后发生了什么。就算我们将刚好在大爆炸之后的时刻也囊括进来，这些过去光锥也还是不会重叠。

开始的区域会有其他形式的能量，但这些能量很快就消失了。暴胀拉平了空间，就好像从边上拉动皱了的床单一样。暴胀自然而然的结果就是大尺度上非常均匀的宇宙。

真真空和假真空

要解释我们在早期宇宙中观察到的那些特征，暴胀只是种简单机制：这个过程将空间中的一小块区域撑大，让这块区域变得平坦、没有褶皱，解决了平坦问题和视界问题，不需要的遗迹比如磁单极子也因此消失了。那暴胀究竟是怎么进行的呢？

324

显然，暴胀过程的关键是要有暗超能量的一种临时形式，在驱动宇宙膨胀一段时间之后就突然消失。这个条件似乎很难达到，因为暗能量的定义中就有这种能量在时间和空间中基本都是常数这么个特征。大多数情况下确实如此，但是密度也可以突然变化——"相变"，暗能量的数值突然降低，就像气泡破掉一样。这种形式的相变就是暴胀的秘诀。

你可能也会想，真正产生这种暗超能量从而驱动暴胀的究竟是什么。答案是量子场，就像其振动在我们周围会表现为粒子的那些量子场一样。但是，我们知道的场——中微子场、电磁场，等等——全都不能胜任这份工作。于是宇宙学家就提出，有一种全新的场，可想而知叫作"暴胀"场，任务就是驱动暴胀。凭空捏造出这么一种新的场，并不像听起来那么名不正言不顺，实际上暴胀应该发生在能量远高于我们在地球上的实验室中能直接重建的情景。毋庸置疑，就算我们不知道这种能量是什么，也会有无数新的场能跟这么高的能量有关。问题在于，其中是否有一种场有恰好能让暴胀发生的特征（比如说，让暗超能量暂时处于某种状态，以极大倍率令宇宙膨胀，随后衰变消失）。

到现在为止，在讨论量子场时，我们一直在强调这些场中的振动会产生粒子。如果某个场在任何地方都是常数，也就是没有任何振动，那就不会看到任何粒子。如果我们关心的只是粒子，那么量子场的背景值 —— 假设我们将场中所有振动都平均掉会得到的平均值 —— 就无关紧要，因为这个值无法直接观测。但场的背景值可以间接观测 —— 具体而言，场有能量，因此就能改变时空曲率。

跟场有关的能量可以来自多种形式。通常情况下，能量是因为场在时空中随时随地都在变化而产生的。场的伸展中有跟场的变化有关的能量，就像在橡胶片的扭曲、振动中有能量一样。但除此之外，场就算只是处于定值没有变化，也可以带有能量。这种能量与场本身的值而非场在空间中或时间中的变化相关联，叫作"势能"。完全平展的橡胶片如果放在高处而不是地面上，也会有更多能量。我们能知道这一点，是因为可以拿起这块橡胶片从高处抛下来，从而提取出这部分能量。势能可以转化为其他形式的能量。

325

对橡胶片（或是地球重力场中的任何对象）来说，势能起作用的方式非常直接：海拔越高，势能就越大。但是对场来说，情况就变得复杂多了。如果你打算创造一种粒子物理新理论，对每个场你都得具体说明势能根据场的取值会怎么变化。能指导你的基本原则并不多，场的任何可能取值都可以对应为势能，所有的场也都只跟势能有关，这是新理论的具体说明之一。图 78 为假设出来的某种场势能的示例，其中的势能是场的不同取值的函数。

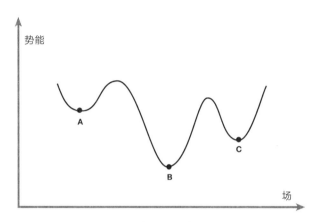

图 78　势能如何根据某假设场（例如暴胀场）的背景值变化的示意图。场倾向于滚落到能量曲线上的低处。图中 A、B、C 点分别代表了真空可能有的不同状态。B 状态的能量最低，因此是"真真空"，A、C 两点则为"假真空"

只有势能的场（别的什么都没有：没有振动，没有运动，也没有扭曲）不会有任何变化。因此，即使宇宙在膨胀，每立方厘米的势能也仍然是常数。我们都知道这是什么意思：这是真空能量。（严格来讲，是真空能量的诸多可能来源之一。）你可以把这种场想象成球从山上滚落，这个球总是会在某个谷底停下来，而谷底是能量最低的地方——至少比附近别的取值都低。场中可能会有其他取值的能量比这里还要低，但这些更低的"山谷"被"山"隔开了。图 78 中的场可以开开心心地待在 A、B、C 三个取值中的任意一个，但只有 B 点才是真正能量最低的点。A 和 C 的取值叫作"假真空"，因为如果你只观察局部区域，就会觉得这些就是能量最低的状态。而 B 点叫作"真

真空",该点的能量真的最低。(对物理学家来说,"真空"不是指"真 326
空吸尘器",也并非肯定意味着"空无一物的空间"。"真空"就是"某
理论中能量最低的状态"。观察场的势能曲线就能看到,每一个谷底
都定义了一个不同的真空状态。)

　　古思把这些想法聚在一起,构建了暴胀宇宙情景。假设有个暴胀
场处于 A 点,也就是一个假真空中。这个场会贡献相当大的真空能量,
促使宇宙飞快地加速膨胀。接下来我们只需要解释这个场是如何从
假真空 A 移动到真真空 B 的,也就是我们现在所处的状态 —— 相变
将场中锁定的能量变成了普通的物质和辐射。古思最早的说法是,这
个过程发生在真真空的气泡出现在假真空中间的时候,之后气泡长大,
互相挤撞,就填满了整个空间。这种可能性现在叫作"旧暴胀",结果
表明靠不住:要么相变太快,没办法充分暴胀,要么相变太慢,宇宙
永远不会停止暴胀。

　　好在古思最早的文章出来没多久,就出现了另一种说法:假设暴
胀不是发生在假真空的"山谷"中,而是从"高原"上一长段基本上
平坦的区域启动的。场会慢慢滚下高原,能量基本上保持定值(但不
完全是定值),最后掉下悬崖(相变)。这叫作"新暴胀",在当今宇宙
学家中这是暴胀宇宙思想最受欢迎的方案[1](图 79)。

　　但这事儿还不算完。暴胀理论不只是解决了视界问题、平坦问题
和磁单极子问题,还有个完全出乎意料的福利:能解释早期宇宙密度

---

1. 原始文献为 *Andrei Linde*(1981)及 *Andreas Albrecht and Paul Steinhardt*(1982)。浅显易懂的
讨论可参阅 *Guth*(1997)。

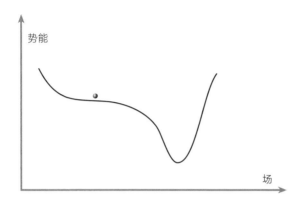

图 79　适合"新暴胀"的势能曲线。场并非锁定在山谷中，而是会非常缓慢地从高原上滚落，最后骤降为最小值。这个过程中的能量密度并非完全是常数，但庶几近之

327

的轻微波动是怎么来的，正是这种波动后来变成了恒星和星系。

　　机制很简单，也是必然会有的结论：量子涨落。暴胀尽了最大努力让宇宙变得尽可能均匀，但量子力学对此横插一脚，强加了一个根本限制。事物不可能变得太均匀，否则我们就能极为精确地指定宇宙的状态，从而违反海森伯不确定性原理。暴胀期间，能量密度在不同地方必然有量子力学带来的模糊之处，等到暴胀转化为物质和辐射时，这种模糊之处就会体现在转化成的数量上，并能让我们对早期宇宙中应该会看到密度有哪些细微变化做出非常明确的预测。正是这些最早的细微变化导致了宇宙微波背景中的温度波动，并最终成长为恒星、星系和星团。到目前为止，暴胀预测的那些细微扰动都跟观测非常吻合[1]。看向天空，看向天空中星系的分布，想到这些都起源于宇宙年龄还远远不到一秒钟的时候的量子涨落，实在是令人心旌摇荡。

---

1. 可参阅 Spergel et al.（2003）。

永远暴胀

暴胀理论最早提出来之后，宇宙学家就以极大的热情开始在各种各样的模型中研究其性质。在研究过程中，俄裔美国物理学家亚历山大·维连金（Alexander Vilenkin）和安德烈·连德（Andrei Linde）注意到一件很有意思的事情：暴胀一旦开始，就倾向于永不停歇[1]。

要理解这一特性，最简单的办法就是回头去看旧暴胀，尽管这个现象在新暴胀中同样也会发生。旧暴胀中的暴胀场附着在假真空中，而不是从山上慢慢滚落。因为空间空空如也，暴胀期间的宇宙是一种德西特空间，能量密度很高。关键在于，你怎么脱离这种状态——怎么让暴胀停下来，并让德西特空间变成传统大爆炸模型中炽热的膨胀宇宙？我们得用什么办法让储存在暴胀场的假真空状态中的能量转变为普通的物质和辐射才行。

场如果黏附在假真空状态，就会想衰变成能量更低的真真空。但衰变不会一下子就发生。衰变是通过形成气泡来实现的，就像水煮开时变成水蒸气的过程一样。真真空的小气泡通过量子涨落过程在假真空内以随机的时间间隔突然出现，这些气泡都会胀大，气泡里的空间也就膨胀了。但气泡之外的空间甚至膨胀得更快，因为这个空间仍然由高能量的假真空所主导。 328

所以就有了竞争：真真空的气泡出现并胀大，但气泡之间的空

---

1. 参见 Vilenkin（1983），Linde（1986），Guth（2007）。

间也在增长，让气泡彼此远离。谁会赢呢？结果取决于气泡产生的速度有多快。如果气泡形成得够快，所有气泡就都会撞在一起，假真空中的能量就会变成物质和辐射。但是我们不想让气泡形成得太快 —— 要不然暴胀的时间不够长，没法解决我们要面对的那些宇宙学之谜。

但对于旧暴胀来说，没有皆大欢喜的折中方案。如果我们坚持要有足够长时间的暴胀，好解决那些宇宙学之谜，那结果就是气泡会形成得太少，永远无法填满整个空间。个别气泡也许会相撞，但也只是偶然；所有气泡总体来看膨胀得不够快，无法全都撞在一起，让全部假真空都变成真真空。气泡之间总是会有些空间处于假真空状态，以令人瞠目的速度膨胀。尽管气泡一直在形成，假真空的总量还是会变得越来越大，因为空间膨胀的速度比产生气泡的速度要快。

旧暴胀留给我们的是一团乱麻 —— 真真空气泡的混乱、分形分布，周围都是在以极快速度膨胀的假真空区域。这看起来一点儿都不像我们熟悉的那个均匀、致密的早期宇宙，因此一俟新暴胀出现，旧暴胀就被束之高阁了。

但还是有个漏洞：如果我们这个可观测宇宙是包含在一个气泡里呢？这样一来，这个气泡外面的空间甭管有多不均匀，假真空区域和真真空区域随便怎么交织，就都无关紧要了 —— 反正在我们这个气泡之内，一切都显得那么均匀，我们也没法观测到外部空间中发生了什么，因为早期宇宙并不透明。

　　古思一开始想出旧暴胀时没有考虑这种可能性，是有充分理由的。如果从最简单的例子出发，考虑出现在假真空内部的真真空气泡，那么这个气泡内部可不会充满了物质和能量 —— 只能是空无一物。因此，从真空能量极高的德西特空间出发，你得不到传统的大爆炸情景，而是会直接得到空的空间，以真空能量的值更低的德西特空间的形式存在（如果真真空的能量为正的话）。这可不是我们所生活的宇宙。

　　过了很久宇宙学家才认识到，这个结论下得有点儿太快了。实际上有办法"再次加热"真真空气泡的内部，形成大爆炸模型所需的条件：在气泡内上演一段新暴胀。我们假设气泡内的暴胀场并非直接落 [329] 到与真真空相应的势能底部，而是落在半中腰的一个平台上，再从这个平台向最小值慢慢滚落。这样一来，每个气泡中都能有一段新暴胀，平台期来自暴胀场势能的能量密度稍后可以转变为物质和辐射。我们终于得到了一个完全合乎情理的宇宙[1]。

　　因此，旧暴胀一旦发生就永远停不下来。你可以制造出看起来就像我们这个宇宙的真真空气泡，但外面的假真空区域总是在增长。一直有更多气泡出现，这个过程永远不会停止（图 80）。这就是"永恒暴胀"的概念。并非所有暴胀模型中都会发生永恒暴胀，是否发生取

---

1. 这种情景是在有点儿误导人的"开放暴胀"这个名字下面编造出来的（*Bucher*, *Goldhaber and Turok*, 1995）。当时还没有发现暗能量，宇宙学家开始变得有点儿紧张 —— 暴胀情景似乎总是预测，宇宙空间应该是平坦的，但对物质密度的观测总是表明，没有足够的能量让这种情景成立。有些人觉得很慌，就试图创造未必会预测平坦宇宙的暴胀模型。事实证明这么做完全没有必要 —— 暗能量的密度刚好能让宇宙平坦，对宇宙微波背景的观测也强烈表明宇宙确实是平坦的（*Spergel et al.*, 2003）。但画蛇添足也无妨，因为恐慌之中也产生了一个很机智的想法 —— 怎样在嵌在假真空背景下的气泡中，创造一个逼真的宇宙。

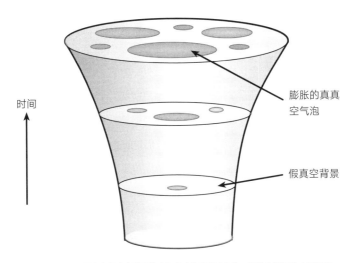

图 80 旧暴胀中假真空德西特空间衰变为真真空气泡。气泡永远不会全都撞在一起,处于假真空状态的空间总量也会一直增长下去。暴胀永远不会真正停下来

决于暴胀场及其势能的细节[1]。但你也用不着对暴胀理论大动干戈好让永恒暴胀不要发生,因为会出现永恒暴胀的暴胀模型,所占比例无伤大雅。

多重宇宙

关于永恒膨胀,可以说道的有很多,不过我们还是只关注其中一个结果好了:尽管我们看到的宇宙在大尺度上非常均匀,但在更大的

---

1. 实际上,关于永恒暴胀最早的论文是在新暴胀下出现的,而不是"有新暴胀在真真空气泡内的旧暴胀"。在新暴胀下,永恒暴胀实际上更加出人意料,因为我们会觉得,暴胀场只会从由其势能定义的山上滚落下来。但你应该还记得,变动中的场会有量子涨落;只要条件适合,这样的涨落可以很夸张,实际上在空间中某些区域可以夸张到让暴胀场变得比山还高,尽管平均来看还是在往下滚落的。滚到山上去的区域很少见,但因为能量密度更大,这样的区域膨胀起来也更快。最后我们得到的图景跟旧暴胀很像,宇宙中很多地方都会看到暴胀滚下来变成物质和辐射,但处于暴胀阶段的体积也在增加,暴胀永不停息。

（无法观测的）尺度上，宇宙可能远远算不上均匀。我们这个可观测 330
宇宙大尺度上如此均匀，这让宇宙学家很容易做出这种假设：宇宙肯
定在任何方向都会像这样延伸到无穷远处。但这总归只是能让我们生
活得更轻松的假设，而不是来自严格推理的结论。永恒暴胀的情景表
明，宇宙并非一直保持均匀，在我们的可观测视界之外，情况会变得
非常不一样。实际上，视界外有些地方仍然在暴胀。这种情景就现在
来说明显是出于臆想的成分居多，但重点是应该记住，超大尺度的宇
宙（如果真有的话）很可能与我们能直接看到的这一隅非常不同。

这种情形带来了一些新词儿，也让一些原来的词汇被滥用了。如
果设置合适，那么每一个真真空气泡大致来看都类似于我们的可观测
宇宙：原本处于假真空状态的能量变成了普通的物质和辐射，我们会
发现气泡中的空间炎热、致密、均匀而且正在膨胀。生活在其中一个
气泡里的人会看不到别的气泡（除非这俩气泡撞到一起）——他们只
会看到这个气泡出现时的情形很像大爆炸。这种景象实际上是多重宇
宙最简单的例子——每个气泡都各自独立演化，就好像自己就是个
宇宙一样。

显然我们这里用宇宙这个词用得很随意。如果想更严谨一点，用
宇宙这个词来指所有事物的总集或许更好，无论我们是不是都看得
见。（有时候我们也确实是这个意思，只是为了添乱。）但多数宇宙学
家滥用命名系统都已经有一阵子了，如果我们想跟别的科学家好好交
流，用同一套术语体系会很有帮助。像是"我们的宇宙已经有140亿
年历史了"这样的句子我们已经听到耳朵起茧子了，可不会有人想回
去纠正他们所有人说，得加上"至少我们这部分可观测宇宙是这样"。

因此，对时空中类似于我们这个可观测宇宙，始于炎热、致密状态并由此开始膨胀的区域，人们常常会加上宇宙这个词；艾伦·古思则反其道而行之，建议用袖珍宇宙这个表述，可以更精确地表达这层意思。

这样一来，多重宇宙就是袖珍宇宙——突如其来之后就开始膨胀、冷却的真真空区域——及其暴胀时空背景的集合。认真一想你会觉得，这个"多重宇宙"的概念真是相当乏味，只不过是空间不同区域的集合，每块区域都在以与我们可观测宇宙相似的方式演化。

这种多元宇宙有个很有意思的特点最近得到了广泛关注：在所有这些袖珍宇宙中，局部的物理学定律有可能大异其趣。在图 78 中绘制暴胀场势能曲线示意图时，我们画出了三种不同的真空状态（A、B、C），但真空状态的数量可以比这里多得多。本书第 12 章中我们曾简单提及，弦论似乎预告了大量真空状态——至少有 10^{500} 种之多。每一种这样的状态都是允许时空存在的不同的相。也就是说，可以有不同种类的粒子，有不同的质量和相互作用——从根本上讲就是，每个宇宙都有全新的物理学定律。这同样有点儿滥用术语，因为那些基本定律（弦论或别的什么理论）总归还是一样的。但这些宇宙都在以不同方式展现自己，就像水可以是固态、液态或气态一样。现在搞弦论那帮人都用"景观"来指称可能的真空状态[1]。

但是，让你的理论允许很多种不同真空状态存在，每种状态都有自己的物理学定律是一回事；宣称所有这些不同状态在多重宇宙中确

---

1. 参阅 Susskind（2006）或 Vilenkin（2006）。对于不同真空状态的景观，Smolin（1993）中有更早的相关探索。

实存在于某处又是另一回事。这就是永恒暴胀要大显身手的地方了。在我们的叙述中，暴胀发生在假真空状态中，然后（在每个袖珍宇宙中）要么通过形成气泡，要么通过慢慢滚落，演变到真真空状态时就结束了。但如果暴胀会永远持续下去，那就没有什么会妨碍这个过程在不同的袖珍宇宙中演变为不同的真空状态，实际上我们就应该期待这么个结果。因此，永恒暴胀让我们可以将所有这些可能的宇宙都变成现实。

　　这种情景如果是对的，就会带来深远影响。最显而易见的是，如果你以万有理论为基础，对我们观测的物理特征（中微子质量、电子电荷数等）做出了独一无二的预测，并对这种预测抱有希望的话，现在可以把这些希望都抛到九霄云外去了。物理学定律的局部表现在不同宇宙之间将各有不同。你大概希望能以人存原理为基础做出统计预测，诸如"多重宇宙中有 63％ 的观测者会发现三族费米子"，等等。何况很多人呕心沥血都只为做到这一点。但就连究竟有没有可能做到我们都还不知道，尤其是享有某种特征的观测者数量结果往往是无穷大，因为这个宇宙一直在暴胀不止。

　　就本书主旨来说，我们对多重宇宙也非常感兴趣，但对多种不同真空状态景观的大量细节就兴趣寥寥了，也无意跟人存原理较劲儿，弄一组还过得去的预测出来。我们的问题 —— 可观测宇宙早期的熵为什么那么低 —— 太昭然若揭也太引人注目，毫无希望通过援引人存原理来解决；宇宙的熵就算再高很大一截，生命也肯定照样能存在。我们需要做得更好，不过多重宇宙的思路很有可能是朝正确方向迈出的一步。最少最少，这个思路也表明，就宇宙而言我们看到的可能并非全貌。[332]

暴胀有什么好？

我们把这些都攒到一块儿来看看。关于暴胀[1]，宇宙学家喜欢自说自话下面这样的内容：

> 我们不知道宇宙极早期究竟是怎么个情况。我们假设，那时候的宇宙致密、拥挤，但未必均匀；不同地方可能会出现大幅波动。波动中可能会出现黑洞、波动场乃至空无一物的区域。现在假设在这一片混乱之中至少有一小块区域还算风平浪静，其能量密度主要由来自暴胀场的暗超能量组成。在空间其他区域还在乱哄哄一片的时候，这块特殊区域开始暴胀了，体积增大了好多好多倍，原有的任何波动都被暴胀拉伸一扫而空。一切尘埃落定时，这块特殊区域演变成了看起来像标准大爆炸模型所描述的我们这个宇宙的样子，一开始波动不止的原始环境中其他部分无论发生了什么都无关紧要。因此，暴胀不需要对初始条件做任何精密、不自然的微调，就能得到平坦的宇宙，在大尺度上也是均匀的。从司空见惯、随机波动的初始条件中就能势不可挡地涌现。

请注意，我们的主旨是要解释，为什么像我们今天发现自己身在其中的这样的宇宙能作为早期宇宙中动态过程的结果自然而然地出现。暴胀只跟如何解释我们宇宙早期一些貌似微调过的特征有关，如

---

1. 关于暴胀最早的文献隐含假设了早期宇宙中的粒子接近热平衡状态。这里描述的情景似乎更强一点，名为"混沌暴胀"，最早是由 Andrei Linde（1983，1986）提出的。

果你打算认为早期宇宙就是这样，也完全没必要对此做出"解释"，那么暴胀对你来说也就毫无用处了。

这好使吗？暴胀真的能解释为什么好像并不自然的初始条件实际上大有可能？我打算证明暴胀本身完全没有回答这些问题；暴胀可能是最终陈述的一部分，但还需要补上暴胀之前发生了什么，才能让这个思路有点儿作用。这让我们（准确说来就是我）在当代宇宙学 333 家中间一下子成了少数派，尽管并非完全形单影只[1]。这个领域大部分学者都相信，暴胀的疗效正如广告，解决了困扰标准大爆炸模型的微调问题。读者诸君应该自己能做出判断，同时记住最终是自然界决定胜负。

上一章为了讨论我们宇宙内熵的演变，我们引入了"共动区域"的概念——目前我们能观测到的这部分宇宙，并当成是在时间中演变的物理系统。认为这个区域近似于封闭系统也合情合理——尽管并非完全与外界隔绝，我们也认为宇宙其他部分不会对我们这个区域内发生的事情产生任何重要影响。在暴胀演化图像中这个概念仍然有效，我们这个区域会发现自己所在的布局非常小，而且被暗超能量控制。宇宙别的部分也许看起来大为不同，但谁在乎呢？

之前我们以熵的形式提出了早期宇宙的问题：共动区域现在的熵大约是 10^{101}，但早期这个区域的熵大致为 10^{88}，能出现的最大值则是 10^{120}。因此早期宇宙的熵比现在要低得多得多。为什么呢？如果宇宙

---

1. 可参阅 Penrose（2005），Hollands and Wald（2002）。

状态是从所有可能状态中随机选出来的，那就几乎完全不可能处于熵那么低的布局中，所以这个故事显然还有更多内容。

暴胀旨在提供更多内幕。从剧烈振动的初始条件——这个状态有时会被或明或暗地误导描述为"高熵"——出发，一小块区域可以自然演变成熵为 10^{88} 的区域，看起来跟我们的宇宙一样。本书读到这里，我想大家都已经知道真正的高熵布局并不是剧烈振动、乱成一团的那种高熵；刚好相反，真正的高熵是广阔无垠、寂静无声的空间。开始暴胀所必需的条件跟传统大爆炸模型中早期宇宙的条件一样，完全不是我们随手一捞就能捞到的。

实际上还要更糟。我们就只关注空间中暴胀开始的这一小块被暗超能量统治的区域好了。这块区域的熵是什么？这个问题很难回答，标准原因是对于有引力存在时的熵我们所知甚少，更不用说在跟暴胀有关的高能量体系下了。但我们还是可以合理猜测一下。上一章我们讨论过，只有这么多可能状态能"装进"膨胀宇宙的给定区域，至少在这些状态都由通常的量子场论假设来描述时是这样（暴胀有同样假设）。这些状态看起来像振动的量子场，振动波长必须小于考察区域的大小，大于普朗克长度。这就意味着看起来能放进准备暴胀的小块区域中的状态数有个最大值。

具体得数取决于暴胀发生的特定方式，更取决于暴胀期间的真空能量。不过不同模型之间的差别没那么显著，因此我们只需要专心看一个例子就成。我们就假设暴胀期间的能量等级是普朗克等级的百分之一好了；这个数量级已经很高，不过还没高到需要考虑量

子引力的地步。这样一来，可以估算我们的共动区域在暴胀开始时的熵为

$$S_{暴胀} \approx 10^{12}$$

跟熵可能达到的最大值 10^{120} 相比这个数目无足挂齿，就算跟暴胀后马上会达到的 10^{88} 相比，这个数目也还是不值一提。这表明描述我们宇宙当前状态的每一个自由度之前都必定精心打包好放在一个极均匀、极小的区域中，好让暴胀能够进行。

暴胀的秘密因此大白于天下：它解释了为什么我们的可观测宇宙处于熵明显那么低、调节得那么精细的早期状态，方法是假定在那之前，开始时的熵还要更低。如果我们相信第二定律，并预期熵会随着时间增长，那么这个结论可算不上出乎意料，但似乎也并没有真正解决问题。表面看来，我们会发现这个共动区域处于要开始暴胀就必须具备的那种低熵布局，着实令人惊讶万分。要解决一个微调问题，咱可没法诉诸另一个更微调的问题。

重访共动区域

再通盘考虑一下。这会儿我们正在偏离正统理论，所以还是小心为上。

对可观测宇宙（即我们这个共动区域以及其中所包含的一切事物）的演化我们做过两个关键假设。首先，我们假设可观测宇宙实

际上是独立自主的 —— 也就是说作为封闭系统而演化，不受外界任何影响。暴胀并没有违反这条假设；暴胀一旦开始，共动区域就迅速转变成均匀布局，接下来的演化也与宇宙其他部分无关。这个假设在暴胀之前显然会失灵，在设定初始条件时也会起到关键作用；但暴胀本身在试图解释我们眼前所见时，不会利用任何假设中的外部影响。

335

另一个假设是可观测宇宙的运动定律是可逆的，信息会守恒。这个看似无害的假设意味深长。状态空间要一次性固定下来 —— 具体说就是，早期和晚期的状态空间要一样 —— 在这个空间中演化的状态如果起始状态不同，那么（在相同时间内得到的）最终状态也会不同。宇宙在早期和晚期看起来大异其趣：早期宇宙更小、更致密，膨胀速度也更快，等等。但（按照我们可逆的动力学假设）这种差别并不意味着状态空间变了，只是宇宙所处的特定状态变了。

再啰嗦一句，早期宇宙跟晚期宇宙是同一个物理系统，只是处于非常不同的布局罢了。该系统任意给定微观态的熵反映的是从宏观视角来看有多少别的微观态看起来一样。如果对这个我们称之为可观测宇宙的物理系统，我们随机选个布局，那么会有极大可能选中一个熵非常高的状态 —— 也就是接近真空的状态[1]。

然而说实话，即便是专业的宇宙学家也往往不这么想。我们喜欢

---

1. 但这并非意味着有谁命令我们必须从所有可能状态中随机选择一个宇宙的布局，也不是说就有理由相信真实情况就是这样发生的。相反，如果宇宙状态很明显并非出自随机选择，那就必定有什么在决定如何选择。要理解宇宙是如何运作的，这条线索可能会大有帮助。

推断，早期宇宙是个空间很小、密度很高的地方，这样我们要假设宇宙可能处于什么状态的时候，就可以将注意力集中在空间很小、密度很高，而且足够均匀、运转良好的布局，从而可以适用于量子场论的规则。但是，至少就运动定律本身而言，我们肯定没有必须这么做的理由。当我们想知道早期宇宙可能曾处于什么状态时，需要将量子场论有效的领域之外的那些未知状态也包括进来。我们同样也应该包括当前宇宙的所有可能状态，因为都是同一个系统的不同布局。

宇宙的大小并不守恒，而是会演变成别的东西。我们讨论盒子中气体分子的统计力学时，让分子数保持恒定是可以的，因为这反映了基础动力学的现实情况。但到了有重力的理论中，"宇宙的大小"并不固定，因此仍然一开始就假设早期宇宙必须又小又密就说不通了 —— 如果同样只基于已知的物理学定律，而不去援引这些定律之外的什么新原则的话。我们需要对此做些解释。

所有这些对我们用于证明宇宙的暴胀演化图像的传统证据来说[336]都多少有些问题。在前面的叙述中，我们承认我们不知道早期宇宙是什么样，但我们可以想象那时候的宇宙有剧烈波动。（当然，现在的宇宙没有这样的波动，所以这就已经有需要解释的地方了。）在这些波动中，时不时地就会有个被暗超能量主导的区域出现，接下来就是传统的暴胀情景了。随机波动成恰好能让暴胀开始的条件究竟会有多难？

答案是可以难到超乎想象。如果我们真的是在该区域内随机选择一个自由度布局，极有可能会得到一个高熵状态：又大又空的宇宙[1]。实际上只比较一下熵就能知道，我们更可能得到当前这样的宇宙，有上千亿个星系，等等，而不是准备好暴胀的那个小区域。但如果我们不是随机选出这些自由度的布局，那我们又到底是在干什么呢？这超出了传统暴胀图景的范围。

这些问题并不是只跟暴胀概念有关，任何号称能为我们早期宇宙表面上微调过的状态提供动力学解释，同时还能与我们那两个假设（共动区域是个封闭系统，而且其运动定律是可逆的）保持一致的可能情景，都会受到这个问题的困扰。问题在于早期宇宙的熵很低，也就意味着宇宙看起来像这个样子的情况相对来说不会有太多种。再说信息是守恒的，不可能有动力学机制能使大量状态演化为少数状态。要真有，那违反第二定律也就轻而易举了。

万事俱备

这些讨论着意强调了暴胀宇宙情景不可告人的秘密 —— 别的从赞成角度强调论证暴胀的书籍也汗牛充栋[2]。但我们得说清楚：真正的问题不在于暴胀，而在于人们一般都是怎么兜售这个理论的。我们老

---

1. 你可能会反对说，"高熵状态"还有一种可能 —— 如果我们允许宇宙坍缩，就会演变为乱糟糟的一团。（就等于说我们从与宇宙当前宏观态一致的一个典型微观态开始，并让时间倒流。）这个状态确实比当前宇宙更凝结成块，因为坍缩过程中会形成奇点和黑洞。但我们要说的正是这个：即使在整个当前宇宙都打包进小块区域的状态中，也只有小到无足挂齿的比例是以被暗超能量占据的均匀区域的形式也就是暴胀所需的形式存在。这些状态中反而大部分都处于量子场论并不适用的领域，因为要描述这些状态，绝对需要用到量子引力。但是，"我们不知道该怎么描述这些状态"和"这些状态不存在"甚至"在列举宇宙可能的初始态时我们可以忽略这些状态"都大不相同。如果运动定律是可逆的，我们就别无选择，只能好好考虑这些状态了。

2. 比如 *Guth*（1997）。

是听人讲，暴胀让对初始条件应如何解释的需求不再迫在眉睫，因为暴胀会在相当普通的情形下开始，而且一旦开始，所有问题都会迎刃而解。

事实差不多刚好相反：暴胀占了很多优势，但也让对初始条件做出解释的需求更加迫在眉睫。希望我已经说清楚，无论是暴胀还是任何其他机制，都不能单凭自身就对我们早期宇宙的低熵状态在可逆 337 假设和自主演化假设下做出解释。当然，有可能得放弃可逆性；说不定物理学基本定律在某个基本层面上违反了可逆性。尽管理论上讲可以想见，但我会证明很难让这样的想法跟我们真正看到的这个世界相吻合。

不那么极端的策略是跨过自主演化假设。我们一直都知道，将共动区域看成是封闭系统往好了讲也只是一种近似。现在看来这个近似还绝妙得很，或是从任何我们真正有实验数据的宇宙历史时期来看都是如此。但真正回到起点的话肯定会失灵。要解释我们看到的这个宇宙，暴胀会起到关键作用，但前提是我们能抛弃"我们只是随机波动至此"的想法，并为暴胀所必需的条件为什么会出现提出特别解释。

也就是说，要想摆脱困局，似乎最直接的办法就是放弃纯粹从共动区域的自主演化出发解释早期宇宙非自然状态的目标，并代之以尝试将可观测宇宙嵌入更大的背景中。这个办法让我们回到了多重宇宙的思路——我们观测到的宇宙只是多重宇宙这个更大型结构中的沧海一粟。如果真是类似这样的情况，那我们至少可以考虑如下想法：

多重宇宙的演化自然就能产生让暴胀得以开始的条件。打这儿开始，故事就一如上述了。

　　所以我们想问的，不是形成我们可观测宇宙的物理系统应该是什么样子，而是多重宇宙应该是什么样子，及多重宇宙中是否能自然产生我们看到的这个宇宙这样的区域。理想情况下，我们希望在整个过程中我们都不用手动加入时间不对称。我们不只是想解释如何得到开始暴胀的恰当条件，也想解释为什么在（我们可观测宇宙的）时空中有一大块以这样的条件为一端，以空空如也的空间为另一端会是自然而然的事情。虽然我们已经有了一些想法，但是这个项目还是远远没有完成。现在我们在大胆猜测的海域上已经走了很远，不过如果我们随时都能保持警惕，应该还是能有惊无险，不至于葬身鱼腹。

第 15 章
明天那边的过去

这无垠空间的永恒沉默，让我满心忧惧。

——布莱兹·帕斯卡（Blaise Pascal），《思想录》[1]

在本书中我们探讨了时间之箭的意义，时间之箭在热力学第二定律中的体现，及与宇宙学和宇宙起源的关系。我们背景知识终于够多了，可以都拼到一起试试看能不能一劳永逸地解决这个问题：我们可观测宇宙的熵早期为什么那么低？（为了不至于一开始就被非对称性的术语蛊惑，换成下面这个问题或许更好：我们为什么会生活在与熵极低的状态毗邻的时间里？）

我们会试着面对这个问题，但我们并不知道答案。我们只有一些想法，其中有些似乎比别的更有戏，但所有这些都有几分雾里看花，也肯定还缺最后几块拼图。这是留给你们的科学。实际上，这正是科学中最激动人心的部分——你有了些摆在一起的线索，还有些很有戏的想法，但仍然在苦苦思索最终答案。希望本章描述的前景能成为对你大有帮助的引导，无论宇宙学家在寻求解决这些深奥问题的过程

---

1. *Pascal*（1995），66。

中，下一步会走向何方[1]。

　　冒着被说成唐僧的危险，我们最后再复习一遍这个难题，这样我们就能知道可以接受的答案是什么样子的。

　　　　时间之箭的所有宏观表现——我们能把鸡蛋摊成鸡蛋饼但不能反过来，牛奶很容易混进咖啡里但绝对不会跟咖啡自动分开，我们能记住过去而不是未来——都可以根据热力学第二定律，追溯到熵增加的倾向。19 世纪 70 年代，玻尔兹曼解释了第二定律的微观基础：熵计量与每个宏观态对应的微观态数目，因此，如果我们（无论出于什么原因）从熵相对较低的状态起步，那么熵在未来几乎总是会增加。但由于物理学基本定律是可逆的，如果只需要考虑当前为低熵状态的条件，我们就会同样有理由预计熵在过去比现在高。现实世界似乎并不是这么运作的，因此我们得有点儿别的什么来作为判断依据。这"别的什么"就是过去假说：假设宇宙在极早期处于熵极低的状态，而现在我们正见证着宇宙松弛为高熵状态。为什么过去假说能成立？这个问题属于宇宙学范畴。人存原理远远无法胜任这项任务，因为我们很容易发现自己可以由德西特空间中的随机波动组成（玻尔兹曼大脑），除了我们之外别无他物。同样，暴胀本身也不能解决这个问题，因为暴胀要求的起

339

---

1. 如果有年轻人读了这本书，相信这个问题很严肃，值得好好关注一番，并就此开始寻找答案，那就再好不过了。当然不年轻的人也好，年龄没那么要紧。无论如何，如果你最后发现了时间之箭该如何解释，而且被物理学界广泛接受，请别忘了告诉我，本书是否起到了什么作用。

点甚至比传统大爆炸模型的熵还要低。所以问题仍然盘桓不去：为什么过去假说在我们宇宙的可观测区域内成立？

我们来看看是否没法在这个问题上取得进展。

状态空间演化

从最明显的假设开始：最深层的物理学基本定律就是不可逆的。我提到这种可能的时候总是尽可能小心，也总是讲得好像没几分把握，或不值得我们认真探讨一样。这样做有充分理由，尽管并非没有漏洞。

可逆系统有这些特点：状态空间一次性固定，而这些状态在时间中向前演化的规则能让信息守恒。两种不同状态从某初始时刻开始经过确定时间的演化后，将按预期演化为两个不同状态——未来绝对不会变成同一个状态。这样我们就能时间反演，因为系统目前所处的任何状态，在任意时刻都有独一无二的先导状态。

破坏可逆性有个办法，就是让状态空间本身随着时间演化。也许宇宙早期所能处的状态就是要少一些，因此低熵也就没那么让人惊讶了。这样一来，表现为跟当前宇宙同一个宏观态的很多可能微观态就都没有可能的过去状态作为演化的出发点。

340

实际上，在说到膨胀宇宙的情形时，很多宇宙学家就隐含了这层意思。如果我们将自己限制在"看起来像是量子场在均匀背景下轻微振动的状态"，那么这部分状态空间肯定是在随着时间增长，因为空间本身（按照老派的三维"空间"的概念）变大了。但这跟假设整个状态空间真的在随着时间变化还是很不一样。你只要坐下来认真想一想这到底是什么意思，就基本上不可能宣称自己支持这个想法。我在论证早期宇宙经过微调（宇宙早期的所有可能状态包括了看起来跟今天的宇宙一样的状态以及各种熵更高的状态）时就明确反对过这种可能性。

状态空间随时间变化这个思路最古怪的地方在于，要额外有个时间参数——独立于真实宇宙之外的"时间"概念，宇宙要随着这个时间参数演化。一般我们会认为时间是宇宙的一部分——时空的坐标之一，可以用各式各样的可预测重复时钟来测量。"现在什么时间了"这个问题，回答起来总要涉及宇宙中正在进行的事件——也就是宇宙当前所处状态的特征。（"短针指着 3，长针指着 12。"）但如果状态空间真的在随着时间变化，这个概念就不敷使用了。任意时刻的宇宙都肯定处于某个特定状态。"宇宙处于状态 X 时的状态空间比处于状态 Y 时的状态空间要小"，这么讲毫无意义。根据定义，状态空间要包括假设宇宙有可能处于的全部状态（图 81）。

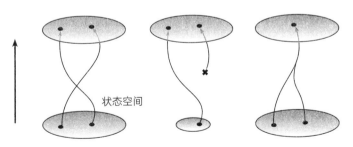

图 81　左图中的物理定律是可逆的：系统在固定的状态空间中演化，不同的初始状态唯一地演化为不同的最终状态。中图为不可逆的例子，因为状态空间相对于某处时间参数增长了，晚期的某些状态就没有能作为演化起点的过去状态。右图为另一种不可逆，其中状态空间保持固定，但不同初始状态演变成了同样的最终状态

因此对于状态空间随时间改变的可能性，我们还必须假设一个时间概念，这个概念并非仅由宇宙的状态特征所衡量，而是还外在于传统上我们所理解的宇宙。这样我们说这番话才有意义："外在时间参数等于某值时，宇宙的状态空间相对较小；而当外在时间参数前进到另一个值时，状态空间就变大了。"

对这个想法没什么好说的。是有可能，但很少会有人认为这么想就能解决时间之箭的问题[1]。这需要我们重新思考目前理解物理定律的方式；目前的框架中没有任何迹象表明在宇宙本身之外还有个时间参数。因此，现在我们不能排除这个想法，但这个想法也并不能给我们带来安慰。

不可逆运动

编造根本上就不可逆的物理学定律还有一种方法，就是尽管状态空间一次性固定，但假设运动定律中信息并不守恒。这就是我们在第7章的棋盘世界 D 中看到的情形。灰色方格的斜线跟竖线碰到一起时，斜线就终止了。从某时刻的状态出发没有办法知道过去究竟是什么状态，因为无法重构跟竖线发生关系之前的斜线埋伏在何处。

同样的想法要想到更现实的例子也并不难。在第8章我们曾考虑过一种不可逆的台球游戏：普通的台球桌，桌上的球不会因为摩擦

---

1. 也许最接近这个思路的是汤姆·班克斯（Tom Banks）和威利·菲施勒（Willy Fischler）（2005；亦可参见 Banks，2007）提出的"全息宇宙学"。他们认为量子引力实际上的运动定律在不同时空中有可能极为不同。也就是说，物理学定律本身也可以依赖于时间。这只是一种推测，但值得关注。

而损失能量，因此会永远运动下去；但如果撞到某条特定边线，就会变成完全静止，永远停在那里。这个系统的状态空间永远不会变化，总是包含桌上的球所有可能的位置和动量。熵也是完全由传统方式定义的，即某宏观特征下状态数量的对数。但变化过程不可逆：给定粘在特定边线上的任意一球，我们无法知道这枚台球已经在那儿多久了。这个系统的熵也视第二定律为无物，逍遥法外。渐渐地，随着粘在台边的球越来越多，系统在状态空间占据的比例越来越小，系统的熵也逐渐降低，但并没有任何来自外界的干涉。

342 　　我们所知道的物理定律 —— 量子力学中波函数坍缩的重要问题暂且不论 —— 似乎都是可逆的。但我们并不了解物理学的终极定律，只有一些很好的近似而已。或许物理学定律的真面目其实从根本上讲就是不可逆的，由此也就能解释时间之箭了：可以想象这样的情形吗？

　　对这种情形的真实含义可能会有些误解，我们得先理理清楚。"解释"时间之箭的意思是，提出一组物理学定律以及宇宙的"初始"状态，（不用微调）就能自然而然地看到熵随着时间以我们在身边观察到的形式发生变化。具体来讲，如果我们就假设初始条件的熵很低，也没有什么需要解释的 —— 根据玻尔兹曼的理论，熵就是倾向于增加，如此而已。这样我们就用不着假设物理学定律不可逆了，可逆的就已经能愉快胜任。但问题在于，这么个低熵边界条件似乎并不自然。

　　因此，如果我们想援引不可逆的基本定律以自然方式来解释时间之箭，就得假设一个高熵条件 —— 宇宙的"普通"状态 —— 并假设在物理学定律作用下，这个状态的熵自然会减少。这样才算真正解释了时间之箭。看起来这组设定似乎让时间之箭反向了——预测熵会下降而不是上升。但时间之箭的实质只是，熵的变化方向始终一致。只要这点始终成立，生活在这样一个世界中的观测者就总是会"记得"熵较低的时间方向；同样，因果关系也总是会将因放在熵较低的那一头，因为那头的选择更少。也就是说，这些观测者会把高熵那头的时间叫作"未来"，把低熵那头叫作"过去"，即便这个世界的物理学基本定律只能从未来精确重构过去，反过来则做不到。

这么个宇宙肯定可以想象。问题只是，似乎这个宇宙跟我们的宇宙大相径庭。

好好想想，如果要让这种情景运转起来，必须有哪些条件。无论什么原因，反正宇宙会处于随机选定的高熵状态，看起来就像是空空如也的德西特空间。现在我们所假设的不可逆的物理定律将作用于这个状态，让熵降低。结果——如果这些真有机会发生的话——应该就是我们这个宇宙的真实历史，只不过跟我们的传统理解相比，时间上方向相反。也就是说，从一开始的虚空中，突然有一些光子奇迹般地汇聚在一点形成白洞。通过吸收更多光子（霍金辐射的反演），这个白洞的质量不断增加。渐渐地，更多白洞远远出现了，在空间中大致均匀地排列着。这些白洞全都开始向宇宙中喷出气体，气体则内爆形成恒星，恒星再慢慢旋转着离开白洞形成星系。恒星从外部世界吸收了更多辐射，并用这些能量将重元素打碎，变成轻元素。随着星系继续彼此靠近，空间也极速收缩，恒星则消散为均匀分布的气体。随着物质和辐射在时间即将到达终点时形成极为均一的分布，宇宙最终

343

坍缩为大挤压。

这就是我们可观测宇宙的真实历史，只不过时间是反着来的罢了。就我们当前理解的物理学定律来说这也是完美的解决方案：我们只需要从接近大爆炸的某状态出发，令其在时间中向前演化为最终会成为的任意高熵微观态，然后再从这个状态时间反演。但我们现在考虑的假设极为不同，现在这个假设要求这种形式的演化对空无一物的德西特空间的几乎所有高熵状态都会发生。对有的物理学定律来说，这要求可高了。假设熵会因为不可逆的物理学定律而下降是一回事，但要完整假设熵刚好以让我们这个宇宙时间反演的形式来下降就是另一回事了。

这种情景我们会觉得不舒服，而这不舒服是怎么来的，还可以说得更明确一点。要经历时间之箭，我们不必去想整个宇宙。时间之箭近在眼前，就在我们厨房里。把冰块投到一杯温水中，冰块会融化，温水也会降温，最终达到均匀温度。不可逆假设则宣称，从一杯温度均匀的冷水开始，可以用物理学深层定律来解释这一现象。也就是说，这样的物理定律作用在水分子上，会把分子分成冰块放在温水中的形式，刚好就是我们预期从加了冰块的温水起步会看到的景象，只不过时间上反向。

这可是滑天下之大稽。就说吧：它怎么知道的呢？同样一杯冷水，有的在五分钟前是温水加冰块，有的五分钟前也还是一杯冷水。尽管对应每个低熵宏观态的微观态相对要少一些，但是不同低熵宏观态的数量可比高熵宏观态的要多得多。（更规范的说法是，低熵态比高熵态包含更多信息。)

这个问题与我在第 9 章结尾时谈到的复杂性问题密切相关。现实世界中，随着宇宙从大爆炸的低熵状态演化成未来的高熵状态，精细复杂的结构产生了。在宇宙膨胀时，一开始均匀分布的气体不会消散，而是首先会坍缩为恒星和行星，令局部的熵增加，在此过程中还会维持错综复杂的生态系统和信息处理子系统。 [344]

要想象所有这一切都源自一个初始的高熵状态，并按照一些不可逆的物理定律来演化还是挺难的，近于不可能的边缘。上述论证并非无懈可击，但似乎我们可能得上别的地方再找找现实世界中时间之箭的解释。

特殊起点

从现在起，我们将在物理学基本定律都是可逆的这一假设下继续探讨。状态空间保持固定，在时间中如何演化的运动定律则能让任何状态所包含的信息都守恒。那么，我们怎样才有希望解释可观测宇宙中的低熵条件？

玻尔兹曼是在绝对的牛顿时间和空间背景下考虑问题的，因此对他来说这是个相当大的难题。但广义相对论和大爆炸模型提供了一种新的可能性，即宇宙有一个起点，包括了时间本身，而起始状态的熵非常低。你也不准问为什么。

有时候"你也不准问为什么"这一条件会被重述如下："假设有新的自然法则，认定宇宙初始状态的熵非常低。"这两种表达方式说不上来有什么不同。按我们通常对物理学定律的理解，要完整说明物理系统的演化，有两个要素是必备的：一是一组运动定律，让系统可以在时间中从一个状态向另一个状态演化；二是边界条件，用来确定系统在某特定时刻所处的状态。尽管运动定律和边界条件都是必备的，两者看起来还是非常不一样；如果把边界条件也当成是"定律"，不知道会有什么结果。运动定律随时都在大显身手，任何时候都能将当前状态演变为下一个状态。但边界条件只需要设置一次就好了，其实质更像是关于宇宙的经验事实，而非附加的物理定律。"早期宇宙的熵很低"和"早期宇宙的熵很低是一条物理学定律"这两种陈述之间并没有什么实质区别。（除非我们假设有很多个宇宙，每个宇宙的边界条件也都一样[1]。）

尽管如此，毫无疑问仍有可能我们最多也只能说：早期宇宙的低熵状态并不会因为对物理学运动定律有了更好的理解就得到解释，这只是简单粗暴的事实，或者独立的自然定律（如果你更喜欢这个说法的话）。这种方法有个例子是罗杰·彭罗斯明确提出的，就是所谓的"外尔（Weyl）曲率假说"——一种新的自然定律，将过去的时空奇点与未来的时空奇点明确区分开。这种假说的基本思路是，过去奇点必

---

1. 有个相关策略是，假定宇宙的波函数有特殊形式，这是由詹姆斯·哈特尔（James Hartle）和史蒂芬·霍金（1983）提出的。他们的提法以一种叫作"欧几里得量子引力"的技术为基础，但要认真权衡这种方法的利弊会让我们离题万里。曾有人指出哈特尔-霍金波函数表明在大爆炸附近宇宙必须是均匀的，这有助于解释时间之箭（*Halliwell and Hawking*，1985），但用于得出这个结果的估算在什么范围内有效，还有点儿不清不楚。我自己的猜想是，哈特尔-霍金波函数预言我们应该生活在空的德西特空间，跟直接从熵出发所能想到的结果异曲同工。

须均匀、无特征，而未来奇点可以极尽混乱，复杂万分[1]。这明显违反了时间反演对称性，而时间反演对称能保证让大爆炸的熵很低。

这类提法的真正问题是，这实际上是出于临时所需搭出来的[2]。坚持认为过去奇点必须非常均匀，无助于理解宇宙中其他任何事情。它"解释"时间对称性的方法是手动添加时间对称性。不过，我们也可以认为这种说法只是用来给更根本的理解占座，要是有更高原则被揭示出来，能在起始奇点和最终奇点之间做出根本区分，比如前者的曲率受限而后者的曲率不受限，那我们就在时间之箭的起源问题上迈出了一大步。但就连这种表述也认为，真能推动进步的还是埋下头来，继续探寻更深处的奥秘。

对称的宇宙

如果物理学基本定律是可逆的，我们也不允许自己勉强加上时间不对称的边界条件，那么剩下的可能性似乎就只是，宇宙的演化本来实际上是时间对称的，尽管表面上正好相反。要想象这种情形如何发生并不难，只要我们接受宇宙最终会停止膨胀重新开始坍缩的可能性

---

1. Penrose（1979）。如果仔细钻研时空曲率的数学特征，你会发现两种不同形式：一种叫"里奇曲率"，得名于意大利数学家格雷戈里奥·里奇 - 库尔巴斯托罗（Gregorio Ricci-Curbastro）；另一种叫"外尔曲率"，得名于德国数学家赫尔曼·外尔（Hermann Weyl）。里奇曲率直接绑定在时空中的物质和能量上——只要有东西，里奇曲率就不为零，如果什么都没有，里奇曲率就消失了。而外尔曲率完全可以自己独立存在；例如引力波，能在空间中自由传播并导致外尔曲率，但不会有里奇曲率。外尔曲率假说认为，在时间某个方向的奇点上，外尔曲率总是在渐渐消失，另一个方向上的则不受任何约束。我们会把起始和最终这两个形容词分配给两个方向，因为外尔曲率低的那头熵也会很低。

2. 另一个问题是，如果宇宙在未来进入了永恒的德西特空间状态，玻尔兹曼大脑似乎就会岌岌可危。同样，来自经典广义相对论的"奇点"概念到了量子引力理论中也不可能全须全尾，毫发无伤。外尔曲率假设更真实的版本恐怕只能用量子引力的术语来叙述。

就好了。在发现暗能量之前,很多宇宙学家都觉得再坍缩宇宙从哲学上来看很有魅力:爱因斯坦、惠勒等人都被宇宙在时间和空间上都有限的概念所吸引。未来的大挤压会给始于大爆炸的宇宙历史带来令人欣慰的对称。

但在传统图景中,任何这样的对称性都会被第二定律剧烈破坏。关于宇宙中熵的演化,我们所知道的一切都很容易就能通过假设熵在起点非常低得到解释;从这个起点开始,熵自然而然就会随着时间增加。如果宇宙会再坍缩,已知的物理定律中也没有什么能阻止熵继续增加。大挤压会乱成一团,熵非常高,跟大爆炸全然均匀的局面形成346 鲜明对比(图 82)。

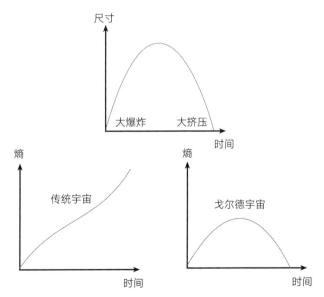

图 82　上图为再坍缩宇宙在时间中的大小变化,下图则是熵演变的两种可能情景。从传统观点出发,我们会预期就算宇宙在坍缩,熵也会增加,如下图左所示。而在戈尔德宇宙中,由于存在未来边界条件,熵受到限制,只能减小

为尝试修复宇宙历史总体上的对称性，人们有时候会考虑需要额外的物理定律：未来边界条件（也就是在过去假说之外再来个"未来假说"），这样就能保证大挤压附近的熵也和大爆炸附近的一样低。这一思路由托马斯·戈尔德等人提出（他更大的名头是稳恒态模型先驱），隐含了时间之箭会在宇宙达到最大尺寸时反向的意思，也表明熵在宇宙膨胀的时间方向上会增加总是成立的[1]。

戈尔德宇宙从未在宇宙学家中真正流行起来，原因很简单：没有充分理由去设定任何特定类型的未来边界条件。对，这个条件是能修复总体的时间对称性，但我们在宇宙中经历的任何事情都不要求这样的条件，别的基本原则也没有哪一条算得上是这个条件的出处。

但是——我们也没有充分理由去设置一个过去边界条件，除了非得引用这么个条件才能解释我们实际看到的宇宙之外[2]。正是出于 [347]这个原因，休·普赖斯认为，宇宙学家应该严肃看待戈尔德宇宙模型——即便不当真实世界的模型来看，至少在思想实验的层面上也很重要[3]。我们不知道熵在大爆炸附近为什么那么低，但事实就是如此；因此，我们不知道熵在大挤压附近为什么应该很低就不能成为抛开这种可能性的充分理由。实际上，如果不手动引入时间不对称，那无论是什么未知的物理原则造成了大爆炸那里的低熵状态，都有理由认为这个原则也会在大挤压那里如法炮制。

---

1. Gold（1962）。
2. 有一段时间，史蒂芬·霍金认为，他的量子宇宙学方法预测，如果宇宙再坍缩，时间之箭就会反向（Hawking，1985）。唐·佩奇（Don Page）令他确信情况并非如此——恰当的说法是波函数有两个分支，在时间中指向相反（Page，1985）。霍金后来称其为自己"最大的败笔"，因为爱因斯坦也曾称，提出宇宙学常数而不是预测宇宙在膨胀是自己"最大的败笔"（Hawking，1988）。
3. Price（1996）。

　　像真正的科学家一样探讨这种种情景很有意思，我们还可以问问，对低熵未来条件是否会有可供检验的影响。就算这种情形存在，也很容易就能避开任何可能即将发生的结果，只需要把大挤压放在非常遥远的未来就好了。但如果大挤压在时间上相对还算不那么遥远（比如说会发生在一万亿年后而不是一古戈尔年后），我们兴许能见到未来熵降低的影响[1]。

　　比如我们可以假设，未来的坍缩阶段有个很明亮的光源（方便起见，我们就称之为"明星"好了）。我们怎样才能探测到它呢？我们探测普通恒星靠的是恒星发射的光子，从恒星出发在光锥中向外辐射；我们在辐射事件的未来接收到光子，就能宣布我们看到这颗星星了。现在我们让时间反向运行一下[2]。我们发现光子在朝着未来这颗明星汇聚，这颗明星不会闪烁，反而会从宇宙中把光吸走。

　　因此，你大概会觉得我们可以看着明星所在方向的反方向，探测朝着它那个方向飞过去的光子，就能"见到"这颗明日之星了。但这个想法并不对——如果我们吸收了这个光子，它就再也无法抵达那颗明星。未来边界条件要求光子被明星吸收，而不仅仅是光子朝着它飞奔而去就行。我们真正会看到的是，望远镜朝着明日之星的方向发

---

1. 可参阅 Davies and Twamley（1993），及 Gell-Mann and Hartle（1996）。还有一种不同类型的未来边界条件不会让时间之箭反向，也在粒子物理中得到了深入研究。参见 Lee and Wick（1970），及 Grinstein、O'Connell 和 Wise（2009）。
2. 再次强调，英语中缺乏用来表达非标准的时间之箭的语汇。我们选择的习惯做法中，"时间的方向"由身在宇宙大爆炸之后的"普通"阶段中的我们定义；对于这个选择来说，再坍缩阶段的熵会"向未来"降低。当然，真正生活在再坍缩阶段的生物自然会以相反的含义来定义，但这是我们的书，选择只是约定俗成，我们可以定规矩。

出光芒 [1]。如果望远镜指着明日之星的方向，就会发光；如果指着别的方向，就还是会保持黯淡。传统说法是："如果望远镜指着过去某颗恒星的方向，就会看到光，如果指着别的方向，就什么也看不到。"这才是传统说法的时间反演。

这些想法似乎都很荒诞不经，但这只是因为我们不习惯用未来边界条件考虑这个世界而已。"把望远镜指向还要过上万亿年才会出现的一颗明星的方向，它怎么就能知道该往哪个方向发光呢？"这就是未来边界条件的全部意义 —— 从我们目前的宏观态中挑选出极小一部分微观态，这部分微观态中就会发生这样的看起来极不可能的事件 [2]。往深了说这里面没什么好奇怪的，就跟我们真实宇宙的过去边界条件也没什么好奇怪的一样，只不过我们对其一很熟悉，对其二则陌生得很。（顺便提及，迄今还没有人发现明日之星的任何实验证据，或是未来低熵边界条件的任何其他证据。如果有人做到了，你多半也该听说过。）

然而，戈尔德宇宙的例子更像是警世恒言，而不是认真解释时间之箭的备选项。如果你认为自己对早期宇宙的熵为什么这么低有自然解释，同时也没有明显违背时间反演对称性，那晚期宇宙为什么不会是同一个样子呢？这个思想实验强调的是，大爆炸的低熵布局究竟有多令人费解。

---

1. 格雷格·伊根（Greg Egan）在短篇小说《百光年日记》中深入探讨了这种情景的极大可能性（重印于 *Egan*，1997）。
2. 参看第 9 章讨论过的卡伦德的法贝热彩蛋。

最近人们大都认为，宇宙并不会真的再坍缩。宇宙在加速膨胀，如果暗能量是绝对恒定的真空能量（这是最简单的可能性），加速就会永远维持下去。我们所知甚少，还不能下肯定结论，但我们的未来极有可能跟过去截然不同。这种可能性同样将大爆炸非比寻常的情形推上前台，成为我们渴望解决的未解之谜。

大爆炸之前

我们似乎有点儿黔驴技穷了。如果没有手动加入时间不对称（无论是在运动定律中还是边界条件中），而且大爆炸的熵很低，我们也并不坚持低熵未来条件 —— 还剩下什么呢？我们似乎陷入了逻辑上的死胡同，没有任何办法调和我们可观测宇宙中熵的演化和物理学基本定律中的可逆性。

有一个办法：我们可以接受大爆炸的熵很低，但拒绝承认大爆炸是宇宙的开端。

对读到过大爆炸模型有多成功的人来说，或是知道广义相对论强烈预测存在初始奇点的人来说，这个想法听起来有点儿旁门左道。老有人跟我们说，没有"大爆炸之前"这档子事儿 —— 初始奇点之前时间（和空间）本身都还不存在。也就是说，"奇点之前"这个概念压根儿就讲不通。

但我在第 3 章也曾简单提及，大爆炸是宇宙真正开端的想法只是貌似合理的假说，并不是超越合理怀疑的结论。广义相对论并没有预测时间和空间在大爆炸之前不存在，而是预测了宇宙极早期的时空曲率会变得特别大，广义相对论本身都不再靠得住了。我们在当前宇宙相对平坦的背景下讨论时空曲率时，还能开开心心地无视量子引力，但现在就不得不将其纳入考量了。然而很遗憾，我们对量子引力了解得还不够多，没法胸有成竹地说出来宇宙极早期究竟发生了什么。当然也很有可能，时间和空间就是在那个时候"开始存在"的 —— 可是也未必。也许从量子波函数的某个状态到我们深知也深爱着的经典时空之间，发生了无法挽回的相变。但也同样可以想象，时间和空间向前延伸，超越了我们认定为"大爆炸"的那一刻。现在我们根本不知道。研究人员正以开放心态探索各种可能，想知道最终哪种情形会被证明是对的。

时间不需要有开端的某些证据来自量子引力，尤其是我们在第12章讨论过的全息原理[1]。马尔达西那证明，引力在五维反德西特空间中的特定理论完全等价于不含引力的"双重"四维理论。跟量子引力其他任何模型都一样，在五维的引力理论中有大量问题都很难回答。但从双重四维视角来看，有些问题变得相当简单明了。比如说，时间有开端吗？答案是没有。四维理论完全不涉及引力，只是处于某固定时空中的一种场论，而时空背景向过去和未来都可以无限延伸。即使五维引力理论中存在奇点，这个答案也仍然成立，反正四维理论找到了在奇点以外仍然延续的办法。这样对于完整的量子引力理论我们就有了一个明确的例子，在该理论的表述方式中至少有一种，时间既没有起点也没有终点，而是会永恒延续。诚然，我们自己的宇宙看起来

---

1. 亦可参见 *Carroll*（2008）。

可并不像五维反德西特空间 —— 有四个宏观维度，宇宙学常数为正而不是负。但马尔达西那的例子表明，一旦考虑到量子引力，时空就肯定不是必须有个起点。

我们也可以用不那么抽象的方法来探讨大爆炸之前可能会有什么。最显而易见的策略就是用某种反冲来代替大爆炸。假设在我们叫作大爆炸的这个时刻之前宇宙实际上是在坍缩，变得越来越致密；但这个宇宙并没有持续坍缩为大挤压，而是不知怎么的反冲进入了膨胀阶段，我们感受到的就是大爆炸（图 83）。

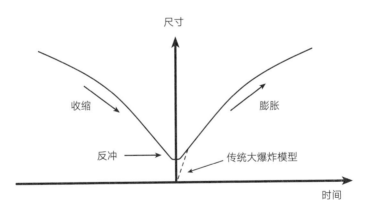

图 83　反冲宇宙模型取代标准大爆炸模型的奇点，在收缩阶段和膨胀阶段之间有（还算）平稳过渡

问题在于，是什么造成了这次反冲？如果按照宇宙学家司空见惯的那些假设 —— 经典广义相对论，加上对宇宙中物质和能量种类的一些合理限制 —— 这事儿就不会发生。因此我们总得改改这些规则。我们也可以虚晃一枪，就说是"量子引力干的"，但似乎并不能令人满意。

350

近些年，人们投入了大量心血去发展能将大爆炸奇点平滑成相对温和的反冲的模型[1]。这些提法全都能提供让宇宙史延展到大爆炸之前的可能性，但无论是哪种情形，都还是很难说这个模型是否真的前后一致。我们要试着解释宇宙的诞生，但并没有量子引力的完整理论，就这命。

但我们还是值得划一下重点：关于如何将宇宙延展到大爆炸之前，尽管我们还没有完整、连贯的说法，宇宙学家仍然在努力解决这个问题，最后也似乎很有可能成功。大爆炸并非宇宙真正开端的可能性对时间之箭也有重要影响。

所有时间的箭头

如果大爆炸是时间的起点，我们面对的难题就非常清楚：为什么这个起点的熵那么小？如果大爆炸不是起点，我们也有个难题，不过这次很不一样：反冲甚至都不是时间的起点（只不过是永恒历史中的某个时刻而已），为什么反冲时的熵还那么小？

351

多数时候，关于反冲宇宙模型的现代讨论并没有直接面对熵的问题[2]。但是很明显，在反冲之前增加一个收缩阶段给我们带来了两个选

---

1. 最早的反冲情景之一就叫作"前大爆炸情景"，利用了一种出自弦论的新的场，叫作"伸缩子"，变化时能影响引力强度（*Gasperini and Veneziano*, 1993）。还有个相关的例子叫作"涅槃宇宙"情景，后来被吸收进"循环宇宙"。在这幅图景中，驱动我们看到的"大爆炸"的能量来自一个隐藏、压缩维度的尺度被挤压为零。循环宇宙的思想在保罗·斯泰恩哈特（Paul Steinhardt）和尼尔·图罗克（Neil Turok）的一本科普书中（2007）有深入探讨，其前身"涅槃宇宙"则是由库利（Khoury）等人提出的（2001）。也有一些反冲宇宙模型不依赖于弦论或附加维度，而是依赖于时空本身的量子特征，都可以归类到"圈量子宇宙学"（*Bojowald*, 2006）。
2. 希望本书面世之后，这一切都会改变。

择：宇宙在走向反冲时，熵要么在增加，要么在减少。

　　随着宇宙从过去走向反冲，我们的第一反应可能是预计熵会增加。毕竟如果我们从非常久远的过去的某个初始条件开始，就算空间在收缩，我们也会预计熵随着时间增加，这是对第二定律的正常理解，也会让时间之箭在整个宇宙史上前后都一致。这种可能性如图 84 中左下图所示。在讨论反冲宇宙模型时，很多人心里想的或多或少就是这个样子。

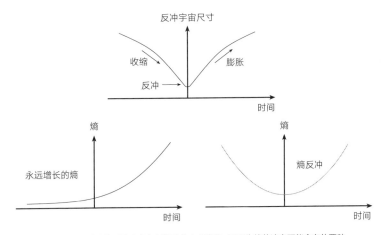

图 84　上图为反冲宇宙在时间中的大小变化；下图为熵的演变可能会有的两种情形。熵可能永远上升，如左下图所示，让时间之箭在整个永恒中都前后一致；熵也有可能在收缩阶段下降，之后在膨胀阶段开始上升，如右下图所示

　　但是，我们这个共动区域的熵在整个宇宙的反冲中一直增加的情景，要面对一个不可思议的问题。在传统大爆炸模型中，我们的问题是当前可观测宇宙的熵相对很小，而在过去甚至还要小得多。这意味着在宇宙的当前微观态中隐藏了大量微调，这样如果我们用物理定律让当前微观态在时间中反向运行，熵就会降低。但在反冲情景中，我

们将"宇宙的开端"往前推到了无穷远处，要让这情景成为可能所需 352
要的微调程度还要高得多。如果我们相信物理定律是可逆的，就得假
设今天宇宙的状态能在时间中永远反演下去，在此过程中熵也一直在
降低。这要求也太高了[1]。

　　有个密切相关的问题也应提及。我们知道，刚刚反冲之后共动区
域的熵必须很小——也就是比能有的大小要小得多。（我们在第13
章中曾估算这个值必须小于等于10^{88}，但能达到的最大值是10^{120}。）
这就意味着熵在反冲之前一样小，甚至更小。如果熵很高，我们就没
法得到反冲而只能得到乱糟糟的一团，没有任何希望抵达另一边，也
就是我们身在其中的极为均匀的宇宙。因此我们必须假设，这个共动
区域已经收缩了无限长的时间（从遥远的过去一直到反冲的这一刻），
整个过程中熵都一直在增加，不过成功做到了只增加一点点。这并非
完全不可想象，但就是往轻里说，也已经让我们感到非同寻常了[2]。

　　要让熵在整个时间中一直都在增加，对微调的要求就会非常非常
高。就算我们允许自己去设想这种可能性，也还是没有充分理由让我
们的宇宙以这种方式运行。迄今对于宇宙为什么必须微调，我们还完
全没给过正当理由，而现在还提出要无限微调。这听着怎么也不像是

---

1. 同样的论证在斯泰恩哈特和图罗克的循环宇宙模型中也成立。尽管标签是"循环"，他们这个模型却不同于玻尔兹曼－卢克莱修模型中的回归。在状态空间有限的永恒宇宙中，允许发生的事件序列在时间中既向前也向后发生，两个方向频率相等。但在斯泰恩哈特－图罗克模型中，时间之箭总是指向同一个方向，熵也永远增加，在任何时刻都要求无穷无尽的微调。有意思的是，理查德·托尔曼（Richard Tolman）很久以前就在循环宇宙情景下讨论过熵的问题（1931），尽管他只说到了物质的熵，没有涉及重力。亦可参见 Bojowald and Tavakol（2008）。
2. 上述讨论中假设先前我们在讨论共动区域的熵时所做的假设仍然有效——特别是，把共动区域看成是自主系统仍然有意义。当然，这个假设并非必须正确，但研究这些情景的人通常都默认有此假设。

有所进步。

中间假说

因此我们就只能考虑图 84 中右下图的选项了：反冲宇宙的熵在收缩阶段降低，在反冲点达到最小值，随后开始增长。这样一来说不定能有点儿收获。这种反冲宇宙有个具体模型是安东尼·阿吉雷（Anthony Aguirre）和斯蒂芬·格拉顿（Steven Gratton）于 2003 年提出的。他们以暴胀理论为基础构建了自己的模型，证明了通过巧妙剪裁、粘贴，我们可以将在时间中正向膨胀的暴胀宇宙粘在反向膨胀的暴胀宇宙的起点，从而顺利得到反冲[1]。

这个选项能带来极大好处：宇宙的表现在时间上是对称的。宇宙的尺寸和熵在反冲点都会达到最小值，在两个方向也都会增加。从概念上讲，相对于我们考虑过的其他所有模型来说这都是巨大进步。物理定律基本的时间反演对称性在宇宙的大尺度表现中体现了出来。特别是，我们避开了时间沙文主义的陷阱——将宇宙的"初始"状态和"最终"状态区别对待的诱惑。我们希望能避开让我们想到戈尔德宇宙的谬论，尽管该宇宙模型也是关于时间中的某一刻对称的。但现在我们允许自己去设想，大爆炸之前的宇宙也是有可能的，这时候解决方案似乎就顺眼多了：宇宙是对称的，但不是因为熵在时间的两头都很低，而是因为在两头都很高。

---

1. *Aguirre and Gratton*（2003）。*Hartle、Hawking and Hertog*（2008）在欧几里得量子引力背景下，同样研究了过去和未来的熵都很高，而在中间熵很低的宇宙。

　　无论如何，这个宇宙很有意思。时间之箭的所有不同表现形式都应归因于熵的演变，包括我们记住过去的能力以及感觉到我们在经历时间。在熵反冲情景中，时间之箭在反冲点也反向了。从我们这个可观测宇宙的角度来看（如图84中各图的右侧所示），过去在时间中是低熵的方向，指向反冲。但位于反冲另一侧的观测者，也就是我们在图上（从我们自身的视角出发）标记为"收缩"的那一侧，也会将熵较低的时间方向定义为"过去"——也还是朝着反冲的方向。从局部观测者的视角来看，时间之箭总是指向熵增加的方向。无论在反冲的哪一边，时间之箭都会把宇宙膨胀、变空的那个方向定义为"未来"。对任意一侧的观测者来说，另一侧的观测者都在经历时间"倒流"。但时间之箭不匹配的问题完全观测不到——在反冲某一侧的人无法跟另一侧的人交流，就像我们无法跟过去的什么人交流一样。任何人看到的热力学第二定律都在自己那部分可观测宇宙中正常运转。

　　但是，熵反冲宇宙模型不够让我们拍着胸脯宣布，我们解决了本章开头提出的问题。当然，允许宇宙反冲，宇宙的熵也在反冲点有个最小值避免了将初始条件和最终条件置于不同境地的哲学困境。但这样做的代价是一个新的难题：宇宙史的中间为什么熵那么低？

　　也就是说，关于时间之箭，熵反冲模型本身并没有真正解释任何事情，反倒是用"中间假说"取代了过去假说。需要的微调还是那么多，我们仍然要努力解释为什么我们这个共动区域的布局在宇宙反冲点附近的熵会那么低。这么一看，似乎我们还有一些活儿要干。

婴儿宇宙

我们想试着给早期宇宙的低熵状态提供一个靠得住的动力学解释，所以我们退几步看看。先把我们对真实宇宙的了解暂时放在一边，回到我们在第 13 章问过的问题：宇宙应该是什么样子的？在那里的讨论中，我证明了自然的宇宙 —— 无论是过去、现在还是未来，任何时候都不依赖于微调过的低熵边界条件 —— 基本上就像是真空。如果有很小的正的真空能量，真空就会变成德西特空间的形式。

这样一来，宇宙学的任何现代理论都有了一个必须回答的问题：为什么我们不是生活在德西特空间中？德西特空间的熵很高，能永久存续，其时空曲率还能带来很小但大于零的温度。德西特空间中除了热辐射的稀薄背景外别无他物，因此首先完全不适合生命居住。这里也没有时间之箭，因为是处于热平衡状态；会有温度波动，就像在牛顿时空中密封的气体盒子中可能见到的一样。这样的波动能产生玻尔兹曼大脑，或是整个星系，或随便什么你能想到的宏观态，只要你等得够久。但我们看起来可不像是这么个波动 —— 如果我们真是波动，那我们周围世界的熵就能有多高就有多高，但是显然并非如此。

也有办法摆脱这种局面：德西特空间有可能不是永远延续，从不间断。可能会发生点什么。如果是这种情况，关于玻尔兹曼大脑我们说过的一切就都得抛到九霄云外去了。前面的论述能成立只是因为我们完全了解我们面对的是什么样子的系统 —— 处于固定温度的气体 —— 而且我们也知道这个系统会永远存续下去，因此就算非常不可能的事情最后也会发生，我们也能靠谱地算出各种各样的不靠谱事件的相对频率。如果让情形变得更复杂，那我们就一筹莫展了。（基本上吧，不管怎么说。）

让德西特空间没法永久存续的办法不难想到。还记得吧，"旧暴胀"模型基本上算是早期宇宙处于德西特空间的一段时期，能量密度非常高，由黏附在假真空状态上的暴胀场提供。只要有另一个真空状态的能量更低，这个德西特空间最后就会因为真真空气泡的出现而衰变。如果气泡出现得很快，假真空就会完全消失；如果出现得很慢，[355]最后我们就会得到真真空气泡在持续存在的假真空背景中的分形混合。

在暴胀情景中，有个关键因素是能量密度在德西特空间这段时间非常高。现在我们感兴趣的是另一端——真空能量极低，也就是我们宇宙当前的状态。

这就带来了天壤之别。高能状态天然倾向于衰变为低能状态，反之则不然。问题不在于能量守恒，而在于熵[1]。能量密度很高的德西特空间对应的熵很低，能量密度低的时候熵就变得很高。高能德西特空间到真空能量较低状态的衰变，就跟低熵状态演变为高熵状态一样，是个自然而然的过程。但我们想知道，怎样才有可能摆脱我们当前宇宙将要演化成的那种状态，也就是空的德西特空间，真空能量非常小，熵非常高的状态？从那个状态出发我们又能走向何方？

---

1. 即使在通常的非引力情形中也是如此，其中总能量严格守恒。高能状态衰变为低能状态时，例如从山上滚落，能量没有产生也没有消失，只是从有用的低熵形式变成了无用的高熵形式。

如果正确的万有理论就是经典德西特空间背景下的量子场论,我们就真的走投无路了。空间会持续膨胀,量子场也会继续波动,我们就会大致处于玻尔兹曼和卢克莱修描述过的情形之中。不过还是可能有(至少)一条脱身之计:创造婴儿宇宙。如果德西特空间中能连续产生婴儿宇宙,且这些婴儿宇宙全都始于低熵状态,并自己膨胀到高熵的德西特阶段,我们就有了一种自然机制,能在宇宙中源源不断地创造出越来越多的熵。

我们已经多次提到,关于量子引力还有很多我们不知道的地方。但对经典的引力理论我们已经有很多了解,对量子力学也是如此;所以,量子力学会是什么情形我们肯定能有些合情合理的预期,尽管细节还需要一一解决。特别是,我们预计时空本身应该很容易受到量子涨落的影响。不只是在德西特空间背景中的量子场会涨落,德西特空间本身也会涨落。

20 世纪 90 年代,爱德华·法里、艾伦·古思和贾迈尔·居文(Jemal Guven)研究了一种或许能让时空涨落的方式[1]。他们提出,时空不只是像在普通的经典广义相对论中那样可以弯曲、延展,还能分割开来变成好多碎片。特别是,一小块空间可以跟大宇宙分道扬镳,各走各路。分出来的这一小块空间自然就叫婴儿宇宙。(跟我们在上一章提到的"袖珍宇宙"不一样,袖珍宇宙跟背景时空还是连着的。)

还可以说得更明白点。德西特空间的热波动真的是基础量子场的

---

1. *Farhi*、*Guth and Guven*(1990)。参见 *Farhi and Guth*(1987)以及 *Fischler*、*Morgan and Polchinski*(1990a,1990b)。古思在其科普书(1997)中也写到了这一成就。

涨落，我们观察这些场的时候只能看到粒子。我们假设其中有个场恰好拥有暴胀场的一切特征——在势能曲线上有些地方能让场相对安稳地待在那里，处于假真空的谷底或新暴胀平原上。但我们不从这个地方开始，而是考虑如果场从底部真空能量非常小的地方开始会怎样。量子涨落时不时会把场推上势能曲线，从真真空变成假真空——并不是所有地方一下子全都这样，而是从一些小地方开始。

假真空涨落的气泡在德西特空间中出现之后会有什么情况？还是得实话实说，我们知道的并不确切[1]。有个事儿似乎很有可能：大部分时候这个场会消失于无形，回到热力学环境中。涨落成假真空的内部空间会想要膨胀，但是隔开气泡内部和外部的屏障想要收缩，一般这个气泡都会很快缩小消失，什么事都来不及发生。

但过一阵总有那么一回我们能走上好运。走好运的过程如图 85 所示。我们看到的是暴胀场的同步波动，产生了一个假真空以及空间本身的气泡，从而得到一个从宇宙中拧下来的区域。连接这个区域与宇宙的小管子就是虫洞，我们在第 6 章曾经打过交道。但这个虫洞 357 并不稳定，很快就会完全坍缩，留给我们的是两个老死不相往来的时空：原来的母宇宙和小婴儿。

---

1. 这个问题最近最全面的工作是由 Anthoy Aguirre 和 Matthew Johnson 2006 年完成的。他们分类整理了由量子隧穿可能产生婴儿宇宙的所有不同方式，但最后也无法就真正发生的事情做出明确陈述。（"很遗憾，最重要的一点在于，尽管各式各样的成核过程之间的关系变得清晰多了，真正发生的究竟是哪些，这个问题还是没有答案。"）Freivogel 等人（2006）则从完全不同的角度考察了反德西特空间中的暴胀，其中用到了马尔达西那对应。他们的结论是，没有产生婴儿宇宙。但我们关心的是德西特空间，不是反德西特空间；他们的结论能否从一种背景延展到另一背景，还没人知道。关于德西特空间演化的更多详情，可参阅 Bousso（1998）。

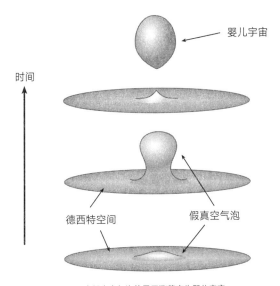

图 85　由假真空气泡的量子涨落产生婴儿宇宙

　　现在我们有了婴儿宇宙，由假真空能量主导，准备好要经受暴胀，扩大为极大尺寸了。如果假真空的特征刚好合适，其中的能量就会最终转化为普通的物质和辐射，我们就有了按照标准的暴胀－大爆炸模型来演化的宇宙了。这个婴儿宇宙可以扩大到任意尺寸，没有任何比如说来自能量守恒的限制。如果我们将引力场的能量和其他万事万物都考虑进来，那么封闭、压缩宇宙的总能量刚好为零，这是广义相对论的关键特征。因此暴胀能将微观上极小的空间放大到我们可观测宇宙的大小，甚至更大。正如古思所言："暴胀是最高级别的无中生有。"

　　当然，婴儿宇宙的熵一开始非常低。这可能有点儿像在弄虚作假 —— 我们不是费了那么多口舌来论证可观测宇宙有很多自由度，宇宙很年轻的时候所有这些自由度也都存在；如果我们随机选取这些自由度的一种布局，那要想拿到低熵状态真是难于上青天？这些全都成立，但形成婴儿宇宙的过程可不是我们随机选取宇宙布局的过程。选取过程非常特别：这个布局最可能是作为空无一物的背景时空中的量子涨落而出现，有能力自立门户，成为了无牵绊的新宇宙。从整体上考虑，多重宇宙的熵在这个过程中并没有降低；初始状态是高熵德西特空间，随后演变为高熵德西特空间外加一个小宇宙。这不是平衡态布局波动为低熵状态的那种波动，而是高熵状态泄漏到熵甚至更高的状态。

你可能会觉得新宇宙的诞生肯定是个重大、痛苦的事件，就跟生一个新生儿一样。但实际上并非如此。当然在气泡内部发生的事情相当激烈 —— 新宇宙无中生有。但从身在母宇宙的外部观测者的视角来看，整个过程几乎都没法注意到。这个过程就像是热力学粒子在涨落中聚在一起形成密度极高的极小区域 —— 实际上就是黑洞。但这个黑洞是微观的，熵也很小，随后就会通过霍金辐射蒸发掉，速度之快与其形成有得一拼。婴儿宇宙的诞生比起新生儿的诞生，一点儿都算不上创痛。

实际上，如果上述情形成立，婴儿宇宙甚至都有可能恰好在你读这本书的房间里诞生，而你永远也不会注意到，但上述情形成立的 358 可能性并不很大。在目前我们能观测到的全部时空中，很有可能从未发生过。就算发生过，这个过程也会全都只在微观层面。新宇宙可以长成极大尺寸，但是跟原来的时空完全没有关联。就跟有些孩子一样，婴儿宇宙跟母亲之间绝对不会有任何交流 —— 一旦离家远走，就会参商永隔。

躁动的多重宇宙

因此，就连处于高熵真真空状态的德西特空间也有可能并非完全稳定，而是能从中诞生新的婴儿宇宙，而这些婴儿自己就能长成大型宇宙（然后还可以自己接着产生新的婴儿宇宙）。原来的德西特空间仍然自行其是，基本不会受到干扰。

对时间之箭的问题，婴儿宇宙的前景让整个世界都变得面目全非。请记住，最基本的困境在于，最自然的宇宙是德西特空间，空无一物，真空能量为正，就好像温度恒定、永恒存续的气体盒子。气体大部分时间都处于热平衡态，鲜有波动到熵较低的状态的时候。在这样的设置下，我们可以相当可靠地量化会有哪些波动，发生频率又分别是多少。给定你想让波动中能出现的任何特定物品——一个人，一个星系，乃至上千亿个星系——这一情景强烈预测大部分这样的波动都会看起来像是处于平衡态，只除了有这么个波动本身。此外，这类波动也大部分都来自高熵状态，随后又演化回高熵状态。因此，大部分观测者都会发现自己在宇宙中形影相吊，作为分子的随机组合在高熵粒子气体中出现；大部分星系也是这样，如此等等。你有可能会波动为刚好像我们大爆炸宇宙模型的样子，但这个波动中的观测者数量会比形单影只的观测者的数量要小得多。

婴儿宇宙以一种重要方式改变了这一切。我们只会看到偏离平衡态的热波动，然后又演化回平衡态？不再是这样了。婴儿宇宙也是一种波动，但这种波动永远不会回到平衡态——婴儿宇宙会长大、冷却，但再也不会跟原始时空产生关联。

我们让宇宙有了一种能让熵无限增加的方式。在德西特宇宙中，空间的增长没有界限，但任意观测者能看到的那部分空间仍然是有限[359]的，其中的熵也有限，就是宇宙学视界的面积。在这个区域内，场围绕恒定温度波动。这是个平衡态布局，任何过程发生的可能性都跟自身的时间反演过程一样高。然而一旦婴儿宇宙登场，系统就不再处于平衡态了，原因很简单：不再有平衡态这回事。（按照这个说法，）真空能量为正，宇宙的熵永远不会达到最大值并就此止步不前，因为宇宙的熵不再有最大值——总是能通过产生新宇宙来让熵增加。这样一来，就能避免玻尔兹曼–卢克莱修情景中的悖论了。

考虑一个简单的类比：球在山上滚。不是量子场在势能曲线上运动，而是真的有个球在地球上滚。但这座山很特别：无论怎么滚都不会滚到底，而是能平稳地滚到无穷远处。我们也假设山上没有任何摩擦力，因此这个球可以永远滚下去，总能量始终不变。

现在我们要问：这个球在干吗？也就是说，如果我们假设能找到这么个球，神乎其神地一直就跟整个外界完全隔绝，不受宇宙其余部分的影响，那我们会预计这个球处于什么状态？

这个问题可能问得并不怎么高明，但回答起来并不难，因为这个球能干的事儿也就那么几种。所有可能的轨迹看起来基本都一样：从无限远处滚来，转身，再滚回无限远处（图86）。根据总能量的不[360]同，球的转折点在山上的高度也会有所不同，但本质表现都一样。因此在这个球的全部历程中，会刚好有一瞬间停止不动，就是转身的那一刻；其他任何时候，这个球都要么在向左走，要么在向右走。因此，

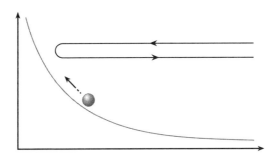

图 86　球在山上滚动，而山下没有谷底。这样的球只有一种轨迹：从无限遥远的过去、无限遥远的地方而来，向上滚到一个转折点，反向，再滚回无限遥远的未来、无限遥远的地方

如果我们随机观察，很可能就会看到球在这个或那个方向上移动。

　　现在进一步假设球里面生活着一个完整的小小文明，完整到既有小科学家，也有小哲学家。他们最喜欢高谈阔论的话题之一就是他们所谓的"运动之箭"。这些思想家早就注意到，他们这个球完全在按照牛顿运动定律演化。这些定律并不区分左右，完全可逆。如果有个球放在山谷底部，就会永远待在那儿，一动不动。如果不是刚好在谷底，那一开始就会往谷底滚过去，之后在谷底附近来回运动。然而，他们这个球似乎一直在朝着同一个方向滚动很长时间了！这是怎么回事？

　　如果这个有点儿不伦不类的类比还没法让人一目了然，那我们换个说法：这个球代表我们的宇宙，从左到右的方向则代表着熵。发现球一直朝同一个方向运动之所以并不令人感到奇怪，是因为它就是倾向于总在同一个方向运动，只有一个特殊的转折点算是例外。尽管表面上似乎有所不同，球从右边过来滚向左边的这部分轨迹，和从左向右离开的这部分轨迹实际没有任何区别。球的运动是关于转折点时间反演对称的。

说不定我们宇宙的熵也是这样。（没有婴儿宇宙的）德西特空间的真正问题是几乎总是处在平衡态 —— 任一观测者都只会看到永恒存在的热浴，及可预测的波动。一般来说，如果宇宙模型中存在像是"平衡态"这样的状态，那就很难解释为什么我们的宇宙并非处于这个状态。但如果说不存在平衡态，我们就能避免这样的窘境了。观察到熵在增加是很自然的事情，因为熵总是能增加。

这就是我跟陈千颖（Jennifer Chen）在2004年提出的情景[1]。一开始我们假设宇宙是永恒的 —— 大爆炸不是时间的开端；以及德西特空间是宇宙能处于的自然高熵状态。这就意味着我们可以从几乎任何你想要的状态"开始"——在空间中选一个你喜欢的物质和能量的布局，然后任其演化。我们把"开始"放在引号里是因为，我们不希望对初始条件有任何先入为主的看法。考虑到物理定律中的可逆性，我们让这个状态在时间中往两个方向演化。我曾指出时间中正向的自然演化是空间扩大，变得越来越空，最终变成德西特空间的状态。但从德西特状态开始，如果我们等得够久，我们就会看到婴儿宇宙会偶尔在量子涨落中出现。这些婴儿宇宙会扩大、暴胀，其中的真空能量最终会转化为普通的物质和辐射，而这些物质和辐射最终又会消散，直到再次变成德西特空间。从这时候开始，原来的宇宙和新宇宙都能产生新的婴儿宇宙。这个过程会永远持续下去。对于看起来像德西特

361

1. *Carroll and Chen*（2004）。

空间的这部分时空，宇宙处于平衡态，时间之箭也不存在。但在婴儿宇宙中，从诞生到最终完全冷却的这段时间有明确的时间之箭，因为熵从接近零的地方开始会一直增大为平衡态的值。

　　最有意思的是，同样的叙述也可以把时间顺序反过来说，从初始状态开始，如图 87 所示。宇宙如果还没变成德西特空间，就会在时间的两个方向上都变得越来越空。从德西特状态开始宇宙也会产生婴儿宇宙，继而膨胀、冷却。这些婴儿宇宙中的时间之箭所指的方向，跟我们放在"未来"的宇宙中时间之箭的指向相反。当然，时间坐标

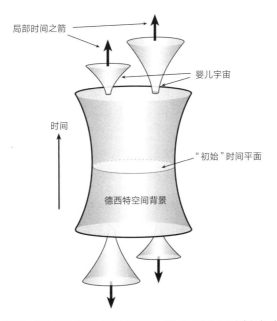

图 87　德西特空间背景中产生的婴儿宇宙，向过去和未来两个方向都有。每个婴儿宇宙都始于致密、低熵状态，在膨胀、冷却的同时，也都各自表现出局部的时间之箭。多重宇宙总体上时间反演不变，因为诞生在过去的婴儿宇宙中的时间之箭，跟诞生在未来的婴儿宇宙中的指向相反

的总体方向完全是任意的。图87中上面那些宇宙中的观测者会认为底下那些是"过去"，而底下那些宇宙的观测者又会认为上面那些是"过去"。他们的时间之箭不一致，但这并不会带来任何本杰明·巴顿式的苦恼；这些婴儿宇宙在时间中彼此是完全隔离开的，时间之箭也互相远离，相互之间不可能有任何交流。

这一情景中的多重宇宙在超大尺度下关于中间这一时刻对称。至少从统计上讲，遥远的未来和遥远的过去没法区分。从这个意义上来说，这一图景跟前面我们讨论的反冲宇宙模型不无相似之处：熵在时间的两个方向上都永远在增加，只有个中间点的熵是最小值。不过还是有个极为关键的区别："最低"熵的时候实际上并不是"低"熵的时候。这一中间时刻并没有像典型的反冲模型一样，为某种熵非常低的初始状态做过微调。对于真空能量为正的单一连通的宇宙来说，这个中间时刻的熵能有多高就有多高。门道就在这里：允许熵在时间的两个方向上都持续增长，即便一开始熵就非常高。没有任何状态能阻止这种演化发生。时间之箭必然出现[1]。

362

尽管如此，我们可能还是想问，为什么我们这部分可观测宇宙在时间的一端会有熵这么低的边界条件？为什么我们的自由度会处于这么不自然的状态？但在这一图景中，这么问并不恰当。我们并不是一开始就知道我们处于什么自由度，然后来问为什么这些自由度处于

---

1. 这里有个假设就是德西特空间处于真真空状态，具体来说就是该理论中并没有其他状态可以让真空能量消失，时空也会看起来像是闵可夫斯基空间。老实说，这个假设未必现实。比如在弦论中，我们十分确定十维的闵可夫斯基空间是满足这个理论的解。跟德西特空间不一样，闵可夫斯基空间的温度为零，因此似乎可以避免产生婴儿宇宙。要让此处描述的情景能够行得通，我们要么就得假设没有哪个状态的真空能量为零，要么就得假设确实处于这种状态的时空跟德西特区域比起来够小。

（或曾经处于）这样的特定布局。相反，我们得把多重宇宙看成一个整体，要问的则是像我们这样的观测者最常经历的事情是什么。（如果我们这种设想有用，"像我们这样"的具体定义就应该无关紧要。）

这个版本的多重宇宙既会有孤孤单单的玻尔兹曼大脑潜藏在空空如也的德西特区域中，也能在婴儿宇宙的低熵起点之后找到普通观测者。实际上，两种类型都应该有无穷多个。那哪个无穷大更大呢？在平衡态背景下能生出怪胎观测者的那种波动肯定少之又少，但能产生婴儿宇宙的那种波动也会十分罕见。归根结底，只是画出宇宙在时间的两个方向上分道扬镳这样的图景是不够的；我们需要对事物有充分的定量理解，才能做出可靠预测。我得承认，目前最前沿的研究也还无法胜任这项任务。但是，随着婴儿宇宙向平衡态成长和冷却而出现的观测者，比在真空中因为随机涨落而出现的观测者要多得多，这还是相当可信的。

敲小黑板

这能行吗？有婴儿宇宙的多重宇宙情景，有没有为时间之箭提供令人满意的解释？

我们已经讨论了很多有可能解决时间之箭问题的办法：状态空间随着时间改变，运动定律本身就不可逆，特殊的边界条件，对称的再坍缩宇宙，总体上时间对称或不对称的反冲宇宙，没有边界的多重宇宙，当然还有永恒的平衡态中波动出的玻尔兹曼-卢克莱修情景，等等。再坍缩的戈尔德宇宙模型从经验来看似乎非常不可能，因为宇宙的膨胀在加速；玻尔兹曼-卢克莱修宇宙似乎也可以通过观测排除掉，因为大爆炸的熵远远低于这种情境下有可能得到的值。但其他可能性仍然基本上都还说得过去，我们可能会觉得这个说法好点那个说法差点，但无法信心满满地说不用考虑这些。更不用说还有一种现实的可能就是，真正的答案我们到现在都还没有想到过。

很难说婴儿宇宙和多重宇宙最终在理解时间之箭时是否能发挥重要作用。首先，我（也许过于）煞费苦心地强调过，在我们大胆推测的过程中有太多步骤了（至少可以这么说）。我们对量子引力的理解还不够深入，无法肯定婴儿宇宙是否真的会从德西特空间中波动出来；好像正反两方的论据都有。我们也还没有完全了解真空能量的作用。我们说得就好像今天在这个宇宙中观测到的宇宙学常数真的就是真空能量可能的最小值一样，但这一假设并没有可靠证据。比如在弦论中很容易得到恰好是这个真空能量的状态，但要得到任何状态同样也很容易，包括真空能量为负或刚好为零的状态。量子引力和多重宇宙更全面的理论将预告所有这些可能状态如何才能放在一起，包括不同数量的宏观维度和不同大小的真空能量之间如何转化。更不用说我 364 们还从来没有真正把量子力学完整地当回事过 —— 我们往量子波动的方向打量了一番，但做出的设想实际上还是基于经典时空的。最后的正确答案无论是什么，都更可能要用波函数、薛定谔方程和希尔伯特空间来描述。

重点不是任一模型会带来什么情景，而是我们在可能的最大尺度上尝试理解宇宙时，时间之箭能为我们提供哪些关键线索。如果我们看到的宇宙真的就是全部真相，有大爆炸作为低熵起点，那我们就似乎困在了令人不安的微调问题中。将我们这个可观测区域嵌入更广阔的多重宇宙来改变背景，倒也能缓解这个问题：目标不是要解释为什么整个宇宙在时间的起点那里会有熵那么低的边界条件，而是要解释为什么时空中会有相对较小的区域出现在大得多的总体中，其中的熵也会急剧增加。如果多重宇宙没有熵最大的状态，这个问题倒是可以回答：熵增加是因为无论我们处于什么状态，熵总是能增加。关键是好生设置，使得让熵总体增加的机制能在类似于我们这样的宇宙中产生。

　　时间之箭问题的很多解决办法都会有些陷阱，堪称标配。多重宇宙模型以德西特空间和婴儿宇宙为基础，好处是所有这些陷阱都可以避免：以同样的立足点看待过去和未来，不用在基础动力学的层面上引入不可逆的特性，也永远都不用为任何时刻的宇宙临时假设一个低熵状态。这个模型证明我们至少可以构想出类似这样的解释，尽管我们还无法判断这个特殊模型是否讲得通，更不用说能否判定为最终正确答案的一部分了。有充分理由乐观地认为，总有一天我们能理解，从物理定律中究竟是怎样自然而动态地产生时间之箭的。

第 16 章
尾声

> 对世界匆匆一瞥，就好像时间已不复存在；一切曲里拐弯，在你面前都变得直截了当。
>
> —— 弗里德里希·尼采

跟很多作家不一样，我在给这本书定书名时一点都没纠结[1]。我一想到《从永恒到此刻》这个书名，就觉得非它莫属了。书名的含义很完美：一方面有部（改编自经典名著的）老电影，标志性场景是来自太平洋的惊涛骇浪在热情相拥的爱侣黛博拉·蔻尔（Deborah Kerr）和伯特·兰开斯特（Burt Lancaster）身边激荡[2]；另一方面，"永恒"一词也能尽显宇宙学的恢弘堂皇。

但比起这些显而易见的考虑，这个书名的意义甚至还更加深远。

---

1. 尽管如此，正当本书初稿完成之时，另一本书名完全相同的著作也面世了（Viola，2009）。不过那本书的副标题跟我的大异其趣——《重新发现上帝的永恒目标》。我真切希望读者诸君不会一不小心下单买错了。
2. 此处提到的电影名为 From Here to Eternity，直译为《从此刻到永恒》，中文译名一般作《乱世忠魂》，是 1953 年美国出品的一部电影，讲述 1941 年发生在夏威夷军营中的故事，黛博拉·蔻尔及伯特·兰开斯特均出演了该片。本书英文原名 From Eternity to Here，直译为《从永恒到此刻》，上述 Viola 的著作与此同名。另外也有名为 From Here to Eternity 的多部英文著作，除上述电影的原著小说外，较知名的还有 From Here to Eternity: Traveling the World to Find the Good Death（台版译名为《从此刻到永恒：一场身后事的探索之旅》）。——译者注

本书不只是跟"永恒"有关，同时也包含"此刻"。时间之箭的难题并非始于巨大的天文望远镜或强大的粒子加速器；这个未解之谜就在我们厨房里，每次我们打破一个鸡蛋，时间之箭就会浮现。再或者是把牛奶搅进咖啡，把冰块放进温水，把红酒洒到地毯上，让芳香绕梁三日，洗一副新开封的牌，把一顿美餐转化为生物能，让你的经历变成永久回忆，又或者是让新生命诞生。所有这些司空见惯的事情，都展现了时间之箭不可逆的基本特征。

因试图理解时间之箭而开启的一连串推理，势不可挡地将我们引向宇宙学，引向永恒。玻尔兹曼从统计力学出发，让我们对熵有了微观理解。这种解读简洁巧妙，引人入胜。但他的理论并没有解释热力学第二定律，除非我们再引入一个边界条件 —— 为什么一开始的熵那么低？完好的鸡蛋，熵远远低于能达到的值，但这样的鸡蛋实在是稀松平常，因为宇宙总体的熵也比能达到的值要小得多。而这一现状的原因在于之前的熵甚至更低，这样一直可以往前追溯到我们能观测到的起点。我们厨房中此刻发生的事情，跟宇宙的开端，跟永恒中发生的一切紧密相关。

伽利略、牛顿、爱因斯坦等大人物，都是因为提出了前人所未见的物理定律而名满天下。但他们的成就也都有同一个主题：他们阐明了大自然的普遍性。这里发生的事情到处都在发生 —— 正如理查德·费曼所说："要是凑近了看，整个宇宙都在一杯红酒中。"[1] 伽利略证明了天空杂乱无章、变动不居，就跟我们地球上的情况一模一样；

---

1. Feynman、Leighton and Sands（1970），46 — 48。

牛顿想明白的能让苹果落地的万有引力定律也能解释行星运动；爱因斯坦则认识到时空是单一的、一体的，时间和空间分别是时空的不同侧面，时空曲率是太阳系天体力学的基础，也是宇宙诞生的基石。

同样，统治着熵和时间的规则既在我们日常生活中随处可见，也一直延伸到宇宙尽头。我们并不知道全部答案，但我们已经站到门口，向前一步就能登堂入室。

答案是什么？

在本书中，我们在相对论和时空均一的决定论背景下，及统计力学乱七八糟的盖然性世界中，悉心研究了关于时间是如何起作用的，我们都知道些什么。最后我们来到了宇宙学领域。几经求索之后我们不无尴尬地发现，最好的宇宙理论在面对宇宙最显而易见的特征（宇宙早期和晚期的熵有巨大差异）时，都力不从心。我们用了 14 章的篇幅来逐步建立起这个问题，然后用了单独的一小章来呈现可能的答案，但其中随便哪个答案都无法让人放心大胆地鼓掌与欢呼。

这看起来也许令人沮丧，但这个局面完全是有意为之。理解自然界最深处奥秘的过程会经历多个阶段——我们可能会毫无头绪；也可能知道该怎么陈述这个问题但对于答案没有任何合适的想法；可能有几个还算合理的答案可供参考但不知道哪个（如果有的话）是对的；也可能已经完全弄清楚了。时间之箭的问题可以归入第二到第三阶段之间——我们可以清楚明了地陈述问题，但对于答案可能是什么，只有一些模糊的想法。

367　在这种情况下，去好好理解这个问题是可以的，但不要对任何可能的答案过于沉迷。未来一个世纪之内，本书前三部分所涵盖的内容应该几乎都还站得住脚。相对论的基础很扎实，量子力学、统计力学框架亦如是。就连对宇宙基本演化的理解，至少从大爆炸之后一分钟左右开始直到现在这一阶段，我们也非常有信心。但关于量子引力、多重宇宙以及大爆炸的情形，我们目前的想法还是猜测居多。这些想法也许会成长为坚实的理解，但也有可能大部分想法最后都会被完全抛弃。这时候更重要的是去了解这个领域的全局，而不是为穿过这个领域的最佳路线而大动干戈。

我们的宇宙不是平衡态背景下的波动，否则看起来会大异其趣。物理学基本定律似乎也不可能在微观层面上不可逆 —— 如果不可逆的话，就很难解释我们在这个宇宙中观察到的熵和复杂程度的演化了。位于时间起点处的边界条件不可能排除，但这样讲似乎也是在回避问题而非回答问题。最后我们的最佳选项可能也是我强烈怀疑的，就是早期宇宙的低熵布局不只是我们只能接受的简单粗暴的事实，也是通往更深处的线索。

剩下的还有一种可能性，就是我们的可观测宇宙是多重宇宙的一部分，这个结构比我们的宇宙要大得多。把我们看到的放进更大的整体中就开启了一种可能，不用把任何微调强加于整个多重宇宙就能解释我们明显微调过的起点。当然，这个动作还是不够，我们还得证明为什么熵必须有前后一致的梯度，这一梯度为什么要这样显现在我们这样的宇宙中，而不是以别的什么方式。

我们讨论了一个我自己特别喜欢的特殊模型：绝大部分都是高熵德西特空间的宇宙，但是能生出无关联的婴儿宇宙，让熵可以无限增加，在这个过程中还能产生像我们周围这样的时空区域。这一模型的细节大部分都出自猜测，基本假设也超出了现有技术条件允许我们可靠计算的范畴，这还是往轻里说。我觉得更重要的是一般范式，根据这个范式，熵看起来在增加是因为熵总是可以增加，对宇宙来说没有平衡态。这一设置自然会让熵产生梯度，也自然会关于某时刻熵的最小值（尽管这个值不用很"小"）时间对称。看看是否有其他办法能起到这样的一般性作用也会很有趣。

还有另一种方法潜伏在背景中，我们偶尔会想到这种想法，但从未分心加以注意："时间"本身只是一种近似，有时候这种近似很有用，[368] 比如在我们局部的宇宙中，但这个概念并没有放之四海而皆准的意义。这种可能性也非常有道理。总体感觉上量子力学理论的基本要素跟经典领域中出现的似乎大异其趣，再加上全息原理的经验，都让这个假设变得合情合理：时间可能只是一种涌现现象，而不是我们对世界的最终描述中不可或缺的一部分。

"时间只是一种近似"的选项在本书中并没有大书特书，原因是似乎并没有什么好说的，至少在我们现有知识范围内是如此。就算把标准放宽一点，从更根本的描述中可以涌现出时间的方式我们还是没有理解透彻。不过还有一个更令人信服的原因：就算时间只是一种近似，在我们能观测的这部分宇宙中这种近似好像也已经非常好了，而时间之箭的问题就是在这部分宇宙中被发现的。当然，我们可以假设经典时空这一概念所能发挥的有效作用在大爆炸附近就完全失灵了。

但仅此而言,对于为什么在可观测区域内,时间那一端(我们称之为"过去")的情形应该和另一端("未来")的情形如此大相径庭,这个选项也什么都没有告诉我们。除非你能说:"时间只是一个近似概念,因此在这个概念有效的区域中,熵应当表现如下:……"这个选项似乎更像是在闪烁其辞,而非切实可行的策略。但很大程度上这也暴露了我们的无知,当然有可能,最终答案也许就在这个方向。

经验圆环

热力学先驱——卡诺、克劳修斯等——的动机是出于实际需求。除了其他原因,他们也想造出更好的蒸汽机。我们已经从他们的见解出发,一路走到超出我们这个宇宙的宏伟构想。关键问题是:我们怎么才能回来呢?即使我们这个宇宙有时间之箭确实是因为属于一个熵可以无限增加的多重宇宙,我们又怎么可能知道这是真的?

科学家对于自己的所作所为,最引以为豪的是其中的经验属性。科学理论会被广泛接受的原因不是合乎逻辑或足够漂亮,也不是因为能满足科学家珍爱的某些哲学目标。这些可以是人们提出理论的充分理由,但要能被接受,标准就高得多了。总之,科学理论要能跟数据相符。理论本身无论有多么迷人,如果跟数据对不上,那就只是有点儿意思而已,算不上成果。

但"跟数据相符"这个标准实际上可比乍一看要滑头得多。首先,各式各样的不同理论都可能跟数据相符;其次,一个大有希望的理论尽管有几分道理,却可能并不完全符合现有数据。更微妙的是,有的理论可能跟数据完美契合，在概念上却会走入死胡同或自相矛盾；而另一些理论也许跟数据完全谈不上契合，却眼见得大有希望发展为更容易接受的理论。毕竟无论我们收集了多少数据，我们做过的实验跟所有可能情形比起来也只是九牛一毛。我们要怎么选择呢？

科学是怎么运作的可没法删繁就简成几句简单的格言。如何区分"科学"和"非科学"，这个问题非常棘手，因此有个专门名称——划界问题。关于怎么解决划界问题才合适，科学哲学家之间的论辩旷日持久，颇有兴味。

尽管科学理论的目标是要跟数据相符，最糟糕的科学理论却是想要迎合所有可能数据的理论。这是因为真正的目标并非只是"符合"我们在宇宙中所看到的，而是要解释我们的所见所闻。而只有理解了事物为什么以其特有方式而非别的方式存在，你才能对所见所闻做出解释。也就是说，你的理论必须预言有些事情永远不会发生，否则你说了也基本等于没说。

这一思想主要是由卡尔·波普尔爵士（Sir Karl Popper）重点提出的，他宣称科学理论的重要特性不是能否被"证明"，而是能否被"证伪"[1]。这并不是说有数据跟理论相矛盾——而是说理论所做出的清晰预测原则上可以与某些我们假设能做的实验相矛盾。理论必须先把话说在前头，否则就算不上是科学。波普尔想到了卡尔·马克思（Karl

---

1. *Popper*（1959）。请注意，波普尔比划界问题走得更远，他想将所有的科学进步都理解为一系列可证伪的猜测。跟科学真正的运作方式相比，这种理解方式相当贫乏；排除猜测很重要，但科学的真正运作中还有很多其他方面。

Marx）的历史论以及西格蒙德·弗洛伊德（Sigmund Freud）的精神分析理论。在他看来，这些颇具影响力的知识构想远远不像其支持者喜欢宣称的那样有科学地位。波普尔认为，你可以拿世界上发生的任何事情，或是人类表现出的任何行为来讨论，并对这些数据以马克思和弗洛伊德为基础提出一番"解释"；但是你永远也不可能找到一件可以观测到的事件，评论说："啊哈，没办法让这件事跟这些理论保持一致。"他拿这些理论跟爱因斯坦的相对论做了对照 —— 围观群众听起来会觉得同样深奥难懂、神秘莫测，但是能做出非常明确的预测；如果实验结果跟预测有所不同，就能证明这一理论是错的。

370

多重宇宙不是一种理论

多重宇宙在什么位置？现在我们声称自己忙于科学实践，尝试通过援引无穷多不可观测的其他宇宙来"解释"我们这个宇宙中观测到的时间之箭。断言还有别的宇宙存在要怎样才能证伪？毫不奇怪，这种对无法观测的事物的猜测性理论给很多科学家留下了苦涩的味道。他们说，如果你没法做出明确预测，好让我想出一个实验来证伪，那你搞的就不是科学。充其量也就是哲学，就这来说还算不上多好的哲学。

但真相往往更加扑朔迷离。所有这些关于多重宇宙的讨论很可能最后都会走进死胡同。一个世纪之内，我们的后起之秀说不定就会对所有这些浪费在试图弄清大爆炸之前的情形上的脑细胞大摇其头，就好像我们对前人耗费在炼金术或热质说上的那么多精力感到奇怪也一样。但这种浪费并不是因为现代宇宙学家已经放弃了科学的正道，而是因为这个理论并不正确（如果结果证明如此）。

关于不可观测的事物在科学中有什么作用，有两点值得强调一下。首先，如果认为科学的目标就是跟数据相符，那就大错特错了。科学的目标要深刻得多，是要理解自然界的行为表现[1]。17 世纪早期，约翰内斯·开普勒（Johannes Kepler）提出了行星运动三大定律，正确解读了他的老师第谷·布拉赫（Tycho Brahe）收集的卷帙浩繁的天文观测数据。但是，直到艾萨克·牛顿证明这一切都可以用简单的引力平方反比定律来解释，我们才真正理解了太阳系中行星的动力学。类似地，要理解可观测宇宙的演化，我们也不需要看向大爆炸的另一边，而只需要具体说明早期是什么状况，然后存而不论。但这种策略会让我们无法理解，为什么事物会是这个样子。

类似的逻辑也可以用来证明不需要暴胀理论：暴胀理论所做的只是接受我们已经知道千真万确的关于宇宙的那些事实（平坦，均匀，没有磁单极子），并尝试用简单的基本定律来解释。我们不需要那么做，本来就可以接受这些事实。但我们渴望能做得更好，能真正理解早期宇宙而不是只能接受，结果就是我们发现暴胀理论带来的比我们想要的还多：这是关于原始扰动的起源和本质的理论，而正是这种原始扰动后来成长为星系和大型结构。这就是不满足于数据拟合而去追寻真正理解带来的好处：真正的理解能把你带到你都不知道自己其实想去的地方。如果有一天我们终于理解了为什么早期宇宙的熵很低，我敢说根本机制会告诉我们的肯定比这个事实要多得多。

---

1. 关于这一点，更多讨论可参阅 *Deutsch*（1997）。

第二点甚至更加重要，尽管听起来有点儿微不足道：科学混乱而复杂。科学的基础是从经验得来的知识，这一点永远正确；引导我们的是数据，而不是纯粹理性。但在数据指引我们前进的过程中，我们也运用了所有并非出于经验的线索和偏好来构建模型并相互比较。这么做也没毛病。仅仅因为最终产物必须根据解释数据解释得有多好来评判，并不意味着整个过程中每一步的成果都得跟实验有紧密、切实的联系。

更确切地说，多重宇宙不是一种"理论"。我们很难想出可行的实验方案来检验这一"理论"；如果它算得上是种"理论"，那么以这种难度来对其进行评价实属合情合理。正确看法是把多重宇宙看成一种预测。这种理论——像现在这样，处于有待发展的状态——是量子场论背后的原则与我们对弯曲时空如何运作的基本理解的结合。从这些看法出发，我们并没有简单地认为，宇宙可能经历了早期极快的加速膨胀；我们预测，如果满足条件的量子暴胀场能处于合适的状态，就应该会发生暴胀。同样，我们不是简单地说："要是有无数个不一样的宇宙，是不是好酷啊？"而是以引力和量子场论的推断为基础预测，真的应该有多重宇宙。

就我们所知，说我们生活在多重宇宙中，这种预测是没法检验的。（不过，谁知道呢？以前科学家也有过那么有见地的想法呢。）但这么说可没说到点子上。多重宇宙是更大、更完整的结构的一部分，问题不应该是"我们怎样才能检验有没有多重宇宙"，而应该是"我们怎样才能检验预言多重宇宙存在的理论"。现在我们还不知道怎么用这些理论创造出可以证伪的预测来。但原则上没有理由认为我们无法做到。由这些想法到我们说得出来可检验预测（如果有的话）可能是什么样，理论物理学家还有大量工作要做。这样的预测没有一开始就直截了当摆在我们面前，有些人可能会觉得不耐烦 —— 但这只是个人偏好，不是原则性的哲学立场。培养扶植大有希望的科学想法，使其一直发展到我们能公正评判的程度，有时候需要些时间。 372

在荒谬至极的宇宙中寻求意义

纵观历史，人类（极为自然地）总是以人类为中心来体察宇宙。这种看法真的就是把我们自己放在宇宙的正中心 —— 要完全克服这种假设，还真需要费些功夫。自从关于太阳系的日心说得到广泛认可，科学家一直坚持着哥白尼原则 ——"我们在宇宙中并没有占到什么首选位置"，时刻提醒我们不要认为自己有多特别。

但在内心深处，我们的人类中心论又明白无误地让我们确信，人类对宇宙来说还是很重要的。某些群体拒绝接受达尔文的自然选择学说为地球上生命演化的正确解释，他们最主要的理由大体上就是这种感觉。认为我们很重要的强烈冲动会体现为一种简单直接的信念：我们（或我们的某个子集）是上帝选中的；或者就是坚持类似这样的模糊想法：我们周围这个奇妙的世界肯定不只是偶然。

不同的人对上帝这个词会有不同的定义，或者对人类生命也许有什么名义上的目的有不同认识。上帝可以变成一个极为抽象、超验的概念，让科学方法在这个概念面前手足无措。如果我们认为上帝就是自然界，或者就是物理定律，是我们思考宇宙时的敬畏感，那这个概念在思考这个世界有没有用处这个问题时，就超出了实证研究的范围。

但是也有一种非常不同的传统，是在物理学宇宙的运行中寻找上帝存在的证据。这就是自然神学的方法，可以追溯到亚里士多德（Aristotle）之前很久，经过威廉·佩利（William Paley）钟表匠的比喻，一直流传到今天[1]。以前，支持智慧设计论的最有力证据来自生物体，但达尔文提供的简洁说法解释了此前看起来十分费解的现象。于是，这种哲学的部分信徒就转而关注另一个似乎也很费解的问题，从生命起源移步宇宙起源。

大爆炸模型有个奇点作为起点，似乎给那些想在宇宙诞生中寻找上帝之手的人带来了一线希望。（发明了大爆炸模型的比利时神父乔治·勒梅特，拒绝往这个模型中加入任何神的旨意："就我所知，这样的理论完全不属于任何哲学或宗教问题。"[2]）牛顿时空中就没有任何像是宇宙诞生的事儿，至少不是作为事件发生在某个特定时间；时间和空间都是永久存续的。为时空引入特殊起点，还是个似乎无法简单解释的起点，这就有了让上帝去解释究竟发生了什么的诱因。当然，一直推理下去你会找到控制宇宙在时间中演变的运动定律，但解释宇宙诞生本身，就需要诉诸宇宙之外了。

但愿本书隐含了这样一个教训：认为科学没有能力解释跟自然界的运作有关的随便什么事情（包括其起点），可不是个好主意。大爆

---

1. 可参阅 *Swinburne*（2004）。当然，这只是挂一漏万。
2. *Lemaître*（1958）。

炸代表了一个时刻，我们还无法越过这个时刻对之前的宇宙形成理解；从 20 世纪 20 年代人们开始研究大爆炸到现在，一直都是这种局面。我们并不知道 140 亿年前究竟发生了什么，但无论如何，没有理由怀疑我们终究会搞个一清二楚。科学家正在从各种角度处理这个问题。科学理解进展的速度极难预测，但不难预测科学总是会取得进展。

现在我们到哪儿了？焦尔达诺·布鲁诺（Giordano Bruno）主张宇宙是同质的，有无数恒星和行星。伊本·西那和伽利略利用动量守恒，不需要原动机就能解释持续运动了。达尔文将物种进化解释为没有方向的繁衍过程，其中的随机变异经过了自然选择。现代宇宙学猜测，我们的可观测宇宙也许只是无数个宇宙中的一个，嵌在巨大的多重宇宙总体中。我们对这个世界的了解越多，对其运作而言我们似乎就显得越渺小，越微不足道 [1]。

没关系。我们发现自己不是宇宙舞台上的中心角色，而只是微乎其微的附带现象，在从大爆炸到空寂的未来宇宙之间熵增加的大潮中，朝生夕死，昙花一现。我们在自然界的定律中，或是随便哪个让世界变成这个样子的外部因素的计划表中，都找不到目的和意义；创造目的和意义，是我们的任务。千千万万个目的中，有一个源自我们想要尽可能完美地解释周围这个世界的热望。即使我们生命短暂也没有方向，至少我们可以为我们都有勇气去努力探索比我们伟大得多的事物而感到自豪。

---

1. 史蒂文·温伯格（Steven Weinberg）说得更加直白："宇宙越是看起来可以理解，就越是显得毫无意义。"（*Weinberg*, 1977, 154）。

下一步

要把时间想清楚，出乎意料地难。我们都很熟悉时间，但问题可能正好在于我们对时间太熟悉了。我们过于习惯时间之箭，因此很难在把时间概念化时把时间之箭置之度外。我们毫无异议地被引向时间沙文主义，更偏爱用过去而不是未来来解释我们的当前状态。就连训练有素的专业宇宙学家也不能免俗。

尽管对时间性质的讨论已经费了那么多笔墨和唇舌，我还是想说，我们的讨论仍然太少而不是太多。不过人们好像正在跟上。时间、熵、信息和复杂性等主题交织在一起，汇集成了各种各样的知识领域：物理学、数学、生物学、心理学、计算机科学、艺术，等等。是时候认真考虑时间，正面迎接挑战了。

物理学领域已经开始。20 世纪大部分时间，宇宙学领域有点儿像一潭死水；有很多思想，但数据太少，不足以区分这些思想。新技术带来大规模观测，在此驱动下，精密宇宙学的时代一切都改变了；从宇宙加速到宇宙微波背景带来的早期快照，意料之外的奇观一一进入人们的视野[1]。现在轮到思想去追赶现实的脚步了。关于宇宙是如何

---

1. 遗憾的是，本书对当前的和即将到来的基础物理领域的新实验关注甚少。问题在于，尽管这些实验很迷人也很重要，却很难提前预测我们会从中得到什么，尤其是对于像时间之箭这么深奥又无所不包的问题。很抱歉，我们不会去建造利用快子去窥测别的宇宙的望远镜。我们也许会建造粒子加速器，好揭示超对称性的奥秘，这样的奥秘能让我们更好理解弦论，而利用弦论我们又可以对量子引力有更多了解。我们也有可能用巨型望远镜收集数据——不只是收集光线中的光子，还会收集宇宙射线、中微子、引力波，甚至暗物质粒子——关于宇宙的演化，这些数据会给我们带来石破天惊的大发现。真实世界总在让我们大感意外，暗物质、暗能量都是活生生的例子。作为理论物理学家，这本书我写得颇为理论化视角，但从历史的角度看，结果往往是新实验将沉睡在教条中的我们唤醒。

开始的，及在那之前或许是什么样子，我们从暴胀模型，从量子宇宙学还有弦论中，都得到了有趣的说法。我们的任务是将这些大有希望的思想发展为靠谱的理论，能拿来跟实验相比较，也能跟物理学其余部分相容。

　　预测未来并不容易。（该死的，咋就没个低熵未来边界条件呢！）但为了在回答我们关于过去和未来的古老问题的方向上迈出一大步，各部分都已经以科学的名义聚在了一起。是时候了，让我们在永恒之中，找到我们的位置。 ³⁷⁵

附录
数学

> 劳埃德：你的意思是，像百分之一那么差？
>
> 玛丽：我得说更像是百万分之一。
>
> 【停顿】
>
> 劳埃德：那就是说还是有机会咯。
>
> —— 金·凯瑞（Jim Carrey）及劳伦·霍莉（Lauren Holly），《阿呆与阿瓜》

在本书正文中，我大胆动用了一些方程 —— 爱因斯坦的两个方程，及不同情况下几个熵的表达式。方程是功能强大的辟邪之物，用很简约的符号就能传递大量信息。认真观察方程并理解其含义，视其为自然界某些特征的严格表达，会带来很大帮助。

但我们也得正视这一事实 —— 方程很可能令人望而生畏。本附录是对指数和对数的简要介绍，我们在定量描述熵时，用到的主要数学思想就是这些。这里面没有什么是理解本书其余部分不可或缺的，正文中随便哪里要是出现对数这个词，你就大无畏地继续大步前进就好了。

指数

指数和对数这两种运算，理解起来的难易程度一模一样。实际上，这俩刚好对立，互为逆运算。如果我们找个数出来，取其指数，再取这个结果的对数，就会回到我们一开始用的这个数。不过，日常生活中我们碰到指数的情形更多一些，所以看起来好像没那么吓人。我们就从指数开始吧。

指数只会用到一个数字，叫作底数，并将其乘方得到另一个数字。乘方的意思是让底数自己跟自己乘起来，乘的次数叫作次方。底数写 [377] 成正常的数字，多少次方则写成上标。下面是些简单的例子：

$$2^2 = 2 \times 2 = 4，$$
$$2^5 = 2 \times 2 \times 2 \times 2 \times 2 = 32，$$
$$4^3 = 4 \times 4 \times 4 = 64。$$

最简单的情形之一是我们用 10 做底数，这样一来，多少次方就是 1 的后面跟了多少个零：

$$10^1 = 10，$$
$$10^2 = 100，$$
$$10^9 = 1\ 000\ 000\ 000，$$
$$10^{21} = 1\ 000\ 000\ 000\ 000\ 000\ 000\ 000。$$

这就是指数的概念。我们更具体地说到指数函数时，心里想的是

用一个固定的数作底数，用次方作为变量。如果用 a 表示底数，用 x 表示次方，就有

$$a^x = a \cdot a \cdot a \cdot a \cdot a \cdot a \cdots \cdot a, x 次$$

这个定义美中不足的是，会给你指数函数的次方 x 只能是正整数才讲得通的印象。怎么可能让一个数自己乘自己负 2 次，或者 3.7 次？这里你得相信，数学魔法可以让指数函数对任意 x 值都有意义。结果是一个平滑的函数，当 x 为负数时函数值非常小，x 为正时则增长得非常快，如图 88 所示。

378

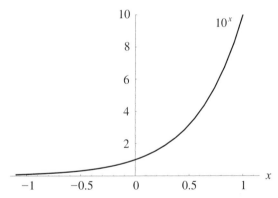

图 88　指数函数 10^x。可以注意到函数值增大得非常快，因此对较大的 x 值，想把图画出来不大现实

对指数函数还有几个要点需要我们记住。任意数的 0 次方总是等于 1，任意数的 1 次方总是等于这个数本身。底数为 10 时，我们有

$$10^0 = 1,$$

$$10^1 = 10 \, 。$$

如果用负数作指数，结果就是相应正数的指数的倒数：

$$10^{-1} = 1 / 10^1 = 0.1 \, ,$$
$$10^{-3} = 1 / 10^3 = 0.001 \, 。$$

上述性质是指数函数所遵循的更一般的性质的特例。其中有个性质最为重要：如果我们将底数相同但指数不同的两个数相乘，那么结果等于对同一个底数将两个指数相加得到的结果。亦即

379

$$10^x \cdot 10^y = 10^{(x+y)}$$

换句话说，和的指数等于两个指数的乘积 [1]。

大数

不难看出为什么指数函数很有用：我们要处理的数字有时候确实太大了，而指数只需要用中等大小的数就能表示非常大的数。在第 13 章中我们曾讨论过，要描述我们宇宙中这个共动区域的可能布局，所需要的不同状态的总数大致为

---

1. 这些特性就隐藏在上面提到的"数学魔法"的背后。比方说我们想知道 10 的 0.5 次方是什么意思。无论这个数是什么，我知道这个数一定有如下性质：
$$10^{0.5} \times 10^{0.5} = 10^{0.5+0.5} = 10^1 = 10$$
也就是说，$10^{0.5}$ 这个数跟自己相乘就能得到 10，那就意味着这个数肯定就是 10 的平方根。（其他任何数的 0.5 次方也同样如此。）运用同样的技巧，我们可以算出任何数字的指数。

$$10^{10^{120}}$$

这个数字太大了，大到超乎想象。如果不用指数，真不知道要描述出这个数会有多难。

为了好好体会一下这个数字究竟有多大，我们来看看别的大数。十亿是 10^9，万亿是 10^{12}；在讨论经济学和财政预算时，这些数字都已经让我们耳朵起茧子了。可观测宇宙中的粒子总数为 10^{88}，这也是早期宇宙的熵。现在有了黑洞，可观测宇宙的熵变成了大约 10^{101}，但可以想象，这个数最高能高到 10^{120}。（ 10^{120} 这个数也是预测的真空能量密度与观测到的密度之间的比值。）

我们拿下面这些数来比较一下：宏观对象（比如一杯咖啡）的熵约为 10^{25}。这个数跟阿伏伽德罗常量有关，即 6.02×10^{23}，1 克氢原子所含的原子数大致就是这个数。地球上所有沙滩上全部沙粒的总数约为 10^{20}。通常一个星系中的恒星数量约为 10^{11}，而可观测宇宙中也有大约 10^{11} 个星系，因此可观测宇宙中的恒星约有 10^{22} 颗 —— 也就比地球上的沙子多一点儿。

物理学家会用到的基本单位包括时间、长度和质量，或这些单位的组合。最短的有意义的时间是普朗克时间，为 10^{-43} 秒。据推测，暴胀持续了大约 10^{-30} 秒或更短，不过这个数字极不确定。大爆炸之后大约 100 秒，宇宙用质子和中子创造了氦；到了 38 万年（ 10^{13} 秒）之后的复合时期，宇宙就变透明了。（一年约有 3×10^7 秒。）可观测宇宙现在的年龄是 140 亿年，大概是 4×10^{17} 秒，而再过 10^{100} 年左右，所有黑洞就都会基本上蒸发殆尽，只剩下一个空寂、寒冷的宇宙。

最短的长度是普朗克长度，约为 10^{-33} 厘米。质子的大小约为 10^{-13} 厘米，而人类的高度大约是 10^2 厘米。（这个人真够矮的，不过我们这里只关心数量级。）从地球到太阳的距离约为 10^{13} 厘米，到最近的恒星则有 10^{18} 厘米，可观测宇宙的大小则是 10^{28} 厘米左右。

普朗克质量约为 10^{-5} 克 —— 对粒子来说这可是重于泰山，但是从宏观标准来看又完全微不足道了。质量不为零的最轻的粒子是中微子，我们无法确定其质量究竟是多少，但最轻的中微子似乎约为 10^{-36} 克。质子约为 10^{-24} 克，人体重约有 10^5 克。太阳质量约为 10^{33} 克，星系则是 10^{45} 克的样子，整个可观测宇宙中的总质量则为 10^{56} 克左右。

对数

对数是天底下最简单的事情：只不过可以用来抵消指数函数而已。也就是说，如果有个数能表示为 10^x 的形式（所有正数都能这么表示），那么其对数就是

$$\lg 10^x = x$$

还能有什么比这更简单呢？同样地，指数也能抵消对数：

$$10^{\lg x} = x$$

另一种思路：如果一个数刚好是 10 的多少次方（比如 10、100、1 000，等等），那么对数就是前面那个 1 的后面 0 的个数：

$$\lg 10 = 1 ,$$
$$\lg 100 = 2 ,$$
381
$$\lg 1\,000 = 3 。$$

但是跟指数函数一样，对数也是平滑的，如图 89 所示。2.5 的对数约为 0.397 9，25 的对数约为 1.397 9，250 的对数约为 2.397 9，等等。唯一的限制是我们无法取负数的对数，这也说得通，因为对数是指数函数的反函数，而通过指数运算我们无论如何都不可能得到一个负数。粗略地讲，对大数来说，对数就是"这个数字有多少位"。

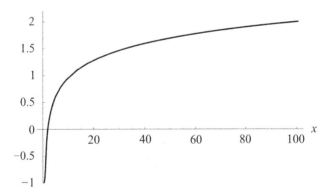

图 89　对数函数 $\lg x$ 的图像。负数没有对数，而随着 x 从右侧越来越接近 0，对数值趋于负无穷

就像和的指数等于指数的乘积一样，对数也有个相应特性：乘积的对数等于对数的和。即

$$\lg(x \cdot y) = \lg x + \lg y$$

正因为这个迷人的特性，对数在熵的研究中才如此重要。我们在第 8 章中讨论过，熵的物理性质是两个系统合在一起的熵等于单独两个系统的熵相加。但要想得到联合系统可能状态的总数，你得把这两个系统的状态数相乘才行。因此玻尔兹曼得出结论，熵应该是状态数的对数，而非状态数本身。第 9 章中我们还讲了一个类似的关于信息的故事：香农想给信息量一个计量方式，好让两条独立消息所含的 [382] 总信息量等于每条消息单独所含信息量之和，因此他也认识到，他只能取对数。

不那么正规地说，对数的绝妙性质就是能将大数消减成容易对付的大小。对于一个庞大的数，比如一万亿，取其对数的话结果会是 12，这就可爱多了。对数函数是一种单调函数 —— 要取对数的值增加时，其对数值也总是会增加。因此对数能够衡量一个数到底有多大，同时又能把大数缩小成合理大小，这在诸如宇宙学、统计力学乃至经济学等领域都能派大用场。

最后一个重要细节是，跟指数一样，对数也可以有不同的底数。数量 x "以 b 为底的对数"，就是我们要把 b 乘方多少次才能得到 x。亦即

$$\log_2 2^x = x,$$
$$\log_{12} 12^x = x,$$

等等。如果没有明确写出底数，那就是以 10 为底数，因为绝大多数人也只有这么多根手指。但科学家和数学家经常喜欢选用一个看似有些古怪的数：他们用的是自然对数，通常写作 ln x，其中的底数等于欧拉常数：

$$\ln x = \log_e x,$$
$$e = 2.718\ 281\ 828\ 459 \cdots$$

欧拉常数跟 π 以及 2 的平方根一样，是个无理数，因此上面那个形式可以无穷无尽地写下去。乍一看选这么个数作对数的底好像真是无理取闹，但实际上如果你数学学得好，就会发现 e 有很多赏心悦目的特性。比如在微积分中，e^x 这个函数是（除了平凡函数，即函数值在任何地方都等于 0 的函数之外）唯一等于自己导数的函数，其积分也是如此。本书中我们用到的对数都是以 10 为底的，但如果你让自己在更高深的物理学和数学中涵泳，就会发现到处都是自然对数。

383

参考文献

请注意：这些参考文献条目有很多在正文引用时已有具体说明，但也有很多并未出现在正文中。有些对本书呈现的观点如何形成有很大影响，另一些则是反面的论点。有些文献研究了与书中话题有关的技术细节，还有一些则额外提供了通俗易懂的背景阅读材料。所有这些都很有趣味。

关于时间之箭，我最喜欢的当代著作有戴维·艾伯特（David Albert）的《时间与机会》（*Time and Chance*）、休·普赖斯的《时间之箭与阿基米德点》（*Time's Arrow and Archimedes' Point*）、布莱恩·格林（Brain Greene）的《宇宙的结构》[1] 以及迈克尔·洛克伍德的《时间的迷宫》（*The Labyrinth of Time*）。随便哪本都是对本书所呈现内容的有益补充。艾蒂安·克莱因（Etienne Klein）的《时间之神》（*Chronos*）、克雷格·卡伦德的《时间简介》（*Introducing Time*）以及保罗·戴维斯（Paul Davies）的《关于时间》都对时间这个主题展开了更广泛的论述。关于广义相对论的背景知识，我建议大家阅读基普·索恩的《黑洞与时间弯曲》[2]，至于黑洞和信息丢失，伦纳德·萨斯坎德的《黑洞

---

1. 该书中文版及作者另一部著作《宇宙的琴弦》中文版均已由湖南科学技术出版社出版。——译者注
2. 该书中文版已由湖南科学技术出版社出版。——译者注

战争》[1] 值得特别推荐。关于宇宙学，我推荐丹尼斯·奥弗比（Dennis Overbye）的《宇宙的寂寞心灵》（*Lonely Hearts of the Cosmos*）以及艾伦·古思的《暴胀宇宙》（*The Inflationary Universe*）。戴维·林德利（David Lindley）的《玻尔兹曼的原子》（*Boltzmann's Atom*）以及汉斯·贝耶尔（Hans Christian von Baeyer）的《热的历史》（*Warmth Disperses and Time Passes：The History of Heat*）和斯蒂芬·布拉什（Stephen Brush）关于运动理论的原始文献选集一样，提供了引人入胜的历史背景。迪特尔·泽（Heinz-Dieter Zeh）的《时间方向的物理学基础》（*The Physical Basis of the Drection of Time*）则在技术层面处理了这个问题。

很多现代研究文献（1992 年以后）都可以从 arXiv 物理预印本服务器 http://arxiv.org/ 免费下载。

更多资源和链接可以在本书网站上找到：http://eternitytohere.com。

Abbot, E. A. *Flatland: A Romance of Many Dimensions*. Cambridge: Perseus, 1899.

Adams, F., and Laughlin, G. *The Five Ages of the Universe: Inside the Physics of Eternity*. New York: Free Press, 1999.

Aguirre, A., and Gratton, S. " *Inflation without a Beginning: A Null Boundary Proposal.* " Physical Review D 67 (2003): 083515.

Aguirre, A., and Johnson, M. C. " *Two Tunnels to Inflation.* " Physical Review D 73 (2006): 123529.

Alavi-Harati, A., et al. (KTeV Collaboration). " *Observation of CP Violation in KL $\to \pi^+ \pi^- e^+ e^-$ Decays.* " Physical Review Letters 84 (2000): 408–11.

Albert, D. Z. *Quantum Mechanics and Experience*. Cambridge, MA: Harvard University Press, 1992.

Albert, D. Z. *Time and Chance*. Cambridge, MA: Harvard University Press, 2000.

Albert, D. Z., and Loewer, B." *Interpreting the Many Worlds Interpretation*. "Synthese 77 (1988): 195 – 213.

Albrecht, A." *Cosmic Inflation and the Arrow of Time*. "In *Science and Ultimate Reality: From Quantum to Cosmos*, edited by Barrow, J. D., Davies, P. C. W., and Harper, C. L. Cambridge: Cambridge University Press, 2004.

Albrecht, A., and Sorbo, L." *Can the Universe Aff ord Inflation*? "Physical Review D 70 (2004): 63528.

Albrecht, A., and Steinhardt, P. J." *Cosmology for Grand Unified Theories with Radiatively Induced Symmetry Breaking*. "Physical Review Letters 48 (1982): 1220 –1223.

Ali, A., Ellis, J., and Randjbar- Daemi, S., et al. *Salamfestschrift: A Collection of Talks*. Singapore: World Scientific, 1993.

Alpher, R. A., and Herman, R. *Genesis of the Big Bang*. Oxford: Oxford University Press, 2001.

Amis, M. *Time's Arrow*. New York: Vintage, 1991.

Angelopoulos, A., et al. (CPLEAR Collaboration)." *First Direct Observation of Time Reversal Noninvariance in the Neutral Kaon System*. "Physics Letters B 444 (1998): 43 – 51.

Arntzenius, F." *Time Reversal Operations, Representations of the Lorentz Group, and the Direction of Time*. "Studies in History and Philosophy of Science Part B 35 (2004): 31 – 43.

Augustine, Saint. *Confessions*. Translated by H. Chadwick. Oxford: Oxford University Press, 1998.

Avery, J. *Information Theory and Evolution*. Singapore: World Scientific, 2003.

Baker, N. *The Fermata*. New York: Random House, 2004.

Banks, T." *Entropy and Initial Conditions in Cosmology* "(2007). http://arxiv.org/abs/ hep-th/ 0701146.

Banks, T., and Fischler, W." *Holographic Cosmology* 3.0. "Physica Scripta T 117 (2005): 56 – 63.

Barbour, J. *The End of Time: The Next Revolution in Physics*. Oxford University Press, 1999.

Bardeen, J. M., Carter, B., and Hawking, S. W." *The Four Laws of Black Hole Mechanics*. "Communications in Mathematical Physics 31 (1973): 161 –170.

Barrow, J. D., Davies, P. C. W., and Harper, C. L. *Science and Ultimate Reality: From Quantum to Cosmos*, honoring John Wheeler's 90th birthday. Cambridge: Cambridge University Press, 2004.

Barrow, J. D., and Tipler, F. J. *The Anthropic Cosmological Principle*. Oxford: Oxford University Press, 1988.

Baum, E. B. *What Is Thought?* Cambridge, MA: MIT Press, 2004.

Bekenstein, J. D." *Black Holes and Entropy*. "Physical Review D 7 (1973): 2333 – 2346.

Bekenstein, J. D." *Statistical Black Hole Thermodynamics*. "Physical Review D 12 (1975): 3077 – 3085.

Bennett, C. H." Demons, Engines, and the Second Law. "Scientific American 257,No. 5 (1987): 108–116.

Bennett, C. H., and Landauer, R." Fundamental Limits of Computation. " Scientific American 253, No. 1 (1985): 48–56.

Bojowald, M." Loop Quantum Cosmology. "Living Reviews in Relativity 8 (2006): 11.

Bojowald, M., and Tavakol, R." Recollapsing Quantum Cosmologies and the Question of Entropy. "Physical Review D 78 (2008): 23515.

Boltzmann, L." Weitere Studien über das w.rmegleichgewicht unter Gasmoleculen "[Further studies on the thermal equilibrium of gas molecules]. Sitzungsberichte Akad. Wiss. 66 (1872): 275–370.

Boltzmann, L. " über die Beziehung eines allgemeine mechanischen Satzes zum zweiten Hauptsatze der Warmetheorie " [On the relation of a general mechanical theorem to the Second Law of Thermodynamics]. Sitzungsberichte Akad. Wiss. 75 (1877): 67–73.

Boltzmann, L." On Certain Questions of the Theory of Gases. "Nature 51 (1895): 413–415.

Boltzmann, L." Entgegnung auf die w.rmetheoretischen Betrachtungen des Hern. E. Zermelo "[Reply to Zermelo's remarks on the Theory of Heat]. Annalen der Physik 57 (1896): 773.

Boltzmann, L." Zu Hrn. Zermelo's Abhandlung ' über die mechanische Erkl.rung irreversibler Vorg.nge ' "[On Zermelo' s paper" On the Mechanical Explanation of Irreversible Processes "]. Annalen der Physik 60 (1897): 392.

Bondi, H., and Gold, T." The Steady-State Theory of the Expanding Universe. "Monthly Notices of the Royal Astronomical Society 108 (1948): 252–270.

Bostrom, N." Are You Living in a Computer Simulation? "Philosophical Quarterly 53 (2003): 243–255.

Bousso, R." Proliferation of de Sitter Space. "Physical Review D 58 (1998): 083511.

Bousso, R." A Covariant Entropy Conjecture. "Journal of High Energy Physics 9907 (1999): 4.

Bousso, R." The Holographic Principle. "Reviews of Modern Physics 74 (2002): 825–874.

Bousso, R., Freivogel, B., and Yang, I.-S." Boltzmann Babies in the Proper Time Measure. "Physical Review D 77 (2008): 103514.

Brush, S. G., ed. The Kinetic Theory of Gases: An Anthology of Classic Papers with Historical Commentary. London: Imperial College Press, 2003.

Bucher, M., Goldhaber, A. S., and Turok, N." An Open Universe from Inflation. "Physical Review D 52 (1995): 3314–3337.

Bunn, E. F." Evolution and the Second Law of Thermodynamics "(2009). http://arxiv.org/abs/ 0903.4603.

Bunn, E. F., and Hogg, D. W." The Kinematic Origin of the Cosmological Redshift "(2008). http://arxiv.org/abs/ 0808.1081.

Callender, C. " *There Is No Puzzle About the Low Entropy Past.* " Contemporary Debates in Philosophy of Science, edited by C. Hitchcock, 240 – 255. Malden: Wiley-Blackwell, 2004.

-

Callender, C. *Introducing Time.* Illustrated by Ralph Edney. Cambridge: Totem Books, 2005.

-

Carroll, L. *Alice's Adventures in Wonderland and Through the Looking Glass.* New York: Signet Classics, 2000.

-

Carroll, S. M. *Spacetime and Geometry: An Introduction to General Relativity.* New York: Addison-Wesley, 2003.

-

Carroll, S. M. *Dark Matter and Dark Energy: The Dark Side of the Universe.* DVD Lectures. Chantilly, VA: Teaching Company, 2007.

-

Carroll, S. M. " *What If Time Really Exists?* " (2008). http://arxiv.org/abs/ 0811.3772.

-

Carroll, S. M., and Chen, J. " *Spontaneous Inflation and the Origin of the Arrow of Time* " (2004). http://arxiv.org/abs/ hep- th/ 0410270.

-

Carroll, S. M., Farhi, E., and Guth, A. H. " *An Obstacle to Building a Time Machine.* " Physical Review Letters 68 (1992): 263 – 266; Erratum: Ibid., 68 (1992): 3368.

-

Carroll, S. M., Farhi, E., Guth, A. H., and Olum, K. D. " *Energy Momentum Restrictions on the Creation of Gott Time Machines.* " Physical Review D 50 (1994): 6190 – 6206.

-

Carter, B. " *The Anthropic Principle and Its Implications for Biological Evolution.* " Philosophical Transactions of the Royal Society of London A 310 (1983): 347 – 363.

-

Casares, J. " *Observational Evidence for Stellar-Mass Black Holes.* " Black Holes from Stars to Galaxies — Across the Range of Masses, edited by V. Karas and G. Matt. Proceedings of IAU Symposium # 238 , 3 – 12. Cambridge: Cambridge University Press, 2007.

-

Cercignani, C. *Ludwig Boltzmann: The Man Who Trusted Atoms.* Oxford: Oxford University Press, 1998.

-

Chaisson, E. J. *Cosmic Evolution: The Rise of Complexity in Nature.* Cambridge, MA: Harvard University Press, 2001.

-

Christenson, J. H., Cronin, J. W., Fitch, V. L., and Turlay, R. " *Evidence for the 2π Decay of the K_2^0 Meson.* " Physical Review Letters 13 (1964): 138 –140.

-

Coveney, P., and Highfi eld, R. *The Arrow of Time: A Voyage Through Science to Solve Time's Greatest Mystery.* New York: Fawcett Columbine, 1990.

-

Crick, F. *What Mad Pursuit: A Personal View of Scientific Discovery.* New York: Basic Books, 1990.

-

Cutler, C. " *Global Structure of Gott's Two-String Spacetime.* " Physical Review D 45 (1992): 487 – 494.

-

Danielson, D. R., ed. *The Book of the Cosmos: Imagining the Universe from Heraclitus to Hawking.* Cambridge: Perseus Books, 2000.

-

Darwin, C. *On the Origin of Species.* London: John Murray, 1859.

Davies, P. C. W. *The Physics of Time Asymmetry*. London: Surrey University Press, 1974.

Davies, P. C. W. " *Inflation and Time Asymmetry in the Universe.* "Nature 301 (1983): 398 – 400.

Davies, P. C. W. *About Time: Einstein's Unfinished Revolution*. New York: Simon & Schuster, 1995.

Davies, P. C. W., and Twamley, J. " *Time Symmetric Cosmology and the Opacity of the Future Light Cone.* "Classical and Quantum Gravit 10 (1993): 931 – 945.

Davis, J. A. *The Logic of Causal Order*. Thousand Oaks, CA: Sage Publications, 1985.

Dawkins, R. *The Blind Watchmaker*. New York: W. W. Norton, 1987.

de Bernardis, P. et al., BOOMERanG Collaboration. " *A Flat Universe from High-Resolution Maps of the Cosmic Microwave Background Radiation.* "Nature 404 (2000): 955 – 959.

Dembo, A., and Zeitouni, O. *Large Deviations Techniques and Applications*. New York: Springer-Verlag, 1998.

Deser, S., Jackiw, R., and 't Hooft, G. " *Physical Cosmic Strings Do Not Generate Closed Timelike Curves.* "Physical Review Letters 68 (1992): 267 – 269.

Deutsch, D. *The Fabric of Reality: The Science of Parallel Universes — And Its Implications*. New York: Allen Lane, 1997.

Dicke, R. H., and Peebles, P. J. E. " *The Big Bang Cosmology — Enigmas and Nostrums.* "General Relativity: An Einstein Centenary Survey, edited by S. W. Hawking and W. Israel, 504 – 517. Cambridge: Cambridge University Press, 1979.

Diedrick, J. *Understanding Martin Amis*. Charleston: University of South Carolina Press, 1995.

Dieks, D. " *Doomsday — or: The Dangers of Statistics.* "Philosophical Quarterly 42 (1992): 78 – 84.

Dodelson, S. *Modern Cosmology*. San Diego, CA: Academic Press, 2003.

Dugdale, J. S. *Entropy and Its Physical Meaning*. London: Taylor and Francis, 1996.

Dyson, F. J. " *Time Without End: Physics and Biology in an Open Universe.* "Reviews of Modern Physics 51 (1979): 447 – 460.

Dyson, L., Kleban, M., and Susskind, L. " *Disturbing Implications of a Cosmological Constant.* "Journal of High Energy Physics 210 (2002): 11.

Earman, J. " *What Time Reversal Is and Why It Matters.* "International Studies in the Philosophy of Science 16 (2002): 245 – 264.

Earman, J. " *The 'Past Hypothesis': Not Even False.* "Studies in History and Philosophy of Modern Physics 37 (2006): 399 – 430.

Eddington, A. S. *The Nature of the Physical World* (Gifford Lectures). Brooklyn: AMS Press, 1927.

-

Eddington, A. S. Nature 127 (1931): 3203. Reprinted in Danielson (2000): 406.

-

Egan, G. *Axiomatic*. New York: Harper Prism, 1997.

-

Einstein, A., ed. *The Principle of Relativity*. Translated by W. Perrett and G. B. Jeffrey. Mineola: Dover, 1923.

-

Einstein, A., Podolsky, B., and Rosen, N. " *Can Quantum- Mechanical Description of Physical Reality Be Considered Complete?* " Physical Review 47 (1935): 777–780.

-

Ellis, J., Giudice, G., Mangano, M. L., Tkachev, I., and Wiedemann, U. " *Review of the Safety of LHC Collisions.* " Journal of Physics G 35 (2008): 115004.

-

Ellis, R. S. *Entropy, Large Deviations, and Statistical Mechanics*. New York: Springer-Verlag, 2005.

-

Evans, D. J., and Searles, D. J. " *The Fluctuation Theorem.* " Advances in Physics 51 (2002): 1529–1589.

-

Everett, H. " *Relative State Formulation of Quantum Mechanics.* " Reviews of Modern Physics 29 (1957): 454–462.

-

Falk, D. *In Search of Time: The Science of a Curious Dimension*. New York: Thomas Dunne Books, 2008.

-

Farhi, E., and Guth, A. H. " *An Obstacle to Creating a Universe in the Laboratory.* " Physics Letters B 183 (1987): 149.

-

Farhi, E., Guth, A. H., and Guven, J. " *Is It Possible to Create a Universe in the Laboratory by Quantum Tunneling?* " Nuclear Physics B 339 (1990): 417–490.

-

Farrell, J. *The Day Without Yesterday: Lema.tre, Einstein, and the Birth of Modern Cosmology*. New York: Basic Books, 2006.

-

Feinberg, G. " *Possibility of Faster-Than-Light Particles.* " Physical Review 159 (1967): 1089–1105.

-

Feynman, R. P. *The Character of Physical Law*. Cambridge, MA: MIT Press, 1964.

-

Feynman, R. P., Leighton, R., and Sands, M. *The Feynman Lectures on Physics*. New York: Addison Wesley Longman, 1970.

-

Fischler, W., Morgan, D., and Polchinski, J. " *Quantum Nucleation of False Vacuum Bubbles.* " Physical Review D 41 (1990 a): 2638.

-

Fischler, W., Morgan, D., and Polchinski, J. " *Quantization of False Vacuum Bubbles: A Hamiltonian Treatment of Gravitational Tunneling.* " Physical Review D 42 (1990 b): 4042–4055.

-

Fitzgerald, F. S. " *The Curious Case of Benjamin Button.* " Collier's Weekly (May 1922): 27.

-

Freedman, W. L., et al. " *Final Results from the Hubble Space Telescope Key Project to Measure the Hubble Constant.* " Astrophysical Journal 553, No. 1 (2001): 47–72.

-

Freivogel, B., Hubeny, V. E., Maloney, A., Myers, R. C., Rangamani, M., and Shenker, S. " *Inflation in AdS/CFT.* " Journal of High Energy Physics 603 (2006): 7.

-

Friedman, J., et al. "*Cauchy Problem in Space-times with Closed Timelike Curves.*" Physical Review D 42 (1990): 1915–1930.
-
Friedman, J., and Higuchi, A. "*Topological Censorship and Chronology Protection.*" Annalen der Physik 15 (2006): 109–128.
-
Galison, P. *Einstein's Clocks, Poincaré's Maps: Empires of Time.* New York: W.W. Norton, 2003.
-
Gamow, G. *One Two Three ⋯ Infinity: Facts and Speculations of Science.* New York: Viking Press, 1947.
-
Garriga, J., and Vilenkin, A. "*Recycling Universe.*" Physical Review D 57 (1998): 2230.
-
Garriga, J., and Vilenkin, A. "*Prediction and Explanation in the Multiverse.*" Physical Review D 77 (2008): 043526.
-
Garwin, R. L., Lederman, L. L., and Weinrich, M. "*Observation of the Failure of Conservation of Parity and Charge Conjugation in Meson Decays: The Magnetic Moment of the Free Muon.*" Physical Review 105 (1957): 1415–1417.
-
Gasperini, M., and Veneziano, G. "*Pre-Big-Bang in String Cosmology.*" Astroparticle Physics 1 (1993): 317–339.
-
Gates, E. I. *Einstein's Telescope.* New York: W.W. Norton, 2009.
-
Gell-Mann, M. *The Quark and the Jaguar: Adventures in the Simple and Complex.* New York: W. H. Freeman, 1994.
-
Gell-Mann, M., and Hartle, J. B. "*Time Symmetry and Asymmetry in Quantum Mechanics and Quantum Cosmology.*" Physical Origins of Time Asymmetry, edited by Halliwell, J. J., Pérez-Mercader, J., and Zurek, W. H. 311–345. Cambridge: Cambridge University Press, 1996.
-
Geroch, R. P. "*Topology Change in General Relativity.*" Journal of Mathematical Physics 8 (1967): 782.
-
Gibbons, G. W., and Hawking, S. W. "*Cosmological Event Horizons, Thermodynamics, and Particle Creation.*" Physical Review D 15 (1977): 2738–2751.
-
Gödel, K. "*An Example of a New Type of Cosmological Solution of Einstein's Field Equations of Gravitation.*" Reviews of Modern Physics 21 (1949): 447–450.
-
Gold, T. "*The Arrow of Time.*" American Journal of Physics 30 (1962): 403–410.
-
Goldsmith, D. *The Runaway Universe: The Race to Find the Future of the Cosmos.* New York: Basic Books, 2000.
-
Goncharov, A. S., Linde, A. D., and Mukhanov, V. F. "*The Global Structure of the Inflationary Universe.*" International Journal of Modern Physics A 2 (1987): 561–591.
-
Gott, J. R. "*Closed Timelike Curves Produced by Pairs of Moving Cosmic Strings: Exact Solutions.*" Physical Review Letters 66 (1991): 1126–1129.
-
Gott, J. R. "*Implications of the Copernican Principle for Our Future Prospects.*" Nature 363 (1993): 315–319.
-
Gott, J. R. *Time Travel in Einstein's Universe: The Physical Possibilities of Travel Through Time.* Boston: Houghton Miffl in, 2001.
-

Gould, S. J. *Time's Arrow, Time's Cycle: Myth and Metaphor in the Discovery of Geological Time.* Cambridge, MA: Harvard University Press, 1987.
-
Greene, B. *The Elegant Universe: Superstrings, Hidden Dimensions, and the Quest for the Ultimate Theory.* New York: Vintage, 2000.
-
Greene, B. *The Fabric of the Cosmos: Space, Time, and the Texture of Reality.* New York: Knopf, 2004.
-
Grinstein, B., O'Connell, D., and Wise, M. B. " *Causality as an Emergent Macroscopic Phenomenon: The Lee- Wick O(N) Model.* "Physical Review D 79 (2009): 105019.
-
Grünbaum, A. *Philosophical Problems of Space and Time.* Dortrecht: Reidel, 1973.
-
Grünbaum, A. " *The Poverty of Theistic Cosmology.* " British Journal for the Philosophy of Science 55 (2004): 561–614.
-
Guth, A. H. " *The Inflationary Universe: A Possible Solution to the Horizon and Flatness Problems.* " Physical Review D 23 (1981): 347–356.
-
Guth, A. H. *The Inflationary Universe: The Quest for a New Theory of Cosmic Origins.* Reading: Addison- Wesley, 1997.
-
Guth, A. H." *Eternal Inflation and Its Implications.* " Journal of Physics A 40 (2007): 6811–6826.
-
Halliwell, J. J., and Hawking, S. W." *Origin of Structure in the Universe.* "Physical Review D 31 (1985): 1777.
-
Halliwell, J. J., Pérez-Mercader, J., and Zurek, W. H. *Physical Origins of Time Asymmetry.* Cambridge: Cambridge University Press, 1996.
-
Hartle, J. B., and Hawking, S. W." *Wave Function of the Universe.* "Physical Review D 28 (1983): 2960–2975.
-
Hartle, J. B., Hawking, S. W., and Hertog, T." *The Classical Universes of the No- Boundary Quantum State.* "Physical Review D 77 (2008): 123537.
-
Hartle, J. B., and Srednicki, M." *Are We Typical?* "Physical Review D 75 (2007): 123523.
-
Hawking, S. W." *Particle Creation by Black Holes.* "Communications in Mathematical Physics 43 (1975): 199–220; Erratum: Ibid., 46 (1976): 206.
-
Hawking, S. W." *The Arrow of Time in Cosmology.* "Physical Review D 32 (1985): 2489.
-
Hawking, S. W. *A Brief History of Time: From the Big Bang to Black Holes.* New York: Bantam, 1988.
-
Hawking, S. W." *The Chronology Protection Conjecture.* "Physical Review D 46 (1991): 603.
-
Hawking, S. W." *The No Boundary Condition and the Arrow of Time.* " In Halliwell et al. (1996): 346–357.
-
Hawking, S. W., and Ellis, G. F. R. *The Large-Scale Structure of Spacetime.* Cambridge: Cambridge University Press, 1974.
-
Hedman, M. *The Age of Everything: How Science Explores the Past.* Chicago: University of Chicago Press, 2007.

Heinlein, R. A. " All You Zombies — "Magazine of Fantasy and Science Fiction , March 1959.

Hollands, S., and Wald, R. M. " An Alternative to Inflation. "General Relativity and Gravitation 34 (2002): 2043 – 2055.

Holman, R., and Mersini- Houghton, L. " Why the Universe Started from a Low Entropy State. "Physical Review D 74 (2006): 123510.

Hooper, D. Dark Cosmos: In Search of Our Universe's Missing Mass and Energy. New York: HarperCollins, 2007.

Horwich, P. Asymmetries in Time: Problems in the Philosophy of Science. Cambridge, MA: MIT Press, 1987.

Hoyle, F. " A New Model for the Expanding Universe. "Monthly Notices of the Royal Astronomical Society 108 (1948): 372 – 382.

Jaynes, E. T. " Gibbs vs. Boltzmann Entropies. "American Journal of Physics 33 (1965): 391 – 398.

Jaynes, E. T. Probability Theory: The Logic of Science. Cambridge: Cambridge University Press, 2003.

Johnson, G. " The Theory That Ate the World. "New York Times, August 22, 2008, BR 16.

Kauffman, S. A. The Origins of Order: Self-Organization and Selection in Evolution. Oxford: Oxford University Press, 1993.

Kauffman, S. A. At Home in the Universe: The Search for the Laws of Self-Organization and Complexity. Oxford: Oxford University Press, 1996.

Kauffman, S. A. Reinventing the Sacred: A New View of Science, Reason, and Religion. New York: Basic Books, 2008.

Kerr, R. P. " Gravitational Field of a Spinning Mass as an Example of Algebraically Special Metrics. "Physical Review Letters 11 (1963): 237 – 238.

Khoury, J., Ovrut, B. A., Steinhardt, P. J., and Turok, N. " The Ekpyrotic Universe: Colliding Branes and the Origin of the Hot Big Bang. "Physical Review D 64 (2001): 123522.

Kirshner, R. P. The Extravagant Universe: Exploding Stars, Dark Energy, and the Accelerating Cosmos. Princeton, NJ: Princeton University Press, 2004.

Klein, E. Chronos: How Time Shapes Our Universe. New York: Thunders Mouth Press, 2005.

Kobayashi, M., and Maskawa, T. " CP-Violation in the Renormalizable Theory of Weak Interaction. "Progress of Theoretical Physics 49 (1973): 652 – 657.

Kofman, L., Linde, A., and Mukhanov, V. " Inflationary Theory and Alternative Cosmology. "Journal of High Energy Physics 210 (2002): 57.

Kolb, R. Blind Watchers of the Sky: The People and Ideas That Shaped Our View of the Universe. New York: Addison Wesley, 1996.

Kormendy, J., and Richstone, D. " *Inward Bound — The Search for Supermassive Black Holes in Galactic Nuclei.* " Annual Review of Astronomy and Astrophysics 33 (1995): 581.

-

Laplace, P.-S. *A Philosophical Essay on Probabilities.* Translated by F. W. Tuscott and F. L. Emory, reprinted by New York: Cosimo Classics, 2007.

-

Lebowitz, J. L. " *Statistical Mechanics: A Selective Review of Two Central Issues.* " Reviews of Modern Physics 71 (1999): S 346 – 357.

-

Lebowitz, J. L. " *Time' s Arrow and Boltzmann' s Entropy.* " Scholarpedia 3, No. 4 (2008): 3448.

-

Lee, T. D., and Wick, G. C. " *Finite Theory of Quantum Electrodynamics.* " Physical Review D 2 (1970): 1033 – 1048.

-

Lee, T. D., and Yang, C. N. " *Question of Parity Conservation in Weak Interactions.* " Physical Review 104 (1956): 254 – 258.

-

Leff, H. S., and Rex, A. F., eds. *Maxwell' s Demon 2: Entropy, Classical and Quantum Information, Computing.* Bristol: Institute of Physics, 2003.

-

Lemaître, G. " *The Primeval Atom Hypothesis and the Problem of the Clusters of Galaxies.* " La Structure et l' Evolution de l' Univers, edited by R. Stoops, 1 – 32. Brussels: Coudenberg, 1958.

-

Leslie, J. " *Is the End of the World Nigh?* " Philosophical Quarterly 40 (1990): 65 – 72.

-

Linde, A. D. " *A New Inflationary Universe Scenario: A Possible Solution of the Horizon, Flatness, Homogeneity, Isotropy and Primordial Monopole Problems.* " Physics Letters B 108 (1981): 389 – 393.

-

Linde, A. D. " *Chaotic Inflation.* " Physics Letters B 129 (1983): 177 – 181.

-

Linde, A. D. " *Eternally Existing Selfreproducing Chaotic Inflationary Universe.* " Physics Letters B 175 (1986): 395 – 400.

-

Linden, N., Popescu, S., Short, A. J., and Winter, A. " *Quantum Mechanical Evolution Towards Thermal Equilibrium* " (2008). http://arxiv.org/abs/ 0812.2385.

-

Lindley, D. *Boltzmann' s Atom: The Great Debate That Launched a Revolution in Physics.* New York: Free Press, 2001.

-

Lineweaver, C. H., and Egan, C. A. " *Life, Gravity, and the Second Law of Thermodynamics.* " Physics of Life Reviews 5 (2008): 225 – 242.

-

Lippincott, K. *The Story of Time.* With U. Eco, E. H. Gombrich, and others. London: Merrell Holberton, 1999.

-

Lloyd, S. *Programming the Universe: A Quantum Computer Scientist Takes On the Cosmos.* New York: Knopf, 2006.

-

Lockwood, M. *The Labyrinth of Time: Introducing the Universe.* Oxford: Oxford University Press, 2005.

-

Lucretius. *De Rerum Natura (On the Nature of Things).* Edited and translated by A. M. Esolen. Baltimore: Johns Hopkins University Press, 1995.

-

Maglich, B. *Adventures in Experimental Physics, Gamma Volume. Princeton*, NJ: World Science Communications, 1973.

Malament, D. B. " *On the Time Reversal Invariance of Classical Electromagnetic Theory.* " Studies in History and Philosophy of Science Part B 35 (2004): 295 – 315.

Maldacena, J. M. " *The Large N Limit of Superconformal Field Theories and Supergravity.* " Advances in Theoretical and Mathematical Physics 2 (1998): 231 – 252.

Mathur, S. D. " *The Fuzzball Proposal for Black Holes: An Elementary Review.* " Fortschritte der Physik 53 (2005): 793 – 827.

Mattingly, D. " *Modern Tests of Lorentz Invariance.* " Living Reviews in Relativity 8 (2005): 5.

McTaggart, J. M. E. " *The Unreality of Time.* " Mind: A Quarterly Review of Psychology and Philosophy 17 (1908): 456.

Michell, J. *Philosophical Transactions of the Royal Society* .London , 74 (1784): 35 – 57.

Miller, A. D., et al., TOCO Collaboration. " *A Measurement of the Angular Power Spectrum of the CMB from l = 100 to 400.* " Astrophysical Journal Letters 524 (1999): L 1 – L 4.

Miller, A. I. *Albert Einstein' s Special Theory of Relativity. Emergence (1905) and Early Interpretation (1905 – 1911).* Reading: Addison–Wesley, 1981.

Minkowski, H. " *Raum und Zeit* " [*Space and Time*]. Phys. Zeitschrift 10 (1909): 104.

Misner, C. W., Thorne, K. S., and Wheeler, J. A. *Gravitation.* San Francisco: W. H. Freeman, 1973.

Morange, M. *Life Explained.* Translated by M. Cobb and M. DeBevoise. New Haven, CT: Yale University Press, 2008.

Morris, M. S., Thorne, K. S., and Yurtsever, U. " *Wormholes, Time Machines, and the Weak Energy Condition.* " Physical Review Letters 61 (1988): 1446 – 1449.

Musser, G. *The Complete Idiot' s Guide to String Theory.* New York: Alpha Books, 2008.

Mustonen, V., and L.ssig, M. " *From Fitness Landscapes to Seascapes: Non- Equilibrium Dynamics of Selection and Adaptation.* " Trends in Genetics 25 (2009): 111 – 119.

Nahin, P. J. *Time Machines: Time Travel in Physics, Metaphysics, and Science Fiction.* New York: Springer- Verlag, 1999.

Neal, R. M. " *Puzzles of Anthropic Reasoning Resolved Using Full Non- indexical Conditioning* " (2006). http://arxiv. org/abs/math/ 0608592.

Nelson, P. *Biological Physics: Energy, Information, Life.* Updated edition. New York: W. H. Freeman, 2007.

Nielsen, H. B. " *Random Dynamics and Relations between the Number of Fermion Generations and the Fine Structure Constants.* " Acta Physica Polonica B 20 (1989): 427 – 468.

Nielsen, M. A., and Chuang, I. L. *Quantum Computation and Quantum Information*. Cambridge: Cambridge University Press, 2000.
-
Nietzsche, F. W. *Die Fröhliche Wissenshaft*. Translated (2001) as *The Gay Science: With a Prelude in German Rhymes and an Appendix of Songs*. Edited by B. A. O. Williams, translated by J. Nauckhoff, poems translated by A. Del Caro. Cambridge: Cambridge University Press, 1882.
-
Novikov, I. D. *Evolution of the Universe*. Cambridge: Cambridge University Press, 1983.
-
Novikov, I. D. *The River of Time*. Cambridge: Cambridge University Press, 1998.
-
O'Connor, J. J., and Robertson, E. F. " *Pierre-Simon Laplace*. " MacTutor History of Mathematics Archive (1999). http:// www- groups.dcs. st- and.ac.uk/~history/Biographies/ Laplace.html.
-
Olum, K. D. " *The Doomsday Argument and the Number of Possible Observers*. " Philosophical Quarterly 52 (2002): 164 -184.
-
Orzel, C. *How to Teach Physics to Your Dog*. New York: Scribner, 2009.
-
Ouellette, J. *The Physics of the Buffyverse*. New York: Penguin, 2007.
-
Overbye, D. *Lonely Hearts of the Cosmos*. New York: Harper Collins, 1991.
-
Page, D. N. " *Inflation Does Not Explain Time Asymmetry*. " Nature 304 (1983): 39 - 41.
-
Page, D. N. " *Will Entropy Decrease If the Universe Recollapses?* " Physical Review D 32 (1985): 2496.
-
Page, D. N. " *Typicality Derived*. " Physical Review D 78 (2008): 023514.
-
Pascal, B. *Pensées*. Translated by A.J. Krailsheimer. New York: Penguin Classics, 1995.
-
Penrose, R. " *Singularities and Time-Asymmetry*. " General Relativity, and Einstein Centenary Survey, edited by S. W. Hawking and W. Israel, 581 - 638. Cambridge: Cambridge University Press, 1979.
-
Penrose, R. *The Emperor's New Mind: Concerning Computers, Minds, and the Laws of Physics*. Oxford: Oxford University Press, 1989.
-
Penrose, R. *The Road to Reality: A Complete Guide to the Laws of the Universe*. New York: Knopf, 2005.
-
Perlmutter, S., et al., Supernova Cosmology Project. " *Measurements of Omega and Lambda from 42 High Redshift Supernovae*. " Astrophysical Journal 517 (1999): 565 - 586.
-
Pirsig, R. M. *Zen and the Art of Motorcycle Maintenance*. New York: Bantam, 1974.
-
Poincaré, H. " *Sur les problème des trois corps et les équations de la dynamique*. " Acta Mathematica 13 (1890): 1 - 270. Excerpts translated in Brush (2003, vol. 2) as " *On the Three-Body Problem and the Equations of Dynamics*. " 194 - 202.
-
Poincaré, H. " *Le mécanisme et l'expérience*. " Revue de Metaphysique et de Morale 4 (1893): 534. Translated in Brush (2003, vol. 2) as " *Mechanics and Experience*, " 203 - 207.

-

Popper, Karl R. *The Logic of Scientific Discovery*. London: Routledge, 1959.

-

Poundstone, W. *The Recursive Universe: Cosmic Complexity and the Limits of Scientific Knowledge*. New York: W. W. Norton, 1984.

-

Price, H. *Time's Arrow and Archimedes' Point: New Directions for the Physics of Time*. New York: Oxford University Press, 1996.

-

Price, H. "*Cosmology, Time's Arrow, and That Old Double Standard.*" Time's Arrows Today: Recent Physical and Philosophical Work on the Direction of Time, edited by S. F. Savitt, 66–96. Cambridge: Cambridge University Press, 1997.

-

Price, H. "*On the Origins of the Arrow of Time: Why There Is Still a Puzzle about the Low Entropy Past.*" Contemporary Debates in Philosophy of Science, edited by C. Hitchcock, 240–255. Malden: Wiley-Blackwell, 2004.

-

Prigogine, I. *Thermodynamics of Irreversible Processes*. New York: John Wiley, 1955.

-

Prigogine, I. *From Being to Becoming: Time and Complexity in the Physical Sciences*. New York: W. H. Freeman, 1980.

-

Proust, M. *Swann's Way: In Search of Lost Time*, vol. 1 (*Du côté de chez Swann: À la recherche du temps perdu*). Translated by L. Davis. New York: Penguin Classics, 2004.

-

Putnam, H. "*It Ain't Necessarily So.*" Journal of Philosophy 59, No. 22 (1962): 658–671.

-

Pynchon, T. *Slow Learner*. Boston: Back Bay Books, 1984.

-

Randall, L. *Warped Passages: Unraveling the Mysteries of the Universe's Hidden Dimensions*. New York: HarperCollins, 2005.

-

Regis, E. *What Is Life?: Investigating the Nature of Life in the Age of Synthetic Biology*. Oxford: Oxford University Press, 2009.

-

Reichenbach, H. *The Direction of Time*. Mineola: Dover, 1956.

-

Reichenbach, H. *The Philosophy of Space and Time*. Mineola: Dover, 1958.

-

Reid, M. J. "*Is There a Supermassive Black Hole at the Center of the Milky Way?*" (2008). http://arxiv.org/abs/0808.2624.

-

Reznik, B., and Aharonov, Y. "*Time-Symmetric Formulation of Quantum Mechanics.*" Physical Review A 52 (1995): 2538–2550.

-

Ridderbos, K., ed. *Time: The Darwin College Lectures*. Cambridge: Cambridge University Press, 2002.

-

Riess, A., et al., Supernova Search Team. "*Observational Evidence from Supernovae for an Accelerating Universe and a Cosmological Constant.*" Astronomical Journal 116 (1998): 1009–1038.

-

Rouse Ball, W. W. *A Short Account of the History of Mathematics*, 4th ed, reprinted 2003. Mineola, NY: Dover, 1908.
-
Rovelli, C. " *Forget Time* " (2008). http://arxiv.org/abs/ 0903.3832.
-
Rowling, J. K. *Harry Potter and the Half-Blood Prince*. New York: Scholastic, 2005.
-
Rukeyser, M. *Willard Gibbs*. Woodbridge: Ox Bow Press, 1942.
-
Sagan, C. *Contact*. New York: Simon and Schuster, 1985.
-
Savitt, S. F., ed. *Time' s Arrows Today: Recent Physical and Philosophical Work on the Direction of Time*. Cambridge: Cambridge University Press, 1997.
-
Schacter, D. L., Addis, D. R., and Buckner, R. L. " *Remembering the Past to Imagine the Future: The Prospective Brain*. " Nature Reviews Neuroscience 8 (2007): 657–661.
-
Schlosshauer, M. " *Decoherence, the Measurement Problem, and Interpretations of Quantum Mechanics*. " Reviews of Modern Physics 76 (2004): 1267–1305.
-
Schneider, E. D., and Sagan, D. *Into the Cool: Energy Flow, Thermodynamics, and Life*. Chicago: University of Chicago Press, 2005.
-
Schrödinger, E. *What Is Life?* Cambridge: Cambridge University Press, 1944.
-
Seife, C. *Decoding the Universe: How the New Science of Information Is Explaining Everything in the Cosmos, from Our Brains to Black Holes*. New York: Viking, 2006.
-
Sethna, J. P. *Statistical Mechanics: Entropy, Order Parameters, and Complexity*. Oxford: Oxford University Press, 2006.
-
Shalizi, C. R. *Notebooks* (2009). http://www.cscs.umich.edu/~crshalizi/notebooks/.
-
Shannon, C. E. " *A Mathematical Theory of Communication*. " Bell System Technical Journal 27 (1948): 379–423 and 623–656.
-
Singh, S. *Big Bang: The Origin of the Universe*. New York: Fourth Estate, 2004.
-
Sklar, L. *Physics and Chance: Philosophical Issues in the Foundations of Statistical Mechanics*. Cambridge: Cambridge University Press, 1993.
-
Smolin, L. *The Life of the Cosmos*. Oxford: Oxford University Press, 1993.
-
Snow, C.P. *The Two Cultures*. Cambridge: Cambridge University Press, 1998.
-
Sobel, D. *Longitude: The True Story of a Lone Genius Who Solved the Greatest Scientific Problem of His Time*. New York: Penguin, 1995.
-
Spergel, D. N., et al., WMAP Collaboration. " *First Year Wilkinson Microwave Anisotropy Probe (WMAP) Observations: Determination of Cosmological Parameters*. " Astrophysical Journal Supplement 148 (2003): 175.
-

Steinhardt, P. J., and Turok, N." *Cosmic Evolution in a Cyclic Universe.* "Physical Review D 65 (2002): 126003.
-
Steinhardt, P. J., and Turok, N. *Endless Universe: Beyond the Big Bang.* New York: Doubleday, 2007.
-
Stoppard, T. *Arcadia, in Plays: Five.* London: Faber and Faber, 1999.
-
Strominger, A., and Vafa, C." *Microscopic Origin of the Bekenstein-Hawking Entropy.* "Physics Letters B 379 (1996): 99-104.
-
Styer, D. F." *Entropy and Evolution.* "American Journal of Physics 76 (2008): 1031-1033.
-
Susskind, L." *The World as a Hologram.* "Journal of Mathematical Physics 36 (1995): 6377-6396.
-
Susskind, L. *The Cosmic Landscape: String Theory and the Illusion of Intelligent Design.* New York: Little, Brown, 2006.
-
Susskind, L. *The Black Hole War: My Battle with Stephen Hawking to Make the World Safe for Quantum Mechanics.* New York: Little, Brown, 2008.
-
Susskind, L., and Lindesay, J. *An Introduction to Black Holes, Information, and the String Theory Revolution: The Holographic Universe.* Singapore: World Scientific, 2005.
-
Susskind, L., Thorlacius, L., and Uglum, J." *The Stretched Horizon and Black Hole Complementarity.* "Physical Review D 48 (1993): 3743-3761.
-
Swinburne, R. *The Existence of God.* Oxford: Oxford University Press, 2004.
-
't Hooft, G." *Causality in (2+1)-Dimensional Gravity.* "Classical and Quantum Gravity 9 (1992): 1335-1348.
-
't Hooft, G." *Dimensional Reduction in Quantum Gravity.* "Salamfestschrift: a Collection of Talks, edited by A. Ali, J. Ellis, and S. Randjbar-Daemi. Singapore: World Scientific, 1993.
-
Tegmark, M." *The Interpretation of Quantum Mechanics: Many Worlds or Many Words?* "Fortschritte der Physik 46 (1998): 855-862.
-
Thomson, W." *On the Age of the Sun's Heat.* "Macmillan's 5 (1862): 288-293.
-
Thorne, K. S. *Black Holes and Time Warps: Einstein's Outrageous Legacy.* New York: W. W. Norton, 1994.
-
Tipler, F. J." *Rotating Cylinders and the Possibility of Global Causality Violation.* "Physical Review D 9 (1974): 2203-2206.
-
Tipler, F. J." *Singularities and Causality Violation.* "Annals of Physics 108 (1977): 1-36.
-
Tolman, R. C." *On the Problem of Entropy of the Universe as a Whole.* "Physical Review 37 (1931): 1639-1660.
-
Toomey, D. *The New Time Travelers: A Journey to the Frontiers of Physics.* New York: W. W. Norton, 2007.
-
Toulmin, S. " *The Early Universe: Historical and Philosophical Perspectives.* " The Early Universe, Proceedings of the NATO Advanced Study Institute, held in Victoria, Canada, Aug. 17-30, 1986, edited by W. G. Unruh and G. W.

Semenoff, 393. Dortrecht: D. Reidel, 1988.

Tribus, M., and McIrvine, E. " *Energy and Information.* " Scientifi c American (August 1971): 179.

Ufflink, J. " *Boltzmann' s Work in Statistical Physics.* " The Stanford Encyclopedia of Philosophy (Winter 2008 edition), edited by Edward N. Zalta (2004). http://plato.stanford.edu/archives/win 2008 /entries/statphys-Boltzmann/.

Vilenkin, A. " *The Birth of Inflationary Universes.* " Physical Review D 27 (1983): 2848 – 2855.

Vilenkin, A. " *Eternal Inflation and Chaotic Terminology* " (2004). http://arxiv.org/abs/ gr-qc/ 0409055.

Vilenkin, A. *Many Worlds in One: The Search for Other Universes.* New York: Hill and Wang, 2006.

Viola, F. *From Eternity to Here: Rediscovering the Ageless Purpose of God.* Colorado Springs: David C. Cook, 2009.

Von Baeyer, H. C. *Warmth Disperses and Time Passes: The History of Heat.* New York: Modern Library, 1998.

Von Baeyer, H. C. *Information: The New Language of Science.* Cambridge, MA: Harvard University Press, 2003.

Vonnegut, K. *Slaughterhouse- Five.* New York: Dell, 1969.

Wald, R. W. " *Asymptotic Behavior of Homogeneous Cosmological Models in the Presence of a Positive Cosmological Constant.* " Physical Review D 28 (1983): 2118 – 2120.

Weinberg, S. *The First Three Minutes: A Modern View of the Origin of the Universe.* New York: Basic Books, 1977.

Weiner, J. *Time, Love, Memory: A Great Biologist and His Quest for the Origins of Behavior.* New York: Vintage, 1999.

Wells, H. G. *The Time Machine. Reprinted in The Complete Science Fiction Treasury of H. G. Wells* (1978). New York: Avendel, 1895.

West, G. B., Brown, J. H., and Enquist, B. J. " *The Fourth Dimension of Life: Fractal Geometry and the Allometric Scaling of Organisms.* " Science 284 (1999): 1677 –1679.

Wheeler, J. A. " *Time Today.* " Physical Origins of Time Asymmetry, edited by J. J. Halliwell, J. Pérez-Mercader, and W. H. Zurek, 1 – 29. Cambridge: Cambridge University Press, 1994.

Wiener, N. *Cybernetics: or the Control and Communication in the Animal and the Machine.* Cambridge, MA: MIT Press, 1961.

Wikipedia contributors. " *Time.* " Wikipedia, The Free Encyclopedia. http://en.wikipedia.org/wiki/Time (accessed January 6, 2009).

Wright, E. L. " *Errors in the Steady State and Quasi-SS Models* " (2008). http://www.astro.ucla.edu/~wright/ stdystat.htm.

Wu, C. S., Ambler, E., Hayward, R. W., Hoppes, D. D., and Hudson, R. P. " *Experimental Test of Parity Non-conservation in Beta Decay.* " Physical Review 105 (1957). 1413 –1415.

Zeh, H. D. *The Physical Basis of the Direction of Time.* Berlin: Springer-Verlag, 1989.

-

Zermelo, E. " *Über einen Satz der Dynamik und die mechanische Warmtheorie.* " Annalen der Physik 57 (1896 a): 485. Translated in Brush (2003) as " *On a Theorem of Dynamics and the Mechanical Theory of Heat,* " 382.

-

Zermelo, E. " *Über mechanische Erkl.rungen irreversibler Vorg.nge.* " Annalen der Physik 59 (1896 b): 793. Translated in Brush (2003) as " *On the Mechanical Explanation of Irreversible Processes,* " 403.

-

Zurek, W. H. " *Entropy Evaporated by a Black Hole.* " Physical Review Letters 49 (1982): 1683 – 1686.

-

Zurek, W. H. *Complexity, Entropy, and the Physics of Information.* Boulder: Westview Press, 1990.

致谢

一本书从有想法到最终出版，是个非常需要通力合作的过程。这一路走来，也确实有很多人给我提供了莫大帮助，值得特别感谢。这本书还在雏形中的时候，我三生有幸遇到了一个人，她恰好也是一位天才的科普作家；我跟她坠入爱河，并最终喜结连理。最诚挚的谢意献给珍妮弗·韦莱（Jennifer Ouellette），是她让这本书从泥土变成珍珠，也让这段旅程变得极有价值。

我把本书手稿发给了很多朋友，他们则回以令人击节赞赏的幽默和令人面红耳赤的合理建议，使本书大为增色。感谢斯科特·阿伦森（Scott Aaronson）、阿莉森·比阿特丽斯（Allyson Beatrice）、陈千颖、斯蒂芬·弗勒德（Stephen Flood）、戴维·格雷（David Grae）、劳伦·冈德森（Lauren Gunderson）、罗宾·汉森（Robin Hanson）、马修·约翰逊（Matthew Johnson）、克里斯·拉克纳（Chris Lackner）、汤姆·利文森（Tom Levenson）、卡伦·洛尔（Karen Lorre）、乔治·马瑟（George Musser）、休·普赖斯（Huw Price）、特德·派恩（Ted Pyne）、玛丽·鲁蒂（Mari Ruti）、亚历山大·辛格（Alex Singer）以及马克·特罗登（Mark Trodden）等，是他们让我这一路上都能保持坦率。我怀疑他们中很多人很快会有自己的著作，我将很高兴读到他们的作品。

多年以来，我一直在跟科学同行一起讨论时间之箭以及本书包含的其他问题，不可能还分得清谁对我的想法具体做出了什么贡献。除了上面提到的诸位读者，我还想感谢多年来和我促膝长谈过的安东尼·阿吉雷、大卫·艾伯特、安德烈亚斯·阿尔布雷克特、汤姆·班克斯（Tom Banks）、拉斐尔·布索、爱德华·法里、布莱恩·格林、吉姆·哈特尔（Jim Hartle）、库尔特·欣特毕可勒（Kurt Hinterbichler）、托尼·莱格特（Tony Leggett）、安德烈·连德、劳拉·梅尔西尼（Laura Mersini）、肯·奥鲁姆、唐·佩奇（Don Page）、约翰·普瑞斯基尔、伊格纳齐·萨维茨基（Ignacy Sawicki）、科思马·沙利奇（Cosma Shalizi）、马克·斯雷德尼基（Mark Srednicki）、基普·索恩、亚历山大·维连金及罗伯特·沃尔德等（还有另外一些毫无疑问不应该遗忘的人）。我还想特别感谢陈千颖，她不只是仔细阅读过本书手稿，在我刚开始认真考虑时间之箭的问题时，也是一位举世无双的合作伙伴。

最近我自己倒一直很漫不经心，埋头于本书写作中时，我的同僚在我们所研究的主题上取得了长足进步。我要向以下人员致谢并致歉：洛蒂·阿克曼（Lotty Ackerman）、马特·巴克利（Matt Buckley）、克劳迪娅·德·拉姆（Claudia de Rham）、蒂姆·杜拉尼（Tim Dulaney）、阿德里安娜·埃里切克（Adrienne Erickcek）、莫伊拉·格雷沙姆（Moira Gresham）、马特·约翰逊、马克·卡米翁可夫斯基（Marc Kamionkowski）、桑尼·曼特（Sonny Mantry）、迈克尔·拉姆齐-穆索尔夫（Michael Ramsey-Musolf）、丽莎·兰道尔、海伍德·塔姆（Heywood Tam）、Chien-Yao Tseng、因贡·韦弗斯（Ingunn Wehus）及马克·怀斯（Mark Wise），近来当我的注意力无法完全集中在手头的任务上时，是你们包容了我。

421

凯廷卡·马特森（Katinka Matson）和约翰·布罗克曼（John Brockman）帮助我将刚开始的模糊想法变成了清晰的一本书的思路，对本书成稿也助力甚多。我在开始构思本书之前很久就认识我的编辑斯蒂芬·莫罗（Stephen Morrow）了，有机会跟他共事实在是莫大荣幸。贾森·托尔钦斯基（Jason Torchinsky）将我蹩脚的草图变成了魅力无穷的插图。在埃利奥特·塔拉波尔（Elliot Tarabour）的居中协调之下，迈克尔·贝吕贝（Michael Bérubé）在本书成稿之前就撰写了一篇给本书的评论。对讨论时间性质的著作来说，我们还能期待什么呢？

我是那种在家里或办公室里坐久了就会如坐针毡的人，所以我经常会拿起我的物理书和论文去一家餐馆或咖啡厅，换换环境。几乎总是会有陌生人问我在看什么，并且在令人望而生畏的数学和科学面前，不乏没被吓倒，反而继之提出更多关于宇宙学、量子力学乃至宇宙本身的问题的人。在伦敦的一家酒吧，有位侍者草草写下斯科特·多德尔森（Scott Dodelson）《现代宇宙学》（*Modern Cosmology*）的国际标准书号；在芝加哥"绿磨坊"爵士俱乐部，我因为解释暗能量得到了一杯免费饮品。有很多人虽然不是科学家，却一直对大自然内在的运作机制有真正的兴趣，也乐于提出问题，为答案苦思冥想。对他们中的每一位，我都想说声谢谢。思考时间的本质恐怕并不能帮助我们造出更好的电视机，也没法让我们不用锻炼就减肥成功，但我们 422 都共享同一个宇宙，而渴望理解宇宙正是人之所以为人的原因之一。

名词索引

词条后的数字是原书页码，即本书的边码。斜体数字指该词条出现在该页的图注中。

A

B

C

D

F

G

J

K

M

N

P

Q

R

S

U

W

X

Y

Z

图书在版编目（CIP）数据

从永恒到此刻 / (美) 肖恩·卡罗尔著；舍其译. — 长沙：湖南科学技术出版社，2021.5（2022.3 重印）
书名原文：From Eternity to Here
ISBN 978-7-5710-0676-1
Ⅰ.①从… Ⅱ.①肖…②舍… Ⅲ.①理论物理学 - 普及读物 Ⅳ.① O41-49
中国版本图书馆 CIP 数据核字（2020）第 136008 号

From Eternity to Here
Copyright © 2010 by Sean Carrol

湖南科学技术出版社独家获得本书简体中文版中国大陆出版发行权
著作权合同登记号：18-2021-015

CONG YONGHENG DAO CIKE
从永恒到此刻

著者	**印刷**
[美] 肖恩·卡罗尔	长沙超峰印刷有限公司
译者	**厂址**
舍其	宁乡县金州新区泉洲北路 100 号
策划编辑	**邮编**
吴炜　李蓓　杨波　孙桂均	410600
责任编辑	**版次**
吴炜	2021 年 5 月第 1 版
营销编辑	**印次**
吴诗	2022 年 3 月第 2 次印刷
出版发行	**开本**
湖南科学技术出版社	880mm×1230mm　1/32
社址	**印张**
长沙市湘雅路 276 号	20
http://www.hnstp.com	**字数**
湖南科学技术出版社	471000
天猫旗舰店网址	**书号**
http://hnkjcbs.tmall.com	ISBN 978-7-5710-0676-1
邮购联系	**定价**
本社直销科 0731-84375808	98.00 元